现代数学基础

60

紧黎曼曲面引论

伍鸿熙 吕以辇 陈志华

高等教育出版社·北京

图书在版编目（CIP）数据

紧黎曼曲面引论 / 伍鸿熙，吕以辇，陈志华著．--
北京：高等教育出版社，2016.12（2024.8重印）
（现代数学基础）
ISBN 978-7-04-046862-5

Ⅰ．①紧…　Ⅱ．①伍…　②吕…　③陈…　Ⅲ．①黎曼面
－研究　Ⅳ．① O174.51

中国版本图书馆 CIP 数据核字（2016）第 281618 号

策划编辑	王丽萍	责任编辑	王丽萍	封面设计	张　楠
版式设计	张　杰	责任校对	刘娟娟	责任印制	高　峰

出版发行	高等教育出版社	网　　址	http://www.hep.edu.cn
社　　址	北京市西城区德外大街4号		http://www.hep.com.cn
邮政编码	100120	网上订购	http://www.hepmall.com.cn
印　　刷	固安县铭成印刷有限公司		http://www.hepmall.com
开　　本	787mm×1092mm 1/16		http://www.hepmall.cn
印　　张	17.5		
字　　数	270千字	版　　次	2016 年 12 月第 1 版
购书热线	010-58581118	印　　次	2024 年 8 月第 2 次印刷
咨询电话	400-810-0598	定　　价	69.00元

物 料 号　46862-00

序

1978 年夏, 我在中国科学院数学研究所讲了六个星期的黎曼面课程, 吕以革、陈志华两位同志为这一课程做了很详尽的笔记. 这本书就是我们三人根据上述笔记补充修改而成的.

当时在选择回国所要讨论的课题时, 我深深地感到应该具备下列三个要素: (一) 它的内容应该是基本而且有用的, 相对地要避免太专门和高度技巧性的东西; (二) 题材要具体, 但是所用的工具却是充分抽象的, 这样可以说明近代数学的一个特色, 那就是抽象的想法和概念只是研究数学的工具, 而不是研究数学的最终目的; (三) 内容要能表达数学的统一性. 第三点我觉得特别重要, 因为越是把数学的各个专业分割孤立, 做出来的工作就越是容易与数学的主流脱节, 越是容易变得偏窄. 这点并不是我个人的偏见, 而是一般数学家的共同信仰. 20 世纪的大数学家 Hermann Weyl 为 Hilbert 写悼文时就特别提到这点 (Obituary: David Hilbert, 1862—1943, Gesammelte Abhandlungen Ⅳ, Springer-Verlag, 1968, 121—129; 特别请看第 123 页). 英国数学家 M. F. Atiyah 甚至有一篇短文专门讨论这个题目 (The Unity of Mathematics, *Bulletin of the London Mathematical Society*, 10 (1978), 69—76), 这篇文章深入浅出, 是值得认真一读的.

基于上述三点, 我选择了黎曼面这个课题, 并且采用了本书所叙述的处理方法. 由于时间所限, 讲课中无法讲到这个理论比较深入的部分. 本书虽然比原课程的材料多加了一些, 但是依然不够完备. 最大的缺陷是没有证明 Abel-Jacobi 定理和好好地讨论与这方面有关的发展, 例如一个黎曼面和它的 Jacobi 簇之间关系, 等等. 至于这本书有很多细节上不妥当的地方, 则更是有目共睹的. 鉴于国内这方面书籍的缺乏, 我们勉强先把这样一本还是相当粗糙的书仓促付印, 以免为了修补细节而长期延迟了它的出版.

本书所需的预备知识不太多, 最主要的是单复变函数论, 初步的拓扑、代数、泛函分析和基本的微分流形的概念. 因为第四章是自成一系的, 所以有必要时读者可以直接由第三章跳到第五章, 但我们希望读者不要这样做.

我们希望这本书能用作研究院的课本. 它所需要的预备知识应该是任何研究院的第一年必修课程的一部分, 它的程度适用于研究院的第二年课程. 为了使得研究生具备充实的基础知识, 我们觉得国内研究院一定要为学生开基本课程, 这是当务之急, 不可或缺的! 另一方面, 我们在编写时, 曾特别花了一些功夫来使得这本书也能作为大学毕业生自修之用. 再者, 我们也希望这本书能对复流形、多复变函数和代数几何这几个广阔的领域作一个初步的介绍, 而且也希望能启发读者向数学作更深入的研究. 为了达到第二个目的, 请读者特别注意引言和每章末的注记内的讨论. 在这些地方我不但尽可能地介绍了有关的文献, 而且也表达了我个人对数学的一些看法. 但是因为我的学识有限, 这些意见不一定都正确. 希望大家多加指正批评, 我就感激不尽了.

在数学所讲课时蒙陆启铿、钟家庆同志给我很大的帮助, 同时张素诚同志对这个小册子也提了宝贵的意见, 特此表示感谢. 吕以辇、陈志华同志不但完全尽了合著者的责任, 而且在很多吃力不讨好的地方, 他们都很慷慨地为我代劳, 书后的两个附录就是他们为了读者方便而特意撰写的. 本书中有很多我个人的意见, 当然得由我一个人负责, 但是它之所以能在短期内出版, 是与他们的努力分不开的. 在此向他们致以深切的感谢.

伍鸿熙

一九七九年一月十五日

于美国伯克利

通用记号

$\mathbf{R}$	实数域
$\mathbf{C}$	复数域
$\mathbf{Z}$	整数环
$\mathbf{Q}$	有理数域
$\mathbf{C}^*$	非零的复数之集
$\mathbf{R}^*$	非零的实数之集
$\exists$	存在, 有
$\forall$	对每个, 对所有
$\ni$	使
$\Longrightarrow$	蕴涵
$\Longleftrightarrow$	等价于, 充要条件
$x \in B$	x 是 B 的元
$\left.\begin{array}{c} A \supset B \\ B \subset A \end{array}\right\}$	B 是 A 的子集
$B \subset\subset A$	$B \subset A$ 且 B 在 A 内的闭包是紧的

引　言

本书的主要目的是讨论紧黎曼 (曲) 面, 但对非紧的黎曼面也有初步的介绍. 紧黎曼面的重要性是由于它们是紧复流形中最简单的例子. 紧复流形是近代数学的一个主要研究对象. 无论在代数几何、自守函数论或微分几何中, 紧复流形都占一个重要的地位. 同时紧复流形理论中的技巧和想法对多复变函数论也有重大的影响. 所以本书可以看作近代数学很多方面的入门. 要是能把这个简单的特殊情况好好掌握的话, 那么对下一步的研究是会有很大帮助的.

一个黎曼面从局部的眼光看来, 只是复平面中的一个开集. 从整体的眼光看来, 黎曼面的要点是在它上面能引进全纯和亚纯的概念. 所以本书大部分的时间都花在研究紧黎曼面上的全纯微分、亚纯函数等以及它们之间的关系. 从几何的眼光看来, 黎曼面是一个相当简单的概念, 因为任何一个紧的黎曼面都与 $\mathbf{R}^3$ 内一个闭曲面 (或称紧曲面) 同胚. 最简单的闭曲面自然是球面, 其次是环面, 如果环面上多挂一个环柄, 就得到一个有两个 “洞” 的闭曲面, 如下图所示.

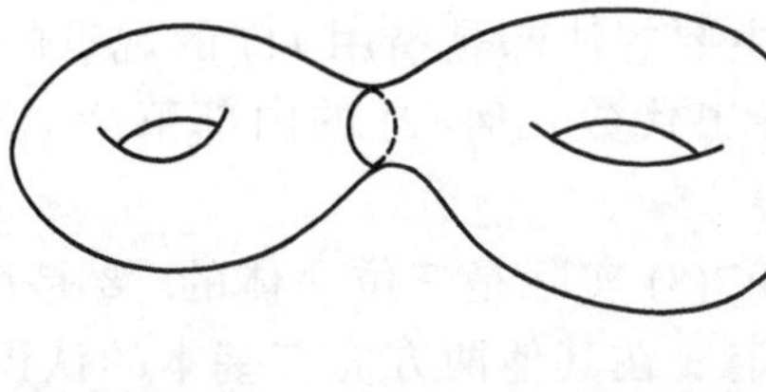

这曲面就是一个所谓亏格等于 2 的曲面, 一般来说, 如果 $\mathbf{R}^3$ 内一个闭曲面

有 n 个 "洞", 就称之为有亏格等于 n 的闭曲面 ($n \geqslant 0$). 从拓扑型的观点来看, 这些曲面就是所有的紧黎曼面了.

现在我们简略地讨论一下研究黎曼面的三个主要观点.

(1) 复流形的观点: 黎曼面是一维的 Kähler 流形. 这里的主要工具是分析、拓扑和微分几何, 例如曲率、示性类、残数公式、椭圆算子, 等等. 本书就采用这个观点.

(2) 代数几何的观点: 黎曼面是一条代数曲线, 即 n 维复投影空间 $P_n\mathbf{C}$ 内的一维紧子簇. 这里主要的工具是代数, 例如多项式环内的理想理论、Galois 理论、赋值论, 等等. 但研究的对象仍然是几何, 例如两条在 $P_2\mathbf{C}$ 内的代数曲线相交于多少点? 曲线的一点上是否有切线? 等等.

(3) 代数数论的观点: 黎曼面是一个一元代数函数域, 即一个 $\mathbf{C}$ 的一次纯超越扩充的有限扩充. 这里的工具是代数, 但对象则是代数和代数数论. 例如一元代数函数域的扩充理论.

这三个观点基本上是等价的. (1) 和 (3) 的等价, 可见本书的定理 6.3 和定理 6.6. 此外, 定理 18.8 和 §18 末的讨论也说明了 (1) 和 (2) 的等价. 但不同的观点自然导出不同的技巧、重点和结果. 比方说, 一个代数流形上的 "调和形式理论" (见本书的 §11 和 §13—17) 是属于 (1) 的范围而不是 (2) 或 (3) 的. 相反地, 因为 (2) 和 (3) 完全用代数工具, 所以它们的结果和证明都在特征等于 $p > 0$ 的情况下成立, 这种讨论自然不是 (1) 所能办到的. 但我们不希望读者对上面这三点作片面的理解, 以为黎曼面的研究是清清楚楚地分为三部分进行的, 或者以为可以把三者中之一孤立起来独自钻研. 事实上, 在 19 世纪初期和中期, (1) 和 (2) 是分不开的. 而且过去二十年间所发展的抽象代数几何基本上把 (2) 和 (3) 看成是同一回事. 所以这三者的分别只表述三种不同的态度, 而不是有意划出三条界线, 把黎曼面理论作一个 "天下三分". 从过去的历史我们知道, 这三个观点都是互助互补的. 要是任何一方面有重要发展的话, 则一定加深其他两方面的了解和启发新的问题. 比如说, 所谓代数簇的 "奇异点分解问题" 本来源于 (1), 但最后的解答却是完全用代数方法的, 即是说变成 (2) 的范围内的一条定理, 自然这条定理也是在 (1) 的领域内被反复应用的. 再举一个例, 所谓 "Weil 猜想" 是 (3) 的范围内的问题, 但这些猜想的主要想法却是借用 (1) 的观点的, 而且这些猜想的解决所用的工具已经引导出代数几何 (2) 的内部革命 (概形 (scheme), 层的应用, étale 上同调论, 等等).

所以上面的 (1), (2), (3) 实际是三位一体的. 要是读者有意在任何一方面作深入的研究, 则一定要在其他两方面有基本的认识, 这点是肯定的.

在紧黎曼面的理论中, 最重要的结果无疑是 Riemann-Roch 定理. 我们甚至可以将本书的题目改为"紧黎曼面的 Riemann-Roch 定理及其证明和应用". 在这里我们应该补充两点. 第一, 书内所载的 Riemann-Roch 定理的应用是极其初步的, 读者要看更深奥的结果, 则请参阅下列的文献, 特别是 Griffiths-Harris 的书. 其次, 本书所给的 Riemann-Roch 定理的证明绝不是最快捷的一个. 我们写这书的目的不是求速战速决, 而是欲借这个机会来向各位介绍一下过去三十年在复流形理论上的一些新发展. 往往在高维时看来抽象和难懂的概念及技巧, 在黎曼面上变得明确易懂. 因此用黎曼面作这方面的入门初阶, 其实是很理想的. 当然归根到底, 黎曼面的理论本身如果不是充分美好和完整的话, 则这本书就会变成东拉西址、零乱无章的了. 所以我们除了介绍一些新工具、新想法之外, 还希望读者会觉得黎曼面本身是值得细读和思考的.

现在我们讨论一些基本文献. 黎曼面的书籍和文章极多, 我们只能挑选一小部分以作范例, 这方面最有名的书无疑是

H. Weyl, The Concept of a Riemann Surface, Third edition, Addison-Wesley Publishing Co., 1955.

这本书的第一版是 1913 年在德国印行的 (原名 Idie der Riemannschen Fläche), 那时 Weyl 只有二十六岁. 这是 20 世纪数学界的一部经典著作. 近代所用的黎曼面定义和微分流形的定义, 都是从这本 1913 年的书中来的. 近代对黎曼面的基本了解, 也同出一处. 在 1955 年这本书的第三版中, 还是有资料值得任何一个数学家去学习的. 这本书对紧和非紧的黎曼面都有详细的讨论. Weyl 写的书一般来说比较难读, 下面这书大致上是设法把 Weyl 书内较初步的部分为初学者重写的:

G. Springer, Introduction to Riemann Surfaces, Addison-Wesley Publishing Co., 1957.

该书的好处是写得很浅, 所以较为容易入手. 但最后 30 页牵涉到一些较深奥的东西, 就写得有点难了. 和该书相近而且程度相当的书不多, 可举者有二:

R. C. Gunning, Lectures on Riemann Surfaces, Princeton University Press, 1966.

J. Guenot and R. Narasimhan, Introduction à la théorie des Surfaces de Riemann, *L' Enseignement Mathématique*, **21** (1975), 123—328.

后者虽然是在数学杂志上发表的文章, 但其实与课本无异. 这两个文献都着重于用近代的工具和观点来重新讨论黎曼曲面, 因此与本书的立场相像. 所不同的, 前者不用 Hodge 理论, 而且多用一些层论, 后者则不用层论而多用一些分析. Gunning 的书不能讲是写得平易近人, 但它的取材却是不错的.

Guenot-Narasimhan 的长文有很好的非紧黎曼面的讨论, 请读者注意.

用代数几何的观点来讨论黎曼面的书, 可推荐的有两本, 都是较浅的:

R. J. Walker, Algebraic Curves, Princeton University Press, 1950. (Dover Publications 在 1962 年曾把这书重印.)

K. Kendig, Elementary Algebraic Geometry, Springer-Verlag, 1977.

近代代数几何用的工具较多, 因此写一本完备的课本很难, 最近却一连出现两本这方面的好书, 它们都是在详细地介绍了代数簇之后才用黎曼面作举例的.

R. Hartshone, Algebraic Geometry, Springer-Verlag, 1977.

P. A. Griffiths and J. Harris, Principles of Algebraic Geometry, John Wiley & Sons, 1978.

前者全用代数的工具, 它对概形有初步的介绍. 后者是一本所谓 "超越代数几何" (Transcendental Algebraic Geometry) 的课本, 即是说, 只讨论复投影空间 $P_n\mathbf{C}$ 内的代数簇, 而且大部分时间用上面所提的 (1) 的观点来讨论代数几何. 所以 Griffiths-Harris 这本书也是一般的紧复流形理论方面最完善的课本. Griffiths-Harris 的书中小错漏很多, 但它最难得的地方是极能把握要点, 而且很清楚地告诉读者每个定理或概念的直观意义. 这本书不讨论模 (moduli) 理论的最近发展 (见下面 §3 的注记), 但这缺陷可以用 Cornalba-Griffiths 的长文作补充:

M. Cornalba and P. A. Griffiths, Some transcendental aspects of algebraic geometry, Proceedings of Symposia in Pure Mathematics, Volume XXIX, Amer. Math. Society Publications, 1975, 3—110.

希望读者在念完这本书后, 至少能够翻一翻 Griffiths-Harris 和 Cornalba-Griffiths 这两个文献. 这样对这方面的主要想法和大方向都会有一个更清楚的概念. 这种认识对于自己做研究工作时如何提问题和独自思考是很重要的.

下面两本书用近世代数手法来处理黎曼面理论 (上面的 (3)), 都是较初步的. 读者由这些文献中可以见到黎曼面与代数数论的关系:

M. Deuring, Lectures on the Theory of Algebraic Functions of One Variable, Springer-Verlag Lecture Notes, 1973.

S. Lang, Introduction to Algebraic Functions and Abelian Functions, Addison-Wesley Pub. Co., 1972.

学了一些近代概念后, 读者还应 "饮水思源", 找个机会看一些古老书籍以作借镜. 因为它们总结了上一代的精华, 我们是不能忽视的. 现只举出两本以作参考:

H. Hensel and G. Landsberg, Theorie der Algebraischen Funktionen einen Veränderlichen, Leipzig, 1902.

F. Severi, Vorlesungen über Algebraische Geometrie, Leipzig, 1921.

目　录

序

通用记号

引言

第一章 基本概念

§1 $P_n\mathbf{C}$ 的定义

为了以后的需要, 我们在这节定义 n 维复投影空间 $P_n\mathbf{C}$, 然后直观地讨论它的几何意义. 在这节之末将概括地讨论 $P_2\mathbf{C}$ 内的平面曲线和黎曼面的密切关系.

所谓 n 维投影空间 $P_n\mathbf{C}$, 就是如下的商空间:

$$P_n\mathbf{C} \equiv \mathbf{C}^{n+1} - \{0\}/\sim,$$

这里 $\sim$ 表示等价关系: $(z_0,\cdots,z_n) \sim (z'_0,\cdots,z'_n) \Leftrightarrow \exists\lambda \in \mathbf{C}$ 使 $z_\alpha = \lambda z'_\alpha, \forall\alpha = 0,\cdots,n$. 注意: 根据 $P_n\mathbf{C}$ 的定义, 我们只考虑非原点的 $(z_0,\cdots,z_n)$, 即至少有一个 $z_i \neq 0$. 所以上面这个 λ 是恒不等于 0 的.

一般用 $[z_0,\cdots,z_n]$ 来表示 $(z_0,\cdots,z_n)$ 的等价类. 所以 $(z_0,\cdots,z_n) \to [z_0,\cdots,z_n]$ 定义一个自然投影 $\pi: \mathbf{C}^{n+1} - \{0\} \to P_n\mathbf{C}$. 现在利用 π 在 $P_n\mathbf{C}$ 上引进拓扑: W 为 $P_n\mathbf{C}$ 内的开集的充要条件是 $\exists W' \subset \mathbf{C}^{n+1} - \{0\}, W'$ 是 $\mathbf{C}^{n+1}$ 内的开集, 而且 $\pi(W') = W$ (这个当然就是常用的商拓扑). 由定义 π 是开映照.

定义 $P_n\mathbf{C}$ 内 $n+1$ 个常用的子集:

$$U_\alpha = \{[z_0,\cdots,z_n] : z_\alpha \neq 0\}, \quad \alpha = 0,\cdots,n.$$

为了记号上的简便, 现在只讨论 $\alpha = 0$ 的情况, 但一切结论自然对所有的 α 都成立. 命 $U'_0 \equiv \{(1,z_1,\cdots,z_n) : z_i \in \mathbf{C}\}$, 则 U'_0 与 U_0 有一个一一对

应: $(1, z_1, \cdots, z_n) \mapsto [1, z_1, \cdots, z_n]$. 同时 U_0 是 $P_n\mathbf{C}$ 内的开集, 因 $\pi^{-1}(U_0)$ 是 $\mathbf{C}^{n+1} - \{0\}$ 内的开集 $\{(z_0, \cdots, z_n) : z_0 \neq 0\}$. 如果用 $\approx$ 表示同胚, 便有

$$U_0' \approx \mathbf{C}^n \approx U_0.$$

现在,

$$P_n\mathbf{C} - U_0 = \{[0, z_1, \cdots, z_n] : z_i \in \mathbf{C}, \text{ 且有 } j \geqslant 1 \text{ 使 } z_j \neq 0\}.$$

因此直接由定义可验证

$$P_n\mathbf{C} - U_0 \approx P_{n-1}\mathbf{C}.$$

我们称 $P_n\mathbf{C} - U_0$ 为 $P_n\mathbf{C}$ (对于 U_0 的) *在 ∞ 处的超平面*. 总结这讨论, 我们可直观地说: $P_n\mathbf{C}$ 是 $\mathbf{C}^n$ 在 ∞ 处加上一个超平面.

我们要继续用直观办法讨论 $P_n\mathbf{C}$ 的几何意义. 这是因为上面 $P_n\mathbf{C}$ 的定义是纯代数的, 这种形式化的定义不易吸收, 所以我们要强调几何直观上的理解. 现在要面对的现实就是当 $n > 1$ 时, $P_n\mathbf{C}$ 的 "实维" 已大过 3, 因此很难在这种情况下作直观的讨论. 同时 $n = 1$ 时又太特殊. 唯一的折衷办法就是跑进实域 $\mathbf{R}$ 内研究 "实投影空间" $P_2\mathbf{R}$ 或 $P_3\mathbf{R}$, 然后用比喻的方法回到复域上去了解 $P_n\mathbf{C}$. 这种 "从小窥大" 的办法, 用作培养对一个抽象概念的直观, 在数学上是很普通的. 希望大家今后能养成这种习惯.

现在看看 $P_2\mathbf{R}$ 吧. 这就是熟悉的*实投影平面*, 其定义是与 $P_n\mathbf{C}$ 无异的:

$$P_2\mathbf{R} \equiv \mathbf{R}^3 - \{0\}/\sim,$$

其中等价关系 $\sim$ 的定义是: $(x_1, x_2, x_3) \sim (x_1', x_2', x_3') \Leftrightarrow \exists \lambda \in \mathbf{R} \ni x_i = \lambda x_i', \forall i = 1, 2, 3$. 用 $[x_1, x_2, x_3]$ 来表示 (x_1, x_2, x_3) 的等价类. 这个代数上的定义, 自然与大家对 $P_2\mathbf{R}$ 的直观认识 ("$P_2\mathbf{R}$ 是 $\mathbf{R}^2$ 加上很多无穷远点, 使所有 $\mathbf{R}^2$ 上的平行线在 $P_2\mathbf{R}$ 中有相交点") 大有出入. 现在我们从这代数的定义作一些推论, 以便给这个 "形式定义" 与 "几何直观" 之间作一个联系.

设 $U_0 \equiv \{[1, x, y] : x, y \in \mathbf{R}\}$, 则如前定义 $P_2\mathbf{R}$ 之拓扑, 有 $U_0 \approx \mathbf{R}^2$, 而且

$$P_2\mathbf{R} - U_0 = \{[0, 1, y] : y \in \mathbf{R}\} \cup \{[0, 0, 1]\}.$$

记 $L_\infty \equiv P_2\mathbf{R} - U_0$. L_∞ 称为*在无穷远的直线*. 现设在 $\mathbf{R}^2$ 上有两条平行直线

$$L_1 : ax + by + c = 0,$$

$$L_2 : ax + by + c' = 0,$$

这里 $c \neq c'$. 无妨设定 $b \neq 0$, 此即表示这两条直线不是与 x 轴垂直的. 设 $p_1 \in L_1, p_1 = (x, y)$. 今将 L_1 看成 U_0 内 (故在 $P_2\mathbf{R}$ 内) 的子集, 即将 (x, y) 与

$[1,x,y]$ 认同. 由于 $P_2\mathbf{R}$ 是拓扑空间, 故可取极限. 因此当 p_1 沿着 L_1 走到无穷远时,

$$\lim_{\substack{p_1\to\infty\\ p_1\in L_1}} p_1 = \lim_{x\to\pm\infty}[1,x,y] = \lim_{x\to\pm\infty}\left[1,x,\frac{-ax-c}{b}\right]$$
$$= \lim_{x\to\pm\infty}\left[\frac{1}{x},1,\frac{-ax-c}{-bx}\right] = \left[0,1,\frac{-a}{b}\right].$$

$-\frac{a}{b}$ 是直线 L_1 的斜率, 所以 p_1 在 $P_2\mathbf{R}$ 内的极限只依赖 L_1 的斜率. 因此如果 $p_2\in L_2$ 而 $p_2\to\infty$, 则 p_2 在 $P_2\mathbf{R}$ 亦收敛于 $[0,1,\frac{-a}{b}]$. 故 $L_1\cap L_2=\{[0,1,\frac{-a}{b}]\}$ (在 $P_2\mathbf{R}$ 内).

现在剩下的就是 $b=0$ 的情况. 此时直线在无穷远处, 在 $P_2\mathbf{R}$ 的坐标即为 [0, 0, 1]. 所以 L_∞ 即为所有 $\mathbf{R}^2$ 内直线在无穷远处的极限, 亦即是所有 $\mathbf{R}^2$ 内平行直线相交点所成之集. 以上就给 L_∞ 一个直观的解释.

回到 $P_n\mathbf{C}$ 的情况, 对应于 $\mathbf{R}^2$ 内的直线就是 $\mathbf{C}_n$ 内的超平面 $a_1z_1+\cdots+a_nz_n+b=0, a_i,b\in\mathbf{C},\forall i$, 而且至少有一个 $a_i\neq 0$. 将 $\mathbf{R}^2$ 内平行直线的定义作形式上的推广, 就得定义: $a_1z_1+\cdots+a_nz_n+b=0$ 与 $a_1'z_1+\cdots+a_n'z_n+b'=0$ 平行, 如果 $a_i=a_i',\forall i$. (如我们用 $\mathbf{C}^n$ 内的典范 Hermit 内积来解释这定义, 则两超平面平行 $\Rightarrow$ 它们与同一个复 1 维子空间正交.) 上面 $P_2\mathbf{R}$ 的推论自然使我们猜测:

(*) $P_n\mathbf{C}$ 在 ∞ 处的超平面 $P_n\mathbf{C}-U_0$ 就是所有 $\mathbf{C}^n$ 内平行超平面在无穷远处相交的点集.

猜测 (*) 的证明也不难. 事实上用前面对 $P_2\mathbf{R}$ 的推论就可将 (*) 证明了. 为了简便起见, 现用稍微不同的一个证明. 命 H 为超平面 $a_1z_1+\cdots+a_nz_n+b=0$. 因为我们将 U_0 与 $\mathbf{C}^n$ 认同, 故

$$H=\{[1,\zeta_1,\cdots,\zeta_n]: a_1\zeta_1+\cdots+a_n\zeta_n+b=0\}.$$

今考虑 $P_n\mathbf{C}$ 内的子集

$$H^*\equiv\{[z_0,\cdots,z_n]: bz_0+a_1z_1+\cdots+a_nz_n=0\}.$$

注意 H^* 的定义是合理的. 现有

$$\begin{aligned}H^*\cap U_0 &= \{[z_0,\cdots,z_n]: z_0\neq 0, bz_0+a_1z_1+\cdots+a_nz_n=0\}\\ &= \left\{\left[1,\frac{z_1}{z_0},\cdots,\frac{z_n}{z_0}\right]: a_1\left(\frac{z_1}{z_0}\right)+\cdots+a_n\left(\frac{z_n}{z_0}\right)+b=0\right\}\\ &= H.\end{aligned}$$

另一方面

$$H^* \cap (P_n\mathbf{C} - U_0) = \{[0, z_1, \cdots, z_n] : a_1z_1 + \cdots + a_nz_n = 0\}.$$

所以如果在 $P_n\mathbf{C}$ 内取极限 $\lim p$, 其中 $p \in H$, 且 $|p| \to \infty$, 则所得的极限点就是

$$\{[0, z_1, \cdots, z_n] : a_1z_1 + \cdots + a_nz_n = 0\}.$$

这个集不依赖于 b. 故若 H_1 是另一个与 H 平行的超平面, 则 H_1 与 H 在 ∞ 的交就是这个集. 同时这些 $a_1, \cdots, a_n$ 是任意的, 故 $P_n\mathbf{C} - U_0$ 就是所有这样的交的并集. 即 $(*)$ 得证. 故 $P_n\mathbf{C}$ 得到一个直观的解释.

上面这段推论都是由 $P_2\mathbf{R}$ 的例子启发的. 这就是我们上面提到的 "从小窥大" 的意思.

请注意: 由 $P_2\mathbf{R} \equiv \mathbf{R}^3 - \{0\}/\sim$, $P_2\mathbf{R}$ 与 $\mathbf{R}^3$ 中通过原点的所有直线所成的集一一对应. 同样, 由定义 $P_n\mathbf{C} \equiv \mathbf{C}^{n+1} - \{0\}/\sim$, 亦知 $P_n\mathbf{C}$ 是与 $\mathbf{C}^{n+1}$ 中通过原点所有的复直线所成的集一一对应. 由这观点, 一个自然的问题就是是否存在一个 "同样简单" 的空间, 使它与 $\mathbf{C}^n$ (或 $\mathbf{R}^n$) 内通过原点的复 p 维 (或实 p 维) 子空间所成的集一一对应 $(1 \leqslant p \leqslant n)$? 这答案是肯定的, 这空间就是所谓 Grassmann $G(p, n; \mathbf{C})$ 或 $G(p, n; \mathbf{R})$, 不过这是话题以外了.

设 $p(z_0, \cdots, z_n)$ 是 $P_n\mathbf{C}$ 上的一个不恒等于 0 的 m 次齐次多项式. 今定义

$$V_p \equiv \{[z_0, \cdots, z_n] \in P_n\mathbf{C} : p(z_0, \cdots, z_n) = 0\},$$

这个 V_p 称为 p 所定义的**超曲面**. 因为 $[z_0, \cdots, z_n]$ 是一个等价类, 必须证明这定义合理, 即证: 如 $(z_0, \cdots, z_n) \sim (z_0', \cdots, z_n')$ 和 $p(z_0, \cdots, z_n) = 0$, 则蕴涵 $p(z_0', \cdots, z_n') = 0$. 这是因为由定义, 有 $\lambda \in \mathbf{C} \ni z_i' = \lambda z_i, \forall i = 0, \cdots, n$. 故

$$\begin{aligned} p(z_0', \cdots, z_n') &= p(\lambda z_0, \cdots, \lambda z_n) \\ &= \lambda^m p(z_0, \cdots, z_n) = 0. \end{aligned}$$

最有趣的情形是 $n = 2$, 即 $P_2\mathbf{C}$ 的情形. 此时 V_p 就称为 (代数) **平面曲线**, m 就称为 V_p 的阶 (degree).

例　如 $p = z_0z_2^2 - z_1^3 + z_0^2z_1 + z_0^3$, 则 V_p 就是一个三阶的平面曲线. 这就是 $P_2\mathbf{C}$ 中的**椭圆曲线**的一个例子. 这一类曲线的研究在代数数论中占一个重要的地位, 它们的性质亦极丰富 (可参阅下面第二章 §6 中的 (**X**) 和章后的注记).

平面曲线的研究和紧黎曼面的理论有一个密切的关系. 在 19 世纪时, 这两方面是分不开的, 那时的 "黎曼面" 就是平面曲线. 我们要等到 §3 才正式定义黎曼面, 所以在这里不能作一个严格的讨论. 但乘这机会不妨大概地

说一说, 如读者对基本的实流形理论有一点训练, 则自然可以领略到其中大意. 在概念上, 下面两个定理把 "紧黎曼面" 和 "平面曲线" 之间的关系表达得很清楚.

定理 1.1 任何紧黎曼面都可全纯浸入 $P_2\mathbf{C}$, 且其像集是一个平面曲线.

定理 1.2 设 M^* 为 $P_2\mathbf{C}$ 内一任意的平面曲线, 则有一个不一定连通的紧黎曼面 M 和全纯映照 $f: M \to P_2\mathbf{C}$ 使 $f(M) = M^*$, 而且有一个有限点集 $A \subset M$ 使 $f|(M-A)$ 是一个全纯嵌入.

定理 1.1 中的结论只能是浸入而不是嵌入. 例如当紧黎曼面之亏格等于 2 时, 则不可能嵌入 $P_2\mathbf{C}$. 本书中不会证明定理 1.1, 但在第五章 §21, 我们将给出定理 1.2 的证明概要. 至于高维的投影空间与黎曼面的关系, 则可由下列定理看到:

定理 1.3 任何紧黎曼面可以全纯嵌入 $P_3\mathbf{C}$.

在第五章的 §21, 我们将证明一个较弱的定理 (嵌入 $P_5\mathbf{C}$ 而不是 $P_3\mathbf{C}$). 另一个嵌入定理亦会在 §18 中找到.

这短短的非正式的讨论, 希望能给读者一个部分的鸟瞰, 至少希望读者能深信 $P_n\mathbf{C}$ 在概念上, 对黎曼面理论是很重要的.

§2 形式微分

这一节主要介绍 $\mathbf{R}^2$ 上的形式微分. 今后假设所有的函数 (除特别说明外) 都是 C^∞ 的.

在 $\mathbf{R}^2$ 上已有实坐标 x, y, 今定义 $z = x + \sqrt{-1}y$. 并引进记号:

$$\begin{aligned}
\frac{d}{dz} &= \frac{1}{2}\left(\frac{d}{dx} - \sqrt{-1}\frac{d}{dy}\right),\\
\frac{d}{d\bar{z}} &= \frac{1}{2}\left(\frac{d}{dx} + \sqrt{-1}\frac{d}{dy}\right);\\
dz &= dx + \sqrt{-1}dy,\\
d\bar{z} &= dx - \sqrt{-1}dy.
\end{aligned}$$

引进了上面的记号之后, 如 f 是在 $\mathbf{R}^2$ 上定义的 C^∞ 复值函数, $f = u + \sqrt{-1}v$ (这里 u, v 是 $\mathbf{R}^2$ 上的 C^∞ 实函数), 则有:

$$\frac{df}{d\bar{z}} = 0 \Leftrightarrow \begin{cases} \dfrac{\partial u}{\partial x} = \dfrac{\partial v}{\partial y},\\[2mm] \dfrac{\partial u}{\partial y} = -\dfrac{\partial v}{\partial x}. \end{cases}$$

后面的这两个等式就是众所周知的 Cauchy-Riemann 方程, 因此 $\frac{df}{d\bar{z}}=0$ 就是 f 是全纯函数的充要条件.

在 $\mathbf{R}^2$ 上, dx, dy 是 $T(\mathbf{R}^2)$ ($\mathbf{R}^2$ 的切丛) 的向量场 $\frac{d}{dx}, \frac{d}{dy}$ 的对偶, 因此有

$$\begin{cases} dx\left(\dfrac{d}{dx}\right)=dy\left(\dfrac{d}{dy}\right)=1, \\ dx\left(\dfrac{d}{dy}\right)=dy\left(\dfrac{d}{dx}\right)=0. \end{cases}$$

现在我们将 $\frac{d}{dx}, \frac{d}{dy}$ 所生成的空间 (在实数域 $\mathbf{R}$ 上), 用复化进行扩充, 亦即将其扩充为复数域上的线性空间. 同样的过程对 dx, dy 所生成的空间进行. 这样 $\frac{d}{dz}, \frac{d}{d\bar{z}}$ 就在 $\frac{d}{dx}, \frac{d}{dy}$ 的复线性组合所成的空间中, 同样 $dz, d\bar{z}$ 亦就在 dx, dy 的复线性组合所成的空间中. 现在扩充 dx, dy 运算使在 $\frac{d}{dx}, \frac{d}{dy}$ 上是复线性的, 即对任意的 $a, b, c, e \in \mathbf{C}$,

$$\begin{aligned}(adx+bdy)\left(c\frac{d}{dx}+e\frac{d}{dy}\right)=&\ acdx\left(\frac{d}{dx}\right)+bcdy\left(\frac{d}{dx}\right) \\ &+aedx\left(\frac{d}{dy}\right)+bedy\left(\frac{d}{dy}\right).\end{aligned}$$

则有

$$dz\left(\frac{d}{dz}\right)=d\bar{z}\left(\frac{d}{d\bar{z}}\right)=1,$$

$$dz\left(\frac{d}{d\bar{z}}\right)=d\bar{z}\left(\frac{d}{dz}\right)=0.$$

同样, 可以用复线性扩充的办法, 使外微分运算在复域 $\mathbf{C}$ 上进行. 无疑有

$$dx\wedge dy=\frac{\sqrt{-1}}{2}dz\wedge d\bar{z}.$$

在 $\mathbf{R}^2$ 上的复值外微分形式只有 1 次形式与 2 次形式. 复值 1 次形式就是形为 $pdz+qd\bar{z}$ 的形式, 其中 p 和 q 是 $\mathbf{R}^2$ 上的 C^∞ 复值函数. 当 $q=0$, 就称其为 (1, 0) 型 1 次形式; $p=0$, 就称其为 (0, 1) 型 1 次形式. $\mathbf{R}^2$ 上的复值 2 次形式只有 $pdz\wedge d\bar{z}, p$ 是 $\mathbf{R}^2$ 上的 C^∞ 复值函数, 我们称 $pdz\wedge d\bar{z}$ 为 (1, 1) 型形式.

此外, 外微分运算 d 也可以扩充为对 $\mathbf{C}$ 线性的. 即对任一 $\mathbf{R}^2$ 上的复值函数 f, 及任一复数 $a\in\mathbf{C}$, 有 $d(af)=adf$.

今引进记号

$$\partial = dz\frac{d}{dz},$$
$$\overline{\partial} = d\overline{z}\frac{d}{d\overline{z}};$$

则有如下等式:

(1) 若 $f: \mathbf{R}^2 \to \mathbf{C}$ 是复值可微分函数, 则

$$df = \frac{df}{dz}dz + \frac{df}{d\overline{z}}d\overline{z} = \partial f + \overline{\partial} f.$$

(2) 若 $\omega = pdz + qd\overline{z}$, 则

$$d\omega = \overline{\partial} p \wedge dz + \partial q \wedge d\overline{z}.$$

我们再定义:

$$\partial\omega = \partial q \wedge d\overline{z}, \quad \overline{\partial}\omega = \overline{\partial} p \wedge dz.$$

因此可立得:

$$d\omega = \partial\omega + \overline{\partial}\omega.$$

由 (1) 与 (2) 得恒等式:

$$d = \partial + \overline{\partial}.$$

(3) 将 $\mathbf{R}^2$ 看成 $\mathbf{C}$ 时, 复值函数 f 是全纯的充要条件为$\overline{\partial} f = 0$.

(4) $\partial^2 = \overline{\partial}^2 = 0, \overline{\partial}\partial = -\partial\overline{\partial}$.

现设

$$\varphi: \mathbf{R}^2 \to \mathbf{R}^2(\mathbf{C})$$

是一个 C^∞ 映照,

$$\varphi: (x, y) \to (u, v).$$

命 $z = x + iy, w = u + iv$, 今扩充 φ^* 为对 $\mathbf{C}$ 线性的, 则有

$$\varphi^* dw = \partial\varphi + \overline{\partial}\varphi,$$

如果把 φ 的值域空间与 $\mathbf{C}^1$ 认同, 此时 $dw = \partial w$. 因此

$$\varphi^* \partial w = \partial\varphi + \overline{\partial}\varphi.$$

一般来说, $\overline{\partial}\varphi$ 不为 0, 因此外形式的型在 φ^* 的作用下是不能保持的. 只有将 φ 从 C^∞ 改成是全纯的, 才能使形式的型在 φ 作用下得以保持.

下面开始, 我们限于讲复的且全纯的.

引理 2.1 如 $f:U\to\mathbf{C}$ 是全纯映照, 这里 U 为 $\mathbf{C}$ 中的开集, 则有

$$f^*\partial=\partial f^*,\quad \overline{\partial}f^*=f^*\overline{\partial},$$

并且 f^* 是保型的, 即若 ω 是 (p,q) 型 (p,q 在 0, 1 中取值) 形式, 则 $f^*\omega$ 仍是 (p,q) 型形式.

这个引理的证明是累赘但显然的. 另外我们还有如下的等式: 若将 f^*,g^* 扩充为对 $\mathbf{C}$ 线性的, 则

$$(g\circ f)^*=f^*\circ g^*.$$

这等式实际上就是复合函数求微商的公式.

从上面的定义知道, $\overline{\partial}$ 与 ∂ 是共轭的, 即 $\partial=\overline{\overline{\partial}}$, 亦即对任意的 f, 有 $\overline{\partial}f=\overline{\partial\overline{f}}$. 因此 $\overline{\partial}$ 与 ∂ 中只要研究其中之一就可以了, 我们主要研究 $\overline{\partial}$. 现引进记号

$$\overline{\partial}:A^0\to A^1,$$

其中 A^0 表示所有 C^∞ 函数所成的复域 $\mathbf{C}$ 上的线性空间, A^1 表示所有 C^∞ 的 1 形式所成的复域 $\mathbf{C}$ 上的线性空间. $\overline{\partial}$ 是一个线性算子, $\overline{\partial}$ 的核 $\mathrm{Ker}\ (\overline{\partial})=$ 全纯函数的全体. 这就是 $\overline{\partial}$ 特别重要的原因. 同样,

$$d=\partial+\overline{\partial}:A^0\to A^1,$$

亦是 A^0 到 A^1 的线性算子, 但 $\mathrm{Ker}\ (d)=$ 常值函数的全体. 而常值函数是没有什么研究兴趣的, 这就是在黎曼面上主要不研究 d 的原因.

“$\overline{\partial}$” 的重要性, 可以作更深一层的解释. 在函数论中一个重要的问题是如何构作全纯函数. 例如古典的 Weierstrass 定理, 主要就是说在 $\mathbf{C}$ 上可构作一个全纯函数, 使其零点为一任意点列. 这里 Weierstrass 用无穷乘积来构作这一全纯函数. Weierstrass 的观点一般是单纯以幂级数的办法来构作全纯函数, 在某些情况下 (特别在一般的复流形上) 这个观点是不能充分解决上述难题的. 用近代的术语, Riemann 的观点就是把全纯函数看成满足$\overline{\partial}f=0$ 的 C^∞ 函数, 就是说, 要利用实变数的知识来推进全纯函数的研究. 近代偏微分方程方面的工作 (特别是 C. B. Morrey, J. J. Kohn, L. Hörmander) 把这个观点变成一个强有力的工具. 例如说, 设在 $\mathbf{C}$ 上的任一个 (0, 1) 型形式 $\omega,\overline{\partial}f=\omega$ 均有解 f, 且 f 能满足 “某些自然条件”, 则可构作全纯函数如下: 在 $\mathbf{C}$ 上取一 C^∞ 函数 g, 命 $\omega=\overline{\partial}g$. 设 f 为 $\overline{\partial}f=\omega$ 的解, 则有 $\overline{\partial}(f-g)=\overline{\partial}f-\overline{\partial}g=\omega-\omega=0$, 即 $f-g$ 为全纯函数. 同时, f 若满足 “某些自然条件”, 则可保证 $f\neq g$. 所以 $f-g$ 为一非恒等于零的全纯函数. 如我

们小心挑选 g, 则 $(f-g)$ 会有很好的性质. 上述的 Weierstrass 定理, 是可用这办法证明的. 同理, 单复变函数论的另一主要定理, Mittag-Leffler 定理, 也可用这种想法来证明. 这个证明在 §9, §10 中可找到 (特别是系 10.1).

现在重温一下微分形式理论的最基本定理.

Poincaré 引理 (在 $\mathbf{R}^2$ 上) 任何形式 $\omega, d\omega=0 \Leftrightarrow$ 存在 f, 使 $\omega=df$.

证 当 ω 是函数时, 这个引理没有意义, 因此只要对 ω 是 1 形式或 2 形式来证明. 今先假定 ω 是实形式.

先设 ω 为 2 形式, $\omega=F(x,y)dx\wedge dy$ (在 $\mathbf{R}^2$ 上任何 2 形式都是闭的). 今定义

$$f_0(x,y)=\int_0^x F(t,y)dt.$$

又命 $f=f_0(x,y)dy$, 则 $df=\omega$.

当 ω 为 1 形式时, $\omega=pdx+qdy$. $d\omega=0$ 即为

$$\frac{\partial p}{\partial y}=\frac{\partial q}{\partial x}.$$

命 $f(x,y)=\int_0^x p(t,y)dt+\int_0^y q(0,t)dt$, 则 $df=\omega$.

如 ω 为复形式, 命 $\omega=\omega_1+\sqrt{-1}\omega_2$, 其中 ω_1 和 ω_2 为实形式. $d\omega=0 \Leftrightarrow d\omega_1+\sqrt{-1}d\omega_2=0 \Leftrightarrow d\omega_1=d\omega_2=0$. 由上得知 $\omega_1=df_1, \omega_2=df_2$. 因此 $\omega=d(f_1+\sqrt{-1}f_2)$. □

在这个证明中, f 的定义可以解释如下: 如 $df=\omega$, 则

$$\frac{\partial f}{\partial x}dx+\frac{\partial f}{\partial y}dy=pdx+qdy,$$

所以 $df=\omega$ 之充要条件为

$$(*)\qquad \frac{\partial f}{\partial x}=p,\quad \frac{\partial f}{\partial y}=q.$$

因 $\frac{\partial f}{\partial x}=p$, 则自然先试定义

$$f(x,y)=\int_0^x p(t,y)dt.$$

用此定义和 $\frac{\partial p}{\partial y}=\frac{\partial q}{\partial x}$, 则得 $\frac{\partial f}{\partial y}=q(x,y)-q(0,y)$. 因而改 f 的定义为

$$f(x,y)=\int_0^x p(t,y)dt+\int_0^y q(0,t)dt,$$

则可立得 $(*)$ 式.

§3 黎曼曲面和例子

定义 3.1 n 维复流形是一个连通、T_2、仿紧的拓扑空间 M, 而且 M 具有坐标覆盖 $\{U_i, \Phi_i\}$, 并适合:

(1) 每个 U_i 是 M 内的开集, 且 $\cup U_i = M$;

(2) $\Phi_i : U_i \to \mathbf{C}^n$, 且 $\Phi_i : U_i \to \Phi_i(U_i)$ 是同胚, 而且 $\Phi_i(U_i)$ 是 $\mathbf{C}^n$ 内的开集.

(3) 对 $\forall i, j$,

$$\Phi_i \circ \Phi_j^{-1} : \Phi_j(U_i \cap U_j) \to \Phi_i(U_i \cap U_j)$$

是全纯的.

上述定义中之 U_i 称为坐标邻域, Φ_i 称为坐标映照.

定义 3.2 1 维复流形就称为黎曼曲面或黎曼面.

在本书中, 普通只用到 1 维与 2 维复流形, 偶然才涉及更高维的复流形. 下面图 3.1 是流形 (黎曼面) 定义的图示.

定义 3.3 $f : M \to \mathbf{C}$ 是全纯函数, 如果对每个 $i, f \circ \Phi_i^{-1}$ 是 $\Phi_i(U_i) \to \mathbf{C}$ 的全纯函数.

这定义是很自然的, 而且由此可以了解定义 3.1 内条件 (3). 即设 $f : M \to \mathbf{C}$ 为全纯函数, 则给出任意 i 和 $j, f \circ \Phi_i^{-1}$ 和 $f \circ \Phi_j^{-1}$ 都是全纯的. 但 $f \circ \Phi_i^{-1} = (f \circ \Phi_j^{-1}) \circ (\Phi_j \circ \Phi_i^{-1})$, 所以只有 $\Phi_j \circ \Phi_i^{-1}$ 是全纯的, 才能使定义 3.3 不发生自相矛盾.

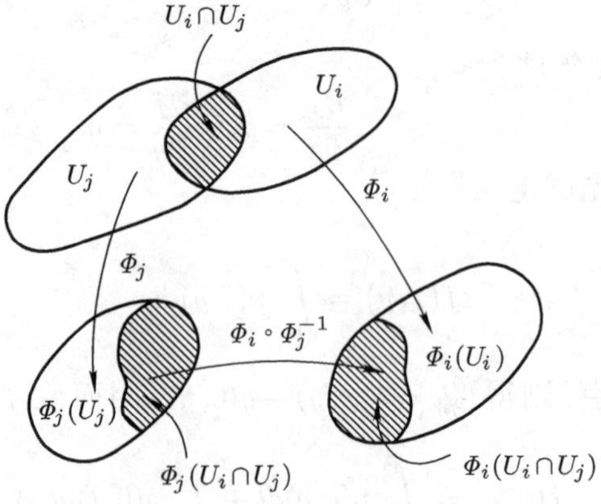

图 3.1

定义 3.4 $U \subset \mathbf{C}^n$, 是 $\mathbf{C}^n$ 中的开集, $f: U \to \mathbf{C}$ 是全纯的, 如果 $f(z_1, \cdots, z_n)$ 是 C^∞ 的, 而且固定任何 $n-1$ 个变数时, f 是另一个变数的全纯函数.

现在有 $f = (f_1, \cdots, f_m): U \to V, U \subset \mathbf{C}^n, V \subset \mathbf{C}^m$, 分别都是 $\mathbf{C}^n$ 与 $\mathbf{C}^m$ 中的开集, 如果 $f_1, \cdots, f_m$ 都是全纯的, 则称 f 为全纯映照.

定义 3.5 设 M 和 N 是两个复流形, $\{(U_i, \Phi_i)\}$ 与 $\{(V_j, \Phi_j)\}$ 分别是 M 和 N 的坐标覆盖. $f: M \to N$ 是一个映照, 如果对任意的 i, j,

$$\Psi_j \circ f \circ \Phi_i^{-1}: \Phi_i(U_i) \to \Phi_j(V_j)$$

是全纯映照, 那么就称 $f: M \to N$ 是全纯映照.

一个单变数的全纯函数, 如将其看成是 $f: \mathbf{C} \to \mathbf{C}$ 的一个全纯映照, 则可以用所有的几何工具来研究全纯函数.

引理 3.6 复流形皆是可定向的.

(一个实 n 维流形 M 称为可定向的, 如果存在 M 的一个坐标覆盖 $\{(U_i, \Phi_i)\}$ (实流形的坐标覆盖的定义与前面给的复流形的坐标覆盖的定义类似), 使

$$\text{Jacobian}\ (\Phi_i \circ \Phi_j^{-1}) > 0$$

对任意的 i, j 成立.)

引理 3.6 的证明 我们仅对黎曼面来证. 一般复流形的证明是类似的, 只是表示式较为复杂些而已.

今在 $\Phi(U_i)$ 内, 设 $z = x + iy$, 在 $\Phi_j(U_j)$ 内设 $w = u + iv$. 有

$$\text{Jacobian}(\Phi_j \circ \Phi_i^{-1}) = \frac{\partial(u, v)}{\partial(x, y)} = \left|\frac{dw}{dz}\right|^2 > 0,$$

其中最后一个等式成立是由于 Cauchy-Riemann 方程. 因为 $\Phi_i \circ \Phi_j^{-1}$ 是 $\Phi_j \circ \Phi_i^{-1}$ 之逆, 因此 $\left|\frac{dw}{dz}\right| > 0$. □

如读者不熟悉实流形可定向的概念, 则上述定义可能较抽象. 一个直观的解释可由如下想法得出: 设 M 为 $\mathbf{R}^3$ 内的一个曲面 (2 维实流形), 则 M 可定向的充要条件为 M 具有一可微分的单位法线. 这个断言的证明不难.

设 M 为复流形, $p \in M, (U, \Phi)$ 为 p 的坐标邻域, $\Phi: U \to \mathbf{C}^n$. 一般来说, 我们把 U 和 $\mathbf{C}^n$ 内的开集 $\Phi(U)$ 认同, 也把 p 和 $\Phi(p)$ 认同. 所以如果 $\{z_1, \cdots, z_n\}$ 是 $\mathbf{C}^n$ 上的坐标函数, 则 $\{z_i\}$ 就变成 U 上的函数. 称 $\{z_i\}$ 为 U 上的坐标函数.

下面列举黎曼面的例子.

例 1 $P_2\mathbf{C}$ 是一复流形.

首先复习对 $P_2\mathbf{C}$ 引入的自然拓扑. 设自然映照 $\pi:\mathbf{C}^3-\{0\}\to P_2\mathbf{C}, \pi(z_0, z_1, z_2)\equiv[z_0,z_1,z_2]$. $P_2\mathbf{C}$ 的开集为 $\{\pi(U): U$ 是 $\mathbf{C}^3-\{0\}$ 的开集$\}$. 其次, 定义坐标覆盖 $\{U_i,\varPhi_i\}$ 如下:

$$U_0=\{[z_0,z_1,z_2]:z_0\neq 0\};$$
$$U_1=\{[z_0,z_1,z_2]:z_1\neq 0\};$$
$$U_2=\{[z_0,z_1,z_2]:z_2\neq 0\}.$$

坐标映照为

$$\varPhi_0:U_0\to\mathbf{C}_2,\quad \varPhi_0([z_0,z_1,z_2])=(z_1/z_0,z_2/z_0);$$
$$\varPhi_1:U_1\to\mathbf{C}_2,\quad \varPhi_1([z_0,z_1,z_2])=(z_0/z_1,z_2/z_1);$$
$$\varPhi_2:U_2\to\mathbf{C}_2,\quad \varPhi_2([z_0,z_1,z_2])=(z_0/z_2,z_1/z_2).$$

显然, $P_2\mathbf{C}=U_0\cup U_1\cup U_2, U_i\ (i=0,1,2)$ 是 $P_2\mathbf{C}$ 中的开集, 而 $\varPhi_i:U_i\to\mathbf{C}^2$ 是一一对应, 且是一同胚. 此外不难验证, 所有的 $\varPhi_i\circ\varPhi_j^{-1}:\mathbf{C}^*\times\mathbf{C}\to\mathbf{C}^*\times\mathbf{C}$ (或 $\mathbf{C}\times\mathbf{C}^*\to\mathbf{C}\times\mathbf{C}^*$) 为全纯映照 (这里 $\mathbf{C}^*\equiv\mathbf{C}-\{0\}$, 下同). 例如, 对 $(z,w)\in\mathbf{C}^*\times\mathbf{C}, \varPhi_0\circ\varPhi_1^{-1}(z,w)=\varPhi_0([z,1,w])=(1/z,w/z)$ 便是全纯映照.

习题 证明 π 是全纯映照.

习题 同理证明 $P_n\mathbf{C}$ 是一个 n 维复流形.

定义 3.7 两复流形 M 与 N 称为同构, 如果存在全纯映照 $\varphi:M\to N, \psi:N\to M$, 使 $\varphi\circ\psi=i_N, \psi\circ\varphi=i_M$, 其中 i_N 和 i_M 均为恒等映照. 并且, 具有这种性质的 $\varphi(\psi)$ 称为双全纯映照.

习题 设 M 和 N 为黎曼面, 则 $f:M\to N$ 为双全纯映照 $\Leftrightarrow$ f 为一个一一 (单的) 且满的全纯映照.

习题 设 M 和 N 为紧黎曼面, 则 $f:M\to N$ 为双全纯映照 $\Leftrightarrow$ 存在有限集 A 和 B, 使 $A\subset M, B\subset N$, 且 $f:M-A\to N-B$ 为双全纯映照.

例 2 $\mathbf{C}$ 和 $\mathbf{C}$ 内的单位圆 $\Delta=\{z:|z|<1\}$, 在通常意义下均是复流形. 作为拓扑空间, $\mathbf{C}$ 与 Δ 同胚. 但作为复流形时, $\mathbf{C}$ 与 Δ 不同构. 因为任意 $\mathbf{C}\to\Delta$ 的全纯函数即 $\mathbf{C}$ 上有界全纯函数, 故恒等于常数.

例 3 黎曼球面 S. 这里我们定义 $S=\mathbf{C}\cup\{\infty\}$. S 是复流形, 其坐标覆

盖 $\{(U_i, \Phi_i)\}$ $(i=0,1)$ 定义如下:

$$
\begin{aligned}
&U_0 = \mathbf{C},\\
&U_1 = S - \{0\};\\
&\Phi_0 : U_0 \to \mathbf{C}, \quad \Phi_0(z) = z,\\
&\Phi_1 : U_1 \to \mathbf{C}, \quad \Phi_1(z) = \begin{cases} 1/z, & z \neq \infty,\\ 0, & z = \infty. \end{cases}
\end{aligned}
$$

在 S 的自然拓扑下, Φ_0 和 Φ_1 均是全纯映照, 并且

$$
\Phi_0 \circ \Phi_1^{-1} : \mathbf{C}^* \to \mathbf{C}^*, \quad \Phi_0 \circ \Phi_1^{-1} = 1/z,
$$

显然是全纯映照. 因而 S 是 1 维复流形.

现考虑单位球面 $\Sigma = \{(x,y,z) \in \mathbf{R}^3 : x^2+y^2+z^2=1\}$. Σ 也是复流形: $\{U_i, \Phi_i\}$ $(i=0,1)$ 可如下定义.

设 $N=(0,0,1)$ (北极), $S=(0,0,-1)$ (南极).

$$
\begin{aligned}
U_0 &= \Sigma - \{S\}, \quad \Phi_0 : U_0 \to \mathbf{C};\\
U_1 &= \Sigma - \{N\}, \quad \Phi_1 : U_1 \to \mathbf{C}.
\end{aligned}
$$

其中 Φ_1 为从 N 到 xy 平面的球极投影 (图 3.2),

$$
\Phi_1(p_1,p_2,p_3) = \frac{p_1 + ip_2}{1-p_3};
$$

Φ_0 为从 S 到 xy 平面的球极投影后取共轭,

$$
\Phi_0(p_1,p_2,p_3) = \frac{p_1 - ip_2}{1+p_3}.
$$

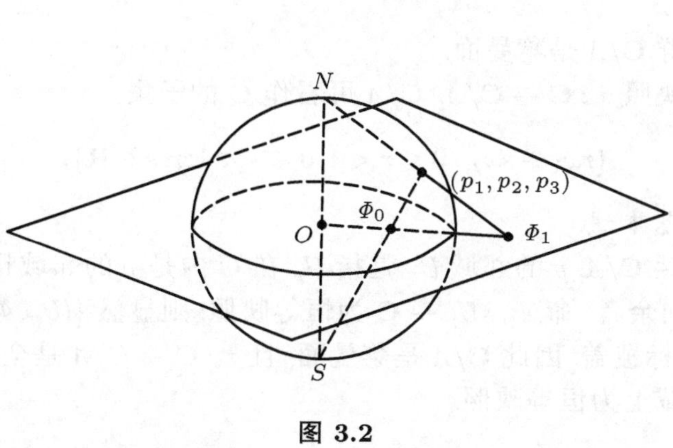

图 3.2

我们有

$$\varPhi_0 \circ \varPhi_1^{-1} : \mathbf{C}^* \to \mathbf{C}^*, \quad \varPhi_0 \circ \varPhi_1^{-1}(z) = 1/z.$$

因此, $\varSigma$ 是复流形.

习题 $\varSigma$ 与 S 同构.

最后, $P_1\mathbf{C}$ 按下面定义的 $\{U_i, \varPhi_i\}$ $(i=0,1)$ 也是 1 维复流形:

$$\begin{aligned}
&U_0 = \{[z_0, z_1] : z_0 \neq 0\},\\
&U_1 = \{[z_0, z_1] : z_1 \neq 0\};\\
&\varPhi_0 : U_0 \to \mathbf{C}, \varPhi_0([z_0, z_1]) = z/z_0,\\
&\varPhi_1 : U_1 \to \mathbf{C}, \varPhi_1([z_0, z_1]) = z_0/z_1.
\end{aligned}$$

同样,

$$\varPhi_0 \circ \varPhi_1^{-1} : \mathbf{C}^* \to \mathbf{C}^*, \quad \varPhi_0 \circ \varPhi_1^{-1}(z) = 1/z$$

是全纯映照.

习题 $P_1\mathbf{C}$ 与 S 同构.

附注. 根据后面证明的 Riemann-Roch 定理可以推出, 所有与 S 同胚的黎曼面必与 S 同构 (见下面 §6). 这是球面 S 独有的性质. 下面的例子表明, 环面将不具有这种性质.

例 4 环面 $\mathbf{C}/\varLambda$.

设 $\omega_1, \omega_2 \in \mathbf{C}$, 且实线性无关 $(\omega_i \neq 0, \omega_1/\omega_2 \notin \mathbf{R})$. $\varLambda$ 为 ω_1, ω_2 生成的 $\mathbf{C}$ 的离散子群:

$$\varLambda \equiv \{m\omega_1 + n\omega_2 : m, n \in \mathbf{Z}\} \equiv ((\omega_1, \omega_2)),$$

其中 $\mathbf{Z}$ 为整数环. $\varLambda$ 在 $\mathbf{C}$ 上是 ω_1 和 ω_2 为边的平行四边形网的格点 (图 3.3). $\varLambda$ 称为格.

现证商群 $\mathbf{C}/\varLambda$ 是黎曼面.

设自然映照 $\pi : \mathbf{C} \to \mathbf{C}/\varLambda$. $\mathbf{C}/\varLambda$ 可看作 $\mathbf{C}$ 的子集

$$\{r\omega_1 + s\omega_2 : 0 \leqslant r < 1, 0 \leqslant s < 1; r, s \in \mathbf{R}\},$$

称它为 $\varLambda$ 的基本域.

对于 $\forall p \in \mathbf{C}/\varLambda$, p 的邻域 U_p 是指 U_p 在 $\mathbf{C}$ 内是 p 的邻域且其内任两点不 (mod $\varLambda$) 同余者. 命 $\varPhi_p : U_p \to \mathbf{C}$ 为恒等映照, 则显然 $\{(U_p, \varPhi_p) : p \in \mathbf{C}/\varLambda\}$ 为 $\mathbf{C}/\varLambda$ 的坐标覆盖. 因此 $\mathbf{C}/\varLambda$ 是黎曼面; 且 $\pi : \mathbf{C} \to \mathbf{C}/\varLambda$ 是全纯映照, 因为它在坐标邻域上为恒等映照.

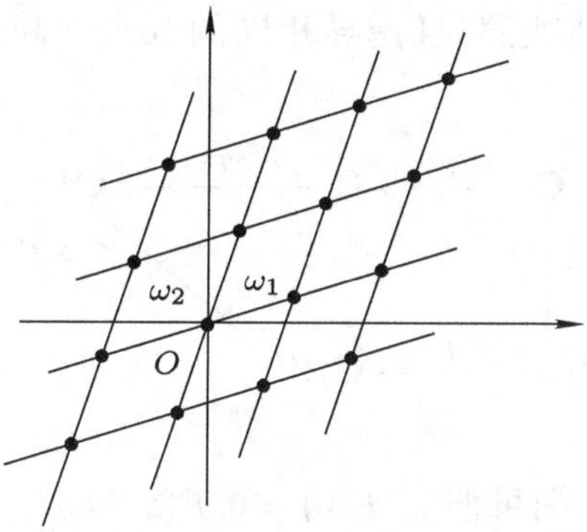

图 3.3

习题 如果 Λ 和 Λ' 是任何两个格, 则 $\mathbf{C}/\Lambda$ 与 $\mathbf{C}/\Lambda'$ 微分同构, 即存在 C^∞ 映照 $f:\mathbf{C}/\Lambda\to\mathbf{C}/\Lambda'$ 与 $g:\mathbf{C}/\Lambda'\to\mathbf{C}/\Lambda$, 使 $f\circ g=id_{\mathbf{C}/\Lambda'}, g\circ f=id_{\mathbf{C}/\Lambda}$.

我们将于下面看到, 不同格的环面不一定同构.

现设 $\mathbf{C}/\Lambda$ 与 $\mathbf{C}/\Lambda'$ 同构. 我们下面讨论其同构的条件.

根据定义, $\pi:\mathbf{C}\to\mathbf{C}/\Lambda$ 使 $\mathbf{C}$ 成为 $\mathbf{C}/\Lambda$ 的万有覆盖曲面; $\pi':\mathbf{C}\to\mathbf{C}/\Lambda'$ 使 $\mathbf{C}$ 成为 $\mathbf{C}/\Lambda'$ 的万有覆盖曲面. 设 $f:\mathbf{C}/\Lambda\to\mathbf{C}/\Lambda'$ 为双全纯映照. 利用同伦提升, 则存在全纯映照 $F:\mathbf{C}\to\mathbf{C}$, 使得 $\pi'\circ F=f\circ\pi$, 图示如下:

$$\begin{array}{ccccc}
\mathbf{C} & \xrightarrow{F} & \mathbf{C} & \xrightarrow{G} & \mathbf{C} \\
\pi\downarrow & & \pi'\downarrow & & \pi\downarrow \\
\mathbf{C}/\Lambda & \xrightarrow{f} & \mathbf{C}/\Lambda' & \xrightarrow{f^{-1}} & \mathbf{C}/\Lambda.
\end{array}$$

其中 G 是对 f^{-1} 作同样讨论得到者. 因 $f^{-1}\circ f=id_{\mathbf{C}/\Lambda}$, 故 $G\circ F=id_{\mathbf{C}}$. 由此推出, $F:\mathbf{C}\to\mathbf{C}$ 是双全纯映照.

引理 3.8 如果 $F:\mathbf{C}\to\mathbf{C}$ 双全纯, 则 $F(z)=az+b\ (a,b\in\mathbf{C})$.

证 F 在 $\mathbf{C}$ 内用幂级数表示, $F(z)=\sum_{n=0}^{\infty}a_nz^n$. 该级数不能具无穷多项. 否则 ∞ 是 F 的本性奇点. 这时, 按 Weierstrass 定理, 对于任一 $z_0\in\mathbf{C}$, 任给充分小的数 $\varepsilon>0$, 在 ∞ 的邻域内, 总存在点 z_1 使 $|F(z_1)-F(z_0)|<\varepsilon$. 因而 F 在 z_0 的邻域内不一一对应. 故 $F(z)$ 只能是 N 次多项式. 若 $N>1$, 则按代数方程基本定理, $F:\mathbf{C}\to\mathbf{C}$ 为 $N:1$ 对应, 此与假设矛盾. 因此 $N=1$. □

不失一般性, 我们可以假定 $b=0, F(z)=az$. 因若 $F(0)=b\neq 0$, 命 $T:\mathbf{C}\to\mathbf{C}, T(w)=w-F(0)$, 则 $\pi'T^{-1}:\mathbf{C}\to\mathbf{C}/\Lambda'$ 也是万有覆盖,

$T\circ F:\mathbf{C}\to\mathbf{C}$ 为双全纯映照, 且诱导相同的双全纯映照 $f:\mathbf{C}/\Lambda\to\mathbf{C}/\Lambda'$. 图示如下:

$$\begin{array}{ccccc}
\mathbf{C} & \xrightarrow{F} & \mathbf{C} & \xrightarrow{T} & \mathbf{C} \\
\pi\downarrow & & \downarrow\pi' & \swarrow \pi'\circ T^{-1} & \\
\mathbf{C}/\Lambda & \xrightarrow{f} & \mathbf{C}/\Lambda' & &
\end{array}$$

因此, 取 $T\circ F$ 代替 F, 则可假定 $F(0)=0, F(z)=az$.

若注意到 F 保持同余类不变, 我们便有

$$\begin{aligned} F(\omega_1)&=a\omega_1=\alpha\omega_1'+\beta\omega_2',\\ F(\omega_2)&=a\omega_2=\gamma\omega_1'+\delta\omega_2', \end{aligned} \tag{3.1}$$

其中 $\alpha,\beta,\gamma,\delta\in\mathbf{Z}$. 我们把 (3.1) 简写成

$$F\begin{bmatrix}\omega_1\\ \omega_2\end{bmatrix}=a\begin{bmatrix}\omega_1\\ \omega_2\end{bmatrix}=\begin{bmatrix}\alpha & \beta\\ \gamma & \delta\end{bmatrix}\begin{bmatrix}\omega_1'\\ \omega_2'\end{bmatrix}\equiv A\begin{bmatrix}\omega_1'\\ \omega_2'\end{bmatrix},$$

$A\in GL(2,\mathbf{Z})$ (即每一元都是整数的 2×2 方阵的群).

同理, 考虑 F^{-1} 时, 可得 $B\in GL(2,\mathbf{Z})$, 使得

$$F^{-1}\begin{bmatrix}\omega_1'\\ \omega_2'\end{bmatrix}=B\begin{bmatrix}\omega_1\\ \omega_2\end{bmatrix}.$$

因而有

$$\begin{aligned}\begin{bmatrix}\omega_1\\ \omega_2\end{bmatrix}&=F^{-1}\circ F\begin{bmatrix}\omega_1\\ \omega_2\end{bmatrix}=F^{-1}\left(A\begin{bmatrix}\omega_1'\\ \omega_2'\end{bmatrix}\right)=AF^{-1}\begin{bmatrix}\omega_1'\\ \omega_2'\end{bmatrix}\\ &=AB\begin{bmatrix}\omega_1\\ \omega_2\end{bmatrix}.\end{aligned}$$

因为 ω_1 与 ω_2 实线性无关, $AB=I$ (单位方阵). 因此 $\det(A)\cdot\det(B)=1$. 由于 A 和 B 均整数矩阵, 故 $\det(A)=\pm 1$.

今设 $\tau=\omega_1/\omega_2$, 则由 (3.1) 我们有

$$\tau=\frac{\alpha\omega_1'+\beta\omega_2'}{\gamma\omega_1'+\delta\omega_2'},\quad \alpha\delta-\beta\gamma=\pm 1. \tag{3.2}$$

再设 $\tau'=\omega_1'/\omega_2'$, 则有

$$\tau=\frac{\alpha\tau'+\beta}{\gamma\tau'+\delta},\quad \alpha\delta-\beta\gamma=\pm 1. \tag{3.3}$$

根据上面推理过程, (3.3) 式是 $\mathbf{C}/\Lambda$ 与 $\mathbf{C}/\Lambda'$ 同构的必要条件. 但这过程反推过去结论反过来亦成立. 因此, (3.3) 式是 $\mathbf{C}/\Lambda$ 与 $\mathbf{C}/\Lambda'$ 同构的充分必要条件.

现在我们利用同构关系式 (3.3) 简化 $\Lambda = ((\omega_1, \omega_2))$. 设 $\Lambda_0 = ((1, \omega_1/\omega_2))$ (或 $= ((1, \omega_2/\omega_1))$), 根据 (3.3) 式, $\mathbf{C}/\Lambda$ 与 $\mathbf{C}/\Lambda_0$ 同构. ω_1/ω_2 与 ω_2/ω_1 为两个复数, 其中必有一个虚部为正者. 因而在同构意义下, 我们只需考虑格 $\Lambda = ((1, \tau))$, 其中 $\mathrm{Im}\,(\tau) > 0$ 者.

这样一来, 由于 $\mathrm{Im}\,(\tau) > 0$ 及 $\mathrm{Im}\,(\tau') > 0$, 根据 (3.3) 我们立可算得:

$$\mathrm{Im}\,(\tau) = \frac{\alpha\delta - \beta\gamma}{|\gamma\tau' + \delta|^2}\mathrm{Im}\,(\tau').$$

从而推出 $\alpha\delta - \beta\gamma = 1$.

总之, 我们有下列定理.

定理 3.9 任何环面 $\mathbf{C}/\Lambda$ 均同构于某一 $\mathbf{C}/\Lambda_0$, 其中 $\Lambda_0 = ((1, \tau))$, $\ni \mathrm{Im}\,(\tau) > 0$. 若 $\Lambda = ((1, \tau)), \Lambda' = ((1, \tau'))$, 则环面 $\mathbf{C}/\Lambda$ 与 $\mathbf{C}/\Lambda'$ 同构的充分必要条件为

$$\tau' = \frac{\alpha\tau + \beta}{\gamma\tau + \delta}, \quad \alpha\delta - \beta\gamma = 1, \tag{3.4}$$

其中 α, β, γ 和 $\delta \in \mathbf{Z}$.

由定理 3.9 可看出, 对于任意 τ, 适合 (3.4) 的 τ' 只有可数多个. 因此如固定环面 $\mathbf{C}/\Lambda$, 则只有可数多个格 Λ' 使得 $\mathbf{C}/\Lambda'$ 与 $\mathbf{C}/\Lambda$ 同构. 今用另一方法来表达同一事实. 在所有环面 $\{\mathbf{C}/\Lambda\}$ 中引进一个等价关系 $\sim$, 使得 $\mathbf{C}/\Lambda \sim \mathbf{C}/\Lambda' \Leftrightarrow \mathbf{C}/\Lambda$ 与 $\mathbf{C}/\Lambda'$ 同构. 由 $\sim$ 所诱导的所有等价类命为 $\mathscr{A}_1$, 即 $\mathscr{A}_1$ 内的每一元都是互相同构的环面. 据定理 3.9, 如 $\Lambda = ((1, \tau)), \Lambda' = ((1, \tau'))$, 则 $\mathbf{C}/\Lambda$ 与 $\mathbf{C}/\Lambda'$ 属于 $\mathscr{A}_1$ 内的同一元 $\Leftrightarrow$ (3.4) 成立. 因此上面的注记等于说 $\mathscr{A}_1$ 是一无限集.

我们可以将 $\mathscr{A}_1$ 描述得更清楚一点. 命 H 为 $\mathbf{C}$ 的上半平面, 即 $H = \{z \in \mathbf{C} : \mathrm{Im}\,(z) > 0\}$. 由 (3.4) 所定义的变换

$$\tau \to \tau' = \frac{\alpha\tau + \beta}{\gamma\tau + \delta}, \quad \alpha\delta - \beta\gamma = 1$$

将 H 映照为自身. 这种变换构成一个群, 称为模群 $Sl(2, \mathbf{Z})$ (modular group). 现定义模群的基本域 D 为 H 的任一满足如下两条件的子集: (i) 如 $\tau \in H$, 则 τ 同余 mod $Sl(2, \mathbf{Z})$ 于 $\tau' \in D$ (即存在 $\alpha, \beta, \gamma, \delta \in \mathbf{Z}$ 使 (3.4) 成立); (ii) D 内任何两点均不同余 mod $Sl(2, \mathbf{Z})$. 由一些初步计算, 可得 $Sl(2, \mathbf{Z})$ 的一个基本域如图 3.4. 其中虚线表示该边界不包括在内.

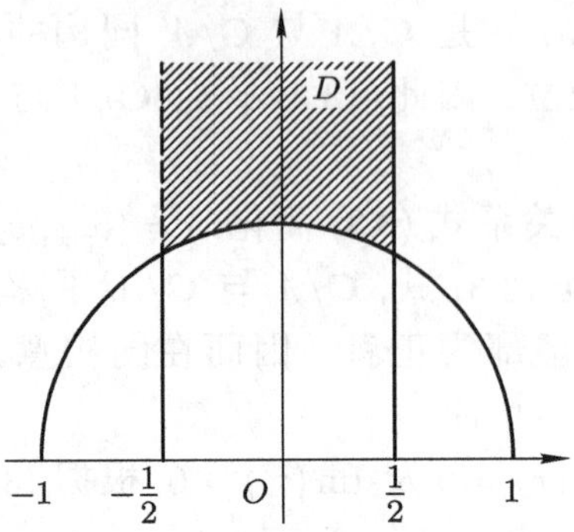

图 3.4

由定理 3.9 及 $\mathscr{A}_1$ 和 D 之定义, 可知 $\mathscr{A}_1$ 与 D 成一一对应. 即是说, D 上每点代表一个环面 $\mathbf{C}/\Lambda$, 而每一环面亦对应于 D 上的一点, 而且 D 上不同的点代表互不同构的环面. D 称为环面的模空间 (moduli space).

由所谓单值化定理或 Abel-Jacobi 定理, 可证任何与环面同胚的黎曼面都与某一个 $\mathbf{C}/\Lambda$ 同构. 故又称 D 为亏格数等于 1 的模空间.

例 5　设 M 为 2 维复流形, $\varphi : M \to \mathbf{C}$ 为全纯函数, $V_\varphi \equiv \{z \in M : \varphi(z) = 0\}$. 如果在 V_φ 上 $d\varphi$ 永不等于零, 则根据隐函数定理, V_φ 是黎曼面.

习题　证明这断言.

习题　设 $M = P_2\mathbf{C}, \varphi = x^3 + y^3 - z^3$. 这里 φ 虽然不是 $P_2\mathbf{C}$ 上的函数, 但 φ 的零点在 $P_2\mathbf{C}$ 上是确定的. 证明 V_φ 是一个与环面同胚的黎曼面.

§4　亚纯函数与亚纯微分

先定义黎曼面上的亚纯函数.

设 M 为黎曼面, U 为 M 内任一开集. $\zeta : U \to \mathbf{C}$ 为全纯映照, 且 $\zeta : U \to \zeta(U)$ 双全纯, 则 U 也可作为坐标邻域, ζ 作为坐标函数. 我们可以把 (U, ζ) 加进 M 的原来坐标覆盖 $\{U_i, \Phi_i\}$ 中去. 这样有时很方便. 一般来说, 我们可以把 U 看作 $\mathbf{C}$ 的开集 $\zeta(U)$, 而把 M 的局部研究当作 $\mathbf{C}$ 的局部研究.

下面若无特别指明, M 和 N 均表示黎曼面. 关于全纯映照的定义, 可以写成下列引理.

引理 4.1　设 $f : M \to N$ 为一映照, f : 全纯 $\Leftrightarrow$ 对于任何点 $p \in M$, 存在坐标邻域 U, 使 $p \in U$, 并有坐标函数 ζ; 及对于 $f(p)$, 存在坐标邻域 W, 使 $f(p) \in W$, 并有坐标函数 η; 使得 $\eta \circ f \circ \zeta^{-1}$ 为 $\zeta(U)$ 上全纯函数.

以后或简单地说, $\eta\circ f$ 为 U 上全纯函数.

现在我们列举全纯映照的一些基本性质.

1) $f: M\to \mathbf{C}$ 为全纯映照 $\Leftrightarrow f$ 为全纯函数.

2) 如果 M 是紧的, 则所有全纯函数 $f: M\to\mathbf{C}$ 是常数函数.

因为 M 是紧的, f 的模在 M 上达到最大值, 按全纯函数的极大模原理, f 必是常数.

3) **引理 4.2**. 设 $f: M\to S$ (黎曼球面) 为任一映照, f 是全纯映照 $\Leftrightarrow$ 对任一点 $p\in M$, 及任意的坐标邻域 U, 使 $p\in U, f|U$ 是亚纯函数.

证 首先设 $f: M\to S$ 为全纯映照. 设 (U,z) 为坐标邻域. 对于任何点 $p\in U$, 当 $f(p)\neq\infty$ 时, 则在 p 附近 f 是全纯函数. 当 $f(p)=\infty$ 时, 在 S 上取坐标函数 $\eta: S-\{0\}\to\mathbf{C}$,

$$\eta(w)=\begin{cases} I/w, & w\neq\infty,\\ 0, & w=\infty.\end{cases}$$

无妨设 $f(U)\subset S-\{0\}$, 这时根据引理 4.1. $\eta\circ f$ 是全纯函数. 因此 $f=1/\eta\circ f$ 是 U 内亚纯函数.

反过来, 若 $\forall p\in M,\forall(U,z),\ni p\in U, f|U$ 亚纯, 则 $f: M\to S$ 为全纯映照. 事实上, 当 $f(p)\neq\infty$ 时, 则在 p 附近 f 是全纯函数. 当 $f(p)=\infty$ 时, 在 $S-\{0\}$ 上取如上的坐标函数 η, 在 U 上坐标函数可取得使 $z(p)=0$. 这时在点 p 附近 $f|U$ 具有展开式

$$f(z)=\frac{a_{-n}}{z^n}+\frac{a_{-n+1}}{z^{n-1}}+\cdots+a_0+a_1z_1+\cdots,$$

其中 $a_{-n}\neq 0$. 因而, 我们有 $f(z)=g(z)/z^n$, 其中 $g(z)$ 在 p 附近全纯, 由于 $g(p)=a_{-n}\neq 0$ 从而可设处处不等于 0. 因此在 p 附近 $\eta\circ f=1/f$ 是全纯函数. 总之, 按引理 4.1, $f: M\to N$ 为全纯映照. □

根据引理 4.2, 我们可粗略把 M 上亚纯的函数看作 $M\to S$ 的全纯映照. 这样, 有时处理一些问题较为方便. 因此引进:

定义 4.3 如果 $f: M\to S$ 为全纯映照, 且 $f\not\equiv\infty$, 则 f 称为 M 上的亚纯函数.

当 $M=\mathbf{C}$ 时, 此定义与通常亚纯函数定义一致.

4) 对于紧黎曼面 M 上的亚纯函数 f, 下列各集均为有限集:

$$\{f\text{ 的零点}\},\quad \{f\text{ 的极点}\},\quad \{f'\text{的极点}\}.$$

因为这些点集是由孤立点组成的闭集, 而 M 又是紧的, 因此均为有限集.

5) **定义 4.4.** $f: M \to N$ 称为分歧覆盖, 如果对任一点 $p \in M$, 存在 p 的邻域 U, 使得 $f: U - \{p\} \to f(U) - \{f(p)\}$ 是一个具有有限叶数的覆盖.

例如, 对于单位圆 $\Delta = \{|z| < 1\}$, 若 $f(z) = z^k$, 则 $f: \Delta \to \Delta$ 是一个分歧覆盖. 并且当 $z \neq 0$ 时, 在 z 的一个邻域内, f 是单叶覆盖. 当 $z = 0$ 时, $f: \Delta - \{0\} \to \Delta - \{0\}$ 是 k 叶覆盖.

定义 4.5 承上所述, 如果 $f: U - \{p\} \to f(U) - \{f(p)\}$ 是 k 叶覆盖, 则称 k 为 p 的重数. 或者说, 对于 f, p 覆盖 $f(p)$ k 次.

定义 4.6 若 $f: M \to N$ 是一个分歧覆盖, 且存在一正整数 m, 使得对任何 $q \in N$, $f^{-1}(q)$ 恰有 m 个点 (重数计算在内), 则称 $f: M \to N$ 为一个 m 叶分歧覆盖.

引理 4.7 如果 $f: M \to N$ 为全纯映照, 则 $f: M \to N$ 是一个分歧覆盖.

因为覆盖的定义是局部性的, 在局部考虑时, f 是全纯函数, 显然是分歧覆盖.

6) 命 $\mathfrak{M}(M)$ 为 M 上所有亚纯函数的集合:

$$\mathfrak{M}(M) = \{f: M \to \mathbf{C} \cup \{\infty\} : f \text{ 亚纯, 且 } f \not\equiv \infty\}.$$

$\mathfrak{M}(M)$ 按通常函数的加法和乘法成一个域, 称为亚纯函数域.

到现在为止, 我们还不知道 $\mathfrak{M}(M)$ 中是否有非常数的函数. 我们已知道, 对于紧的 M, 非常数的全纯函数 $f: M \to \mathbf{C}$ 一定不存在.

习题 若 M 为紧的而 N 非紧, 则任何全纯映照 $f: M \to N$ 必为常数映照.

设 $f \in \mathfrak{M}(M)$ 且 $f \not\equiv 0$. 对 $\forall p \in M$, 设点 p 附近的坐标函数为 $z, \ni z(p) = 0$, 则在 p 附近 f 有 Laurent 展开式

$$f(z) = a_n z^n + a_{n+1} z^{n+1} + \cdots,$$

其中 $n \in \mathbf{Z}, a_n$ 为第一个不等于 0 的系数.

定义 4.8 命 $\nu_p(f) = n$, 且称为 f 在点 p 的赋值.

为了以后方便, 当 $f \equiv 0$ 时, 对于任何 $p \in M$, 我们规定 $\nu_p(0) = \infty$.

习题 $\nu_p(f)=n$ 与点 p 附近坐标函数 z 的选取无关.

当 $n<0$ 时, 我们称 p 为 f 的极点, $n=-1$ 时称为单极点; $n>0$ 时则称为零点, $n=1$ 为单零点.

如果 $f: M \to S$ 为亚纯函数, 设 $f(p)=a\ (a\neq\infty)$, 则 p 覆盖 a 的重数为 $\nu_p(f-a)$.

习题 定义映照 $\nu_p: \mathfrak{M}(M)-\{0\}\to \mathbf{Z}, \nu_p(f)=f$ 在 p 的赋值. 证明:

$$\nu_p(fg)=\nu_p(f)+\nu_p(g),$$
$$\nu_p(f+g)\geqslant \min\{\nu_p(f),\nu_p(g)\}.$$

现讨论黎曼面上的亚纯微分.

定义 4.9 设 (U,z) 为 M 上的坐标邻域, 对于 U 上的亚纯函数 f, fdz 称为 U 上的亚纯微分.

对 $\forall\, p\in U$, 定义 $\nu_p(fdz)=\nu_p(f)$.

定义 4.10 ω 称为黎曼面 M 上的亚纯微分, 如果在任何坐标邻域 (U,z_U) 内, $\omega=f_U dz_U$; f_U 是亚纯函数, 并且对 $\forall (U,z_U)$ 与 (W,z_W), 在 $U\cap W$ 上 (图 4.1) 有

$$f_U\frac{dz_U}{dz_W}=f_W.$$

对 $\forall p\in U$, 我们定义 $\nu_p(\omega)=\nu_p(f_U)$.

习题 $\nu_p(\omega)$ 与坐标邻域 (U,z_U) 的选取无关.

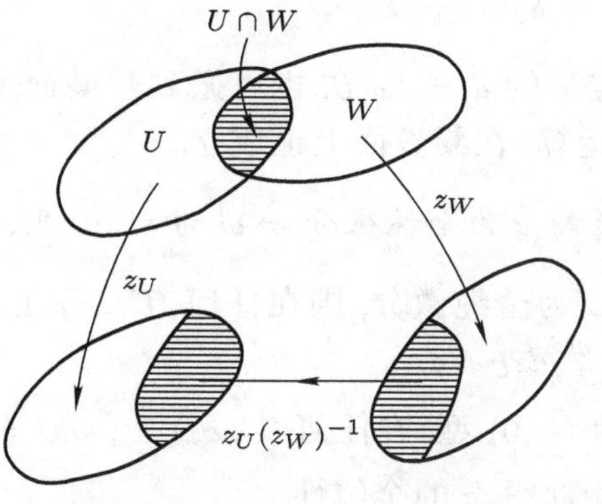

图 4.1

亚纯函数与亚纯微分在某种意义下是相互存在的. 现解释如下.

若 $f \in \mathfrak{M}(M)$, 则 df 是亚纯微分. 因为, 在任何 (U, z_U) 与 (W, z_W) 上

$$df = df_U = \frac{df_U}{dz_U} dz_U,$$
$$df = df_W = \frac{df_W}{dz_W} dz_W.$$

而在 $U \cap W$ 上,

$$\frac{df_U}{dz_U}\frac{dz_U}{dz_W} = \frac{df_W}{dz_W}.$$

因此 df 符合亚纯微分定义.

反之, 有亚纯微分必有亚纯函数: 若 ω 与 μ 为两个亚纯微分, 则 ω/μ 是亚纯函数. 因为在任何 (U, z_U) 上, $\omega = f_U dz_U, \mu = g_U dz_U$, 而 $\omega/\mu = f_U/g_U$ 不依赖于 (U, z_U) 的选取, 因此在 M 上定义一个亚纯函数.

定义 4.11 设 ω 为亚纯微分. 如果在任何 (U, z_U) 上, $\omega = f_U dz_U$ 而 f_U 全纯, 则 ω 称为全纯微分.

我们也可用 §2 中关于 1 形式的观点来描述全纯微分.

在黎曼面上, 我们可同样定义 (1, 0) 或 (0, 1) 型的 1 形式, 以及 (1, 1) 型的 2 形式, 且也可定义 $\overline{\partial}$. 这是由于坐标函数变换时, 根据引理 2.1, 型保持不变. 例如设 ω 为 1 形式, 在坐标邻域 (U, z_U) 上, $\omega|U = f dz_U$. 在另一坐标邻域 (W, z_W) 上, $\omega|W = g dz_W$. 在 $U \cap W$ 上, 我们有

$$\omega|W = f\frac{dz_U}{dz_W}dz_W + f\frac{dz_U}{d\overline{z}_W}d\overline{z}_W = f\frac{dz_U}{dz_W}dz_W.$$

由此可看出保型性.

同样, 在 $\mathbf{C}$ 上定义的 $d = \partial + \overline{\partial}$, 也可搬到黎曼面上. 特别是在 §2 中的关于 ∂ 和 $\overline{\partial}$ 的形式运算, 在黎曼面上也成立.

引理 4.12 1 形式 ω 为全纯微分 $\Leftrightarrow$ ω 为 (1, 0) 型, 且 $\overline{\partial}\omega = 0$.

证 若 1 形式 ω 为全纯微分, 则在任何 (U, z_U) 上, $\omega|U = f dz_U, f$ 在 U 上全纯. 因此, $\overline{\partial}\omega = \frac{df}{d\overline{z}_U} d\overline{z}_U \wedge dz_U = 0$.

反之, 由于 ω 为 (1, 0) 型, 在任何 (U, z_U) 上, $\omega|U = f dz_U$. 再若 $\overline{\partial}\omega = 0$, 则可推出 $\frac{df}{d\overline{z}_U} = 0$. 由此得 ω 的全纯性. □

这里, 还应注意到, 对于全纯微分 $\omega, d\omega = 0$.

在此之后, 若无特别指明, 所有提到的黎曼面都认为是紧的.

设 ω 为亚纯微分, $\forall p\in M$, 设 p 附近的坐标函数为 $z, z(p)=0$, 则 ω 具有表示式

$$\omega=\left(\frac{a_{-n}}{z^n}+\frac{a_{-n+1}}{z^{n-1}}+\cdots+\frac{a_{-1}}{z}+a_0+a_1z+\cdots\right)dz. \tag{4.1}$$

定义 4.13　ω 在点 p 的残数 $\mathrm{Res}_p(\omega)=a_{-1}$.

下面这个引理说明, $\mathrm{Res}_p(\omega)$ 的定义与坐标函数的选择无关, 所以是合理的.

引理 4.14　*如果在 p 点的坐标邻域内取以 $z(p)=0$ 为心的圆 B, 在边界 ∂B 上取自然定向, 则*

$$a_{-1}=\frac{1}{2\pi i}\int_{\partial B}\omega.$$

证　记号如 (4.1), 则 $(a_0+a_1z_1+\cdots)dz$ 是 $\overline{B}$ 上全纯微分, 故

$$\int_{\partial B}(a_0+a_1z+\cdots)dz=0.$$

由复变函数论得

$$\begin{aligned}\int_{\partial B}\omega&=\int_{\partial B}\frac{a_{-n}}{z^n}dz+\cdots+\int_{\partial B}\frac{a_{-1}}{z}dz+\int_{\partial B}(a_0+a_1z+\cdots)dz\\&=\int_{\partial B}\frac{a_{-1}}{z}dz=2\pi i a_{-1}.\end{aligned}$$

□

引理 4.15　*若 M 是紧的, 则对任何亚纯微分 ω,*

$$\sum_{p\in M}\mathrm{Res}_p(\omega)=0.$$

证　首先应指出, 因 M 是紧的, ω 的极点只有有限多个, 因而引理中的 $\sum$ 仅对有限多个极点求和.

设 ω 的极点为 $p_1,p_2,\cdots,p_k$. 又设 B_j 为包含 p_j 的小圆, 如引理 4.14 所述者, 且选取 B_j 充分小使当 $i\neq j$ 时, $B_i\cap B_j=\varnothing$. 若命 $M'=M-\bigcup_{j=1}^k B_j$, 则在 M' 上 ω 全纯, 由引理 4.12 得 $d\omega=0$. 根据 Stokes 定理, 我们有

$$\int_{\partial M'}\omega=-\sum_{j=1}^k\int_{\partial B_j}\omega=\int_{M'}d\omega=0,$$

其中 ∂B_j 取自然定向. 因此根据引理 4.14, 得 $\sum_{j=1}^k\mathrm{Res}_{p_j}(\omega)=0$. 即要证者.□

现设 $f \in \mathfrak{M}(M)$, 考虑 M 上的亚纯微分 df/f. $\forall p \in M$, 在点 p 附近取坐标函数 $z, z(p)=0$. 这时, f 在 p 附近具有展开式

$$f(z)=a_n z^n + a_{n+1} z^{n+1} + \cdots ,$$

其中 $n \in \mathbf{Z}, a_n \neq 0$. 因此, 我们有

$$\frac{df}{f}=\left(\frac{n}{z}+b_0+b_1 z+\cdots\right) dz.$$

这样一来, $\operatorname{Res}_p(df/f)=\nu_p(f)$. 此外, 当 p 不是 f 的极点或零点时, $\nu_p(f)=0$. 根据引理 4.15 可得下列系 4.1.

系 4.1 紧黎曼面 M 上的亚纯函数, 其零点个数等于极点个数 (重数均计算在内者).

若我们注意到, f 为亚纯函数, $\forall a \in \mathbf{C}, \{f^{-1}(a)\} \equiv \{f-a$ 的零点$\}$, 则 $\{f^{-1}(a)\}$ 的个数亦等于极点的个数. 因此又可得下列系 4.2.

系 4.2 对于紧的 M, 若 $f \in \mathfrak{M}(M)$, 则 $f: M \to \mathbf{C} \cup \{\infty\}$ 为一 k 叶分歧覆盖, k 等于 f 的极点个数.

习题 若 M 和 N 都是紧的, 则对任一全纯映照 $f: M \to N$, 系 4.2 中相应结论亦成立.

顺便提一下, 系 4.2 中的亚纯函数, 在黎曼面上亚纯函数值分布论中, 提供一种最简单的例子. 对于这类函数 $f, f: M \to S$ 覆盖 S 上每点恰好 k 次, 故是一个均值分布.

注 记

§1. $P_n\mathbf{C}$ 是古典投影几何的主要研究对象. 这方面最完备的近代书籍是

W. V. D. Hodge and D. Pedoe, Methods of Algebraic Geometry, Volume **1**, Cambridge University Press, 1947.

这书也有关于 Grassmannian 的详细讨论.

定理 1.1 和定理 1.3 的证明可在 Hartshorne 书内第Ⅳ章 §3 或 Griffiths-Harris 的书内第 2 章 §1 找到. 他们都用同一办法, 先将紧黎曼面嵌入高维的 $P_n\mathbf{C}$, 然后逐步用投影 $P_n\mathbf{C} \to P_{n-1}\mathbf{C}$ 将维数减低. Guenot-Narasimhan 的文章第 Ⅳ 章 §5 内尝试在黎曼面上找出三个亚纯函数来直接嵌入 $P_3\mathbf{C}$, 这样就可以证明定理 1.3. 但这证明有漏洞, 因为他们作构造的映照不一定是单的 (见这文章第 280 页, Théorème 2 的证明).

R. Hartshorne, Algebraic Geometry, Springer-Verlag, 1977.

P. A. Griffiths and J. Harris, Principles of Algebraic Geometry, John Wiley and Sons, 1978.

J. Guenot and R. Narasimhan, Introdution à la théorie des Surfaces de Riemann, *L'Enseignement Mathematique*, **21** (1975), 123—328.

§2. 微分形式的基本性质可参考

N. J. Hicks, Notes on Differential Geometry, D. Van Nostrand Co., 1965.

Y. Matsushima, Differentiable Manifolds, Marcel Dekker Inc., 1972.

∂ 及 $\overline{\partial}$ 是在任何复流形上都可定义的算子. 有些作者用 d' 及 d'' 的记号. 它们的基本性质, 在上列 Griffiths-Harris 及 Matsushima 的书均有详细讨论. 在此节结尾时论及用 $\overline{\partial}f = \omega$ 的解来构作全纯函数, 主要的用途是在多复变函数论上. 这方面的经典著作是:

L. Hörmander, An Introduction to Complex Analysis in Several Variables, North-Holland Publishing Co., 1973.

多复变函数论最完备的著作是

R. C. Gunning and H. Rossi, Analytic Function of Several Complex Variables, American Mathematical Society, 2009.

§3. 微分流形的基本性质可参考上列 Hicks 及 Matsushima 的书. Griffiths-Harris 对紧的复流形有很好的讨论. 非紧复流形上的函数论则需参阅 Gunning-Rossi.

在讨论环面 (例 4) 时, 论及了一些一般的概念和结果, 现补充如下. 要证任何与环面同胚的黎曼面一定同构于某一个 $\mathbf{C}/\Lambda$, 其中一个办法是用 Abel-Jacobi 定理. 这证明可参阅 Griffiths-Harris 的书内第 2 章第 2 节. 较初步的讨论则在下列 Gunning 书内 §8 亦可找得到. 另一个办法是用单值化定理 (见 §6, (X) 内的习题).

R. C. Gunning, Lectures on Riemann Surfaces, Princeton University Press, 1966.

节末讨论的环面的模群 $Sl(2,\mathbf{Z})$ 及模空间, 就是所谓复结构的形变 (deformation of complex structure) 的最简单的例子. 这方面在近卅年有很大的发展. 在一维 (即紧黎曼面) 方面的主要成就, 是把黎曼在 1857 年提出的一个关于模 (modulus) 的猜想, 严格地整理和证明了. 主要结果可简述如下.

首先, 如果我们用 Abel-Jacobi 定理, 则可复述本节内的定理 3.9. 如下, 在所有亏格等于 1 的紧黎曼面中引进一等价关系 $\sim$, 使 $M_1 \sim M_2 \Leftrightarrow M_1$ 与 M_2 同构. 所得的所有等价类, 命为 $\mathscr{A}_1$. 即是说, 如 $\alpha \in \mathscr{A}_1$, 则 α 是一组互相同构且亏格等于 1 的黎曼面. 另一方面, $Sl(2,\mathbf{Z})$ 作用于上半平面 H. 设 D

为 $Sl(2,\mathbf{Z})$ 在 H 上的一个基本域 (图 3.4). 定理 3.9 说明 $\mathscr{A}_1$ 与 D 成 1–1 对应. 今设 g 为一整数, $g>1$. 同理引进 $\mathscr{A}_g$: 即 $\alpha\in\mathscr{A}_g\Leftrightarrow\alpha$ 是一组互相同构且亏格等于 g 的紧黎曼面, 而且 $\forall\alpha,\beta\in\mathscr{A}_g,\alpha\neq\beta\Rightarrow\alpha$ 内的黎曼面与 β 内的黎曼面不同构. 另一方面, 用拟保角映照 (quasi-conformal mapping) 理论, 可在 $\mathbf{C}^{3g-3}$ 内构作一个正则域 (domain of holomorphy) $T(g)$, 称为 g 亏格的 Teichmüller 空间. $T(g)$ 与球体同胚, 且在 $T(g)$ 上有一个离散变换群 $\varGamma$, 称为 Teichmüller 模群. 命 D_g 为 $\varGamma$ 在 $T(g)$ 上的一个基本域, 即 (i) $\forall z\in T(g),\exists\gamma\in\varGamma$ 和 $\exists z_0\in D_g\ni z_0=\gamma(z)$, (ii) $z_1,z_2\in D_g$, 则不存在任何 $\gamma\in\varGamma\ni\gamma(z_1)=z_2$. 称 D_g 为 g 亏格的模空间. 主要定理说明: $\mathscr{A}_g$ 与 D_g 成 1–1 对应. 由此可推论, 所有判别的 (即互不同构的)、亏格等于 g 的紧黎曼面, 组成一个依赖于 $3g-3$ 个复参数的空间. 这就是黎曼原来的猜想. 这里应强调的是, $g=1$ 与 $g>1$ 的两个不同情况基本上是对应的, 即:

$$\begin{aligned}&\mathscr{A}_g\leftrightarrow\mathscr{A}_1,\\&T(g)\leftrightarrow H,\\&T\leftrightarrow Sl(2,\mathbf{Z}),\\&D_g\leftrightarrow D.\end{aligned}$$

但 $g=1$ 的特殊情况, 相比之下非常简单. 如能先了解这特例, 则较容易接受 $g>1$ 的情况.

上面所说的就是所谓 Teichmüller 理论的最基本定理. 这方面的研究, Teichmüller 的想法 (如何应用拟保角映照) 是有决定性影响的. Ahlfors 和 Bers 的工作也很重要. 由下面 Earle 和 Bers 的总括报告, 读者可以作这方面研究的开始:

B. Riemann, Theorie der Abelschen Functionen, Gesammelte Mathematische Werke, Dover Publications, 1953, 100—142.

L. Bers, Uniformization, Moduli and Kleinian Groups, *Bulletin London Math. Soc.* **4** (1972), 257—300.

C. J. Earle, Teichmüller Theory, Discrete Groups and Automorphic Functions, edited by W. J. Harvey, Academic Press, 1977, 143—162.

在高维代数簇方面的复结构形变论的发展, 虽然现在还在开始的阶段, 但已有很好的结果. 从下面两篇总括报告, 可得大概:

P. A. Griffiths, Deformation of Complex Structure, Proceedings of Symposia in Pure Math. Volume XV, Amer. Math. Soc. Publications, 1970, 251—273.

P. A. Griffiths and W. Schmid, Recent Developments in Hodge Theory: a

Discussion of Techniques and Results, Discrete Subgroups of Lie Groups and Applications to Moduli, Oxford University Press, 1976, 31—127.

§4. 定义 4.8 的 ν_p 就是所谓离散一秩赋值 (discrete valuation of rank one), 是赋值论内最简单的例子. 如从代数观点来研究黎曼面 (见引言), 则在一个一元代数函数域上的离散一秩赋值, 就代替了黎曼面上的点了. 赋值论最详尽的书还是

O. Zariski and Samuel, Commutative Algebra, Volume Ⅱ, D. Van Nostrand Co., 1960 (Springer-Verlag 重新翻印, 1976).

系 4.2 和跟随着的习题, 在高维时是不成立的. 因此它们 (以及引理 4.15) 是黎曼面的特别性质. 由系 4.2 的均值分布结论, 很容易引导出一个问题: 在一个非紧的黎曼面上的亚纯函数是否具有相同的均值分布性质? Nevanlinna 的著名理论说, 如该非紧黎曼面与紧的 "相差不远" 则答案 "基本上" 是肯定的. 如果该非紧面是 $\mathbf{C}$, 则可参阅下列两个经典的著作:

R. Nevanlinna, Le Theorème de Picard-Borel et la Theorie des Fonctions Méromorphes, Gauthier-Villar, 1929. (Chelsea Publishing Go. 在 1974 重印.)

R. Nevanlinna, Analytic Function, Springer-Verlag, 1970. (Eindeutige Analytische Funktionen 的英译本.)

更广义的黎曼面上的 Nevanlinna 理论, 可参阅:

H. Wu, Mapping of Riemann Surfaces, Proceedings of Symposia in Pure Math., Volume XI, Amer. Math. Soc. Publications, 1968, 480—532.

近年在高维复流形上的 Nevanlinna 理论, 也有重大的发展, 主要是 Griffiths 的工作. 见:

P. A. Griffiths, Entire Holomorphic Mappings in One and Several Complex Variables, Princeton University Press, 1976.

由这例子我们可以见得, 有时一个最简单的问题可能产生很深奥的数学.

第二章 Riemann-Roch 定理

§5 因　子

在这小节内, M 是一个紧的黎曼面. 这个紧性的假设有时是多余的, 但我们是力求简便.

定义 5.1 一个在 M 上的因子 D 是一个有限的形式和:

$$\sum_{p\in M} n(p)p,$$

其中 $n(p)\in \mathbf{Z}, \forall p\in M$, 而且只有有限个 $n(p)$ 不等于 0.

例 如 $f\in \mathfrak{M}(M)$, 则 f 决定一个因子 (f), 其定义为: $(f)\equiv \sum_{p\in M}\nu_p(f)p$. 这是最自然的因子 (参阅 §4).

如取 $M=S(\equiv \mathbf{C}\cup\{\infty\})$, 并取 f 为 $\mathbf{C}$ 上的坐标函数 z, 则 $(z)=0-\infty$.

在 M 上的因子当中引进一个加法运算: 如 $D_1=\sum_{p\in M} n_1(p)p$, $D_2=\sum_{p\in M} n_2(p)p$, 定义 $D_1\pm D_2\equiv \sum_{p\in M}(n_1(p)\pm n_2(p))p$. 这样使 M 上所有因子构成一个 Abel 群, 称为因子群. 用 $\overline{\mathscr{D}}$ 表示因子群. $\overline{\mathscr{D}}$ 内有一个子群 $\mathscr{D}$, 定义为

$$\begin{aligned}\mathscr{D} &\equiv \{\text{所有 } M \text{ 上亚纯函数所决定的因子}\}\\ &=\{(f): f\in \mathfrak{M}(M)\}.\end{aligned}$$

因为 $(fg)=(f)+(g)$ 和 $-(f)=(f^{-1})$, 因此 $\mathscr{P}$ 确定一个子群, 称其为主要因子群.

现定义一个映照

$$d:\overline{\mathscr{D}}\to\mathbf{Z},\quad d\left(\sum_{p\in M}n(p)p\right)=\sum_{p\in M}n(p).$$

易于验证, d 是一个群同态. 由系 4.1 知道, $\mathscr{P}\subset\mathrm{Ker}(d)$ (即 $d|\mathscr{P}\equiv 0$). 因此 d 可以诱导一个在商群 $\overline{\mathscr{D}}/\mathscr{P}$ 上的同态. 命 $\overline{\mathscr{D}}/\mathscr{P}$ 为 $\mathscr{D}$.

这 $\mathscr{D}$ 称为因子类群, 是我们的主要研究对象. 称 $d(D)$ 为 D 的次数.

定义 5.2　$\forall D,D'\in\overline{\mathscr{D}}$, 如 $D-D'\in\mathscr{P}$, 称 D 与 D' 是线性等价的, 用 $D\cong D'$ 表示.

D 在 $\mathscr{D}\equiv\overline{\mathscr{D}}/\mathscr{P}$ 中的傍系, 表成 $[D]$.

若 ω 是 M 上的亚纯微分, 则 ω 决定一个因子

$$(\omega)\equiv\sum_{p\in M}n_p(\omega)p.$$

任何两个亚纯微分 ω 与 ω', 必有 $(\omega)\cong(\omega')$, 因为 ω/ω' 是一个亚纯函数, 所以 $(\omega)-(\omega')=(\omega/\omega')\in\mathscr{P}$ (见 §4).

今用 K 表示包含所有亚纯微分的因子的傍系, K 称为典范因子. 严格来说, K 是一个因子类, 而不是因子. K 是十分重要的, 因为它包含了所有全纯微分所定义的因子, 而全纯微分在紧黎曼面的研究上是极其重要的.

如 γ 是 M 上一个全纯微分, $(\gamma)\in K, d(\gamma)=\gamma$ 的零点的个数, 同时 $d(\gamma)=d(K)$ 是一个常数, 而后面我们将说明这个常数就是 $-\chi(M)$ ($\chi(M)$ 是 M 的 Euler 示性数). $\chi(M)$ 是一个拓扑不变量, 与 M 的复结构完全没有关系 (在紧曲面上 $-\chi(M)=2g-2$, g 是 M 的亏格数). 这是十分深刻的结果, 数学上这种使两个看起来似无关联的不变量之间建立起关系的定理一般都是重要与深刻的结果.

前面我们给出了不少的定义, 但是至今还不知道是否有不为常数的亚纯函数, 和不为 0 的亚纯微分 (全纯微分) 存在. 这些对象的存在性在后面是要证明的, 否则那些定义就没有意义.

紧黎曼面上有多少亚纯函数? 这是一个很有兴趣的问题, 下面将证明它是无限维向量空间. 为此, 我们先作一些定义.

定义 5.3　$\forall D\in\overline{\mathscr{D}}$, 定义 $D\geqslant 0\Leftrightarrow D=\sum_{p\in M}n(p)p, n(p)\geqslant 0,\forall p\in M$. 又

$\forall D \in \overline{\mathscr{D}}$, 定义

$$l(D) \equiv \{f \in \mathfrak{M}(M) : (f) + D \geqslant 0\}.$$

如 $D \geqslant 0$, 称 D 为有效因子.

因为 $\nu_p(f+g) \geqslant \min\{\nu_p(f), \nu_p(g)\}$. 因此易于验证, $l(D)$ 是复数域 $\mathbf{C}$ 上的向量空间. 在下面的讨论中, 如非特别申明, 凡是向量空间都是指复数域上的.

习题 如 $D \cong D'$, 则 $l(D)$ 与 $l(D')$ 同构. 亦即 $\dim_{\mathbf{C}} l(D) = \dim_{\mathbf{C}} l(D')$.

因此, 如定义 $\dim : \overline{\mathscr{D}} \to \mathbf{Z}, D \mapsto \dim_{\mathbf{C}} l(D)$, 则实际上 dim 是决定了一个函数

$$\dim : \mathscr{D} \to \mathbf{Z}, \quad [D] \mapsto \dim_{\mathbf{C}} l(D), \quad \forall D \in [D].$$

习题 (1) 如 $d(D) < 0 \Rightarrow l(D) = \{0\}$.

(2) 如 $d(D) \geqslant 0 \Rightarrow \dim_{\mathbf{C}} l(D) \geqslant 1$.

(3) 如 $\forall p \in M$, 则 $\dim_{\mathbf{C}} l(p) \leqslant 2$.

(4) 如 $D = 5p - q$, 则

$l(D) = \{$所有亚纯函数, 它在 q 点至少有 1 个零点, 在 p 点不能有重数大于 5 的极点, 而且在 M 上无其他极点$\}$.

§6 Riemann-Roch 定理及初步的应用

本节主要是阐述 Riemann-Roch 定理与应用, 为了简便, 下面我们用 RR 定理表示 Riemann-Roch 定理. 如非特别申明, 我们用 dim 表示 $\dim_{\mathbf{C}}$.

RR 定理共有四个表示形式, 下面分别用 RRI, RRII, RRIII 和 RRIV 表示 (RRIII 和 RRIV 可分别在 §12 和 §20 内找到).

RRI. M 是紧黎曼面, 则对任一因子 D,

$$\dim l(D) = \dim i(D) + (1-g) + d(D). \tag{6.1}$$

现在对上等式中的记号进行解释:

定义 6.1 $i(D) \equiv \{$所有亚纯微分 $\omega : (\omega) - D \geqslant 0\}, \dim i(D)$ 称为 D 的特性指数.

习题 如 $D \cong D'$, 则 $i(D) \cong i(D')$ (即向量空间同构).

习题 证明 $\dim l(D)$ 和 $\dim i(D)$ 均是有限数.

这个事实其实是 RR 定理的一部分, 但也可以直接证明.

提示 对 $d(D)$ 用归纳法, 先证 $l(D)$, 然后用 $l(D)$ 的结果证明 $i(D)$.

RRI 中之 g, 即是指紧 **R** 面的亏格, 一般应写成 $g(M)$, 但在不致引起混淆时就用 g 表示. g 一共有四种解释:

(1) $g = g(M) = \frac{1}{2}\dim_{\mathbf{R}} H^1(M, \mathbf{R})$.

(2) 有一个整数 $g \in \mathbf{Z}$, 使等式 (6.1) 成立.

(3) $g = \dim H^{1,0}(M, \mathscr{O})$ 这里 $\mathscr{O}$ 是 M 上全纯函数的芽层.

(4) $g = \frac{d(K)+2}{2}$, 如果 K 存在.

上面 (2) 的解释是笨拙形式的了解, 因为 $g = g(M)$ 实际上有明确的拓扑意义. 为此我们叙述紧曲面分类的基本定理, 这个定理是很基本的, 但是证明它较为冗长, 因此我们就不给出证明.

紧曲面分类定理 任何一个紧可定向的实二维流形, 或与球面同胚, 或同胚于一个叠多边形:

$$A_1B_1A_1^{-1}B_1^{-1}A_2B_2A_2^{-1}B_2^{-1}\cdots A_gB_gA_g^{-1}B_g^{-1},$$

$g \in \mathbf{Z}^+$, 这个 g 就是紧曲面的亏格数.

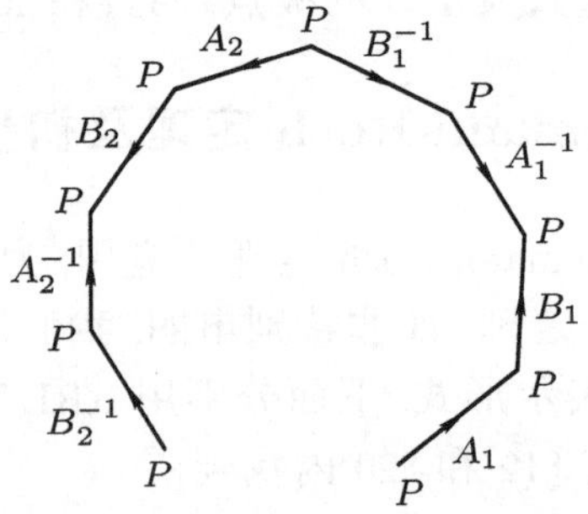

图 6.1

今 $H_1(M, \mathbf{Z}) = \{$由 $A_1, B_1, \cdots, A_g, B_g$ 所生成的 Abel 自由群$\} = \left\{\sum_{i=1}^{g}(n_iA_i + m_iB_i) : m_i, n_i \in \mathbf{Z}\right\}$. $H^1(M, \mathbf{Z}) = \mathrm{Hom}_{\mathbf{Z}}(H_1(M, \mathbf{Z}), \mathbf{Z}) \cong H_1(M, \mathbf{Z})$. 所以 $\dim_{\mathbf{R}} H^1(M, \mathbf{R}) = 2g$.

下面我们给亏格 g 几何上直观的了解.

对 $g = 1$ 时 (图 6.2), 先将 A 与 A^{-1} 粘叠起来, 成一个圆柱面; 再将 B 与 B^{-1} 粘叠起来就成了一个环面.

对 $g = 2$ 时, 我们先看图形的左边一半, 即 $A_1B_1A_1^{-1}B_1^{-1}$ 与割线 D 所成的部分. 先将 A_1 与 A_1^{-1} 粘叠起来 (图 6.3b). 然后再将 B_1^{-1} 上之两端点 P

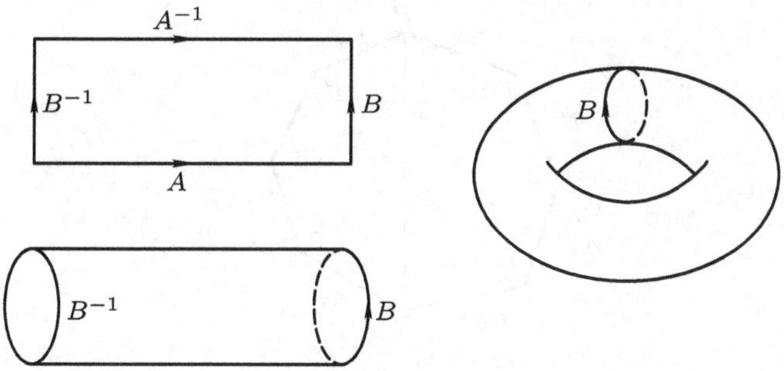

图 6.2

粘叠起来 (图 6.3c). 进一步再将 B_1 与 B_1^{-1} 粘叠起来, 这就成了环面上割出一个圆盘 (图 6.3d). 而右边一半所成的部分, 用同样方法粘叠起来, 亦成为一个环面上除去一个圆盘, 这个圆盘是同一条割线 D 围成的. 现在再把它们粘叠起来, 如图 6.4. 这样所成的闭曲面就同胚于球面上打了两个洞所成的闭曲面.

对于亏格 $g>2$ 的情况, 则类似地进行粘叠, 所得的图形就同胚于球面上打掉 g 个洞所成的闭曲面.

由 RRI $\Rightarrow$ 亚纯微分存在 (即 K 存在). 因为由 (6.1),

$$\dim l(D) \geqslant d(D) + (1-g),$$

命 $D=(g+1)p, p\in M$, 则 $\dim l(D)\geqslant 2$. 因此 $l(D)$ 中有非常数的亚纯函数 f, 则 df 就是非 0 的亚纯微分.

现在来证明, $i(D)\cong l(K-D)$. 今任取一个亚纯微分 $\omega, K=(\omega)$. 如 $\eta\in i(D)\Rightarrow (\eta)-(D)\geqslant 0$, 此即 $(\eta)-(\omega)+\{(\omega)-D\}\geqslant 0\Rightarrow (\eta/\omega)+\{K-D\}\geqslant 0$. 现在可建立同构:

$$i(D)\to l(K-D),\quad \eta\mapsto \eta/\omega.$$

这就证明了 $i(D)\cong l(K-D)$.

因此, 我们可改写 RRI 为

RRII. 对任一紧黎曼面 M, K 存在, 且

$$\dim l(D) - \dim l(K-D) = d(D) + (1-g). \tag{6.2}$$

等式 (6.2) 的左边是某个层上同调的 Euler 示性数, 它是一个与复结构有关的不变量, 而右边完全是拓扑不变量. RRII 就是在两个不同的不变量之间建立起等式关系 (见 §12). 像 RRII 中 (6.2) 那样较为深刻的结果是不能很

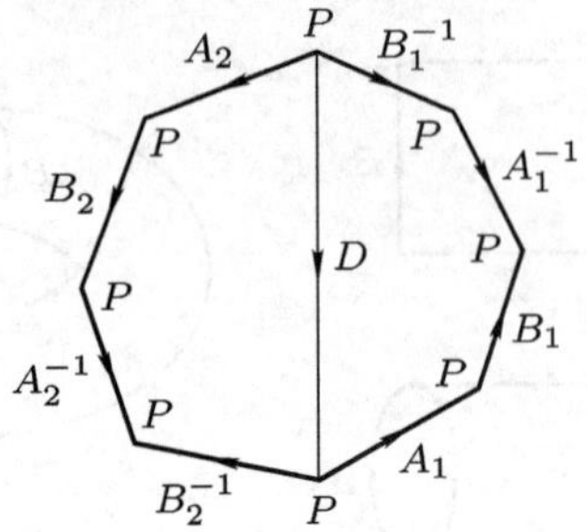

P
A_2
B_1^{-1}
P
P
B_2
A_1^{-1}
D
P
P
B_1
A_2^{-1}
P
P
A_1
B_2^{-1}
P

(a)

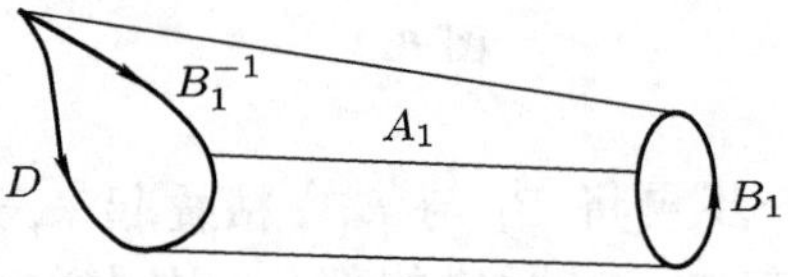

B_1^{-1}
A_1
D
B_1

(b)

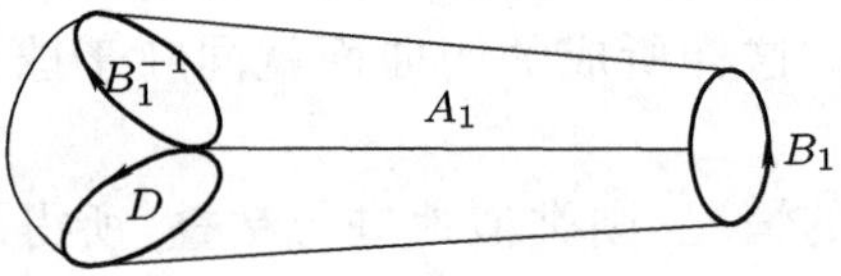

B_1^{-1}
A_1
D
B_1

(c)

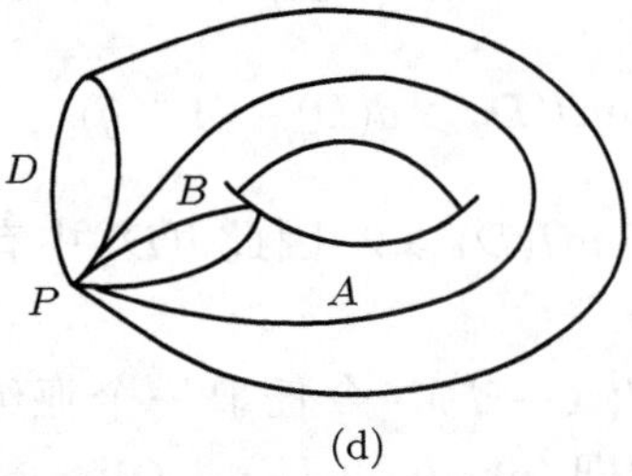

D
B
P
A

(d)

图 6.3

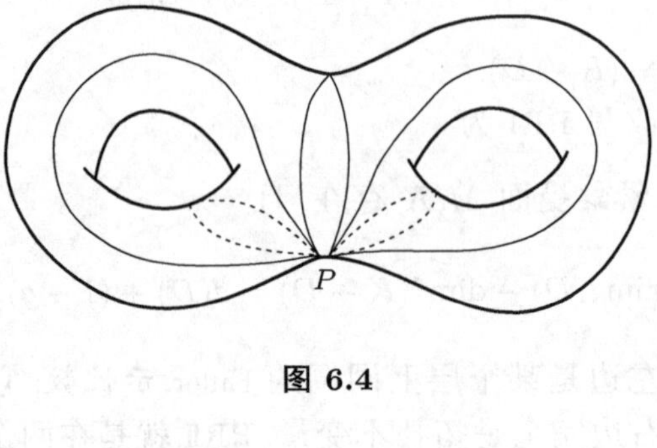

P

图 6.4

直观地得到的. 但是我们还是可以分析研究, 如有 (6.1) 这种表达 $\dim l(D)$ 的公式, 则这公式中将会包含些什么不变量. 首先无疑 $d(D)$ 是在其中, 另外应该想到其中一定存在 M 上的某个拓扑不变量, 因为:

引理 6.2 $\exists p \in M$ 使得 $\dim l((p)) \geqslant 2 \Leftrightarrow M$ 与 S 同胚.

证 $\dim l((p)) \geqslant 2, \exists f \in l((p))$ 非常数. 由 $(f)+p \geqslant 0$, 故 f 的极点只在 p 上, 而且是单极点. 因为 $f: M \to S$ 是 k 叶分歧覆盖 (系 4.2), k 是 f 所有极点数, 现在 f 只有一个极点, 因此 f 是单叶分歧覆盖, 因而 f 就是 M 与 S 之间的同构. □

所以, 如 $g(M) > 1$, 则 $\forall p \in M, \dim l((p)) = 1$. 这个事实说明, $\dim l(p)$ 是与 g 有关的.

除此之外, 早在 RR 定理发现之前, 就知道如下事实:

大部分 $g = 3$ 的黎曼面, $\dim l(2p) = 1$;

有少数 $g = 3$ 的黎曼面, $\dim l(2p) \geqslant 2$. (这是被称为超椭圆的黎曼面.)

这就启发我们, $\dim l(D)$ 还应与其他不变量有关, 这应该是与复结构有关的不变量.

对维数 $n = 2$ 的紧与非紧的复曲面, 在许多情况下, 不存在非常数的亚纯函数, 对 $n > 2$ 的复流形亦是如此. 一个 n 维复流形上的因子是由余维为 1 的子复簇 (即 $n-1$ 维子复簇) 来定义的, 但当 $n \geqslant 2$ 时, $n-1$ 维子复簇是不一定存在的.

下面先讲 RR 定理的一些应用.

(I) M 是紧黎曼面, $\mathscr{H}^{1,0}$ 表示全纯微分的向量空间, (在下面 §11 末, 将对这 $\mathscr{H}^{1,0}$ 的记号有解释.) 则 $\dim \mathscr{H}^{1,0} = g$.

证 命 $D = 0$, 因此 $\dim l(D) = 1$. 这时, $i(D) = \mathscr{H}^{1,0}$, 由 (6.1):

$$1 = \dim \mathscr{H}^{1,0} + (1-g),$$

因此得 $g = \dim \mathscr{H}^{1,0}$. □

(II) 若 $g(M) = 0$, 则 M 与 S 同构 (S 复结构的唯一性).

证 p 为 M 上任一点, 取 $D = p$. 今 $i(p) \subset \mathscr{H}^{1,0}$, 因此由 (I) 可知 $\dim i(p) = 0$. 由 (6.1):

$$\dim l(p) = 0 + 1 + (1-0) = 2,$$

故 M 与 S 同构 (引理 6.2). □

习题 若 M 是紧黎曼面, 则下列三条件等价:

(1) $d : \mathscr{D} \to \mathbf{Z}$ 是一一的;

(2) $\forall D, d(D) = 0 \Rightarrow D \cong 0$;

(3) M 与 S 同构.

(Ⅲ) $d(K) = 2g - 2 = -\chi(M)$.

(注意: Euler 示性数 $\chi(M) = 2 - 2g$ 可以看作 $\chi(M)$ 的定义, 因为 $\chi(M) = \dim_{\mathbf{R}} H^0(M, \mathbf{R}) - \dim_{\mathbf{R}} H^1(M, \mathbf{R}) + \dim_{\mathbf{R}} H^2(M, \mathbf{R}) = 2 - 2g$.)

证 在 RRⅡ 中, 取 $D = 0$, 则有

$$1 = \dim l(K) + (1 - g);$$

取 $D = K$, 则有

$$\dim l(K) = 1 + d(K) + (1 - g).$$

将此两式相加就得到 $d(K) = 2g - 2$. □

系 6.1 *M 上任一非零的全纯微分的零点数目恒等于 $-\chi(M) = 2g - 2$.*

紧黎曼面上的全纯微分形式与其拓扑不变量的关系已由上面的系给出. 对于 $n > 1$ 的紧复流形 M^n 的 1 次全纯微分形式和 p 次全纯微分形式和 M^n 的拓扑或复结构不变量的关系, 是一个值得研究的课题.

(Ⅳ) *若 $g(M) > 0$, $\forall p \in M$, 则存在全纯微分 ω, 使 $\omega(p) \neq 0$.*

(注意: 对比之下, 如果 $g(M) = 0$, (I) 蕴涵 M 上所有的全纯微分恒等于 0.)

证 假若不然, 则 M 具有一点 p, 使 $\forall \omega \in \mathscr{H}^{1,0}$, $\omega(p) = 0$. 则

$$i(p) = \{\text{所有亚纯微分 } \omega : (\omega) - p \geqslant 0\} = \mathscr{H}^{1,0}(M).$$

由 RRI 及 (I),

$$\dim l(p) = g + 1 + (1 - g) = 2.$$

因此, M 与 S 同构 (引理 6.2). 这便与 $g(M) > 0$ 矛盾. □

因此当 $g(M) > 0$ 时, 可在该 g 维向量空间 $\mathscr{H}^{1,0}$ 中引进一个 Hermit 形式 $\langle , \rangle$, 使得

$$\langle \xi, \eta \rangle \equiv \int_M \xi \wedge \overline{\eta}.$$

如 ξ 是非零的, 显然 $\langle\xi,\xi\rangle > 0$. 故 $\langle,\rangle$ 是 $\mathscr{H}^{1,0}$ 上的一个 Hermit 内积. 设 $\omega_1,\cdots,\omega_g$ 是 $\mathscr{H}^{1,0}$ 的一个标准正交基, 即有 $\langle\omega_i,\omega_j\rangle = \delta_{ij}$. (Ⅳ) 蕴涵 $\forall p \in M, \exists i \ni \omega_i(p) \neq 0$. 故如定义 $G = \sum_{i=1}^{g}\omega_i \otimes \overline{\omega}_i$, 则 G 是 M 上的 Hermit 度量. 如 $\eta_1,\cdots,\eta_g$ 是 $\mathscr{H}^{1,0}$ 的另一标准正交基, 显然 $\sum_i\omega_i\otimes\overline{\omega}_i = \sum_i\eta_i\otimes\overline{\eta}_i$ 这就是所谓 M 的 Bergman 度量. 这度量是 M 的复结构的不变量. G 的几何不变量(如曲率等) 与 M 的复结构的精确关系, 是值得研究的.

下面四个定理都是说明 M 有 "很多" 亚纯函数.

(Ⅴ) (a) *若* $d(D) \geqslant 2g-1$, 则

$$\dim l(D) = d(D) + (1-g).$$

(b) *若* $n > 0, d(D) = g+n$, 则

$$\dim l(D) \geqslant 1+n,$$

当 $g=0$ *时* (*即* $M \cong S$) *等号成立.*

证 (a) 由 (Ⅲ) $d(K) = 2g-2$, 故 $d(K-D) < 0$. 因此 $\dim l(K-D) = 0$, 由 RRⅡ, 便得

$$\dim l(D) = d(D) + (1-g).$$

(b) 因为 $\dim i(D) \geqslant 0$, 故由 RRI, 有

$$\dim l(D) \geqslant d(D) + (1-g) = n+1.$$

当 $g=0$ 时, $d(K-D) = -2-n < 0$, 由 RRⅡ,

$$\dim l(D) = d(D) + 1 = n+1. \qquad \square$$

习题 若 $g \geqslant 1, d(D) \geqslant 1$, 则

$$\dim l(D) \leqslant d(D),$$

而且这是最好的上界.

(Ⅵ) *若* $p \in M$, *则* $\exists f \in \mathfrak{M}(M)$, *使* f *只有极点在* p, *而且重数不超过* $g+1$.

证 在 (Ⅴ) (b) 中, 取 $D = (g+1)p$, 则有 $\dim l(D) \geqslant 2$, 在 $l(D)$ 中取非常数亚纯函数即为所求之 f. $\square$

系 6.2 $\forall p \in M, \exists f \in \mathfrak{M}(M)$, *使* f *的唯一的零点在* p, *而且重数* $\leqslant g+1$.

系 6.3 ($\mathfrak{M}(M)$ 在 M 上是点分离的.) $\forall p, q \in M, p \neq q$, 则有 $f \in \mathfrak{M}(M)$, 使 $f(p) \neq f(q)$.

系 6.4 若 $g(M)=1$, 则 $\exists f \in \mathfrak{M}(M)$, 使 f 只有一个双极点在任一点 p 上 (即 $\nu_p(f)=-2$).

系 6.2 和系 6.3 是完全显然的. 系 6.4 是因为如果 f 只在 p 上有单极点, 则 $M \cong S$, 这与 $g(M)=1$ 矛盾, 因此 f 只能在 p 上有双极点.

可以证明, (Ⅵ) 中所存在的亚纯函数, 除了 M 上的有限个点之外, 都是有 f 的极点重数等于 $g(M)+1$, 那些例外的有限个点就称为 Weierstrass 点. 这一结果表明, 一般紧黎曼面 M 可以看成球面 S 的分歧覆盖, 其叶数不大于 $g(M)+I$, 且当 M 上有 Weierstrass 点时, 则 M 可以降为叶数 $\leqslant g(M)$ 的分歧覆盖.

当 $g(M)=1$, 系 6.4 说明 M 是 S 的 2 叶分支覆盖.

(Ⅶ) 若 $g(M)>1$, 则存在一个叶数不大于 $g(M)$ 的分歧覆盖 $f: M \to S$.

证 从 $g>1 \Rightarrow$ 存在非零的全纯微分 ω. 由 (Ⅲ) 知道, $d(\omega)=2g-2$. 今表示 $(\omega)=D_1+D_2$, 其中 $D_1 \geqslant 0, d_2 \geqslant 0, d(D_1)=g, d(D_2)=g-2$. 由 RRⅡ,

$$\begin{aligned}
\dim l(D_1) &= \dim l(K-D_1)+d(D_1)+(1-g) \\
&= \dim l((\omega)-D_1)+1 \\
&= \dim l(D_2)+1 \geqslant 2.
\end{aligned}$$

若取任一非常数的 $f \in l(D_1)$, 则它的极点个数 (计上重数) 都不大于 g. □

(Ⅶ) 之结果较之 (Ⅵ) 要强些, 但 (Ⅵ) 中之 f 的极点就在 p 这一点上, 而 (Ⅶ) 之结果则不然.

(Ⅷ) ($\mathfrak{M}(M)$ 可作局部坐标) $\forall p \in M, \exists f \in \mathfrak{M}(M)$, 使 $f(p)=0, df(p) \neq 0$.

证 任取 $q \neq p$, 由 (Ⅴ) (a),

$$\dim l((2g+1)q-p)=1+\dim l((2g+1)q-2p).$$

取 $f \in l((2g+1)q-p)-l((2g+1)q-2p)$, 则这个 f 具有性质 $f(p)=0, df(p) \neq 0$.□

读者如果熟悉 Whitney 嵌入定理, 从 (Ⅷ) 与 (Ⅵ) 之系 6.3. 可立证任一紧黎曼面可全纯嵌入 $P_N\mathbf{C}$ (对较大的 N), 见第五章 §18 和 §21.

(Ⅸ) $\mathfrak{M}(M)$ 是一元代数函数域.

在证明 (IX) 之前, 我们先叙述一下一元代数函数域的定义. (域的扩充的基本性质, 可参阅附录一.)

域 K 称为一元代数函数域, 如果 K 是一个 $\mathbf{C}$ 的一次纯超越扩充的有限扩充, 即 $\exists z \in K, z$ 对于 $\mathbf{C}$ 是超越的, 而且 $[K:\mathbf{C}(z)] < \infty$.

注意: (1) 如非常数的 $f \in \mathfrak{M}(M)$, 则 $\mathbf{C}(f)$ 是 $\mathbf{C}$ 的一次纯超越扩充.

如若不然, 有 $P(x) \in \mathbf{C}[x]$ ($\mathbf{C}[x]$ 是对于 $\mathbf{C}$ 的多项式环), 使 $P(f) \equiv 0$. 设 $P(x) = a_0x^n + a_1x^{n-1} + \cdots + a_n$, 则

$$P(f) = a_0f^n + a_1f^{n-1} + \cdots + a_n \equiv 0.$$

由此等式推出 f 的值域是一个有限集, 这便与 f 是 $M \to S$ 的有限叶分歧覆盖矛盾.

(2) 如 K 是一元代数函数域, $z \in K$ 是对于 $\mathbf{C}$ 是超越的, 则 $[K:\mathbf{C}(z)] < \infty$. 根据本元元素定理, 每个可分的有限扩充一定是简单扩充, 因此, $\exists f \in K$, 使 $K = \mathbf{C}(z)(f) = \mathbf{C}(z, f)$.

下面我们要证明较之 (IX) 更为精确的定理.

定理 6.3 *若 M 是紧黎曼面, 则 $\mathfrak{M}(M)$ 是一元代数函数域. 更精确地讲: 如果 z 是 M 上有 n 个极点的亚纯函数 $(n > 0)$, 则 $[\mathfrak{M}(M):\mathbf{C}(z)] = n$.*

我们将通过下面两个引理来证明此定理.

引理 6.4 $[\mathfrak{M}(M):\mathbf{C}(z)] \geqslant n$.

证 我们命 $(z) = Z_z - P_z, Z_z$ 表示 z 的所有零点所成之集, P_z 表示 z 的所有极点所成之集. 设 $P_z = p_1 + p_2 + \cdots + p_n$, 今无妨假定 $\{p_i\}$ 是判别的 (即当 $i \neq j$ 时, $p_i \neq p_j$). 因若不然, 命 A 为 dz 在 M 上的所有零点所成之集. 取 $a \in S - \{z(A), \infty\}$, 则 $z - a$ 只有单零点. 因此 $1/(z-a)$ 只有单极点. 而 $\mathbf{C}(z) = \mathbf{C}(1/(z-a))$, 因此必要时可用 $1/(z-a)$ 代替 z.

现对 $P_z = p_1 + \cdots + p_n$ (p_i 互不相同), 我们可断言: $\forall i = 1, \cdots, n, \exists w_i \in \mathfrak{M}(M)$ 使

$$w_i(p_1) = \cdots = w_i(p_{i-1}) = 0, \quad w_i(p_i) = 1.$$

先假设这断言成立, 则 $w_1, \cdots, w_n$ 对于域 $\mathbf{C}(1/z)$ $(\equiv \mathbf{C}(z))$ 线性无关. 因若不然, 就有 $\alpha_i \in \mathbf{C}(1/z)$ 使

$$\sum_{i=1}^{n} \alpha_i w_i = 0. \tag{6.3}$$

设 β 是 $\alpha_1, \cdots, \alpha_n$ 的分母的最小公倍数, 命 $\gamma_i = \beta\alpha_i$, 上式 (6.3) 乘上 β, 则得

到

$$\sum_{i=1}^{n} \gamma_i w_i = 0, \tag{6.4}$$

其中, $\forall i, r_i \in \mathbf{C}(1/z)$. 设 d 是 $\gamma_1, \cdots, \gamma_n$ 的最大公因子, 再用 $1/d$ 乘 (6.4), 将所得线性式之系数仍记为 $\alpha_1, \cdots, \alpha_n$. 这时 $\alpha_i \in \mathbf{C}(1/z)$, 而且 $\alpha_1, \cdots, \alpha_n$ 没有非平凡的因子. 因此 $\alpha_1, \cdots, \alpha_n \in \mathbf{C}(1/z)$ 中至少有一个 α_i 具有非零的常数项. 故 $\exists r \leqslant n$, 使 $\alpha_1, \cdots, \alpha_{r-1}$ 的常数项均为零, 而 α_r 的常数项不为零. 在点 p_r 上, 因 $1/z$ 等于 0, 故

$$\alpha_1(p_r) = \cdots = \alpha_{r-1}(p_r) = 0.$$

而由 $\{w_i\}$ 的取法, 知道

$$w_{r+1}(p_r) = \cdots = w_n(p_r) = 0.$$

因此等式 (6.3) 蕴涵

$$\alpha_r(p_r) w_r(p_r) = 0,$$

但是, $\alpha_r(p_r) \neq 0$ 而 $w_r(p_r) = 1$, 故这是矛盾的. 因此在断言的假设成立下, 引理成立.

关于这个断言, 如我们愿意用上离散一秩赋值理论, 则可由其中一条基本定理推得. 这定理说明在域 $\mathfrak{M}(M)$ 中, 存在 $\{w_i\}$, 使

$$\begin{cases} \nu_{p_j}(w_i) \geqslant 1 & \forall j < i, \\ \nu_{p_i}(w_i) = 0. \end{cases}$$

(见定义 4.8.) 这定理可见之于 O. Zariski 和 P. Samuel 的 Commutative Algebra, Volume Ⅱ, 第 45 页, 定理 18. (这本书 Springer-Verlag 在 1976 年有重印.)

我们还是用 RR 定理来证明这断言正确. 今取

$$q \in M - \{p_1, \cdots, p_n\},$$

取 $k \geqslant 2g - 1 + n$, 则有 (见 (V) (a)):

$$\begin{aligned} &\dim l(kq - (p_1 + \cdots + p_{i-1})) \\ &= 1 + \dim l(kq - (p_1 + \cdots + p_i)). \end{aligned}$$

故 $\exists w_i \in l(kq - (p_1 + \cdots + p_{i-1})) - l(kq - (p_1 + \cdots + p_i))$, 这个 w_i 乘上一个常数就满足我们的要求.

引理 6.5 $[\mathfrak{M}(M) : \mathbf{C}(z)] \leqslant n$.

证 设有一组 $w_1, \cdots, w_m \in \mathfrak{M}(M)$, 而且对于 $\mathbf{C}(z)$ 域是线性无关的. 只要证 $m \leqslant n$, 则引理证毕.

今无妨假定 $\{w_i\}$ 的极点在 $\{p_1, \cdots, p_n\}$ 内. 因若不然, 设 $\{q_1, \cdots, q_s\}$ 是 $\{w_i\}$ 的所有在 $\{p_1, \cdots, p_n\}$ 外的极点 ($\{q_i\}$ 未必互相判别). 命 $a_i = z(q_i), j = 1, \cdots, s$; 又命 $u = (z-a_1)\cdots(z-a_s)$, 则 $uw_1, \cdots, uw_m$ 的极点都在 $\{p_1, \cdots, p_n\}$ 内, 且 $uw_1, \cdots, uw_m$ 亦是对于 $\mathbf{C}(z)$ 线性无关的.

现考虑 $(r+1)m$ 个亚纯函数 $z^j w_i, i = 1, \cdots, m, j = 0, 1, \cdots, r$. 取 $k \in \mathbf{Z}^+$ 充分大, 使

$$z^j w_i \in l((k+r)P_z), \quad \forall i, j.$$

注意这个 k 的选取与 r 无关, 而只与 $w_1, \cdots, w_m$ 有关. 由 (V) (a), 当 k 充分大时,

$$\dim l((k+r)P_z) = (k+r)n + (1-g).$$

由于 $z^i w_i \in l((k+r)P_z), \forall i, j$, 而且无疑这 $(r+1)m$ 个函数 $z^j w_i$ 是 $\mathbf{C}$ 线性无关的 (否则 $w_1, \cdots, w_m$ 将是对于 $\mathbf{C}(z)$ 线性相关), 因此有不等式

$$(r+1)m \leqslant (k+r)n + (1-g),$$
$$m \leqslant \left(\frac{k+r}{r+1}\right)n + \frac{1-g}{r+1},$$

命 $r \to +\infty$, 即得 $m \leqslant n$. □

引理 6.5 的证明虽然较为简单, 但是这个证明并不自然. 现在我们用另一方法来证明此引理, 但只叙述这个证明的大概. 这个方法虽然较为繁长, 但是从想法上来讲是较为自然的.

首先我们说明一个事实, 若 $f_0 \in \mathfrak{M}(M)$, 并且 $[\mathbf{C}(z)(f_0) : \mathbf{C}(z)]$ 有最大值, 则必有 $\mathfrak{M}(M) = \mathbf{C}(z)(f_0) = \mathbf{C}(z, f_0)$.

因若不然, 则有 $h \in \mathfrak{M}(M) - \mathbf{C}(z)(f_0)$, 使

$$[\mathbf{C}(z, f_0)(h) : \mathbf{C}(z, f_0)] = l > 1.$$

由本元元素定理 $\mathbf{C}(z, f_0)(h)$ ($= \mathbf{C}(z)(f_0, h)$) 一定是 $\mathbf{C}(z)$ 上的一个简单扩充, 故有 h_1, 使

$$\mathbf{C}(z)(f_0, h) = \mathbf{C}(z)(h_1).$$

但是

$$\begin{aligned}[\mathbf{C}(z)(h_1) : \mathbf{C}(z)] &= [\mathbf{C}(z, f_0)(h) : \mathbf{C}(z)] \\ &= [\mathbf{C}(z, f_0)(h) : \mathbf{C}(z, f_0)][\mathbf{C}(z, f_0) : \mathbf{C}(z)] \\ &= l[\mathbf{C}(z, f_0) : \mathbf{C}(z)] > [\mathbf{C}(z, f_0) : \mathbf{C}(z)].\end{aligned}$$

这便与 $[\mathbf{C}(z)(f_0):\mathbf{C}(z)]$ 有最大值矛盾. 故有 $\mathbf{C}(z)(f_0)=\mathfrak{M}(M)$.

现在我们来证明, $\forall f\in\mathfrak{M}(M)$ 必有

$$[\mathbf{C}(z)(f):\mathbf{C}(z)]\leqslant n.$$

这点再加上上述事实, 则就得到引理.

固定 $f\in\mathfrak{M}(M)$. 现在假定有 $r_i(z)\in\mathbf{C}(z), i=1,2,\cdots,n$, 使

$$P(z,f)\equiv f^n+r_1(z)f^{n-1}+\cdots+r_n(f)\equiv 0. \tag{6.5}$$

那么自然有 $[\mathbf{C}(z)(f):\mathbf{C}(z)]\leqslant n$. 问题是如何去找 $r_1(z),\cdots,r_n(z)$.

现 z 是 M 到 S 上的 n 叶分歧覆盖. 设 $q\in S$, 使 $z^{-1}(q)=\{p_1,\cdots,p_n\}$ 是判别的. 易知 S 上除了有限个点外, 其余之点关于 z 的逆像集都是判别的点组成.

命 $\alpha_i=r_i(z(p_j))=r_i(q)$. 如果 (6.5) 成立, 则知道 $f(p_1),\cdots,f(p_n)$ 是如下 W 的多项式

$$W^n+\alpha_1W^{n-1}+\cdots+\alpha_n$$

的所有的根, 而 $\alpha_i=(-1)^iR_i(f(p_1),\cdots,f(p_n))$. 这里 R_i 是第 i 个初等对称多项式, 即

$$R_i(x_1,\cdots,x_n)=\sum_{j_1<j_2<\cdots<j_i}x_{j_1}\cdots x_{j_i},\quad 1\leqslant i\leqslant n.$$

定义 $Q_i:S\to S$,

$$Q_i(q)=(-1)^iR_i(f(p_1),\cdots,f(p_n)).$$

可以证明, Q_i 是 S 到 S 的全纯映照, 因此 Q_i 是有理函数. (易证任意全纯的 $f:S\to S$ 都是有理函数.)

现在

$$Q_i(z(p_j))=Q_i(q)=(-1)^iR_i(f(p_1),\cdots,f(p_n))=\alpha_i,$$

而

$$\alpha_i=r_i(z(p_j)).$$

因此, 定义 $r_i(z)=Q_i(z)$ 是 z 的有理函数, 这个 $Q_i(z)$ 是依赖 f 构造出来的. 这一过程反过去, 就是对 $\forall f\in\mathfrak{M}(M)$, 可以找到 $r_i(z)\in\mathbf{C}(z)$, 使有

$$P(z,f)\equiv f^n+r_1(z)f^{n-1}+\cdots+r_n(z)\equiv 0$$

在 M 上成立, 因此引理 6.5 得证.

定理 6.6 设 M 与 M' 均为紧黎曼曲面, 且域 $\mathfrak{M}(M)$ 与 $\mathfrak{M}(M')$ 是域同构, 则 M 与 M' 同构. (这定理是说, $\mathfrak{M}(M)$ 完全决定 M.)

注意: 因为我们一向把任何 $\mathfrak{M}(M)$ 都看成 $\mathbf{C}$ 的域扩充, 因此定理 6.6 所说的 $\mathfrak{M}(M)$ 与 $\mathfrak{M}(M')$ 之间的域同构, 无形中是假设这是一个对于 $\mathbf{C}$ 的域同构. 即是说, 这个 $\mathfrak{M}(M) \to \mathfrak{M}(M')$ 的同构, 当限制于 $\mathbf{C}$ 时是恒等映照. 这个技巧性比较高, 而且似乎无关重要的假设, 其实是必需的. 见章后注记.

在本书内我们将不会用到这定理. 所以在这里不给出此定理的详细证明, 只给证明的一个概要.

证明概要 所用符号同前面的引理所用, 设 f 对于 $\mathbf{C}(z)$ 的极小多项式为

$$W^n + r_1(z)W^{n-1} + \cdots + r_n(z),$$

其中 $r_i(z) \in \mathbf{C}(z)$. 经过通分母后得

$$G(W, z) \equiv S_0(z)W^n + S_1(z)W^{n-1} + \cdots + S_n(z),$$

现在 $S_i(z) \in \mathbf{C}(z)$, 而且 $G(f, z) \equiv 0$.

$G(W, z) \in \mathbf{C}(W, z)$ 是一个代数函数, 而且 $G(W, z)$ 在 $\mathbf{C}(W, z)$ 中是不可约的. $G(W, z) \equiv 0$ 是决定了一个 z 在 $\mathbf{C}$ 上的 n 值全纯函数, 也即对每个 z (除有限多个 $z \in \mathbf{C}$ 例外), $W(z)$ 有 n 个值. 根据所谓代数函数的基本定理, 这样局部地决定了 n 个单值全纯函数 $W_1(z), \cdots, W_n(z)$, 使 $G(W_i(z), z) \equiv 0, \forall i$; 而且每个 $W_i(z)$ 都是任一个 $W_j(z)$ 的解析开拓. 由 $\{W_i(z)\}$ 可以诱导出一个黎曼面 M_0, 使 $W(z)$ 在 M_0 上是一个单值全纯函数. M_0 就是所谓代数函数 $G(W, z)$ 的黎曼面. (这个 M_0 就是历史上黎曼面的起源. 关于 M_0 的构造, 可参阅后面 §10.)

由 M_0 的构造的定义, 立可看出存在一个典范的映照 $\varphi: M \to M_0$, 且 φ 是双全纯的. 注意: M_0 的构造只依赖于 $\mathfrak{M}(M)$.

同理由 $\mathfrak{M}(M')$ 可构造 M_0'. 因此如果 $\mathfrak{M}(M)$ 与 $\mathfrak{M}(M')$ 是域同构, 则 M_0 与 M_0' 一定是同构的. 故 M 与 M' 同构.

定理 6.6 说明, 研究 M 是与研究这个一元代数函数域 $\mathfrak{M}(M)$ 等价的. 这就是用代数方法来研究黎曼面的第一步 (见引言).

关于构造 M_0 的较为详细的说明, 可以见之如下书中:

1. L. V. Ahlfors, Complex Analysis, 2nd Edition, 1966, Chapter 8, §§1—2 (= 1st Edition, Chapter 6, §§1—2).

2. K. Knopf, Theory of Function, Part two, 1947, Chapter 5.

3. G. Springer, Introduction to Riemann Surfaces, 1957, Chapter 3.

(X) 椭圆函数

椭圆函数是一门很大的学问，它的发现和随后的发展，是 19 世纪数学史上最辉煌的一页. 它在近代的代数几何和代数数论中还占一个中心的地位. 这里我们只能介绍最皮毛的知识. 关于这方面的书，最详尽的是 R. Fricke 的两大册: Die Elliptischen Funktionen und ihre Anwendungen, Volume I (1916), Volume II (1922), Teubner Verlag, Leipzig. 从初等的观点来讨论椭圆函数而且较为完善的，有 E. T. Copson 的书内第 13 至 15 章 (An Introduction to the Theory of Functions of a Complex Variable, Oxford, 1935).

我们这里讲椭圆函数的目的，是把 RR 定理应用到一个具体的情况. 一来希望增进对 RR 定理的了解，另一方面也希望提供一个较抽象和概念上较完善的观点，使大家能够了解如 Copson 书内的一些较技巧化的计算.

现在不加证明地，先说一说这方面的基本知识. 黎曼面理论中一个重要定理是:

Koebe-Poincaré 单值化定理. 若 $\widetilde{M}$ 是一个单连通的黎曼面，则 $\widetilde{M}$ 与 $S, \mathbf{C}$ 或 Δ (单位圆) 三者之一同构.

今设 M 是一个紧黎曼面. 命 $\widetilde{M}$ 为 M 的万有覆盖. $\widetilde{M}$ 是一单连通黎曼面，且

当 $g(M)=0$ 时，$\widetilde{M}\cong S$ ($\cong$ 表示同构),

当 $g(M)=1$ 时，$\widetilde{M}\cong \mathbf{C}$,

当 $g(M)>1$ 时，$\widetilde{M}\cong \Delta$.

习题 证明上述结论. (**提示**: 第一个结论已在上面 (II) 中证明. 如 $g(M)\geqslant 1$，命 $\pi:\widetilde{M}\to M$ 为覆盖映照，并命 $\varGamma$ 为其覆盖变换群. 如 $\widetilde{M}=\mathbf{C}$，则 $\varGamma$ 内每一元为 $\mathbf{C}\to\mathbf{C}$ 的一个双全纯、无固定点的映照. 由此证明 $\gamma\in\varGamma\Rightarrow \gamma(z)=z+a, a\in\mathbf{C}$ (参阅引理 3.8). 因而推出 $M\cong \mathbf{C}/\varLambda, \varLambda$ 为 $\mathbf{C}$ 内一个格，即 $g(M)=1$. 据单值化定理，可知如 $g(M)>1$ 则 $\widetilde{M}\cong\Delta$.

命 $\widetilde{M}$ 的自同构群 (即所有 $\widetilde{M}\to\widetilde{M}$ 的全纯 1–1 对应) 为 G. 如 $\widetilde{M}=\mathbf{C}$，则 $G=\{z\mapsto az+b, a\in\mathbf{C}, b\in\mathbf{C}\}$. 如 $\widetilde{M}=\Delta$，则

$$G=\left\{z\mapsto e^{i\theta}\frac{z-a}{1-\bar{a}z}, \theta\in\mathbf{R}, a\in\Delta\right\}.$$

又命 $\varGamma$ 为 $\pi:\widetilde{M}\to M$ 的覆盖变换群如上，则 $\varGamma$ 为 G 内的离散子群.

现可讨论两个亚纯函数域 $\mathfrak{M}(M)$ 与 $\mathfrak{M}(\widetilde{M})$ 之间的关系. 命 $\mathfrak{M}_\varGamma(\widetilde{M})$ 为 $\mathfrak{M}(\widetilde{M})$ 内所有 $\varGamma$ 不变的函数，即 $f\in\mathfrak{M}_\varGamma(\widetilde{M})\Leftrightarrow f\in\mathfrak{M}(\widetilde{M})$ 而且 $\forall\gamma\in\varGamma, \forall z\in\widetilde{M}, f(\gamma z)=f(z)$. 此亦表示 $\forall z\in M, \mathfrak{M}_\varGamma(\widetilde{M})$ 内每元在 $\pi^{-1}(z)$ 上每点取相同

的值. $\mathfrak{M}_\Gamma(\widetilde{M})$ 显然是一个域. 定义

$$\varphi : \mathfrak{M}(M) \to \mathfrak{M}(\widetilde{M}), \quad \varphi(h) \to h \circ \pi, \quad \forall h \in \mathfrak{M}(M).$$

φ 诱导一个 $\mathfrak{M}(M)$ 与 $\mathfrak{M}_\Gamma(\widetilde{M})$ 的域同构. 称 $\mathfrak{M}_\Gamma(\widetilde{M})$ 为 $\widetilde{M}$ 上的 Γ 自守函数域. 由 RR 定理知, 若 M 紧致, 则 $\mathfrak{M}(M)$ 为一个无限维的向量空间. 在这种情况下, 故知 $\widetilde{M}$ 上有非零的 Γ 自守函数. 如果 M 为 $\mathbf{C}/\Lambda$, 则称这种在 $\mathbf{C}$ 上的 Γ 自守函数为椭圆函数. 在下面我们将由这观点去讨论椭圆函数. 但须知在 19 世纪 20 年代, Abel 和 Jacobi 发现这种函数时, 并未有黎曼面、万有覆盖的概念, 更未有 RR 定理. 在 Δ 上的自守函数的存在, 是在 19 世纪 80 年代由 Poincaré 和 Klein 首先证明的.

如 M 是一个非紧的黎曼面, 则不但有非常数的亚纯函数, 甚至有很多的全纯函数 (Behnke-Stein 定理). 因此同理, 如 M 是一个任意的黎曼面, Γ 是万有覆盖 $\pi : \widetilde{M} \to M$ 的覆盖变换, 则 $\widetilde{M}$ 上恒存在非常数的 Γ 自守函数. 这个由一般的黎曼面理论去讨论自守函数的观点, 基本上是 Klein 的. Poincaré 的看法则不同. 设 $\widetilde{M} = \Delta$, 如果 Γ 是 G 内的一个离散子群 (不提黎曼面), 而且 Γ 满足某些自然条件, 则 Poincaré 直接用 Γ 本身去构造非常数的 Γ 自守函数. 这构造固然可以在这里直接写下来, 但这不是太有启发性的. 我们倒不如打一个比方. 首先重述一下 Weierstrass 的 $\mathfrak{P}$ 椭圆函数. 如 $\Lambda = ((\omega_1, \omega_2))$ 是 $\mathbf{C}$ 上的一个格 (见 §3, 例 4), 则可定义一个离散群 $\Gamma \equiv \{z \mapsto z + n_1\omega_1 + n_2\omega_2, n_1 \in \mathbf{Z}, n_2 \in \mathbf{Z}\}$. Γ 是 $\mathbf{C}$ 的自同构群的子群. 那么 Weierstrass 的构造可写为:

$$\mathfrak{P}(z) = \frac{1}{z^2} + \sum_{\substack{\gamma \in \Gamma \\ \gamma \neq 0}} \left(\frac{1}{\gamma(z)^2} - \frac{1}{\gamma(0)} \right). \tag{6.6}$$

注意: 这是直接用 Γ 写成的级数. 现在设有 Δ 的自同构群的离散子群 Γ, Poincaré 用相似的办法, 直接把 Γ 写进一类级数 (后代称之为 Poincaré 级数), 而构成所谓 Γ 自守形式 (automorphic form). 两个适当的 Γ 自守形式的商就是一个 Γ 自守函数. Poincaré 这想法, 特别是 Poincaré 级数的构造, 对近代高维自守函数的研究, 是有决定性影响的.

现在我们回到这书的主题. 不假设任何对椭圆函数的认识, 而利用 (IX) 的定理去定义和研究 Weierstrass 的 $\mathfrak{P}$ 函数.

设 $M = \mathbf{C}/\Lambda, \Lambda = ((1, \tau))$, 其中 $\mathrm{Im}(\tau) > 0$ (见定理 3.9). 故 $g(M) = 1$. 已知存在一个 $\mathfrak{P} \in \mathfrak{M}(\mathbf{C}/\Lambda)$, 使 $\mathfrak{P}$ 的唯一极点在原点, 且是双极点 (见 (VI), 系 6.4). 如把 $\mathfrak{P}$ 看成 $\mathbf{C}$ 上的函数 (参阅上面 φ 的定义), 则 $\mathfrak{P}$ 满足 $\mathfrak{P}(z) = \mathfrak{P}(1 + z) = \mathfrak{P}(z + \tau)$. 此即所谓 $\mathfrak{P}$ 是双周期函数.

在原点附近将 $\mathfrak{P}$ 用 Laurent 级数展开:

$$\mathfrak{P}=\frac{a_{-2}}{z^2}+\frac{a_{-1}}{z}+a_0+a_1z+\cdots.$$

在 $\mathbf{C}/\Lambda$ 上原点是 $\mathfrak{P}$ 之唯一极点, 而且 dz 是 $\mathbf{C}/\Lambda$ 上一个永不等零的全纯微分, 故 $\sum_p \mathrm{Res}_p(\mathfrak{P}dz)=0=a_{-1}$ (引理 4.15). 因此可将 $\mathfrak{P}$ 正规化为

$$\mathfrak{P}(z)=\frac{1}{z^2}+a_1z+a_2z^2+\cdots. \tag{6.7}$$

断言: (6.7) 中所有奇次项均为 0.

因为 $\mathfrak{P}(z)-\mathfrak{P}(-z)$ 是全纯函数 (在原点之极点相消), 而且在原点等于 0, 而根据其双周期性, 它是有界的, 因此 $\mathfrak{P}(z)-\mathfrak{P}(-z)\equiv 0$. 这就表示

$$\mathfrak{P}(z)-\mathfrak{P}(-z)=2a_1z+2a_3z^3+\cdots\equiv 0,$$

因而 $a_{2n+1}=0, n=0,1,2,\cdots$.

现在 $\mathfrak{P}(z)=\mathfrak{P}(-z)$ 是偶函数, $\mathfrak{P}(z)$ 有展开式

$$\mathfrak{P}(z)=\frac{1}{z^2}+a_2z^2+a_4z^4+\cdots+a_{2n}z^{2n}+\cdots$$

与

$$\begin{aligned}\mathfrak{P}'(z)&=\frac{-2}{z^3}+2a_2z+4a_4z^3+\cdots,\\(\mathfrak{P}'(z))^2&=\frac{4}{z^6}-\frac{8a_2}{z^2}-16a_4+\cdots,\\(\mathfrak{P}(z))^3&=\frac{1}{z^6}+\frac{3a_2}{z^2}+3a_4+\cdots.\end{aligned}$$

已知 $[\mathfrak{M}(\mathbf{C}/\Lambda):\mathbf{C}(\mathfrak{P})]=2$, $\mathfrak{P}'$ 是奇函数, 故 $\mathfrak{P}'\notin\mathbf{C}(\mathfrak{P})$. 因此

Weierstrass 定理. $\mathfrak{M}(\mathbf{C}/\Lambda)\equiv\mathbf{C}(\mathfrak{P},\mathfrak{P}')$.

这个定理表示任何椭圆函数都是 $\mathfrak{P}$ 和 $\mathfrak{P}'$ 的有理函数. 椭圆函数是很多的, Weierstrass 定理表示研究椭圆函数可以从研究 $\mathfrak{P}$ 着手.

既知 $[\mathbf{C}(\mathfrak{P})(\mathfrak{P}'):\mathbf{C}(\mathfrak{P})]=2$, 所以 $\mathfrak{P}'$ 是对于 $\mathbf{C}(\mathfrak{P})$ 的一个代数元素, 而且其极小多项式是 2 次的. 因为

$$(\mathfrak{P}')^2-4\mathfrak{P}^3+20a_2\mathfrak{P}+28a_4 \tag{6.8}$$

是在 $\mathbf{C}/\Lambda$ 上没有极点的一个椭圆函数, 而且在原点为 0, 因此 (6.8) 式恒等于 0. 因此有

定理 6.7 $\mathfrak{P}'$ 对于 $\mathbf{C}(\mathfrak{P})$ 的极小多项式为

$$f(y) = y^2 - 4\mathfrak{P}^3 + g_2\mathfrak{P} + g_3,$$

其中 $g_2 = 20a_2, g_3 = 28a_4$. 亦即 $\mathfrak{P}'$ 满足如下方程:

$$(\mathfrak{P}')^2 = 4\mathfrak{P}^3 - g_2\mathfrak{P} - g_3. \tag{6.9}$$

从 (6.9) 可以用逆推的方法将 $\mathfrak{P}$ 的所有系数都推出来.

现在为表示较为方便, 仍记 $\Lambda = \{(\omega_1, \omega_2)\}$.

(a) 断言: $\mathfrak{P}'$ 的零点在 $\frac{\omega_1}{2}, \frac{\omega_2}{2}$ 和 $\frac{\omega_1+\omega_2}{2}$, 而且都是单极点.

证 由 $\mathfrak{P}(z) = \mathfrak{P}(-z) = \mathfrak{P}(-z+\omega_i), \quad i = 1, 2,$

$$\mathfrak{P}\left(\frac{\omega_i}{2} + z\right) = \mathfrak{P}\left(\omega_i - \left(\frac{\omega_i}{2} + z\right)\right) = \mathfrak{P}\left(\frac{\omega_i}{2} - z\right),$$

因此 $\mathfrak{P}'\left(\frac{\omega_i}{2}\right) = 0, i = 1, 2$. 同理可证 $\mathfrak{P}'\left(\frac{\omega_1+\omega_2}{2}\right) = 0$.

因为 $\mathfrak{P}'$ 只有一个极点在原点, 而且是 3 重极点. 因此 $\frac{\omega_1}{2}, \frac{\omega_2}{2}, \frac{\omega_1+\omega_2}{2}$ 都只能是 $\mathfrak{P}'$ 的单零点. □

命 e_1, e_2, e_3 为 $4w^3 - g_2w - g_3$ 之三个根, 因此

$$4\mathfrak{P}^3 - g_2\mathfrak{P} - g_3 \equiv 4(\mathfrak{P} - e_1)(\mathfrak{P} - e_2)(\mathfrak{P} - e_3).$$

(b) 由 (6.9), 知

$$\mathfrak{P}\left(\frac{\omega_1}{2}\right) = e_1,$$
$$\mathfrak{P}\left(\frac{\omega_1}{2}\right) = e_2,$$
$$\mathfrak{P}\left(\frac{\omega_1+\omega_2}{2}\right) = e_3.$$

这 e_1, e_2, e_3 均不相同, 因为 $\mathfrak{P}$ 是两叶覆盖 (S 的). 因此对任一值 $\mathfrak{P}$ 只能取两次. 现由 $\mathfrak{P}'\left(\frac{\omega_1}{2}\right) = 0$, 故 e_1 已在 $\frac{\omega_1}{2}$ 处被 $\mathfrak{P}$ 取 2 次, 因而 $e_1 \neq e_2, e_1 \neq e_3$. 同理可证 $e_2 \neq e_3$.

由 $4w^3 - g_2w - g_3$ 之根都不相同, 故它的判别式 (discriminant) 一定不等于 0, 亦即

$$\Delta_0 \equiv g_2^3 - 27g_3^2 \neq 0.$$

上面的讨论是一种定性的讨论. 对 $\mathfrak{P}(z)$ 作深一层的研究是需要用 $\mathfrak{P}(z)$ 部分分式表示来讨论的. $\mathfrak{P}(z)$ 依赖于 Γ 的部分分式表示为 (见 (6.6))

$$\mathfrak{P}(z) \equiv \frac{1}{z} + \sum_{\substack{\omega\in\Lambda \\ \omega\neq 0}} \left(\frac{1}{(z-\omega)^2} - \frac{1}{\omega}\right).$$

在这里, 我们不打算讨论怎样由 (6.7) 去证明 $\mathfrak{P}(z)$ 有这个部分分式表示, 却要用这表示来略述上面 $\Delta_0 \neq 0$ 的重要性

上面的讨论告诉我们 $\mathfrak{P}$ 是依赖于格 Λ 的, 因此为明确起见亦可将它记为 $\mathfrak{P}_\Lambda$. 现在有一个反问题, 如给定 $g_2, g_3 \in \mathbf{C}$, 是否存在格 Λ, 使函数 $\mathfrak{P}_\Lambda$ 满足

$$\mathfrak{P}_\Lambda = \frac{1}{z^2} + a_2 z^2 + a_4 z^4 + \cdots,$$

$g_2 = 20a_2, g_3 = 28a_4$?

上面的结果说明, 这个问题有解的必要条件是 $\Delta_0 = g_2^3 - 27g_3^2 \neq 0$. 椭圆函数论内一个基本定理说, $\Delta_0 \neq 0$ 也是这问题有解的充分条件 (见 Copson 的书内 §15.31). 这定理在代数几何上的意义, 就是: $\Delta_0 \neq 0$ 是一个椭圆曲线 $y^2 = 4x^3 - g_2 x - g_3$ 能被 $\mathfrak{P}(z)$ 参数化的充要条件.

在结束这个椭圆函数简介之前, 我们要说一说这种函数的历史背景. 由 (6.9) 得

$$\frac{\mathfrak{P}'}{(4\mathfrak{P}^3 - g_2\mathfrak{P} - g_3)^{1/2}} = 1.$$

命 $w = \mathfrak{P}(z)$, 则 $z \mapsto w$ 是一个从 $\mathbf{C}/\Lambda$ 到 S 的两叶覆盖. 除了 $w = e_1, e_2, e_3$ 与 ∞ 四点外, 由反函数定理 (inverse function theorem) 可知 $z = \mathfrak{P}^{-1}(w)$ 在 $S - \{e_1, e_2, e_3, \infty\}$ 上是局部存在的. 因此上面的等式可写成

$$\frac{dw/z}{(4w^3 - g_2 w - g_3)^{1/2}} = 1,$$

从而得

$$\frac{dw}{(4w^3 - g_2 w - g_3)^{1/2}} = dz.$$

设 $t, t_0 \in S - \{e_1, e_2, e_3, \infty\}$, 且 r 是从 t_0 到 t 的一个避开 $\{e_1, e_2, e_3, \infty\}$ 的曲线. 沿 γ 上积分, 则有

$$\begin{aligned}\int_{t_0}^{t} \frac{dw}{(4w^3 - g_2 w - g_3)^{1/2}} &= \int_{t_0}^{t} dz = z(t) - z(t_0) \\ &= \mathfrak{P}^{-1}(t) - \mathfrak{P}^{-1}(t_0).\end{aligned}$$

即是说, 左边的积分, 定义了一个函数, 这函数是 $\mathfrak{P}$ 的反函数. 特别如果将积分限在实线 $\mathbf{R}$ 上, 则有 $\forall t \in \mathbf{R}, \forall x \in \mathbf{R}$,

$$\mathfrak{P}^{-1}(t) - \mathfrak{P}^{-1}(t_0) = \int_{t_0}^{t} \frac{dx}{(4x^3 - g_2 x - g_3)^{1/2}}. \tag{6.10}$$

这公式大有来历. 自 17 世纪末微积分问世后不久, 人们就知道如 $R(x, y)$ 为 x, y 的有理函数, 则:

$$\int R(x, \sqrt{ax + b})dx$$

和

$$\int R(x, \sqrt{ax^2+bx+c})dx = \text{初等函数}.$$

例如, $\int \frac{dx}{\sqrt{1-x^2}} = \sin^{-1} x$. 但对于积分

$$\int R(x, \sqrt{a_3x^3+\cdots+a_0})dx,$$

和

$$\int R(x, \sqrt{a_4x^4+\cdots+a_0})dx,$$

有 100 年左右找不到什么结果. 那时人们把这种积分称作椭圆积分, 因为在计算椭圆的弧长时出现这种积分. (6.10) 的右边就是一个椭圆积分. 法国大数学家 Legendre 花了四十年工夫写了四大册, 来研究这种积分, 但是没有什么肯定的结果. 在 19 世纪 20 年代, Abel 和 Jacobi 各自发现这些积分的重要性, 是由于它们表示一个双周期函数的反函数 (见 (6.10)). 这个绝不明显的定理, 是 19 世纪数学的一个高峰. Abel 在这方面的工作特别重要, 参阅

P. A. Griffiths, Variations on a theorem of Abel, *Inventiones math.* **35** (1976), 321—390.

注　记

§5. 像 $d(\gamma) = -\chi(M)$ 这种断言两个不同的不变量必相等的结果, 数学上很多有名的定理都是属同一类的. 这里举一些例并提供一些参考文献.

(1) Hopf 的向量场指标定理.

J. W. Milnor, Topology from the Differentiable Viewpoint, University Virginia, 1965 (§6).

M. Hirsch, Differential Topology, Springer-Verlag, 1976 (Chapter 6, §3).

(2) Gauss-Bonnet 定理. 在二维时是经典的. n 维的推广是由 Allendoerfer-Weil 首先发现的. 但陈省身所给的证明, 却是划时代的贡献. Hicks 书内有初步的介绍.

C. B. Allendoerfer and A. Weil, The Gauss-Bonnet theorem for Riemannian Polyhedra, *Transaction Amer. Soc.* **53** (1943), 101—129.

S. S. Chern, A simple infrinsic proof of the Gauss-Bonnet formula for closed Riemannian manifolds, *Annals of Math.* **45** (1944), 747—752.

N. J. Hicks, Note on Differential Geometry, D. Van Nostrand, 1965 (Chapter 8).

(3) Hodge 定理. 这定理说在任一紧可定向黎曼流形上, 所有次数等于 p 的调和形式是一个有限维向量空间, 其维数等于 M 的第 p 个 Betti 数.

Hodge 原著的书还是值得看的, 但毫无疑问这定理最完善的讨论是 de Rham 的书内第五章. (Hodge 定理的另一个形式, 我们在 §11 有讨论.)

W. V. D. Hodge, The Theory and Applications of Harmonic Integrals, Cambridge University Press, 1952.

G. de Rham, Variétès Différentiable, Hermann, 1960.

(4) Riemann-Roch 定理. 在黎曼面上, 这定理将在本书内证明. 在 n 维上的推广, 先由 Hirzebruch 证明, 后来 Grothendieck 得到更广义的结果. 现在我们知道 Atiyah-Singer 的指标定理, 是包括 Hirzebruch 的定理在内的. 参阅 Hirzebruch 的书, 特别是附录 (§22—§26), 和 Shanahan 的半报道性的书.

F. Hirzebruch, Topological Methods in Algebraic Geometry, Third enlarged edition, Springer-Verlag, 1966.

P. Shanahan, The Atiyah-Singer Index Theorem, Springer-Verlag Lecture Notes, 1978.

紧二维流形 (曲面) 的亏格和 Euler 示性数, 下面两本初步的拓扑书是有讨论的.

H. Seifert and W. Threlfall, Lehrbuch der Topologie, Teuhner-Verlag, Leipzig, 1934. (有中译本.)

W. S. Massey, Algebraic Topology: An Introduction, 2nd Printing, Springer-Verlag, 1977.

在高维时, 因子的定义是较复杂的. 那时 "点" 将被 "余维等于 1 的子簇" 代替. 同时因子的 "次数" 要被陈类代替. 见第五章的 §19 和 Griffiths-Harris 书内 Chapter 1, §2.

P. A. Griffiths and J. Harris, Principles of Algebraic Geometry, John-Wiley and Sons, 1978.

§6. 曲面拓扑的基本知识, 见上述 Massey 和 Seifert-Threlfall 的书.

在讨论 RR 的公式时, 我们提到了一些 $g=3$ 的黎曼面上有一点 p 使 $\dim l(2p)=1$. 这个 p 点就是所谓 Weierstrass 点的一个例子 (见 (VI)), 这种黎曼面也就是所谓*超椭圆黎曼面* (hyperelliptic Riemann surface). 如一个黎曼面的亏格 $g \geqslant 2$, 则其 Weierstrass 点的总数 r 满足 $2g+2 \leqslant r \leqslant (g-1)g(g+1)$. 关于这方面的基本定理, 可参阅上述 Griffiths-Harris 的书内 Chapter 2, §§3, 4, 或 Gunning 的书内 §§7, 8, 10 三节.

R. C. Gunning, Lectures on Riemann Surfaces, Princeton University Press, 1966.

(V)—(VIII) 很具体地说明紧黎曼面上存在很多亚纯函数. 这个结论, 从某一观点看来, 可说是 RR 定理最重要的结论. 因为 RR 定理基本上是一个存在定理: 它保证亚纯函数的存在. 对比之下, 一般高维紧复流形不一定具有非常数的亚纯函数. 更深一层, 如有亚纯函数则有因子. 但存在复曲面(二维复流形) 甚至不具有任何因子的. (注意, 复曲面上的因子就是复曲线.) 这方面的一个简单的例子可在 Shafarevich 书内, 第 354 页例 2 找到. 对于一般没有复曲线的曲面的研究, 经典著作是 Kodaira 的全集.

I. R. Shafarevich, Basic Algebraic Geometry, Springer-Verlag, 1977.

K. Kodaira, Collected Works, Volumes I, II, III, Iwanami Shoten Publishers-Princeton University Press, 1975.

(III) 的系提供了对于在高维情形时, 其全纯形式的零点与拓扑关系的研究. 这问题似乎完全被忽略了. 相反地, 在高维紧复流形上全纯向量场的零点的研究, 已有很丰富的文献. 见 Kobayashi 书中第 III 章.

S. Kobayashi, Transformation Groups in Differential Geometry, Springer-Verlag, 1972.

在 (IV) 中提到的紧黎曼面上的 Bergman 度量, 可参考下面的文献. Lewittes 的文章是首次研究这问题的. Stehlé 的报告总结了这方面的结果, 包括高维上的推广. 这问题很值得重视, 特别是 Bergman 度量与复结构形变的关系 (见第一章, §3 的注记).

J. Lewittes, Differentials and metrics on Riemann Surfaces, *Transaction Amer. Math. Soc.* **139** (1969), 311—318.

J. L. Stehlé, Sous-espaces de Weierstrass, Fonctions de Plusieurs Variables Complexes II (Séminaire Norguet), Springer-Verlag, *Lecture Notes in Mathematics*, Volume **482**, 337—350.

这个在 (IV) 中提到的 $g = \sum_i \omega_i \otimes \overline{\omega}_i$, 所以被称为 Bergman 度量, 原因是有一个一般性的构造, 使在任何复流形上可以定义一个 (可能是退化的) Bergman 度量. 要了解这构造, 可参阅:

A. Weil, Introduction à l'Étude des Variétés Kähleriennes, Hermann, 1958, pp. 59—65.

如果这复流形是 $\mathbf{C}^n$ 上的一个有界域, 则这构造就是 Bergman 在 1922 年首先提出的方法. 这方面可见:

陆启铿, 多复变数函数引论, 科学出版社, 1961 (第二章).

在 (VIII) 中提到, 由 (VI) 系 6.2 及 (VIII) 立可证明一个嵌入 $P_N\mathbf{C}$ 的定理. 这是需要熟悉微分流形的 Whitney 嵌入定理才能了解的. 关于后者的一个简单的证明, 可在下列 de Rham 书内 12—16 页内找到.

G. de Rham, Variétés Différentiable, Hermann, 1960.

关于 (IX) 内的定理 6.6, 有几点是值得注意的. 第一, 如果 M, M' 是两个

紧黎曼面, 且有 $\theta : \mathfrak{M}(M) \to \mathfrak{M}(M')$ 是一个域同构. 要是 $\theta|\mathbf{C}$ 不是 $\mathbf{C}$ 的恒等映照, 则 M 与 M' 不一定同构. 这样的例子, 在下列 Heins 的书 391—392 页中可找到. 其次, 如果 M, M' 是两个非紧的黎曼面, 则与定理 6.6 相当的定理也成立. 这就是 H. Iss'sa 在 1966 年才证明的定理 (Iss'sa 据说就是著名的代数几何学家 H. Hironoka 的笔名). 最后, 如果 M 与 M' 是非紧的黎曼面, 有 $\varphi : A(M) \to A(M')$ 是它们的全纯函数环的环同构, 且 $\varphi|\mathbf{C}$ 是恒等映照, 则 M 与 M' 同构. 这一类的结果, 在 Alling 的总结报告内有讨论.

N. L. Alling, The valuation theory of meromorphic function fields, Proceedings of Symposia in Pure Math., Volume XI, American Math. Soc. Publications, 1968, 8—29.

H. Iss'sa, On meromorphic function fields on a Stein Variety, *Annals of Math.* **83** (1966), 34—46.

M. Heins, Complex Function Theory, Academic Press, 1968.

定理 6.6 是黎曼面的特有性质. 在高维时是不成立的, 如果 M, M' 是两个 n 维的代数簇, 且它们的亚纯函数域 $\mathfrak{M}(M)$ 与 $\mathfrak{M}(M')$ 之间有一个对于 $\mathbf{C}$ 的域同构 (即在 $\mathbf{C}$ 上是恒等映照), 则只能说 M 与 M' 之间有一个双有理对应 (birational correspondence). 即是说, M 上有一开集 W, M' 上有一开集 W', 使 $M - W$ 和 $M' - W'$ 都是维数小于 n 的一些子簇, 且 W 与 W' 是复流形同构. 如 $n = 1$, 则这概念和黎曼面同构等价 (见定义 3.7 后之习题), 故有定理 6.6. 可参考 Griffiths-Harris 书内第 IV 章 §2, 或 Hartshorne 书中第 I 章 §4 和第 V 章 §5.

R. Hartshorne, Algebraic Geometry, Springer-Verlag, 1977.

在 (X) 中提到的 Poincaré-Koebe 单值化定理, 是整个复流形理论内最重要和最美好的定理之一. 我们可以举一个例来说明它的重要性. 如果 M 是一个 (实) 二维的拓扑流形, 微分拓扑的一个基本定理说 M 一定具有微分结构 (见上述 M. Hirsch 的书内的文献). 但任何二维的微分流形一定具有复结构, 即是说可引进一个黎曼面的结构 (见上述 Hicks 的书, §9.5). 因此任何一个二维的拓扑流形一定与一个黎曼面同胚. 由单值化定理, 立得如下的基本结果:

定理 一个单连通的二维拓扑流形, 要么是与球面同胚, 要么是与 $\mathbf{R}^2$ 同胚.

这一个纯然是拓扑的定理, 但却可用一个分析的定理 (单值化定理) 来证明. 这就提示出一个意外的分析与拓扑之间的密切关系. 这个关系可说是还未完全了解的. 而且, 在三维流形研究时, 这样的关系是否存在, 目前是一

个很受注意的问题. 单值化定理的证明和讨论, 可参考:

H. Weyl, The Concept of a Riemann Surface, 3rd edition, Addison-Wesley Publishing Co. 1955 (§20).

G. Springer, Introduction to Riemann Surfaces, Addison-Wesley Publishing Co. 1957 (Chapters 8, 9).

如果我们说 RR 定理是紧黎曼面理论内最基本的定理, 则可说 Behnke-Stein 定理是非紧黎曼面理论内最基本的定理了. 后者的证明可参阅 Guenot-Narasimhan 文内 Chapitre V 或 Narasimhan 书内 §3.10.

J. Guenot and R. Narasimhan, Introduction à la théorie des Surfaces de Riemann, *L' Enseignement Mathématique*, **21** (1975), 123—328.

R. Narasimhan, Analysis on Real and Complex Manifolds, North-Holland Publishing Co., 1968.

椭圆函数更深一步和较近代的研究, 可参考 Lang 的书. 在这书内第三章, 可见为什么 $\Delta_0 \neq 0$ 是如此重要.

S. Lang, Elliptic Function, Addison-Wesley Publishing Co., 1973.

严格来说, 椭圆函数的研究是自守函数研究的一部分. 自守函数和自守形式是现代数学的中心课题之一, 特别是由于近年来 R. Langlands 在这方面的结果和想法. 这方面的研究, 干涉到数学内几乎每一部门. 李氏理论 (Lie theory) 尤其重要. 研究的重点, 是要对代数数论能有更深入的了解. 这方面的文献多得不可胜数. 下面两本较初步的书, Gunning 的是一维的, 而 Baily 的是高维的.

R. C. Gunning, Lectures on Modular Forms, Princeton University Press, 1962.

W. L. Baily, Introductory Lectures on Automorphic Forms, Princeton University Press-Iwanami Shoten Publishers, 1973.

在高维自守函数的研究, C. L. Siegel 不但是先驱者, 而且最重要的人物之一. 下面三册, 是他从历史的观点, 来讨论复变函数 (特别是椭圆函数和自守函数) 理论在过去三个世纪的发展. 这是很值得推荐的书.

C. L. Siegel, Topics in Complex Function Theory, Volume I, II, III, John-Wiley and Sons, 1969, 1971, 1973.

另外有一本书与 Siegel 的三本书基本精神相类似, 但需要对代数数论有较深入认识的, 这是:

A. Weil, Elliptic Functions According to Eisenstein and Kronecker, Springer-Verlag, 1976.

第三章　Riemann-Roch 定理的证明

在上章中我们用因子的概念写下了 Riemann-Roch 定理. 在这章里我们首先指出每个因子 D 都诱导一个全纯线丛 $L = \lambda(D)$ (§7). 在定义了 L 的截影层 $\Omega(L)$ 和它的上同调群以后 (§§8, 9), 我们把 RRⅡ 重新用 $\Omega(L)$ 的上同调群来解释 (§12, RRⅢ), 然后加以证明. 这个证明的主要工具是 Serre 对偶定理 (§11). 要证明这对偶定理, 我们选取 Hodge 调和积分的途径. Hodge 定理本身的证明, 需要用较多的古典分析. 这方面的详细讨论将留待第四章.

§7　全 纯 线 丛

这里我们仍假设 M 为紧曲面, 但下面全纯线丛的定义是一般性的,它对非紧的黎曼面亦同样成立.

定义 7.1　$\pi: L \to M$ 称为 M 上的全纯线丛, 如果:

1) L 是二维复流形, π 是 L 到 M 上的全纯映照;

2) 存在 M的一个开覆盖 $\{W_\alpha\}$, 及双全纯映照 $\{\psi_\alpha\}$:

$$\psi_\alpha : \pi^{-1}(W_\alpha) \to W_\alpha \times \mathbf{C},$$

使得对于$\forall x \in W_\alpha$ 有

$$\psi_\alpha|\pi^{-1}(x) : \pi^{-1}(x) \to \{x\} \times \mathbf{C};$$

3) 对于 $\forall \alpha, \beta$, 具有 $W_\alpha \cap W_\beta \neq \varnothing$ 者, 存在全纯映照

$$f_\alpha^\beta : W_\alpha \cap W_\beta \to \mathbf{C}^*(= \mathbf{C} - \{0\}),$$

使得对于$\forall z \in W_\alpha \cap W_\beta$,

$$\psi_\alpha^{-1}(z, y_\alpha) = \psi_\beta^{-1}(z, y_\beta) \Leftrightarrow y_\alpha = f_\alpha^\beta(z) y_\beta,$$

其中 $(z, y_\alpha) \in W_\alpha \times \mathbf{C}, (z, y_\beta) \in W_\beta \times \mathbf{C}$.

一般我们称 L 为全纯线丛 (为简便起见, 有时只称线丛). M 的开覆盖 $\{W_\alpha\}$ 称为平凡化邻域系 (System of trivializing neighborhoods, 简写为 STN). $\{f_\alpha^\beta\}$ 称为连接函数. 这里应注意, $f_\alpha^\beta : W_\alpha \cap W_\beta \to \mathbf{C}^*$ 是处处不取 0 值的全纯函数, 因而 $1/f_\alpha^\beta$ 存在且全纯.

从 L 的定义中我们看到, L 局部考虑时就是 $W_\alpha \times \mathbf{C}$, 它是通过连接函数 f_α^β 把每块 $W_\alpha \times \mathbf{C}$ 连接起来的二维复流形. 以后我们简记线丛 L 为

$$L \leftrightarrow \{W_\alpha, f_\alpha^\beta\}.$$

显然, 按定义, 对于$\forall z \in M, \pi^{-1}(z) \cong \mathbf{C}$, 因为 $\psi_\alpha|\pi^{-1}(z) : \pi^{-1}(z) \to \{z\} \times \mathbf{C}$. 这就是说, 在 $\forall z$ 上对应有复线 $\mathbf{C}$. 这也是 L 称为线丛的原因.

例 1 命 $E \subset P_1\mathbf{C} \times \mathbf{C}^2$,

$$E = \{([z_0, z_1], x) : [z_0, z_1] \in P_1\mathbf{C}, x \in \underset{\mathbf{C}}{\mathrm{span}}\{(z_0, z_1)\} \subset \mathbf{C}^2\},$$

其中 $\underset{\mathbf{C}}{\mathrm{span}}\{(z_0, z_1)\}$ 表示 $\mathbf{C}^2$ 中复向量 (z_0, z_1) 生成的复线. 我们要定义全纯线丛 $\pi : E \to P_1\mathbf{C}$.

定义 $\pi([z_0, z_1], x) = [z_0, z_1]$. STN 取为 $P_1\mathbf{C}$ 的坐标邻域 $\{U_0, U_1\}$:

$$U_0 = \{[z_0, z_1] : z_0 \neq 0\};$$
$$U_1 = \{[z_0, z_1] : z_1 \neq 0\}.$$

双全纯映照定义为:

$$\psi_0 : \pi^{-1}(U_0) \to U_0 \times \mathbf{C}, \quad \psi_0([z_0, z_1], x) = ([z_0, z_1], a),$$

其中 $x = a(1, z_1/z_0)$;

$$\psi_1 : \pi^{-1}(U_1) \to U_1 \times \mathbf{C}, \quad \psi_1([z_0, z_1], y) = ([z_0, z_1], b),$$

其中 $y = b(z_0/z_1, 1)$.

作为连接函数则取 $U_0 \cap U_1 \to \mathbf{C}^*$ 的函数

$$f_0^1 = z_0/z_1, \quad f_1^0 = z_1/z_0.$$

这样我们便得到线丛 $\pi: E \to P_1\mathbf{C}$. 这是一个比较直观的线丛, 我们看到, 在 $P_1\mathbf{C}$ 每点 $[z_0, z_1]$ 之上对应的是复线 $\underset{\mathbf{C}}{\operatorname{span}}\{[z_0, z_1]\}$.

例 2 全纯余切丛 $T_h^*(M)$.

定义 $T_h^*(M) = \{(x, df(x)) : x \in M, f$ 是点 x 附近任意的全纯函数$\}$.

我们首先要定义 $T_h^*(M)$ 为二维复流形. 取 M 的坐标覆盖 $\{W_\alpha, z_\alpha\}$. 定义 $T_h^*(M)$ 的坐标覆盖 $\{U_\alpha, \Phi_\alpha\}$ 如下:

$$U_\alpha = \{(x, adz_\alpha(x) : x \in W_\alpha, a \in \mathbf{C}\},$$

$$\Phi_\alpha : U_\alpha \to \mathbf{C}^2, \quad \Phi_\alpha(x, adz_\alpha(x)) = (z_\alpha(x), a).$$

现定义 $\pi : T_h^*(M) \to M$ 成为全纯线丛. 定义

$$\pi((x, df(x))) = x.$$

STN 取为 $\{W_\alpha\}$, 而取双全纯映照为

$$\psi_\alpha : \pi^{-1}(W_\alpha) \to W_\alpha \times \mathbf{C}, \quad \psi_\alpha(x, adz_\alpha(x)) = (x, a).$$

最后取连接函数$\{f_\alpha^\beta\}$ 为

$$f_\alpha^\beta = dz_\beta / dz_\alpha.$$

现对线丛定义 7.1 作一般性的讨论.

由线丛的定义, 可直接推出, 连接函数 f_α^β 具有下列两基本性质:

a) $f_\alpha^\beta f_\beta^\gamma f_\gamma^\alpha = 1$, 在 $W_\alpha \cap W_\beta \cap W_\gamma$ 上成立;

b) $\forall \alpha, f_\alpha^\alpha \equiv 1$.

且由此可得

$$f_\alpha^\beta = 1/f_\alpha^\beta.$$

以上全纯线丛的定义是从几何直观性出发的. 我们可以理解为全纯线丛是一个二维复流形覆盖一个一维复流形, 而在后一流形的每点之上对应为复线 $\mathbf{C}$ 者. 然而在具体应用这一概念时, 用另一观点来定义较为方便. 这表现于下列引理.

引理 7.2 如果 M 上有一开覆盖 $\{W_\alpha\}$, 且对应有一组全纯函数 $f_\alpha^\beta : W_\alpha \cap W_\beta \to \mathbf{C}^*$, $\{f_\alpha^\beta\}$ 满足连接函数的基本性质 a) 和 b), 则 M 上存在全纯线丛 $\pi : L \to M$, 使得 L 的 STN 为 $\{W_\alpha\}$, 连接函数为 $\{f_\alpha^\beta\}$.

证 首先定义商空间

$$L = \bigcup_\alpha (W_\alpha \times \mathbf{C}) / \sim,$$

其中等价关系 $\sim$ 定义如下:

$$(x, y_\alpha) \sim (x', y_\beta) \Leftrightarrow \begin{cases} x = x', \\ y_\alpha = f_\alpha^\beta(x) y_\beta, \end{cases}$$

对 $\forall (x, y_\alpha) \in W_\alpha \times \mathbf{C}, \forall (x', y_\beta) \in W_\beta \times \mathbf{C}$.

用 $[x, y_\alpha]$ 表示 (x, y_α) 的等价类, $[x, y_\alpha] \in L$.

现在选取坐标覆盖使 L 成为二维复流形. 由于 f_α^β 可以在局部考虑, 无妨设 W_α 就是 M 的坐标邻域, 其坐标函数为 z_α. 定义 L 的坐标覆盖 $\{U_\alpha, \varPhi_\alpha\}$ 为:

$$U_\alpha = \{[x, y_\alpha] : (x, y_\alpha) \in W_\alpha \times \mathbf{C}\},$$
$$\varPhi_\alpha : U_\alpha \to \mathbf{C}^2, \quad \varPhi_\alpha([x, y_\alpha]) = (z_\alpha(x), y_\alpha).$$

根据 f_α^β 假设的基本性质, $\varPhi_\alpha$ 是 U_α 到 $\mathbf{C}^2$ 中开集的双全纯映照. 因此 L 是二维复流形.

现定义 $\pi : L \to M$ 成为全纯线丛:

$$\pi([x, y_\alpha]) = x;$$

STN 取为 $\{W_\alpha\}$; 双全纯映照则取为:

$$\psi_\alpha : \pi^{-1}(W_\alpha) \to W_\alpha \times \mathbf{C}, \quad \psi_\alpha([x, y_\alpha]) = (x, y_\alpha).$$

对 $\forall x \in W_\alpha \bigcap W_\beta$, 显然有

$$\begin{aligned} \psi_\alpha^{-1}((x, y_\alpha)) = \psi_\beta^{-1}((x, y_\beta)) \Leftrightarrow [x, y_\alpha] \\ = [x, y_\beta] \Leftrightarrow y_\alpha = f_\alpha^\beta(x) y_\beta. \end{aligned}$$

这最后的关系式表明, $\{f_\alpha^\beta\}$ 是 L 的连接函数. □

例 3 全纯切丛 $T_h(M)$.

设 M 的坐标覆盖为 $\{W_\alpha, z_\alpha\}$. 取连接函数为

$$f_\alpha^\beta = dz_\alpha / dz_\beta,$$

则根据引理 7.2, 可用 $\{f_\alpha^\beta\}$ 来定义一个线丛 $T_h(M)$:

$$T_h(M) \leftrightarrow \{W_\alpha, f_\alpha^\beta \equiv dz_\alpha / dz_\beta\}.$$

$T_h(M)$ 就是全纯切丛.

注意, 在例 2 中, 我们看到,

$$T_h^*(M) \leftrightarrow \{W_\alpha, f_\alpha^\beta \equiv dz_\beta/dz_\alpha\}.$$

根据以后的定义, 切丛与余切丛是"对偶"的.

设 $\pi: L \to M$ 为全纯线丛. 对 $\forall x \in M$, 称 $\pi^{-1}(x)$ 为 x 上的纤维. 现在每一纤维内引进一个复向量空间的结构: 设 $x \in W_\alpha, \xi, \eta \in \pi^{-1}(x)$; 如果

$$\psi_\alpha(\xi) = (x, y_\alpha) \in W_\alpha \times \mathbf{C},$$
$$\psi_\alpha(\eta) = (x, y'_\alpha) \in W_\alpha \times \mathbf{C},$$

定义

$$\xi + \eta \equiv \psi_\alpha^{-1}(x, y_\alpha + y'_\alpha),$$
$$a\xi \equiv \psi_\alpha^{-1}(x, a y_\alpha),$$

其中 $a \in \mathbf{C}$. 不难验证, 在这两个运算之下, $\pi^{-1}(x)$ 成为一个与 $\mathbf{C}$ 同构的复向量空间, 而且这些定义不依赖于 ψ_α 的选取.

定义 7.3 全纯线丛 $\pi_1: L_1 \to M$ 与 $\pi_2: L_2 \to M$ 称为同构, 如果存在双全纯映照 $h: L_1 \to L_2$, 使 $\pi_1 = \pi_2 \circ h$, 而且对于 $\forall x \in M, h|\pi^{-1}(x)$ 是 $\pi^{-1}(x)$ 与 $x_2^{-1}(x)$ 的向量空间同构.

显然, M 上线丛的同构是一等价关系.

现在用引理 7.2 的观点来重新说明线丛同构的意义.

定义 7.4 M 的开覆盖 $\{V_i\}_{i\in I}$ 称为另一个开覆盖 $\{W_\alpha\}_{\alpha\in A}$ 的加细, 如果 $\forall V_i$, 有一个 W_α 使 $V_i \subset W_\alpha$.

一般来说, 指标集 I 与 A 是不同的, 但为了记号上的简便, 在下面有时我们不直接指出这点, 这是不会引起混乱的.

对于全纯线丛 $\pi: L \to M$,

$$L \leftrightarrow \{V_\alpha, f_\alpha^\beta\},$$

设 $\{W_\alpha\}$为 $\{V_\alpha\}$的加细, 若我们把 f_α^β 限制在 $W_\alpha \cap W_\beta \subset V_\alpha \cap V_\beta$ 上, STN 取为 $\{W_\alpha\}$, 在同一 π 之下, L 成为另一线丛, 按同构定义, 它显然与原线丛同构.

引理 7.5 全纯线丛 L 与 L' 同构 $\Leftrightarrow$ 存在 L 和 L' 的 STN 的公共加细覆盖 $\{W_\alpha\}$, 及全纯函数 $f_\alpha: W_\alpha \to \mathbf{C}^*$, 使得 $f_\alpha^\beta = f_\alpha^{-1} f'^\beta_\alpha f_\beta$.

这里,

$$f_\alpha^{-1}=\frac{1}{f_\alpha}.$$

证 先证 "⇐". 根据上面论述, 可以假定 L 和 L' 的 STN 均为 $\{W_\alpha\}$. 按假设 $\{f_\alpha\}$ 存在, 我们定义双全纯映照 $h: L\to L'$ 如下.

对 $\forall\alpha$, 在 $\pi^{-1}(W_\alpha)$ 上, 定义

$$h(\psi_\alpha^{-1}(z,y_\alpha))=\psi_\beta'^{-1}(z,f_\alpha(z)y_\alpha)\in L'.$$

在 $W_\alpha\cap W_\beta$ 上, 如 $\psi_\alpha^{-1}(z,y_\alpha)=\psi_\beta^{-1}(z,y_\beta)$, 则根据 ψ_α 和 f_α 的性质, 有

$$\begin{aligned}\psi_\alpha'^{-1}(z,f_\alpha(z)y_\alpha)&=\psi_\alpha'^{-1}(z,f_\alpha(z)f_\alpha^\beta(z)y_\beta)\\&=\psi_\alpha'^{-1}(z,f_\alpha'^\beta(z)f_\beta(z)y_\beta)\\&=\psi_\beta'^{-1}(z,f_\beta(z)y_\beta).\end{aligned}$$

由此推出 h 的定义是合理的. h 是全纯的. 因为若取 ψ_α,ψ_α' 作为 L 和 L' 的坐标函数时, 则 $\psi_\alpha'\circ h\circ\psi_\alpha^{-1}: W_\alpha\times\mathbf{C}\to W_\alpha\times\mathbf{C}$ 有表示式

$$(z,y_\alpha)\mapsto(z,f_a(z)y_\alpha),$$

f_α 既是全纯, 故 $\psi_\alpha'\circ h\psi_\alpha^{-1}$ 全纯, 因 h 本身全纯. 同理, 可定义 $k: L'\to L$, 使在 $\pi^{-1}(W_\alpha)$ 上,

$$k(\psi_\alpha'^{-1}(z,y_\alpha))=\psi_\alpha^{-1}(z,f_a^{-1}(z)y_\alpha),$$

则 k 亦是全纯映照. 而且显然有 $k\circ h=i_L, h\circ k=i_{L'}$, 故 h 为双全纯映照. 此外, 从 h 的定义本身, 立可验证, $\forall x\in M, h|\pi^{-1}(x)$ 是 $\pi^{-1}(x)$ 与 $x'^{-1}(x)$ 之间的复向量空间同构. 所以, $h: L\to L'$ 是同构.

同理, 若把证明过程反推过来, 由 h 定义 f_α 则可证明 "⇒" 正确. □

我们称 $M\times\mathbf{C}\to M$ 为平凡线丛, 在这里, 任何开覆盖上的连接函数恒取 $f_\alpha^\beta\equiv 1$.

系 7.1 全纯线丛 $\pi: L\to M$ 与平凡线丛 $M\times\mathbf{C}\to M$ 同构 $\Leftrightarrow$ L 存在 STN$\{W_\alpha\}$ 及全纯函数 $f_\alpha: W_\alpha\to\mathbf{C}^*$, 使得 $f_\alpha f_\beta^{-1}=f_\alpha^\beta$ 在 $W_\alpha\cap W_\beta$ 上成立.

按全纯线丛的同构关系, 我们可以把 M 上的全纯线丛进行分类, 把同构类作成的集合定义为 $\mathscr{L}$. 线丛 L 对应的同构类则用 $[L]$ 表示之, $[L]\in\mathscr{L}$. 我们称 $\mathscr{L}$ 为线丛类.

现在 $\mathscr{L}$ 上引进 "+" 法运算. 设

$$L\leftrightarrow\{W_\alpha,f_\alpha^\beta\},$$
$$L'\leftrightarrow\{W_\alpha,f_\alpha'^\beta\};$$

$L+L'$ 定义为全纯线丛

$$L+L' \leftrightarrow \{W_\alpha, f_\alpha^\beta f_\alpha'^\beta\},$$

一般用符号 $L\otimes L'$ 表示之. 不难看出, 这样定义是合理的.

我们把平凡线丛定义为 $\mathscr{L}$ 的零元, 且用 O 表示之,

$$O \leftrightarrow \{W_\alpha, f_\alpha^\beta \equiv 1\}.$$

$-L$ 称为 L 的对偶线丛, 当

$$L \leftrightarrow \{W_\alpha, f_\alpha^\beta\}$$

时, $-L$ 定义为线丛

$$-L \leftrightarrow \{W_\alpha, f_\beta^\alpha\}.$$

习题 如果 L_1 与 L_1' 同构, L_2 与 L_2' 同构, 则 L_1+L_2 与 $L_1'+L_2'$ 同构, $-L_1$ 与 $-L_1'$ 同构. 因此, 我们可定义 $[L_1]+[L_2]=[L_1+L_2], -[L_1]=[-L_1]$.

这样, $\mathscr{L}$ 在上面定义的运算下成为 Abel 群. 在 $\mathscr{L}$ 中一般我们认为 L 与 $[L]$ 相同, 这是不会引起混乱的.

到现在为止, 在黎曼面上, 已有两个群 $\mathscr{D}$ 与 $\mathscr{L}$. 后面我们将证明 $\mathscr{D}\cong\mathscr{L}$ (见第五章 §18).

下面我们再引入一个重要概念 —— 线丛的全纯截影.

定义 7.6 $S: M\to L$ 称为全纯截影 (Holomorphic Cross-section), 如果 S 是全纯映照, 且 $\pi\circ S = i_M$.

我们把 L 的所有全纯截影的集合用 $\Gamma(L)$ 表示之. 按下面定义的运算, $\Gamma(L)$ 是一复向量空间.

对于 $\forall S, S'\in\Gamma(L), \forall x\in W_\alpha$, 则 $S(x), S'(x)\in\pi^{-1}(x)$, 故 $S(x)+S'(x)$ 与 $aS(x)$ 是有意义的, 后者对任意的 $a\in\mathbf{C}$. 现定义 $S+S': M\to L$ 为 $(S+S')(x)=S(x)+S'(x)$; 而 $\forall a\in\mathbf{C}$, 定义 $aS: M\to L$ 为 $(aS)(x)=aS(x)$; 其中 $x\in M$.

因为每个纤维 $\pi^{-1}(x)$ 都是复向量空间, 故在这些定义下, $\Gamma(L)$ 成为复向量空间.

例 $\Gamma(T_h^*M)\equiv\{M$ 上的全纯微分$\}$.

因由例 2, 知 $T_h^*M=\{(x, df(x))\}$, 故全纯截影 $S: M\to T_h^*M$ 在 $\forall W_\alpha$ 上可写成: $\forall x\in W_\alpha, S(x)=\varphi_\alpha(x)dz_\alpha(x)$, 其中 φ_α 是 W_α 上的全纯函数. 因知 S 为全纯微分.

现在我们定义 Abel 群同态 $\lambda:\mathscr{D}\to\mathscr{L}$.

首先定义同态 $\overline{\lambda}:\overline{\mathscr{D}}\to\mathscr{L}$.

假如 $D\in\overline{\mathscr{D}}$, 设 $D=\sum_{i=1}^{l}a_ip_i, a_i\in\mathbf{Z}, p_i\in M$. 命 $\{W_\alpha\}$ 为 M 的一个坐标覆盖. 对 $\forall\alpha$, 定义 $D\cap W_\alpha\equiv\sum_{p_i\in W_\alpha}a_ip_i$. 既然 $D\cap W\alpha$ 是 W_α 上有限个点, 故存在 W_α 上的亚纯函数 f_α, 使 $D\cap W_\alpha=(f_\alpha)$ (参阅 §5). 定义 $f_\alpha^\beta=f_\alpha/f_\beta$. 在 $W_\alpha\cap W_\beta$ 上, f_α^β 是一个全纯且不取 0 值的函数. 故 f_α^β 可取为连接函数. 命

$$\overline{\lambda}(D)=\{W_\alpha,f_\alpha^\beta\}.$$

习题 如果 $\{V_\alpha\}$ 为 M 的另一坐标覆盖, g_α 为 V_α 上的亚纯函数, 对 $\forall\alpha$ 有 $(g_\alpha)=D\cap V_\alpha$, 则 $\{V_\alpha,g_\alpha/g_\beta\}$ 与 $\{W_\alpha,f_\alpha/f_\beta\}$ 所定义的线丛同构.

由此可见, $\overline{\lambda}:\overline{\mathscr{D}}\to\mathscr{L}$ 的定义是合理的.

引理 7.7 *$\overline{\lambda}$ 是同态, 且它的核 $\mathrm{Ker}\overline{\lambda}$ 是主要因子群 $\mathscr{P}$.*

据此, $\overline{\lambda}$ 诱导一单同态 $\lambda:\mathscr{D}\equiv\overline{\mathscr{D}}/\mathscr{P}\to\mathscr{L}$.

证 对 $\forall D,D'\in\overline{\mathscr{D}}$, 比较 $\overline{\lambda}(D),\overline{\lambda}(D')$ 与 $\overline{\lambda}(D+D')$, 为简便计设其为同一坐标覆盖定义者. 设

$$\overline{\lambda}(D)=\{W_\alpha,f_\alpha/f_\beta\},\quad \overline{\lambda}(D')=\{W_\alpha,f'_\alpha/f'_\beta\},$$

则对 $\forall\alpha,(D+D')\cap W_\alpha=(f_\alpha f'_\alpha)$, 且由此推出

$$\overline{\lambda}(D+D')=\{W_\alpha,f_\alpha f'_\alpha/f_\beta f'_\beta\}.$$

因而 $\overline{\lambda}$ 是同态.

其次证 $\mathrm{Ker}\overline{\lambda}=\mathscr{P}$. 设 $\overline{\lambda}(D)=O$, 且仍设 $\overline{\lambda}(D)=\{W_\alpha,f_\alpha/f_\beta\}$. 由于 $\overline{\lambda}(D)$ 是平凡线丛, 故有 $\mathrm{STN}\{V_\alpha\}$ 和全纯函数 $g_\alpha:V_\alpha\to\mathbf{C}^*$, 使 $\overline{\lambda}(D)$ 的连接函数为 g_α/g_β (引理 7.5 之系 7.1). 因为 $\overline{\lambda}(D)$ 的定义不依赖于坐标覆盖的选取, 无妨设 $V_\alpha=W_\alpha$, 因此有

$$f_\alpha/f_\beta=g_\alpha/g_\beta.$$

因而, 对 $\forall\alpha,\beta$, 在 $W_\alpha\cap W_\beta$ 上有

$$f_\alpha/g_\alpha=f_\beta/g_\beta,$$

故 M 上存在亚纯函数 f, 使 $f|W_\alpha=f_\alpha/g_\alpha$. 并且, 对 $\forall\alpha$, 在 W_α 上, $(f)=(f_\alpha/g_\alpha)=(f_\alpha)-(g_\alpha)=(f_\alpha)=D\cap W_\alpha$, 立得 $D=(f)$. 此即 $D\in\mathscr{P}$.

此外, 若 $D\in\mathscr{P}$, 则显然有 $\overline{\lambda}(D)=\boldsymbol{O}$. 因此 $\mathrm{Ker}\overline{\lambda}=\mathscr{P}$. □

现在我们用全纯截影的概念来解释 RR 定理中的 $l(D)$ 和 $i(D)$. 首先我们用一个技巧上比较方便的办法来表示一个全纯截影.

引理 7.8 设 $L \in \mathscr{L}, L \leftrightarrow \{W_\alpha, f_\alpha^\beta\}$. $S \in \Gamma(L)$, 则 S 对应一组全纯函数 $\{S_\alpha : W_\alpha \to \mathbf{C}\}$, 使得在 $W_\alpha \cap W_\beta$ 上, $S_\alpha = f_\alpha^\beta S_\beta$. 且结论反过来亦成立.

证 我们先证明引理反过来的结论成立.

设存在一组全纯函数 $\{S_\alpha : W_\alpha \to \mathbf{C}\}$. 定义 $S : M \to L$, 使得在 W_α 上,

$$S(z) = \psi_\alpha^{-1}(z, S_\alpha(z)),$$

其中 $\psi_\alpha : \pi^{-1}(W_\alpha) \to W_\alpha \times \mathbf{C}$ 为线丛 L 定义中的双全纯映照. 因为, 在 $W_\alpha \cap W_\beta$ 上,

$$\psi_\alpha^{-1}(z, S_\alpha(z)) = \psi_\alpha^{-1}(z, f_\alpha^\beta(z) S_\beta(z)) = \psi_\beta^{-1}(z, S_\beta(z)),$$

故 $S(z)$ 定义在 M 上且全纯, 此外显然 $\pi \circ S = i_M, S$ 是一全纯截影.

同理反推过去, 即可证引理成立. □

引理 7.9 $\forall D \in \mathscr{D}, \Gamma(\lambda(D)) \cong l(D)$.

证 设

$$\lambda(D) = \{W_\alpha, f_\alpha / f_\beta\},$$

我们要定义同态

$$i : \Gamma(\lambda(D)) \to l(D),$$
$$j : l(D) \to \Gamma(\lambda(D)),$$

使 $i \circ j =$ 恒等映照, $j \circ i =$ 恒等映照.

对于 $\forall S \in \Gamma(\lambda(D))$, 根据引理 7.8, S 可用一组全纯函数

$$\{S_\alpha : W_\alpha \to \mathbf{C}, \text{ 在 } \forall W_\alpha \cap W_\beta \text{ 上}, \ S_\alpha = (f_\alpha / f_\beta) S_\beta\}$$

来表示. 定义同态 i. 在任一 W_α 上, 定义

$$i(S) = S_\alpha / f_\alpha,$$

由于在任何 $W_\alpha \cap W_\beta$ 上, $S_\alpha / f_\alpha = S_\beta / f_\beta$, 故在 M 上存在亚纯函数 f, 使得 $f | W_\alpha = S_\alpha / f_\alpha$. 在 W_α 上, 有

$$(f) + D = (S_\alpha / f_\alpha) + D = (S_\alpha) - (f_\alpha) + D.$$

另外, 根据 f_α 的定义, 在 W_α 上 $(f_\alpha)=D$. 因而 $(f)+D=(S_\alpha)\geqslant 0$, 故 $i(S)=f\in l(D)$. 同时, 不难验证 i 是同态.

反之, $\forall f\in l(D)$, 若定义

$$j(f)=\{ff_\alpha: W_\alpha\to \mathbf{C}\},$$

同样根据引理 7.8, 可以推出, $j(f)\in\Gamma(\lambda(D))$, j 亦为同态, 并且显然, $i\circ j$ 与 $j\circ i$ 均为恒等映照. 引理得证. □

这里我们看到, 把全纯截影 $S: M\to L$ 用一组全纯函数 $\{S_\alpha: W_\alpha\to\mathbf{C}\}$ 代之, 在应用上是很方便的.

习题 设 p 为 $P_1\mathbf{C}$ 上任意一点, 则 $\lambda(p)$ 为例 1 定义的线丛 $\pi: E\to P_1\mathbf{C}$ 的对偶线丛.

习题 假若已知 $T_hM=\lambda(D)$, 其中 $d(D)=2-2g$, 则当 $g(M)>1$ 时, $\dim(\Gamma(T_hM))=0$.

这后一习题表明, $g(M)>1$ 时 M 上没有全纯切向量场. 故知对于紧黎曼面 M, 当 $g(M)=0$ 时, 即 $M=S$ 时无全纯微分但有 "很多" 全纯向量场; 当 $g(M)>1$ 时, M 上无全纯向量场但有 "很多" 全纯微分; 当 $g(M)=1$ 即 M 为环面时, 则两者兼而有之.

最后, 我们定义亚纯截影的概念.

设 $L\in\mathscr{L}, L\leftrightarrow\{W_\alpha, f_\alpha^\beta\}$. 由引理 7.8 的启示, 如果有一组亚纯函数 S:

$$S\equiv\{S_\alpha: S_\alpha \text{ 是 } W\alpha \text{ 上亚纯函数, 且在 } W_\alpha\cap W_\beta \text{ 上}, S_\alpha=f_\alpha^\beta S_\beta\},$$

则称 S 为 L 在 M 上的亚纯截影.

须注意者, 截影 S 的全纯或亚纯, 决定于 S_α 是全纯函数或亚纯函数.

我们用 $\mathfrak{M}(L)$ 表示 L 在 M 上所有亚纯截影的集合. 这时, 存在一自然同态 $\Gamma(L)\to\mathfrak{M}(L)$.

习题 $\mathfrak{M}(T_h^*M)=\{M$ 上所有的亚纯微分$\}$.

同样, 用证明引理 7.9 的方法, 可得下述引理 7.10.

引理 7.10 $\forall D\in\mathscr{D}, L\in\mathscr{L}$, 则有如下的向量空间同构:

$$\Gamma(L-\lambda(D))\cong\{S\in\mathfrak{M}(L): (S)-D\geqslant 0\},$$

其中 (S) 定义为: 在 $\forall W_\alpha$ 上, $(S)\equiv(S_\alpha)$. (因为在 $\forall W_\alpha\cap W_\beta$ 上, $(S_\alpha)=(f_\alpha^\beta S_\beta)=(f_\alpha^\beta)+(S_\beta)=(S_\beta)$, 这样, (S) 的定义是合理的.)

这一引理表明, 可以把讨论亚纯的问题化为全纯的问题.

系 $i(D) \cong \Gamma(T_h^*M - \lambda(D))$.

引理 7.11 *若* $D \in \mathscr{D}$, *则有* $S \in \mathfrak{M}(\lambda(D))$ *使* $(S) = D$. *反过来说, 若* $L \in \mathscr{L}$ *且* $S \in \mathfrak{M}(L)$, *则* $L = \lambda((S))$.

证 设 $D \in \mathscr{D}, \{W_\alpha\}$ 为 M 的坐标覆盖, f_α 为 W_α 上的亚纯函数, 使 $\forall \alpha$ 有 $(f_\alpha) = D \cap W\alpha$. 由 $\lambda(D)$ 的定义, f_α/f_β 为 $\lambda(D)$ 在 $W_\alpha \cap W_\beta$ 上的连接函数. 由亚纯截影的定义, $\{f_\alpha : W_\alpha \to S\}$ 是定义一个亚纯截影的一组亚纯函数. 命之为 S, 则显然 $(S) = D$. 反之, 设 $L \in \mathscr{L}, S \in \mathfrak{M}(L)$, 且 $S = \{S_\alpha\}$. 由 λ 的定义, $\lambda((S)) = \{W_\alpha, k_\alpha^\beta\}$, 其中 $k_\alpha^\beta = S_\alpha/S_\beta$. 但如 $\{f_\alpha^\beta\}$ 是 L 的连接函数, 则 $S_\alpha = f_\alpha^\beta S_\beta \Rightarrow k_\alpha^\beta = f_\alpha^\beta, \Rightarrow \lambda((S)) = L$. □

这个引理把 $\mathscr{D}, \mathscr{L}$ 和亚纯截影之间建立一个关系. 我们可用这方法来表达这引理的意义: 一个全纯线丛 L 有一个不恒等于 O 的亚纯截影 $\Leftrightarrow \exists D \in \mathscr{D}$ 使 $L = \lambda(D)$. 一般来说, 全纯截影较亚纯截影在应用上较为方便, 因此下面的引理用全纯的方法来表达这引理的其中一半.

引理 7.12 *假若* $L \in \mathscr{L}$, *且有* $D \in \mathscr{D}$ *使* $\dim \Gamma(L - \lambda(D)) > 0$, *则有* $D_0 \in \mathscr{D}$ *使* $L = \lambda(D_0)$.

证 因为 $\dim \Gamma(L - \lambda(D)) > 0$, 根据引理 7.10, 有不恒等于 0 的 $S \in \mathfrak{M}(L)$. 故由引理 7.11, 有 $D_0 \in \mathscr{D}$ 使 $\lambda(D_0) = L$. □

现解释引理 7.12 的重要性. 在上面我们已经提过在第五章 §18 中我们将证明 $\lambda : \mathscr{D} \to \mathscr{L}$ 是一个群同构, 而这个证明将依赖于引理 7.12. 主要的推论是这样. 由引理 7.7 已知 λ 是一个单同态, 故只剩下证明 λ 是满的. 现只需找出一个 $D \in \mathscr{D}$ 使给出的 $L \in \mathscr{L}$ 满足 $\dim \Gamma(L - \lambda(D)) > 0$.

在 §9 中我们将继续讨论这一点.

§8 层论的基本定义

设 M 为黎曼面, W 为 M 的任一开集. 命 $\mathscr{O}(W)$ 为 W 上所有全纯函数的环.

命 $\mathscr{O} = \{\mathscr{O}(W) : W$ 为 M 的开集$\}$, 它具有下列三个基本性质:

i) 如 $V \subset W$. 命 $\rho_{W,V} : \mathscr{O}(W) \to \mathscr{O}(V)$ 为 "限制同态映射", 即 $\rho(f) = f|V$, 则

$$U \subset V \subset W, \quad \Rightarrow \rho_{W,U} = \rho_{V,U} \circ \rho_{W,V},$$

ii) 如 $W = \bigcup_i W_i, W_i$ 为 M 的开集, 且存在 $S_i \in \mathscr{O}(W_i)$, 使在 $W_i \cap W_j$ 上有

$$\rho_{W_i, W_i \bigcap W_j}(S_i) = \rho_{W_j, W_i \bigcap W_j}(S_j),$$

则存在 $S \in \mathscr{O}(W)$, 使 $\rho_{W,W_i}(S) = S_i$; 对 $\forall i$ 成立.

iii) 如 $W = \bigcup_i W_i, W_i$ 为 M 的开集, 若 $S \in \mathscr{O}(W)$, 使对 $\forall i, \rho_{W,W_i}(S)$ 是 $\mathscr{O}(W_i)$ 的零元, 则 $S = 0$.

在上述三个基本性质之下, 称 $\mathscr{O}$ 为 M 的*结构层* (structure sheaf).

现在, 我们用另一方法来描述 $\mathscr{O}$.

$\forall x \in M$, 定义 $\mathscr{O}(x) = \varinjlim_{x \in U} \mathscr{O}(U)$ 称为 x 上的*全纯函数芽* (germs of holomorphic functions). 这里 $\varinjlim$ *表示直接极限*, 是对所有包含 x 的开集而取的. 直接极限的定义简述如下. 首先对集合

$$\bigcup \{\mathscr{O}(U) : U \text{ 包含 } x \text{ 的开集}\}$$

引入等价关系 $\sim$: $S_W \in \mathscr{O}W$ 和 $S_V \in \mathscr{O}(V)$; $S_W \sim S_V \Leftrightarrow$ 存在一开集 $U, x \in U \subset W \cap V$, 使 $\rho_{W,U}(S_W) = \rho_{V,U}(S_V)$. 由 $\mathscr{O}$ 的三个基本性质, 容易验证 $\sim$ 是等价关系. 因此可用 $\sim$ 对 $\cup\{\mathscr{O}(U) : x \in U\}$ 的元素进行分类, 而所有等价类的集合就定义为 $\varinjlim_{x \in U} \mathscr{O}(U)$.

定义

$$\widetilde{\mathscr{O}} = \{\mathscr{O}(x) : x \in M\}.$$

在 $\widetilde{\mathscr{O}}$ 上引入拓扑: 对于 M 上任一开集 $W, \forall f \in \mathscr{O}(W)$, 定义 $\bigcup_{x \in W} [f]_x$ 为 $\widetilde{\mathscr{O}}$ 的开集, 其中 $[f]_x$ 表示 f 在 $\mathscr{O}(x)$ 上所定义的等价类. 以如此定义的开集作为开集基, $\widetilde{\mathscr{O}}$ 便成为拓扑空间.

定义映照 $\pi : \widetilde{\mathscr{O}} \to M; \pi(\mathscr{O}(x)) = x$. 根据 $\widetilde{\mathscr{O}}$ 的开集基的定义. π 把开集基中开集 1–1 地映为 M 上开集, 由此推出 π 是一局部同胚. 我们称 $\pi^{-1}(x) = \mathscr{O}(x)$ 为 x 上的*茎*.

定义 8.1 设 W 为 M 的开集, 如连续映照 $S : W \to \widetilde{\mathscr{O}}$, 满足 $\pi \circ S = i_W$ (W 上的恒等映照), 则称 S 为 $\widetilde{\mathscr{O}}$ 在 W 上的*截影*.

今用 $\Gamma(W, \widetilde{\mathscr{O}})$ 表示所有 $\widetilde{\mathscr{O}}$ 在 W 上的截影所成的集合.

引理 8.2 $\Gamma(W, \widetilde{\mathscr{O}}) = \mathscr{O}(W)$.

证 设 $S \in \Gamma(W, \widetilde{\mathscr{O}})$, 对 $\forall x \in W$,

$S(x) \in \widetilde{\mathscr{O}}(x) \equiv \{[f]_x : f \in \mathscr{O}(U), U$ 为任意开集且 $x \in U\}$, 设 $S(x) = [f]_x$, 根据 S 在 W 上的连续性, 存在 x 的开邻域 $U \subset W, x \in V$, 使 $S(V) \subset \bigcup_{y\in V}[f]_y$ (包含 $[f]_x$ 的开集). 可以假定 V 取得充分小, 使 π 在开集 $\bigcup_{y\in V}[f]_y$ 上是同胚. 因此, $\forall y \in V, S(y) = [f]_y$. 因而 $S|V = f|V$. 同理, $\forall x \in W$, 均存在有 x 的开邻域 V_x 及 $f|V_x$, 使 $S|V_x = f|V_x$. 根据 $\mathscr{O}$ 的基本性质之 ii), 存在 $f \in \mathscr{O}(W)$, 使 $S|W = f|W$, 因而 $S \in \mathscr{O}(W)$.

反之, $\forall f \in \mathscr{O}(W)$, 则 f 诱导一个截影 $f : W \to \widetilde{\mathscr{O}}, f(x) = [f]+x; \forall x \in W$.□

我们称 $\{\widetilde{\mathscr{O}}, \pi\}$ 为 $\mathscr{O}$ 的相伴空间 (法文是 espace etalé), 一般我们认为 $\mathscr{O}$ 与 $(\widetilde{\mathscr{O}}, \pi)$ 恒同. 但在应用技巧上常用 $(\widetilde{\mathscr{O}}, \pi)$.

下面介绍层论大意. 细节可参阅附录二.

定义 8.3 设 M 为拓扑空间. M 上的层 (sheaf) $\mathscr{F}$ 是指一组 $\{\mathscr{F}(U) : U$ 为 M 的开集$\}$, 其中 $\mathscr{F}(U)$ 为 Abel 群 (或交换群), 且对 $\forall U \subset W$, 具有限制同态映照

$$\rho_{W,U} : \mathscr{F}(W) \to \mathscr{F}(U),$$

它为一群同态. 而且 $\mathscr{F}(W)$ 和 $\rho_{W,U}$ 满足结构层 $\mathscr{O}$ 的定义中 $\mathscr{O}(W)$ 和 $\rho_{W,U}$ 所具有的三个基本性质 (i)—(iii).

在此定义下, $\mathscr{F}$ 完全与 $\mathscr{O}$ 类似, 可以定义其相伴空间: 命

$$\mathscr{F}(x) = \varinjlim_{x\in U} \mathscr{F}(U); \quad \forall x \in M,$$

这里等价关系定义为: $\forall f_1 \in \mathscr{F}(U_1)$ 和 $\forall f_2 \in \mathscr{F}(U_2), x \in U_1 \cap U_2, f_1 \sim f_2 \Leftrightarrow \exists V$, 使 $x \in V \subset U_1 \cap U_2$ 且有 $\rho_{U_1,V}(f_1) = \rho_{U_2,V}(f_2)$.

定义 $\widetilde{\mathscr{F}} = \bigcup_{x\in M}\mathscr{F}(x)$, 和 $\pi : \mathscr{F} \to M$ 为 $\pi(\mathscr{F}(x)) = x$.

同样如 $\widetilde{\mathscr{O}}$ 一样定义 $\widetilde{\mathscr{F}}$ 的拓扑, 使 $\widetilde{\mathscr{F}}$ 成拓扑空间, π 成为局部同胚. $\pi^{-1}(x) = \mathscr{F}(x)$ 称为 x 上的茎. $(\widetilde{\mathscr{F}}, \pi)$ 称为 $\mathscr{F}$ 的相伴空间.

定义 8.4 W 为 M 的开集, 映照 $S : W \to \widetilde{\mathscr{F}}$ 称为 $\widetilde{\mathscr{F}}$ 在 W 上的截影, 如果 S 是连续的, 且 $\pi \circ S = i_w$. 此即 $\forall x \in W, S(x) \in \widetilde{\mathscr{F}}(x)$.

用 $\Gamma(\widetilde{\mathscr{F}}, W)$ 表示所有 $\widetilde{\mathscr{F}}$ 在 W 上的截影的集合. 相对于引理 8.2, 同法可证

引理 8.2′ $\Gamma(\widetilde{\mathscr{F}}, W) = \mathscr{F}(W)$.

我们也同样地认为, $\mathscr{F}$ 与其相伴空间是相同的.

在下面的例子中, M 均设为黎曼面.

例 1　全纯函数的芽层 $\mathscr{O}$, 相应的 $\mathscr{O}(U)$ 为 U 上全纯函数环.

例 2　C^∞ 函数的芽层 $\mathscr{A}^0$, 相应的 $\mathscr{A}^0(U)$ 为 U 上的 C^∞ 函数环.

应该指出, 若 $x \in U, f, g \in \mathscr{A}^0(U), [f]_x = [g]_x$, 则 $f = g$ 在 x 的一个邻域上成立, 而在整个 U 上就未必成立, 这点是与 $\mathscr{O}(U)$ 不同之处.

例 3　C^∞ 的 p 形式芽层 $\mathscr{A}^p$ $(p = 0, 1, 2)$, 相应的 $\mathscr{A}^p(U)$ 为 U 上所有的 C^∞ 的 p 形式所成的群.

例 4　C^∞ 的 (p, q) 形式芽层 $\mathscr{A}^{(p,q)}(0 \leqslant p, q \leqslant 1)$, 相应的 $\mathscr{A}^{p,q}(U)$ 为 U 上所有 C^∞ 的 (p, q) 形式所成的群.

在以下的例子中, 设 L 为 M 上全纯线丛.

例 1′　L 的全纯截影层 $\Omega(L)$. $\forall U \subset M$, 相应的 $\Omega(L)(U)$ 为 L 在 U 上所有全纯截影 $\{S : U \to L\}$ 所作成的群. 注意: $\Omega(L)(M) = \Gamma(L)$.

这里应指出, 若 U 为平凡化邻域, 则

$$\Omega(L)(U) \cong \mathscr{O}(U).$$

且这时 $S = \{S_\alpha : W_\alpha \to \mathbf{C}, S_\alpha = f_\alpha^\beta S_\beta\}$ (引理 7.8), U 是其中一个 W_β.

例 2′　L 的 C^∞ 截影层 $\mathscr{A}^0(L)$, 相应的 $\mathscr{A}^0(L)(U)$ 为 U 上所有 C^∞ 截影所作成的群. 这里 C^∞ 的截影是指一个满足 $\pi \circ f = i_U$ 的 C^∞ 映照 $f : U \to L$.

例 3′　L 值的 C^∞ 的 p 形式层 $\mathscr{A}^p(L)$, 相应的 $\mathscr{A}^p(L)(W), W$ 为 M 的开集, 定义为

$$\begin{aligned}\mathscr{A}^p(L)(W) &= \mathscr{A}^p(W) \bigotimes_{\mathscr{A}^0(W)} \mathscr{A}^0(L)(W) \\ &\equiv \Big\{ \sum_i w_i S_i (\equiv \sum w_i \otimes S_i) : \omega_i \text{ 为 } W \text{ 上 } C^\infty \\ &\qquad \text{的 } p \text{ 形式}, S_i \text{ 为 } L \text{ 在 } W \text{ 上的 } C^\infty \text{ 截影} \Big\}.\end{aligned}$$

$\mathscr{A}^p(L)(W)$ 是交换环 $\mathscr{A}^0(W)$ 上的模 (module), 且其中定义: $\forall S, S' \in \mathscr{A}^0(L)(W)$, $\omega, \omega' \in \mathscr{A}^p(W)$

$$\begin{aligned}\omega(S + S') &= \omega S + \omega S', \\ (\omega + \omega')S &= \omega S + \omega' S, \\ f(\omega S) = (f\omega)S &= \omega(fS); \quad \forall f \in \mathscr{A}^0(W).\end{aligned}$$

以后我们一般用形式积 ωS 代替 $\omega \otimes S$.

例 4′ L 值的 $C^\infty(p,q)$ 形式层 $\mathscr{A}^{p,q}(L)$, 相应的 $\mathscr{A}^{p,q}(L)(W)$, 对 M 的任一开集 W, 定义为

$$\begin{aligned}\mathscr{A}^{p,q}(L)(W) &\equiv \mathscr{A}^{p,q}(W) \bigotimes_{\mathscr{A}^0(W)} \mathscr{A}^0(L)(W)\\ &\equiv \left\{\sum \omega_i S_i \left(\equiv \sum_i \omega_i \bigotimes S_i\right) : \omega_i \text{ 是 } W \text{ 上 } C^\infty \text{ 的}\right.\\ &\qquad \left.(p,q) \text{ 形式}, S_i \text{ 为 } L \text{ 在 } W \text{ 上 } C^\infty \text{ 截影}\right\}.\end{aligned}$$

注意. 当 W 是一个平凡化邻域, 则 $\mathscr{A}^0(L)(W) \cong \mathscr{A}^0(W)$, 因此

$$\begin{aligned}\mathscr{A}^{p,q}(L)(W) &\equiv \mathscr{A}^{p,q}(W) \bigotimes_{\mathscr{A}^0(W)} \mathscr{A}^0(L)(W)\\ &\cong \mathscr{A}^{p,q(W)} \bigotimes_{\mathscr{A}^0(W)} \mathscr{A}^0(W).\end{aligned}$$

同样在例 3′ 中,

$$\mathscr{A}^p(L)(W) \cong \mathscr{A}^p(W).$$

例 5 理想层 $\mathscr{I}_p, p \in M$ 的一个固定点, 相应的

$$\mathscr{I}_p(U) \equiv \{f \in \mathscr{O}(U) : f(p) = 0\},$$

$\mathscr{I}_p(U)$ 是一个环.

这里, 当 $p \notin U$ 时, $\mathscr{I}_p(U) \equiv \mathscr{O}(U)$. 在 $\mathscr{I}_p$ 的相伴空间中, 对 $\forall x \in M$ 的茎为当 $x \neq p$ 时, $\mathscr{I}_i(x) = \mathscr{O}(x)$; 当 $x = p$ 时 $\mathscr{I}_p(x) \neq \mathscr{O}(x)$.

当用 p 点邻域内的坐标函数 $z(z(p) = 0)$ 的幂级数来表示时, $\mathscr{O}(p)$ 的芽对应于一幂级数, 而 $\mathscr{I}_p(p)$ 的芽对应于常数项为 0 的幂级数, 由此

$$\frac{\mathscr{O}(p)}{\mathscr{I}_p(p)} \cong \mathbf{C},$$

和

$$\frac{\mathscr{O}(x)}{\mathscr{I}_p(x)} = 0 \quad \text{当 } x \neq p.$$

因为这是常见的现象, 因此我们引进一个层 S_p. 用相伴空间的概念来定义 S_p, 则有: S_p 在 p 上的茎是 $\mathbf{C}$ ($\mathbf{C}$ 赋与离散拓扑), 在 $x \neq p$ 上之 x 上面的茎为 0. 称 S_p *为摩天大厦层* (skyscraper sheaf). 因此如我们也用相伴空间的概念来定义 $\mathscr{O}$ 与 $\mathscr{I}_p$ 的*商层* $\mathscr{O}/\mathscr{I}_p$ 为: $\mathscr{O}/\mathscr{I}_p$ 在每点 $x \in M$ 上的基为 $\mathscr{O}(x)/\mathscr{I}_p(x)$, 而拓扑则用商拓扑. 这样我们可以直观的说 $\mathscr{O}/\mathscr{I}_p$ 是与 S_p *层同构的*. 层同构的精确定义, 在下面会给出.

例 6　常数层 $\mathbf{Z},\mathbf{R}$ 与 $\mathbf{C}$. 定义:

$\mathbf{Z}(U)=\{U$ 上恒等于整数的函数$\}$,

$\mathbf{R}(U)=\{U$ 上恒等于实常数的函数$\}$,

$\mathbf{C}(U)=\{U$ 上恒等于复常数的函数$\}$.

其相伴空间分别为 $\widetilde{\mathbf{Z}}=M\times\mathbf{Z},\widetilde{\mathbf{R}}=M\times\mathbf{R}$ 与 $\widetilde{\mathbf{C}}=M\times\mathbf{C}$, 在这些拓扑积中, $\mathbf{Z},\mathbf{R},\mathbf{C}$ 均赋与离散拓扑. 相对的层就称为常数层. 这些层亦是常用的.

现在讨论层之间的映照. 设 $\mathscr{F},\mathscr{G}$ 是层, 其限制映照分别为 $\{\rho_{W,U}\}$ 与 $\{\rho'_{W,U}\}$.

定义 8.5　M 是一个拓扑空间,$\mathscr{F},\mathscr{G}$ 是 M 上的两个层, 设 $\mathscr{U}=\{U\}$ 是 M 的开集的全体, 如存在一组群 (或环) 同态 $\{\varphi_U\}$

$$\varphi_U:\mathscr{F}(U)\to\mathscr{U}(U),$$

而且使图表

$$\begin{array}{ccc} \mathscr{F}(W) & \xrightarrow{\varphi_W} & \mathscr{G}(W) \\ \Big\downarrow{\scriptstyle \rho_{W,U}} & & \Big\downarrow{\scriptstyle \rho'_{W,U}} \\ \mathscr{F}(U) & \xrightarrow{\varphi_U} & \mathscr{G}(U) \end{array}$$

当 $U\subset W,\forall U,W\in\mathscr{U}$, 是交换的. 则称 $\varphi=\{\varphi_U\}$ 是 $\mathscr{F}$ 到 $\mathscr{G}$ 的一个*层同态*. 如每个 φ_W 都是群 (或环) 的同构, 则称 φ 为一个*层同构*.

现在对任一层同态 $\varphi=\{\varphi_U\}:\mathscr{F}\to\mathscr{G}$, 它必诱导了 $\mathscr{F}$ 的相伴空间 $\widetilde{\mathscr{F}}$ 到 $\mathscr{G}$ 的相伴空间 $\widetilde{\mathscr{G}}$ 的一个映照 $\widetilde{\varphi}:\widetilde{\mathscr{F}}\to\widetilde{\mathscr{G}}$, 使对 $\forall x\in M$

$$\widetilde{\varphi}([f]_x)=[\varphi(f)]_x.$$

因为对任意的两个 M 的开集 W、U, 当 $W\supset U$ 时, 有

$$\rho'_{W,U}\circ\varphi_W=\varphi_U\circ\rho_{W,U}$$

(也就是层同态定义中的交换图表). 因此 $\widetilde{\varphi}$ 的定义是合理的. 对每个 $x\in M$, $\widetilde{\varphi}$ 是 $\mathscr{F}(x)$ 到 $\mathscr{G}(x)$ 的群 (或环) 同态. 而且不难验证, φ 是层同构的充要条件是 $\widetilde{\varphi}$ 在每一茎上是 $\mathscr{F}(x)$ 到 $\mathscr{G}(x)$ 的同构.

习题　如 $\widetilde{\varphi}:\widetilde{\mathscr{F}}\to\widetilde{\mathscr{G}}$ 是一个连续映照, 且对每个 $x\in M,\widetilde{\varphi}$ 是 $\widetilde{\mathscr{F}}(x)$ 到 $\widetilde{\mathscr{G}}(x)$ 的群 (或环) 同态, 则 $\widetilde{\varphi}$ 诱导了一个层同态 $\varphi:\mathscr{F}\to\mathscr{G}$.

在讨论层的正合序列之前, 先需定义 Abel 群的正合序列.

定义 8.6 设 A_k 都是 Abel 群, $i_k : A_k \to A_{k+1}$ 都是群同态, $i = 0, 1, 2, 3, \cdots$. 则群的同态序列

$$A_0 \xrightarrow{i_0} A_1 \xrightarrow{i_1} A_2 \xrightarrow{i_2} A_3 \xrightarrow{i_3} \cdots$$

称为是*正合序列*, 如果

$$\operatorname{Im}(i_{l-1}) = \operatorname{Ker}(i_l),$$

这里 $\operatorname{Im}(i_{l-1}) = i_{l-1}(A_{l-1}), \operatorname{Ker}(i_l) = i_l^{-1}(0)$.

定义 8.7 $\mathscr{A}_0, \mathscr{A}_1, \mathscr{A}_2, \cdots, \mathscr{A}_k, \cdots$ 是拓扑空间 M 上的层, $i_k : \mathscr{A}_k \to \mathscr{A}_{k+1}$ 是层同态, $k = 0, 1, 2, \cdots$.

$$\mathscr{A}_0 \xrightarrow{t_0} \mathscr{A}_1 \xrightarrow{t_1} \mathscr{A}_2 \xrightarrow{t_2} \mathscr{A}_3 \xrightarrow{i_3} \cdots$$

称为*层的正合序列*, 如果 $\forall x \in M$,

$$\mathscr{A}_0(x) \xrightarrow{i_0} \mathscr{A}_1(x) \xrightarrow{i_1} \mathscr{A}_2(x) \xrightarrow{i_2} \mathscr{A}_3(x) \longrightarrow \cdots$$

是群 (或环) 的正合序列.

现用 0 来表示零层, 即每茎只有 0 元的层. 如 $\mathscr{A}, \mathscr{B}, \mathscr{C}$ 是层, 且

$$0 \longrightarrow \mathscr{A} \xrightarrow{i} \mathscr{B} \xrightarrow{j} \mathscr{C} \longrightarrow 0$$

是正合序列, 则称之为*短正合序列*. 因为这种序列常出现, 我们现在用另一方法来解释短正合序列. i 既是单同态 (即 $\forall x, i : \mathscr{A}(x) \to \mathscr{B}(x)$ 是群或环的单同态), 一般把 A 与 $i(\mathscr{A})$ 认同. 同时, 如例 5 中我们可定义*商层* $\mathscr{B}/\mathscr{A}$ 为: 其相伴空间在每 x 上的茎为 $\mathscr{B}(x)/\mathscr{A}(x)$, 其相伴空间的拓扑为商拓扑. 这样, 上述短正合序列的意义就是: j 是 $\mathscr{B}/\mathscr{A}$ 与 $\mathscr{C}$ 的一个层同构.

§9 层的上同调理论 (Čech 理论)

上同调群有很多定义, 实际上都等价. Čech 上同调是几何上最直观的, 而且有时可以计算. 在这节内大部分的证明都留到附录二中.

设 M 是一个拓扑空间, $\mathfrak{W} = \{W_\alpha\}$ 是 M 上的一个开覆盖, $\mathscr{F}$ 是 M 上的一个层, f 称之为*一个 $\mathscr{F}$ 值的 q 维上链* 是指对 $\mathfrak{W}$ 中任意 $q+1$ 个开集 $W_0, W_1, \cdots, W_q$, 有

$$f(W_0, \cdots, W_q) = \begin{cases} 0 \text{ 当 } W_0 \cap \cdots \cap W_q = \varnothing, \\ \mathscr{F}(W_0 \cap \cdots \cap W_q) \text{ 中之一个元素} \\ \qquad \text{当 } W_0 \cap \cdots \cap W_q \neq \varnothing, \end{cases}$$

所有 $\mathscr{F}$ 值 q 上链之集合记作 $C^q(\mathfrak{W};\mathscr{F})$, 对 $\forall f,g\in C^q(\mathfrak{W};\mathscr{F})$, 定义 $+$ 运算为

$$(f+g)(W_0,\cdots,W_q)=f(W_0,\cdots,W_q)+g(W_0,\cdots,W_q),$$

这样 $C^q(\mathfrak{W};\mathscr{F})$ 就成为一个 Abel 群. 这个群就称之为 $\mathscr{F}$ 值 q 维上链群.

定义 9.1 定义上边缘算子 $\delta:C^q(\mathfrak{W};\mathscr{F})\to C^{q+1}(\mathfrak{W};\mathscr{F})$ 为

$$(\delta f)(W_0,\cdots,W_{q+1})=\sum_{i=0}^{q+1}(-1)^i f(W_0,\cdots,\widehat{W_i},\cdots,W_{q+1}),$$

上面定义中的 $\widehat{W_i}$ 是表示去掉 W_i, 另外还必须对求和号 $\sum_{i=0}^{q+1}$ 进行解释, 现在 $f(W_0,\cdots,\widehat{W_i},\cdots,W_{q+1})\in\mathscr{F}(W_0\cap\cdots\cap W_{i-1}\cap W_{i+1}\cap\cdots\cap W_{q+1})$, 因此等式右边求和各项是属于不同的 Abel 群, 这里求和的意义是将 $f(W_0,\cdots,\widehat{W_i},\cdots,W_{q+1})$ 用适当的限制同态 ρ 限制到 $\mathscr{F}(W_0\cap\cdots\cap W_{q+1})$ 内去, 然后求和. 为了书写简单, 这里省去了前面的 ρ, 后面遇到这种求和号时, 都是表示这个意思, 不再加以说明.

很易验证上面定义的 δ 是一个群同态, 而且 $\delta\delta=0$. 命 δ 在 $C^q(\mathfrak{W};\mathscr{F})$ 内的核为 $Z^q(\mathfrak{W};\mathscr{F})$, 称之为 q 维上闭链群或 q 维上循环群. 又命 $\delta C^{q-1}(\mathfrak{W};\mathscr{F})=B^q(\mathfrak{W};\mathscr{F})$, 称之为 q 维上边缘群. 由 $\delta\delta=0$, 故 $B^q(\mathfrak{W};\mathscr{F})\subset Z^q(\mathfrak{W};\mathscr{F})$. 由于 δ 与上链群中的加运算可交换 (可直接验证), 因此 $B^q(\mathfrak{W};\mathscr{F}),Z^q(\mathfrak{W};\mathscr{F})$ 都是 $C^q(\mathfrak{W};\mathscr{F})$ 的子群.

定义 9.2 $H^q(\mathfrak{W};\mathscr{F})\equiv Z^q(\mathfrak{W};\mathscr{F})/B^q(\mathfrak{W};\mathscr{F})$. 称 $H^q(\mathfrak{W};\mathscr{F})$ 为 $\mathscr{F}$ 对于 $\mathfrak{W}$ 的上同调群. 因此 $H^q(\mathfrak{W};\mathscr{F})=0\Leftrightarrow Z^q(\mathfrak{W};\mathscr{F})=B^q(\mathfrak{W};\mathscr{F})$, 所以 $H^q(\mathfrak{W};\mathscr{F})$ 是说明有多少 q 上循环不是 q 上边缘的量. 在数学中, 特别是多复变函数论中某些从局部性质到解决整体问题的过程中, 会有某些障碍 (obstruction), 这些障碍常常就是非零的上同调群.

设拓扑空间 M 有两个开覆盖 $\mathfrak{W}$、$\mathfrak{V}$, 按上面定义所定义的 $H^q(\mathfrak{W};\mathscr{F})$ 与 $H^q(\mathfrak{V};\mathscr{F})$, 一般来讲两者是不相同的. 但是我们知道 M 的所有开覆盖之间可以用加细 (定义 7.4) 来建立一个半序关系, 即是说 $\mathfrak{W}\prec\mathfrak{V}\Leftrightarrow\mathfrak{W}$ 是 $\mathfrak{V}$ 的加细. 如果 $\mathfrak{W}\prec\mathfrak{V}$, 则有一个群同态 $\tau(\mathfrak{V},\mathfrak{W}):H^q(\mathfrak{V};\mathscr{F})\to H^q(\mathfrak{W};\mathscr{F})$ (细节都见附录二). 现在从集合

$$\bigcup\{H^q(\mathfrak{W};\mathscr{F}):\mathfrak{W}\text{ 是 }M\text{ 上的开覆盖}\}$$

当中引进一个等价关系 $\sim$, 使 $\forall\alpha\in H^q(\mathfrak{W};\mathscr{F}),\forall\beta\in H^q(\mathscr{U};\mathscr{F}),\alpha\sim\beta\Leftrightarrow\exists\mathfrak{V},\mathfrak{V}\prec\mathfrak{W}$ 和 $\mathfrak{V}\prec\mathscr{U}$, 使 $\tau(\mathfrak{W};\mathfrak{V})(\alpha)=\tau(\mathscr{U};\mathfrak{V})(\beta)$. 命这样所得的等价类的

集合为 $H^q(M;\mathscr{F})$. 普通称 $H^q(M;\mathscr{F})$ 为所有 $H^q(\mathfrak{W};\mathscr{F})$ 的直接极限, 即

$$H^q(M;\mathscr{F}) = \varinjlim_{\mathfrak{W}} H^q(\mathfrak{W};\mathscr{F}).$$

$H^q(M;\mathscr{F})$ 是一个 Abel 群, 只依赖于 $\mathscr{F}$ 而不依赖于任何覆盖. 所以是 $\mathscr{F}$ 本身的不变量. 称 $H^q(M;\mathscr{F})$ 为 $\mathscr{F}$ 的 q 上同调群. 这里我们故意不着重 $H_q(M;\mathscr{F})$ 定义的细节, 因为 $H^q(M;\mathscr{F})$ 虽然在概念上很完美 (见下面关于它的一般性质), 但是要从定义本身去了解或计算 $H^q(M;\mathscr{F})$ 则实际上是不可能的. 要了解这上同调群, 要点还是先去了解怎样应用这工具. 另一方面, 在下一节 (§10) 所提到的 Leray 定理, 也提出一个比较直观的方法来了解这上同调群.

现简括地说明 $H^q(M;\mathscr{F})$ 的主要性质. 根据上面 $H^q(M;\mathscr{F})$ 的定义, 如果 $\mathfrak{W}$ 是任一开覆盖, 则存在一自然映照

$$i: H^q(\mathfrak{W};\mathscr{F}) \to H^q(M;\mathscr{F})$$

引理 9.3 设 M 是 T_2 仿紧拓扑空间, $\mathfrak{W}$ 为任意开覆盖, 则自然映照

$$i: H^1(\mathfrak{W};\mathscr{F}) \to H^1(M;\mathscr{F})$$

是单同态. 而且

$$H^0(\mathfrak{W};\mathscr{F}) = \mathscr{F}(M) = H^0(M;\mathscr{F}).$$

注意: 上面这 $\mathscr{F}(M)$ 亦即是 $\Gamma(M;\widetilde{\mathscr{F}})$, 即 $\widetilde{\mathscr{F}}$ 在整个 M 上的截影. 引理的前一部分的证明可在附录二中找到. 现证后一部分.

因为 $B^0(\mathfrak{W};\mathscr{F}) = 0$, 有 $H^0(\mathfrak{W};\mathscr{F}) = Z^0(\mathfrak{W};\mathscr{F})$. 对每 $f \in Z^0(\mathfrak{W};\mathscr{F}), \delta f = 0 \Leftrightarrow \forall W_\alpha, W_\beta \in \mathfrak{W}$,

$$\begin{aligned} &\delta f(W_\alpha, W_\beta) = \{f(W_\beta) - f(W_\alpha)\}|W_\alpha \cap W_\beta = 0, \\ &\Leftrightarrow \forall W_\alpha, W_\beta \in \mathfrak{W}, f(W_\beta)|W_\alpha \cap W_\beta = f(W_\alpha)|W_\alpha \cap W_\beta, \end{aligned}$$

根据层的定义的第 (ii) 条件, 有 $F \in \mathscr{F}(M)$, 使 $F|W_\alpha = f(W_\alpha), \forall \alpha$. 所以 $H^0(\mathfrak{W};\mathscr{F}) = \mathscr{F}(M)$. 是以

$$H^0(M;\mathscr{F}) = \varinjlim_{\mathfrak{W}} H^0(\mathfrak{W};\mathscr{F}) = \mathscr{F}(M).$$

例 1 $H^0(M;\Omega^1) =$ 所有 M 上的全纯微分.

现在我们讨论 $H^1(\mathfrak{W};\mathscr{F}) = Z^1(\mathfrak{W};\mathscr{F})/B^1(\mathfrak{W};\mathscr{F})$. 设 $f \in Z^1(\mathfrak{W};\mathscr{F})$, 则 $\delta f = 0$. 此即

$$\begin{aligned}&\delta f(W_\alpha, W_\beta, W_\gamma) = 0;\\&\forall\alpha,\beta,\gamma,\\&\Leftrightarrow f(W_\alpha, W_\beta) + f(W_\beta, W_\gamma) = f(W_\alpha, W_\gamma); \forall\alpha,\beta,\gamma.\end{aligned} \tag{9.1}$$

设 $f \in B^1(\mathfrak{W};\mathscr{F})$, 则 $f = \delta h, h \in C^0(\mathfrak{W};\mathscr{F})$. 此即

$$f(W_\alpha, W_\beta) = h(W_\beta) - h(W_\alpha); \quad \forall\alpha,\beta. \tag{9.2}$$

故 $H^1(\mathfrak{W};\mathscr{F}) = 0 \Leftrightarrow \forall f \in C^1(\mathfrak{W};\mathscr{F})$, 如 f 满足 (9.1), 则有一个 $h \in C^0(\mathfrak{W};\mathscr{F})$, 使 (9.2) 成立.

现在用上同调的观点来叙述一般的非紧黎曼面上的 Mittag-Leffler 问题.

设 M 是非紧黎曼面, $\{p_i\}$ 是 M 上一个离散点集, 每个 p_i 上有一个主部 (principal part) h_i, 要求找到一个亚纯函数 $f \in \mathfrak{W}(M)$, 使在每个 p_i 邻近 $f - p_i$ 全纯.

今设 $\mathfrak{W}$ 为 M 的一个开覆盖, 无妨选取 $\mathfrak{W}$ 充分的细, 使每个 W_α 中, 有一个 $g_\alpha \in \mathfrak{W}(W_\alpha)$ 使 g_α 在 $\{p_i\} \cap W_\alpha$ 上之主部与 h_i 相同.

命 $f(W_\alpha, W_\beta) = g_\beta - g_\alpha \in \mathscr{O}(W_\alpha \cap W_\beta)$, 因此, 对 $\forall\alpha,\beta,\gamma$

$$f(W_\alpha, W_\beta) + f(W_\beta, W_\gamma) = f(W_\alpha, W_\gamma),$$

所以上面定义的 $f \in Z^1(\mathfrak{W};\mathscr{O})$. 如果 $H^1(M;\mathscr{O}) = 0$, 则由引理 9.3, 知 $H^1(\mathfrak{W};\mathscr{O}) = 0$. 故 $\exists h \in C^0(\mathfrak{W};\mathscr{O})$, 使 $f(W_\alpha, W_\beta) = h(W_\beta) - h(W_\alpha), \forall\alpha,\beta$. 由 f 的定义

$$g_\beta - g_\alpha = h(W_\beta) - h(W_\alpha).$$

因此在 $W_\alpha \cap W_\beta$ 上, 有

$$g_\beta - h(W_\beta) = g_\alpha - h(W_\alpha),$$

因此存在 $\widetilde{f} \in \mathfrak{W}(M)$, 使 $\widetilde{f}|W_\alpha = g_\alpha - h(W_\alpha)$, 这个 $\widetilde{f}$ 就是 Mittag-Leffler 问题的解.

综上所叙: $H^1(M;\mathscr{O}) = 0$, 就是 Mittag-Leffler 问题有解的充分条件 (参考下面系 10.1).

这个例子说明上同调群的概念与分析有关系, 这点是很重要的. 另外, 这个叙述与解决问题的方法是可以推广到高维去的唯一办法, 而古典单复变中解决 Mittag-Leffler 问题的方法是根本不可能推广到高维中去的. 例如

G 是 $\mathbf{C}^n$ 中的一个正则域, 则有 $H^1(M;\mathscr{O}) \equiv 0$, 因此 Mittag-Leffler 问题可以有解. 在高维时, Mittag-Leffler 问题是称为第一 Cousin 问题.

现在叙述一个上同调群的重要性质. 这也许是上同调群最常用的一个技巧.

今后设 M 是 T_2、仿紧拓扑空间. 如果

$$O \longrightarrow \mathscr{A} \xrightarrow{\quad i \quad} \mathscr{B} \xrightarrow{\quad j \quad} \mathscr{C} \longrightarrow 0 \tag{9.3}$$

是 M 上层短正合序列, 则由层短正合序列可以诱导出一个上同调群的正合序列

$$\begin{aligned} 0 \longrightarrow \mathscr{A}(M) \xrightarrow{\quad i^* \quad} \mathscr{B}(M) \xrightarrow{\quad j^* \quad} \mathscr{C}(M) \xrightarrow{\quad \delta^* \quad} H^1(M;\mathscr{A}) \\ \xrightarrow{\quad i^* \quad} H^1(M;\mathscr{B}) \xrightarrow{\quad j^* \quad} H^1(M;\mathscr{C}) \xrightarrow{\quad \delta^* \quad} H^2(M;\mathscr{A}) \\ \xrightarrow{\quad i^* \quad} H^2(M;\mathscr{B}) \xrightarrow{\quad j^* \quad} H^2(M;\mathscr{C}) \xrightarrow{\quad \delta^* \quad} \cdots \end{aligned} \tag{9.4}$$

这里 i^* 与 j^* 的定义是相当明显的, 所以问题是如何定义 δ^* 和如何证明这序列是正合的. 这些细节是累赘和缺乏启发性的, 可在附录二内找到, 我们只注重如何应用 (9.4).

由短正合序列 (9.3), 一般能得出

$$0 \longrightarrow \mathscr{A}(M) \xrightarrow{\quad i^* \quad} \mathscr{B}(M) \xrightarrow{\quad j^* \quad} \mathscr{C}(M) \tag{9.5}$$

是正合的, 这点直接用定义验证就可以了, 一般来讲 $j^*(\mathscr{B}(M)) \subsetneqq \mathscr{C}(M)$, 也就是讲

$$0 \longrightarrow \mathscr{A}(M) \xrightarrow{\quad i^* \quad} \mathscr{B}(M) \xrightarrow{\quad j^* \quad} \mathscr{C}(M) \longrightarrow 0 \tag{9.6}$$

不成为一个正合序列. 对此有一个很简单的例子如下:

设 $M = \{z \in \mathbf{C} : 1 < |z| < 2\}, M$ 上有层正合序列

$$0 \longrightarrow \mathbf{Z} \xrightarrow{\quad i \quad} \mathscr{O} \xrightarrow{\quad e \quad} \mathscr{O}^* \longrightarrow 0$$

$\mathbf{Z}$ 是常数层 (§8, 例 6), $\mathscr{O}$ 是 M 的结构层, $\mathscr{O}^*$ 是 M 上不取零值的全纯函数的芽层, 这个群的合成是用乘法. i 是 $\mathbf{Z}$ 到 $\mathscr{O}$ 的自然内射, $e : \mathscr{O} \to \mathscr{O}^*$ 的定义为 $e(f) = \exp(2\pi i f)$. 由 M 本身定义, 可知 $\mathbf{C}$ 的坐标函数 $z \in \mathscr{O}^*(M)$. 因为 log 不能在 M 上单值定义, 所以不存在任何 $g \in \mathscr{O}(M)$ 使 $e(g) = z$. 因此

$$e^*(\mathscr{O}(M)) \subsetneqq \mathscr{O}^*(M),$$

即

$$0 \longrightarrow \mathbf{Z} \xrightarrow{i^*} \mathscr{O}(M) \xrightarrow{e^*} \mathscr{O}^*(M) \longrightarrow 0$$

在右端是不正合的.

现从长正合序列 (9.4), 立可推知下列引理的正确性.

引理 9.4 设 (9.3) 为正合序列, 且 $H^1(M;\mathscr{A})=0$, 则 (9.6) 亦是正合序列.

由于这引理的重要性, 现在我们不用 (9.4) 而直接加以证明.

证 只需证明: $\forall\sigma\in\mathscr{C}(M)$, 存在 $\zeta\in\mathscr{B}(M)$ 使 $j^*(\zeta)=\sigma$. 根据引理 9.3 的第二部分, 如能找到开覆盖 $\mathfrak{V}=\{V_\alpha\}$ 和 $\zeta\in Z^0(\mathfrak{V};\mathscr{B})$, 使 $j(\zeta(V_\alpha))=\sigma|V_\alpha$, 则引理成立. (这里我们将 $j_{V_\alpha}(\zeta(V_\alpha))$ 简写为 $j(\zeta(V_\alpha))$, 以后亦然.) 因为 (9.3) 正合, 所以 $j:\mathscr{B}\to\mathscr{C}$ 是满的层同态. 据定义 8.7, 如开覆盖 $\mathfrak{V}$ 是充分小 (即每个 V_α 充分小), 则有 $b_\alpha\in\mathscr{B}(V_\alpha)$, 使 $j(b_\alpha)=\sigma|V_\alpha;\forall\alpha$. 在 $V_\alpha\cap V_\beta$ 上, $j(b_\alpha-b_\beta)=\sigma|V_\alpha\cap V_\beta-\sigma|V_\alpha\cap V_\beta=0;\ \forall\alpha,\beta$. 因为 (9.3) 正合, $\mathrm{Ker}\ j=\mathscr{A}$. 故 $b_\alpha-b_\beta\in\mathscr{A}(V_\alpha\cap V_\beta);\forall\alpha,\beta$. 命 $a\in\mathbf{C}^1(\mathfrak{V};\mathscr{A})$ 为 $a(V_\alpha,V_\beta)=b_\beta-b_\alpha$. 显然 $a\in Z^1(\mathfrak{V};\mathscr{A})$. 由假设及引理 9.3 的第一部分, 得知 $H^1(\mathfrak{V};\mathscr{A})=0$. 故有 $f\in C^0(\mathfrak{V};\mathscr{A})$ 使 $\delta f=a$, 亦即 $a(V_\alpha,V_\beta)=f(V_\beta)-f(V_\alpha)\ \forall\alpha,\beta$ (见上 (9.1), (9.2)). 现定义 $\zeta\in C^0(\mathfrak{V};\mathscr{B})$ 为: $\forall\alpha$,

$$\zeta(V_\alpha)=b_\alpha-f(V_\alpha).$$

由 $b_\beta-b_\alpha=a(V_\alpha,V_\beta)=f(V_\beta)-f(V_\alpha)$, 得知 ζ 实是 $\mathscr{B}$ 的 1 上循环, 即 $\zeta\in Z^0(\mathfrak{V};\mathscr{B})$. 同时, 因为每个 $f(V_\alpha)$ 取值于 $\mathscr{A}$, $\mathrm{Ker}\ j=\mathscr{A}\Rightarrow j(\zeta(V_\alpha))=j(b_\alpha)=\sigma|V_\alpha$. □

现从下面的实例说明一个基本原理: 如何用 $H^1(M,\mathscr{A})=0$ 去证明一些存在定理.

设 M 为一紧黎曼面, L 为 M 上一全纯线丛. 在 §8 例 1′ 中已引进一个层 $\Omega(L)$. 命 $p\in M$ 并定义线丛 $L_1=L+\lambda(np), L_2=L+\lambda((n+1)p)$, 其中 n 是一个正整数.

引理 9.5 如 $H^1(M;\Omega(L_1))=0$, 则 $\dim\Gamma(L_2)>0$.

在证明之前先说明这引理的意义. 在第五章 §18 和 §20 中, 我们将证明一个消没定理, 由这定理立知 $\forall L$, 有充分大的 n 使 $H_1(M;\Omega(L+\lambda(np)))=0$. 所以这引理的假设是自然的. 其次, 如 $\forall L$ 有 $\dim\Gamma(L_2)>0$, 则由引理 7.12 和后来的讨论, 得证 $\lambda:\mathscr{D}\to\mathscr{L}$ 是满的. 最后这引理是一个存在定理, 因它说明 L_2 有非零的全纯截影.

引理证明 先证明存在一个短正合序列

$$0 \to \Omega(L_1) \to \Omega(L_2) \to \mathrm{S}_p \to 0, \tag{9.7}$$

其中 S_p 是摩天大厦丛 (§8, 例 5).

在引理 7.10 中证明了在紧黎曼面上有

$$\Gamma(L - \lambda(D)) \cong \{S \in \mathfrak{M}(L) : (S) - D \geqslant 0\}. \tag{9.8}$$

但由线丛的定义与证明 (9.8) 的过程中根本没有用到黎曼面的紧性, 因此 (9.8) 对于非紧黎曼面也成立. 自然对于 M 上的任一开集也是成立的. 因此可将 (9.8) 写成: 如 W 是 M 上的开集, 则对任一因子 D,

$$\Omega(L - \lambda(D))(W) \cong \{S \in \mathfrak{M}(L|W) : (S) - D \cap W \geqslant 0\},$$

其中如果 $\pi : L \to M$ 是线丛的映照, 则 $L|W$ 表示 $\pi|\pi^{-1}(W) : \pi^{-1}(W) \to W$. 现设 D 是有效因子 (定义 5.3), 则 $(S) - D \cap W \geqslant 0 \Rightarrow S$ 是全纯截影. 故有

如 $D \geqslant 0$, 则

$$\Omega(L - \lambda(D))(W) \cong \{S \in \Gamma(L|W) : (S) - D \cap W \geqslant 0\}. \tag{9.9}$$

现定义一层 $\Omega_p(L_2)$, 使在任意开集 $W \subset M$ 上,

$$\Omega_p(L_2)(W) \equiv \{S \in \Gamma(L_2|W) : S(p) = 0\}.$$

显然有短正合序列 $0 \to \Omega_p(L_2) \to \Omega(L_2) \to \mathrm{S}_p \to 0$ (参阅 §8, 例 5). 要证 (9.7), 则只需证明 $\Omega_p(L_2)$ 与 $\Omega(L_1)$ 同构.

$$\begin{aligned}\Omega_p(L_2)(W) &= \{S \in \Gamma(L_2|W) : (S) - p \geqslant 0\}\\ &\cong \Omega(L_2 - \lambda(p))(W)\\ &= \Omega(L_1)(W),\end{aligned}$$

蕴涵 $\Omega_p(L_2)$ 与 $\Omega(L_1)$ 同构. 所以 (9.7) 成立.

由 (9.7) 及引理 9.4, 得短正合群序列

$$0 \to \Gamma(L_1) \to \Gamma(L_2) \to \mathrm{S}_p(M) \to 0,$$

显然 $\mathrm{S}_p(M) \cong \mathbf{C}$, 故 $\dim \Gamma(L_2) \geqslant \dim \mathbf{C} = 1$. □

定义 9.6 在拓扑空间 M 上的层 $\mathscr{F}$ 是一个*强层* (fine sheaf), 如每个局部有限开覆盖 $\mathfrak{W} = \{W_\alpha\}$, 存在一组层同态 $\{\eta_\alpha\}$, 使每个同态

$$\eta_\alpha : \mathscr{F} \to \mathscr{F},$$

满足:

(i) 对每个 W_α, 存在 M 中的闭集 $K_\alpha \subset W_\alpha$, 当 $x \notin K_\alpha$ 时, 茎上的同态 $\widetilde{\eta}_\alpha : \mathscr{F}(x) \to \mathscr{F}(x)$ 恒等于零.

(ii) $\sum_\alpha \eta_\alpha = i_{\mathscr{F}}$ ($\mathscr{F}$ 的恒等映照).

这个概念与单位分解的概念是完全一致的. (ii) 中的和号是有意义的, 因为 $\forall x \in M$, 只有有限个 W_α 盖住 x, 故其实际上是有限和.

例 2　假定 M 是紧黎曼面. 今用 §8, 例 $1'$ 至 $4'$ 的记号, 命 $\mathscr{F} = \mathscr{A}^p, \mathscr{A}^{p,q}, \mathscr{A}^p(L)$ 或 $\mathscr{A}^{p,q}(L)$, 则 $\mathscr{F}$ 是强层.

设 $\mathfrak{W} = \{W_\alpha\}$ 是 M 的局部有限覆盖, 则具有一个属于 $\mathfrak{W}$ 的单位分解, 即有 M 上 C^∞ 函数 $\{\varphi_\alpha\}$, 其支集 $\operatorname{supp}\varphi_\alpha \subset W_\alpha$, 而且

$$\sum_\alpha \varphi_\alpha \equiv 1.$$

现设 $\mathscr{F} = \mathscr{A}^{p,q}(L), \widetilde{\mathscr{F}}$ 的任一元可以写成 $[S\omega]_x \in \widetilde{\mathscr{F}}(x)$, 其中 S 是 x 的一个开邻域上对于 L 的全纯截影, ω 是 x 附近的一个 (p,q) 形式. 定义 $\eta_\alpha([S\omega]_x) = [S(\varphi_\alpha\omega)]_x$. 很容易验证 $\{\eta_\alpha\}$ 有上面强层定义中的性质 (i) 和 (ii). 因此 $\mathscr{A}^{p,q}(L)$ 是 M 上的强层. 其他的情况证明相同.

定理 9.7　如果 $\mathfrak{W} = \{W_\alpha\}$ 是一个局部有限开覆盖, $\mathscr{F}$ 为 M 上强层, 则 $H^q(\mathfrak{W}; \mathscr{F}) = 0\ \forall q \geqslant 1$.

如拓扑空间 M 是 T_2 仿紧的, 则 $H^q(M; \mathscr{F}) = 0\ \forall q \geqslant 1$.

证　只证 $q = 1$ 的情况, 对 $q > 1$ 的情况只是符号不同而已.

今 $\mathfrak{W} = \{W_\alpha\}$ 是拓扑空间 M 上局部有限开覆盖, 如 $f \in Z^1(\mathfrak{W}; \mathscr{F})$, 则有

$$f(W_\alpha, W_\beta) + f(W_\beta, W_\gamma) = f(W_\alpha, W_\gamma).$$

现在要找 $g \in C^0(\mathfrak{W}; \mathscr{F})$, 使 $f(W_\beta, W_\alpha) = g(W_\alpha) - g(W_\beta)$ (见 (9.1) 及 (9.2)). 设 $\{\eta_\gamma\}$ 是 $\mathscr{F}$ 到 $\mathscr{F}$ 的一组同态, 它满足定义 9.6 中的 (i) 和 (ii). 定义 $g \in C^0(\mathfrak{W}; \mathscr{F})$ 为

$$g(W_\alpha) = \sum_r \eta_\gamma(f(W_\gamma), W_\alpha)), \tag{9.10}$$

现固定一个 γ, 等式右边之 $f(W_\gamma, W_\alpha) \in \mathscr{F}(W_\gamma \cap W_\alpha)$, 但由 η_γ 的定义, 存在 M 中的闭集 $K_\gamma \subset W_\gamma$, 使 $\eta_\gamma f(W_\gamma, W_\alpha)$ 限制在 $W_\gamma \cap W_\alpha - K_\gamma$ 上为零. 因此由定义 8.3 之 (ii), 一定存在一个 $\mathscr{F}(W_\alpha)$ 中之元, 它限制在 $W_\alpha - K_\gamma$ 上是等

于零的, 因此 (9.10) 之右边之 $\eta_\gamma f(W_\gamma, W_\alpha)$ 就看成这个 $\mathscr{F}(W_\alpha)$ 中之元, 因此其求和有意义.

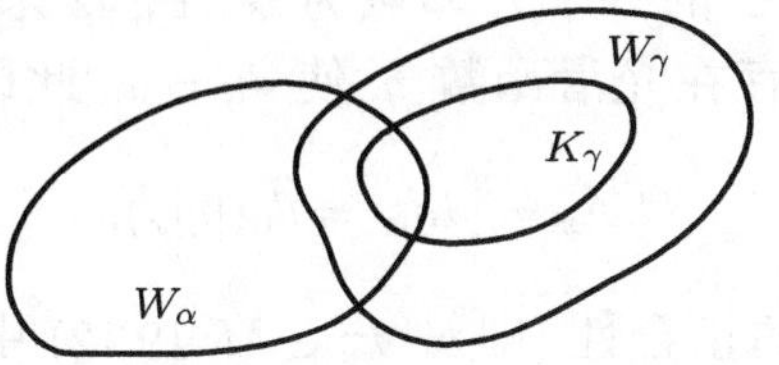

图 9.1

现在

$$\begin{aligned} g(W_\alpha) - g(W_\beta) &= \sum_r \{\eta_\gamma f(W_\gamma, W_\alpha) - \eta_\gamma f(W_\gamma, W_\beta)\} \\ &= \sum_\gamma \eta_\gamma \{f(W_\gamma, W_\alpha) - f(W_\gamma, W_\beta)\} \\ &= \sum_\gamma \eta_\gamma f(W_\beta, W_\alpha) = f(W_\beta, W_\alpha). \end{aligned}$$

上面证明了定理之第一部分. 如果拓扑空间 M 是 T_2, 仿紧的, 则它的任何一个开覆盖一定有局部有限加细覆盖存在, 因此根据定义

$$H^q(M; \mathscr{F}) = \varinjlim_{\mathfrak{W}} H^q(\mathfrak{W}; \mathscr{F}),$$

故 $q \geqslant 1$ 时有 $H^q(M; \mathscr{F}) = 0$. □

定义 9.8 层同态序列

$$0 \longrightarrow \mathscr{F} \longrightarrow \mathscr{F}_0 \xrightarrow{d_0} \mathscr{F}_1 \xrightarrow{d_1} \mathscr{F}_2 \longrightarrow \cdots \longrightarrow \mathscr{F}_n \longrightarrow \cdots$$

称为层 $\mathscr{F}$ 的*强层分解*, 如果它是一个层正合序列, 而且每个 $\mathscr{F}_i (i = 0, 1, 2, \cdots)$ 都是强层.

例 3 设 M 为紧黎曼面, 则有

$$0 \longrightarrow \mathbf{C} \longrightarrow \mathscr{A}^0 \xrightarrow{d_0} \mathscr{A}^1 \xrightarrow{d_1} \mathscr{A}^2 \longrightarrow 0 \tag{9.11}$$

是 $\mathbf{C}$ 的强层分解, 这里 $d_i (i = 0, 1)$ 都是外微分 d.

要说明它是正合序列, 根据定义 8.7, 只要说明对每个 $x \in M$,

$$0 \longrightarrow \mathbf{C} \longrightarrow \widetilde{\mathscr{A}_0}(x) \xrightarrow{\widetilde{d_0}} \widetilde{\mathscr{A}_1}(x) \xrightarrow{\widetilde{d_1}} \widetilde{\mathscr{A}_2}(x) \longrightarrow 0 \tag{9.12}$$

是正合的.

现用 §8 的记号, 设 $\widetilde{d}_1([\omega]_x)=0$. 从 $\widetilde{d}_1$ 及 $\mathscr{A}_1(x)$ 的定义, 有 $\widetilde{d}_1([\omega]_x)=[d\omega]_x$, 此即表示 $d\omega$ 在 x 的一个开邻域为零. 由 §2 末的 Poincaré 引理, 知必在 x 的一个开邻域中存在光滑函数 η, 使 $d\eta=\omega$, 此即

$$[\omega]_x=[d\eta]_x=\widetilde{d}_0([\eta]_x),$$

这就证明了在 $\mathscr{A}^1$ 处的正合性 (即对 $\forall x\in M$, (9.12) 中 $\mathrm{Im}\,(\widetilde{d}_0)=\mathrm{Ker}(\widetilde{d}_1)$). 其他处的正合性更为显然.

从上面的叙述知道序列 (9.12) 的正合性与 Poincaré 引理完全等价. 另外这个结果与 Poincaré 引理一样, 对高维流形也是成立的.

de Rham 定理 设 M 是 T_2, 仿紧拓扑空间, $\mathscr{F}$ 是 M 上的层,

$$0\longrightarrow\mathscr{F}\longrightarrow\mathscr{F}_0\xrightarrow{d_0}\mathscr{F}_1\xrightarrow{d_1}\mathscr{F}_2\xrightarrow{d_2}\cdots \tag{9.13}$$

是 $\mathscr{F}$ 的强层分解. 命

$$0\longrightarrow\mathscr{F}(M)\longrightarrow\mathscr{F}_0(M)\xrightarrow{d_0^*}\mathscr{F}_1(M)\xrightarrow{d_1^*}\mathscr{F}_2(M)\longrightarrow\cdots \tag{9.14}$$

是 (9.13) 所诱导的群同态序列. 则有群同构:

$$H^p(M;\mathscr{F})\cong\mathrm{Ker}\ d_p^*/d_{p-1}^*(\mathscr{F}_{p-1}(M)),\quad \forall p\geqslant 1.$$

证 命 $Z_p=\mathrm{Ker}\ d_p$, 则易验证 Z_p 是 M 上的层, 且 $Z_p\subset\mathscr{F}_p$. 因为 (9.13) 是正合的, 故有如下的短正合序列

$$\begin{aligned}
&0\longrightarrow\mathscr{F}\longrightarrow\mathscr{F}_0\xrightarrow{d_0}Z_1\longrightarrow 0\\
&0\longrightarrow Z_1\longrightarrow\mathscr{F}_1\xrightarrow{d_1}Z_2\longrightarrow 0\\
&0\longrightarrow Z_2\longrightarrow\mathscr{F}_2\longrightarrow Z_3\longrightarrow 0\\
&\cdots\cdots\quad\cdots\cdots\\
&\cdots\cdots\quad\cdots\cdots
\end{aligned} \tag{9.15}$$

由第一行所诱导的上同调群长正合序列 (9.4), 得

$$\begin{aligned}
0\longrightarrow\mathscr{F}(M)\longrightarrow\mathscr{F}_0(M)\xrightarrow{d_0^*}Z_1(M)\longrightarrow H^1(\mathscr{F})\longrightarrow 0\\
\longrightarrow H^1(Z_1)\longrightarrow H^2(\mathscr{F})\longrightarrow 0\longrightarrow H^2(Z_1)\\
\longrightarrow H^3(\mathscr{F})\longrightarrow\cdots
\end{aligned} \tag{9.16}$$

在 (9.16) 内的 0 是因为 $H^p(M;\mathscr{F}_0)=0\ \forall p\geqslant 1$ (定理 9.8). 因此

$$H^1(\mathscr{F})\cong Z_1(M)/d_0^*(\mathscr{F}_0(M)),$$

$Z_1(M)$ 就是 (9.14) 中的 Ker d_1^*. 因此当 $p=1$, 定理得证.

对 $p=2$ 时, 由 (9.15) 的第二行, 诱导出上同调正合序列

$$\begin{aligned}0\longrightarrow Z_1(M)\longrightarrow \mathscr{F}_1(M)\longrightarrow Z_2(M)\longrightarrow H^1(Z_1)\longrightarrow 0\\ \longrightarrow H^1(Z_2)\longrightarrow\cdots\end{aligned}\tag{9.17}$$

同理 (9.17) 内用上了 $H^p(M;\mathscr{F}_1)=0\ \forall p\geqslant 1$ (定理 9.8). 由 (9.16) 知道 $H^2(\mathscr{F})\cong H^1(Z_1)$, 而由 (9.17) 有

$$H^1(Z_1)\cong Z_2(M)/d_1^*(\mathscr{F}_1(M))=\text{Ker }d_2^*/d_1^*(\mathscr{F}_1(M)).$$

因此 $p=2$ 时定理得证.

$p>2$ 时均类似推得. □

现将 de Rham 定理用在黎曼面上, 由例 3 得黎曼面 M 上常数层 $\mathbf{C}$ 的强层解 (9.11). 因有

$$0\longrightarrow\mathbf{C}\longrightarrow\mathscr{A}^0(M)\xrightarrow{d_0}\mathscr{A}^1(M)\xrightarrow{d_1}\mathscr{A}^2(M)\longrightarrow 0.$$

由 de Rham 定理得 $\forall p\geqslant 1$,

$$\begin{aligned}H^p(M;\mathbf{C})&\cong\text{Ker }d_p^*/d_{p-1}^*(\mathscr{A}^{p-1}(M))\\&=(p\text{ 次闭形式})/(p\text{ 次恰当形式}).\end{aligned}\tag{9.18}$$

这就是黎曼面上的古典 de Rham 定理最重要一部分.

上面这个 $H^p(M;\mathbf{C})$ 是常数层的上同调群, 表面上似乎与普通的拓扑学上同调群不一样. 现在我们简略地说明, 如果 M 是一个紧的黎曼面, 则 $H^q(M;\mathbf{C})$ 与单纯复形上同调群 $H_s^q(M;\mathbf{C})$ 是同构的.

由 §6 中的紧曲面分类定理, 可知在任意黎曼面上都存在个三角剖分 (triangulation), 如果我们固定 M 上的一个三角剖分, M 就成为一个单纯复形. 命 α 为这个单纯复合形的一个顶点, 又命 $\Delta_1,\cdots,\Delta_k$ 为所有具有 α 为顶点的二维单形. 现定义 α 的星形邻域 (star neighborhood) $St(\alpha)\equiv(\Delta_1\cup\cdots\cup\Delta_k)^0$ (我们用 A^0 表示集合 A 的内部.) 因为 M 本身是一个流形, 所以每个 $St(\alpha)$ 都与开的单位圆盘同胚. $St(\alpha)$ 的初步性质可简述如下: 如

果顶点 α,β 不同在一个棱 (edge, 即一维单形) 上, 则 $St(\alpha)\cap St(\beta)=\varnothing$, 如果 α,β 同在一个棱 S 上, 则

$$St(\alpha)\cap St(\beta)=(S-\{\alpha,\beta\})\cup\Delta_{S1}^0\cup\Delta_{S2}^0,$$

这里 Δ_{S1} 和 Δ_{S2} 是以 S 为公共棱的两个二维单形. 现设 α,β,γ 为三个顶点, 如果 α,β,γ 不同在一个二维单形上, 则

$$St(\alpha)\cap St(\beta)\cap St(\gamma)=\varnothing.$$

如果 α,β,γ 是一个二维单形 Δ 的顶点, 则

$$St(\alpha)\cap St(\beta)\cap St(\gamma)=\Delta^0.$$

现设 $\{\alpha_i\}_{i=1,\cdots,m}$ 为单纯复形 M 的所有顶点, 定义 M 的一个开覆盖 $\mathfrak{W}\equiv\{St(\alpha_i)\}_{i=1,\cdots,m}$. 如果 f 是常数层 $\mathbf{C}$ 对于 $\mathfrak{W}$ 的 q 上链, 即 $f\in C^q(\mathfrak{W};\mathbf{C})$, 定义一个单纯复形的 q 上链 $\varPhi(f)\in C_s^q(M)$ 如下, 命 $(\alpha_0,\cdots,\alpha_q)$ 为 $q+1$ 个有序顶点, 则

$$\varPhi(f)(\alpha_0,\cdots,\alpha_q)\equiv f(St(\alpha_0),\cdots,St(\alpha_q)).$$

由上面对于星形邻域的说明, 可见 $\varPhi(f)$ 的定义是合理的, 而且 $\varPhi: C^q(\mathfrak{W};\mathbf{C})\to C_s^q(M)$ 是一个群同构. 命 δ_1 和 δ_2 为 $C^q(\mathfrak{W};\mathbf{C})$ 及 $C_s^q(M)$ 的上边缘算子 (定义 9.1), 则可直接验证 $\delta_2\circ\varPhi=\varPhi\circ\delta_1$, 因此诱导一个群同构 $\varPhi_*: H^q(\mathfrak{W};\mathbf{C})\to H_s^q(M;\mathbf{C}), q=0,1,2$. ($q>2$ 时所有上同调群恒等于零.)

如果 $\mathfrak{V}$ 是 M 的一个任意开覆盖, 设 $\{\alpha_i\}$ 为单纯复形 M 的 k 次重心重分后的所有顶点, 并命 $\mathfrak{W}=\{St(\alpha_i)\}$. 如果 k 充分大, 则 $\mathfrak{W}$ 是 $\mathfrak{V}$ 的加细 (定义 7.4). 因此由层上同调群的定义 (可参阅附录二), 可知只需用这种 $\mathfrak{W}$ 来计算 $H^q(M;\mathbf{C})\equiv\varinjlim H^q(\mathfrak{V};\mathbf{C})$. 由于单纯复形的上同调群是不依赖于单形分割 (simplicial subdivision) 的, 上面的推论说明每个这样的 $\mathfrak{W}$ 都满足 $H^q(\mathfrak{W};\mathbf{C})\cong H_s^q(M;\mathbf{C})$ ($\cong$ 表示群同构). 因此有 $H^q(M;\mathbf{C})\cong H_s^q(M;\mathbf{C})$.

如果 M 是一个任意的实流形 (不一定紧的), 则 S. S. Cairns 和 J. H. C. Whitehead 的定理保证 M 有一个三角剖分. 如果我们愿假设这定理的正确性, 则上面的推论就可以完全推广到任何实流形 M 上, 所以可知 $H^*(M;\mathbf{C})$ 与单纯复形上同调群是同构的.

§10 Dolbeault 引理

Dolbeault 引理 如果 ω 是 $\mathbf{C}$ 内 O 点邻域上的 C^∞ 的 (p,q) 形式, $q\geqslant 1$, 则在 O 点的较小邻域上存在 C^∞ 的 $(p,q-1)$ 形式 η, 使得 $\overline{\partial}\eta=\omega$.

注意. 当 $q \geqslant 1$ 时, 在 $\mathbf{C}$ 上任何 (p,q) 形式 ω 都是 $\overline{\partial}$ 闭的, 意即 $\overline{\partial}\omega = 0$. 但在高维时, 对应的 Dolbeault 引理, 则需加上 $\overline{\partial}\omega = 0$ 的假设.

以下我们将用上普通的记号 C_0^∞ 来指明: C^∞ 而且有紧支集的函数或形式.

证 设 $f \in C_0^\infty(\mathbf{C})$, 我们将找一函数 $\eta \in C^\infty(\mathbf{C})$, 使 $\partial\eta/\partial\overline{z} = f$.

先证明这断言蕴含引理. 只需考虑 $\omega = hd\overline{z}$ 和 $\omega = hdz \wedge d\overline{z}$ 这两种情况. 选取函数 $\zeta \in C_0^\infty(\mathbf{C})$, 使 ζ 在 O 点的一邻域 W 上恒等于 1. 无妨设 ζ 的支集 supp ζ 充分小, 使 ω 在 suppζ 上有定义. 命 $f = \zeta h$, 并由断言得 C^∞ 函数 η, 使 $\partial\eta/\partial\overline{z} = f$. 立可验证在 W 上 $\overline{\partial}\eta = hd\overline{z}$ 和 $\overline{\partial}(-\eta dz) = hdz \wedge d\overline{z}$. 故引理得证.

要证明断言, 定义 η 如下:

$$\eta(w) = \frac{1}{2\pi i}\int_{\mathbf{C}} \frac{f(z)}{z-w} dz \wedge d\overline{z} = \frac{1}{\pi}\int_{\mathbf{C}} \frac{f(z)}{w-z} dxdy,$$

其中 $z = x + iy$.

我们先证 η 是 C^∞ 函数. 为此作变换 $z = w + t = w + re^{i\theta}$,

$$\begin{aligned}\eta(w) &= \frac{1}{2\pi i}\int_{\mathbf{C}} \frac{f(w+t)}{t} dt \wedge d\overline{t} \\ &= -\frac{1}{\pi}\int_{\mathbf{C}} f(w + re^{i\theta})e^{-i\theta} drd\theta,\end{aligned}$$

上式左边为普通积分, 立可看出 $\eta(w) \in C^\infty$.

现证 $\partial\eta/\partial\overline{w} = f$. 我们有

$$\begin{aligned}\frac{\partial\eta}{\partial\overline{w}}(w) &= \frac{1}{2\pi i}\int_{\mathbf{C}} \frac{\partial}{\partial\overline{w}}\left(\frac{f(w+t)}{t}\right) dt \wedge d\overline{t} \\ &= \frac{1}{2\pi i}\int_{\mathbf{C}} \frac{\partial f(w+t)}{\partial\overline{t}} \frac{dt \wedge d\overline{t}}{t}.\end{aligned}$$

命 D_ε 为以 0 点为心半径为 ε 的圆, 则有

$$\begin{aligned}\frac{\partial\eta}{\partial\overline{w}}w &= \lim_{\varepsilon\to 0}\frac{1}{2\pi i}\int_{\mathbf{C}-D_\varepsilon} \frac{\partial f(w+t)}{\partial\overline{t}} \frac{dt \wedge d\overline{t}}{t} \\ &= \lim_{\varepsilon\to 0}\frac{1}{2\pi i}\int_{\mathbf{C}-D_\varepsilon} \frac{\partial}{\partial\overline{t}}\left(\frac{f(w+t)}{t}\right) dt \wedge d\overline{t} \\ &= \lim_{\varepsilon\to 0}\frac{1}{2\pi i}\int_{\mathbf{C}-D_\varepsilon} -\overline{\partial}\left(\frac{f(w+t)}{t}\right) \wedge dt \\ &= \lim_{\varepsilon\to 0}\frac{-1}{2\pi i}\int_{\mathbf{C}-D_\varepsilon} d\left(\frac{f(w+t)}{t}\right) \wedge dt.\end{aligned}$$

由 Stokes 定理, 取 D_ε 的边界 ∂D_ε 的定向为自然定向, 最后便得到.

$$\begin{aligned}\frac{\partial \eta}{\partial \overline{w}}(w) &= \lim_{\varepsilon \to 0} \frac{1}{2\pi i} \int_{\partial D_\varepsilon} \frac{f(w+t)}{t} dt \\ &= \lim_{\varepsilon \to 0} \frac{1}{2\pi} \int_0^{2\pi} f(w+\varepsilon e^{i\theta}) d\theta \\ &= f(w).\end{aligned}$$

□

注意: Poincaré 引理与 Dolbeault 引理的区别, 只在于后者把 d 换为 $\overline{\partial}$.

由 Dolbeault 引理立得如下的强层解.

命 Ω^1 为全纯 1 形式的芽层, 相应的

$$\Omega^1(W) = \{W \text{ 上全纯微分}\} \equiv \Gamma(T_h^*|W),$$

则有强层正合序列

$$\begin{cases} 0 \longrightarrow \mathscr{O} \longrightarrow \mathscr{A}^0 \xrightarrow{\ \overline{\partial}\ } \mathscr{A}^1 \xrightarrow{\ \overline{\partial}\ } 0, \\ 0 \longrightarrow \Omega^1 \longrightarrow \mathscr{A}^{1,0} \xrightarrow{\ \overline{\partial}\ } \mathscr{A}^{1,1} \xrightarrow{\ \overline{\partial}\ } 0. \end{cases} \tag{10.1}$$

其中正合性局部地应用 Dolbeault 引理直接推出 (见例 9, 10).

由 (10.1), 应用 de Rham 定理便可得

Dolbeault 引理 *在黎曼面 M 上, 有*

$$\begin{cases} H^1(M;\mathscr{O}) \cong \{(0,1) \text{ 形式}\}/\{\overline{\partial} \text{ 恰当的 } (0,1) \text{ 形式}\}, \\ H^1(M;\Omega^1) \cong \{(1,1) \text{ 形式}\}/\{\overline{\partial} \text{ 恰当的 } (1,1) \text{ 形式}\}. \end{cases} \tag{10.2}$$

注意: 在黎曼面上所有 (0, 1) 形式及 (1, 1) 形式对于 $\overline{\partial}$ 都是闭的, 因为所有的 (0, 2) 及 (1, 2) 形式都等于 0. 这说明了 (10.2) 右边的特色.

系 10.1 *在黎曼面 M 上, $H^1(M;\mathscr{O}) = 0$ 的充要条件是 M 上任何 (0, 1) 形式 ω, 都存在函数 η 使 $\overline{\partial}\eta = \omega$.*

我们要指出, 这系中的 M 不须是紧的. 现在用这系来作一个美好的推论.

定理 10.1 *如 M 是 $\mathbf{C}$ 上的连通开集, 则 $H^1(M;\mathscr{O}) = 0$.*

由 §9 内的讨论 (见 (9.2) 下数行), 定理 10.1 蕴涵:

系 10.2 *如 M 是 $\mathbf{C}$ 上的连通开集, 则在 M 上的所有 Mittag-Leffler 问题有解.*

定理证明 我们将会用到 Runge 逼近定理, 故先将这定理说明:

设 $K \subset U \subset \mathbf{C}$, K 是紧集, U 是开集. 则下列两条件等价:

(1) 每个在 K 的一个邻域上全纯的函数, 都可用 U 上的全纯函数在 K 上一致逼近.

(2) 如 W 是 $U-K$ 的一个分支, 则 W 在 U 内的闭包是非紧的.

现设 M 是 $\mathbf{C}$ 上的连通开集. 根据系 10.1, 只须证明若 f 是 M 上的 C^∞ 函数, 则有一个在 M 上 C^∞ 的函数 u, 使 $\partial u/\partial\bar{z}=f$.

命 $\{K_i\}$ 为 M 内的紧集序列, 满足如下条件:

(a) $M=\bigcup_{i=1}^\infty K_i$,

(b) 每个 K_i 是 K_{i+1} 内部的子集;

(c) 每个 $M-K_i$ 的任一分支在 M 内的闭包都是非紧的.

$\{K_i\}$ 的存在, 可用初等的方法证得. 现用 Runge 定理, 便可推得 $\{K_i\}$ 的另一个性质:

(d) 若 f 是一个在 K_i 的邻域全纯的函数, 则有一序列 $\{f_n\}\subset\mathscr{O}(M)$ (M 上全纯函数), 使 $f_n|K_i$ 一致逼近 $f|K_i$.

现定义函数 u 如下. 取 $\psi_i\in C_0^\infty(M)$, 使 $\psi_i|K_i=1$. 命 $\varphi_1=\psi_1$, 当 $i\geqslant 1$ 时命 $\varphi_i=\psi_i-\psi_{i-1}$. 故有 $\varphi_i|K_{i-1}\equiv 0$, 且

$$\sum_i \varphi_i = 1$$

(有限和). 由 Dolbeault 引理, 知有 $u_i\in C^\infty(\mathbf{C})$, 使 $\partial u_i/\partial\bar{z}=\varphi_i f$. 既知 $\varphi_i f|K_{i-1}\equiv 0$, 故 u_i 在 K_{i-1} 的一个邻域上是全纯函数. 由 (d), 知有 $v_i\in\mathscr{O}(M)$ 使 $|u_i-v_i|<1/2^i$ 在 K_{i-1} 上成立. 定义

$$u=\sum_{i=1}^\infty (u_i-v_i).$$

这级数在 M 上的每个紧子集上是一致收敛的, 因为它在每个 K_i 上一致收敛, 而且 (a) 和 (b) 成立.

固定一个 i. 在 K_i 上可写成

$$u=\sum_{j=1}^{i}(u_j-v_j)+\sum_{j=i+1}^{\infty}(u_j-v_j).$$

注意: 第二个级数的每一项, 都是在 K_i 的一个邻域上的全纯函数. 因在 K_i 上有一致收敛, 故知 $\sum_{j=i+1}^\infty(u_j-v_j)$ 在 K_i 上是全纯的. 所以 u 在 K_i 上是

C^∞ 函数. 由 (a), u 是 M 上的 C^∞ 函数, 现可在 K_i 上将 u 逐项微分:

$$\frac{\partial u}{\partial \bar{z}} = \sum_{j=1}^{i} \frac{\partial u_j}{\partial \bar{z}} + \sum_{j=i+1}^{\infty} \frac{\partial u_j}{\partial \bar{z}} = \sum_{j=1} \varphi_j f = f.$$

因而定理得证. □

现在我们将 Dolbeault 引理完全整体化.

在 §8 例 1′ 中, 我们已定义过一个层 $\Omega^0(L)$,

$\Omega^0(L) \equiv \Omega(L) = L$ 的全纯截影的芽层.

现再定义

$$\Omega^1(L) \equiv L \text{ 值的全纯 } (1,0) \text{ 形式的芽层},$$

其中, 对所有开集 W,

$$\Omega^1(L)(W) \equiv \Omega^1(W) \bigotimes_{\mathscr{O}(W)} \Omega(L)(W) = \Gamma((L + T_h^*)|W).$$

这些记号都可在 §7 和 §8 的例子中找到. $\Omega^1(L)(W)$ 是环 $\mathscr{O}(W)$ 上的模 (module), 且可直接表示如下:

$$\Omega^1(L)(W) \equiv \Big\{ \sum_i \omega_i S_i \left(\equiv \sum_i w_i \otimes S_i \right) : \omega_i \text{ 为 } W \text{ 上的全纯 } (1,0) \text{ 形式}, S_i \text{ 为 } L \text{ 在 } W \text{ 上的全纯截影} \Big\}.$$

现推广 $\bar{\partial}$ 的定义, 使产生层同态

$$\bar{\partial} : \mathscr{A}^0(L) \to \mathscr{A}^{0,1}(L),$$
$$\bar{\partial} : \mathscr{A}^{1,0}(L) \to \mathscr{A}^{1,1}(L)$$

(记号见 §8 中例 3′、例 4′), 且使 $\bar{\partial}$ 的核分别为 $\Omega(L)$ 和 $\Omega^1(L)$. 这推广需用下列引理. 注意: 如果 S 是 L 在 W 上的全纯 (或 C^∞) 截影, f 为 W 上的全纯 (或 C^∞) 函数, 则可定义一个 L 在 W 上的全纯 (或 C^∞) 截影 fS, 使

$$(fS)(x) = f(x)S(x), \quad \forall x \in W$$

(比较定义 7.6 后的讨论).

引理 10.2 设 $L \leftrightarrow \{W_\alpha, f_\alpha^\beta\}$, 则

(i) 在每一 W_α 上存在一个恒不等于零的全纯截影 $S(\alpha)$.

(ii) 设 S_0 为 L 在 W 上一个恒不等于零的全纯截影, W 为 M 上的任意开集. 如 u 为 L 在 W 上的任一全纯 (或 C^∞) 截影, 则存在一个 W 上的全纯 (或 C^∞) 函数 f, 使 $u = fS_0$.

证 (i) 用定义 7.1 的记号, 取

$$S(x) \equiv \psi_\alpha^{-1}(x,1), \quad \forall x \in W_\alpha,$$

便立得 (i) 的结论.

(ii) 亦用定义 7.1 的记号, 命

$$\psi_\alpha(S_0(x)) = (x, t_\alpha(x)), \psi_\alpha(u(x)) = (x, v(x)),$$
$$\forall x \in W \cap W_\alpha.$$

由假设得知 $t_\alpha(x)$ 为全纯且恒不等于零的函数, 而 $v_\alpha(x)$ 为全纯 (或 C^∞) 函数. 命 $f_\alpha \equiv v_\alpha/t_\alpha$, 则在 $W \cap W_\alpha$ 上, $u = f_\alpha S_0$, 且 f_α 符合 (ii) 的要求. 并且, 可验证 f_α 的定义不依赖于 $\{W_\alpha, \psi_\alpha\}$, 故在 $W \cap W_\alpha \cap W_\beta$ 上 $f_\alpha = f_\beta$. 因而得全纯 (或 C^∞) 函数 $f : W \to \mathbf{C}$, 使 $u = fS_0$. □

此引理指出, L 在每一 W_α 上的恒不等于零的全纯截影 $S(\alpha)$ 可以作为 $\Omega(L)(W_\alpha)$ 的基 (用全纯函数作系数). 因此, 可以表示 $\mathscr{A}^{1,0}(L)(W_\alpha)$ 中的形式积为 $\omega S(\alpha), \omega$ 为 C^∞ 的 (1, 0) 形式. 在下面的讨论中, 我们在每 W_α 上固定这样的一个 $S(\alpha)$.

现在定义 $\overline{\partial} : \mathscr{A}^{1,0}(L) \to \mathscr{A}^{1,1}(L)$. 另外的层同态

$$\overline{\partial} : \mathscr{A}^{0}(L) \to \mathscr{A}^{0,1}(L)$$

可类似定义之. 按层同态定义, 只需定义: 对于 $\forall \alpha$,

$$\overline{\partial} : \mathscr{A}^{1,0}(L)(W_\alpha) \to \mathscr{A}^{1,1}(L)(W_\alpha).$$

为此只需对 $\sigma \equiv \omega_\alpha S(\alpha)$ 定义, 其中 ω_α 是 W_α 上的 C^∞ 的 (1, 0) 形式. 定义:

$$\overline{\partial}\sigma \equiv (\overline{\partial}\omega_\alpha)S(\alpha).$$

这样定义是合理的, 因为若 σ 表示成另一形式 $\sigma = \eta_\alpha t(\alpha), t(\alpha)$ 为 L 在 W_α 上另一个恒不等于零的全纯截影, 则可以证明,

$$(\overline{\partial}\omega_\alpha)S(\alpha) = (\overline{\partial}\eta_\alpha)t(\alpha).$$

因为根据引理 10.2, 存在全纯函数 $f : W_\alpha \to \mathbf{C}$, 使 $S(\alpha) = ft(\alpha)$. 由 $v = \omega_\alpha S(\alpha) = \eta_\alpha t(\alpha)$, 便得 $\eta_\alpha = f\omega_\alpha$. 但 $\overline{\partial} f = 0$, 故有 $\overline{\partial}\eta_\alpha = f(\overline{\partial}\omega_\alpha)$, 因而有

$$(\overline{\partial}\eta_\alpha)t(\alpha) = f(\overline{\partial}\omega_\alpha)t(\alpha) = (\overline{\partial}\omega_\alpha)(ft(\alpha)) = (\overline{\partial}\omega_\alpha)S(\alpha).$$

从这一推论过程中, 可以看到上面 $\overline{\partial}$ 的定义的合理性, 依赖于线丛 L 的全纯性.

这样一来, 立得如下的层正合序列:

$$\begin{cases} 0 \to \Omega^0(L) \to \mathscr{A}^0(L) \xrightarrow{\ \overline{\partial}\ } \mathscr{A}^{0,1}(L) \to 0. \\ 0 \to \Omega^1(L) \to \mathscr{A}^{1,0}(L) \xrightarrow{\ \overline{\partial}\ } \mathscr{A}^{1,1}(L) \to 0. \end{cases} \tag{10.3}$$

这些序列的正合性, 是因为有 $\overline{\partial}(\omega S(\alpha)) \equiv (\overline{\partial}\omega)S(\alpha)$, 故可如 (10.1) 一样推出. 由 §9 例 9.2, 知 (10.3) 是 $\Omega^0(L)$ 和 $\Omega^1(L)$ 的强层分解. 由 de Rham 定理 (§9), 可立得 Dolbeault 定理如下.

我们称 ω 为一个 $\overline{\partial}$ 闭的 L 值形式 ($\overline{\partial}$ 恰当的 L 值形式), 如果 $\overline{\partial}\omega = 0$ (有 L 值形式 ω' 使 $\overline{\partial}\omega' = \omega$). 在黎曼面上, 所有的 $(p,1)L$ 值形式都是 $\overline{\partial}$ 闭的, 而且所有的恰当 $(p,0)L$ 值形都等于 0.

Dolbeault 定理 如果 M 是黎曼面, L 为 M 上的全纯线丛, 则有如下的同构: 对 $\forall p; q \geqslant 0$,

$$\begin{aligned} &H^q(M; \Omega^p(L)) \\ &\cong \{\overline{\partial}\ \text{闭的}\ L\ \text{值}\ (p,q)\ \text{形式}\}/\{\overline{\partial}\ \text{恰当的}\ L\ \text{值}\ (p,q)\ \text{形式}\}. \end{aligned} \tag{10.4}$$

注意: (1) Dolbeault 定理中的黎曼面 M 是不一定紧的. (2) 到目前为止, 我们已证得: 对 $\forall D \in \mathscr{D}$,

$$l(D) \cong \Gamma(\lambda(D)) \cong H^0(M; \Omega^0(\lambda(D))),$$
$$i(D) \cong \Gamma(T_h^* - \lambda(D)) \cong H^0(M; \Omega^1(\lambda(-D)))$$

(见引理 7.9, 引理 7.10, 引理 9.3). 故 RRI 中两项可用上同调表示. Dolbeault 定理和下节的 Hodge 定理, 将使 RRI 完全上同调化, 然后加以证明. (3) 在 §9 中已强调, 普通的层上同调群的定义太复杂, 很难直观地了解. Dolbeault 定理使我们对某些特殊的 (但很重要的) 层上同调群有进一步的了解. 但 (10.4) 右边的商群还是太复杂. 下节的 Hodge 定理, 将完全简化 (10.4) 的右边 (见定理 11.8).

以上三节提到的都是层论内最基本的概念. 在结束这简短的层论介绍之前, 我们对这一理论作些一般性的注记.

在 §6, IX, 定理 6.6 的证明概要内, 我们提到了所谓代数函数的基本定理. 这定理在构造一个代数函数的黎曼面的过程中, 是最重要的一步. 如果我们用层的概念, 则可把这定理说得更清楚一些 (但证明本身则一样): 命

$\mathscr{O}$ 为黎曼球面 S 的结构层, $\widetilde{\mathscr{O}}$ 为 $\mathscr{O}$ 的相伴空间. 设 $G(w,z)\in\mathbf{C}[w,z]$ 为一个不可约的代数函数. 由初等的推论可知, S 上有一个有限点集 A, 使 w 在 $S-A$ 上每个充分小的邻域内, 可视为 z 的 n 值全纯函数 ($n=w$ 在 $G(w,z)$ 内的最高次数). 即是说, 如 W 是 $S-A$ 内充分小的开集, 则有全纯函数 $f_w^1,\cdots,f_w^n:W\to\mathbf{C}$, 使 $G(f_w^i(z),z)\equiv 0,\forall z\in W,\forall i=1,2,\cdots,n$. 用 §8 中记号, 命 $[f_w^i]_z$ 为 f_w^i 在 $\widetilde{\mathscr{O}}$ 的茎 $\mathscr{O}(z)$ 中所定义的元. 定义

$$M_0'=\{[f_w^i]_z: z\in W, W\text{ 为 }S-A\text{ 中充分小开集}, i=1,2,\cdots,n\}.$$

M_0' 是 $\widetilde{\mathscr{O}}$ 的子空间. 上述的代数函数基本定理从这观点看来, 可以这样阐述: 对于 $\widetilde{\mathscr{O}}$ 的拓扑, M_0' 是一个连通的子空间.

由于 $\pi:\widetilde{\mathscr{O}}\to S$ 是一个局部同胚, 这个阐述的办法立刻说得很清楚: M_0' 是一个黎曼面. 而且 M_0' 的连通性, 就很具体地表达了所谓 "所有的 f_w^i 都可互相解析开拓" 的古典说法. 当然, 由 M_0' 到 $G(w,z)$ 的黎曼面 M_0 本身, 还需要加上有限多个奇异点, 这些点都在 A 内每点的茎上 (即 $\{\widetilde{\mathscr{O}}(x):x\in A\}$). 但这过程不在我们的话题内了.

其次, 我们还想说清楚层论内的 Leray 定理. 这定理在 §9 中已提到了.

Leray 定理 如果 M 是 T_2 仿紧空间, $\mathscr{F}$ 是 M 上的层, 又 $\mathfrak{W}=\{W_\alpha\}$ 为 M 的开覆盖, 且 $\mathfrak{W}$ 满足

$$H^q(W_{i_0}\cap\cdots\cap W_{i_p};\mathscr{F})=0,\quad \forall q\geqslant 1,\quad \forall p\geqslant 0. \tag{10.5}$$

则

$$H^r(M;\mathscr{F})\cong H^r(\mathfrak{W};\mathscr{F})\ (\text{群同构}),\ \forall r\geqslant 0.$$

这定理的意义, 就是说这个定义极其复杂的上同调群 $H^r(M;\mathscr{F})$, 在某些情况下可用较直观的 $H^r(\mathfrak{W};\mathscr{F})$ 来代替. (10.5) 的假设看来很难满足, 但在具体情况下倒是常有的. 我们可以举一例子. 设 M 为黎曼面, L 为 M 上的全纯线丛. 如 $L\to\{W_\alpha,f_\alpha^\beta\}$, 无妨也设 $\{W_\alpha\}$ 是 M 本身的坐标覆盖. 命 $\mathfrak{W}=\{W_\alpha\},p=0,1$, 则

$$H^r(M;\Omega^p(L))\cong H^r(\mathfrak{W};\Omega^p(L)),\quad \forall r\geqslant 0. \tag{10.6}$$

要证明这一同构, 则只需证明相当于 (10.5) 的 "消没定理". 首先注意: 如果 U 是 $\mathbf{C}$ 上任意开集, 则 $H^q(U;\mathscr{O})=0,\forall q\geqslant 1$. 这是因为可将 U 写成 $U=\bigcup_{n=1}^\infty U_n$, 其中 U_n 是连通开集. 若 ω 是 U 上的 (0, 1) 形式, 命 $\omega_n=\omega|U_n$. 由系 10.1 和定理 10.1, 知有 U_n 上的函数 f_n, 使 $\overline{\partial}f_n=\omega_n$. 命 f 为 U 上的函数, 使 $f|U_n=f_n$, 则有 $\overline{\partial}f=\omega$. 由系 10.1, 得 $H^1(U;\mathscr{O})=0$. 如 $q\geqslant 2$, 则可用

Dolbeault 定理推论 $H^q(U;\mathscr{O})=0$, 断言得证. 另一方面, 既然每个 W_α 是坐标邻域, 可视每个 W_α 为 $\mathbf{C}$ 的开集. 因此每个 $W_{i_0}\cap\cdots\cap W_{i_p}$ 也是 $\mathbf{C}$ 上开集, 故得

$$H^q(W_{i_0}\cap\cdots\cap W_{i_p};\mathscr{O})=0,\quad \forall q\geqslant 1,\quad \forall p\geqslant 0. \tag{10.7}$$

最后, 由于 $\mathfrak{W}$ 是 L 的 STN (定义 7.1), 用引理 10.2 得知每个 W_α 上有恒不等于零的全纯截影 $S(\alpha)$. 因此, 如果 $\sigma\in\Omega^p(L)(W_\alpha)$, 可写成 $\sigma=\omega S(\alpha),\omega$ 是 W_α 上的全纯 $(p,0)$ 形式. 如 $p=0,\omega$ 是全纯函数. 如 $p=1$, 命 z_α 为 W_α 上的一个坐标函数, 并写 $\omega=\omega' dz_\alpha$. 这样, 如果 V 是 W_α 上的任意开集, 我们可定义一个层同构

$$i:\Omega^p(L)|W_\alpha\to\mathscr{O}|W_\alpha,$$

使每个 $\sigma\in\Omega^p(L)(V)$ 对应 ω (如 $p=0$) 或 ω' (如 $p=1$). 因此由 (10.7), $\forall q\geqslant 1,p\geqslant 0$,

$$H^q(W_{i_0}\cap\cdots\cap W_{i_p};\Omega^p(L))\cong H^q(W_{i_0}\cap\cdots\cap W_{i_p};\mathscr{O})=0.$$

再由 Leray 定理, 故知 (10.6) 成立.

在这本书内, 而且事实上在复流形的理论内, $H^r(M;\Omega^p(L))$ 是最重要的上同调群之一. (10.6) 说明为什么在 §9 中我们只强调 $H^r(\mathfrak{W};\mathscr{F})$ 的定义, 而忽略 $H^r(M,\mathscr{F})$ 本身的定义.

在 §9 中已说及, 如果 M 是一个非紧的黎曼面, 则 $H^1(M;\mathscr{O})=0$. 证明这定理的方法之一就是用 (10.7). 这里不能说清楚其中较复杂的细节, 但最少应说明, 如果 M 是一个 (高维的) Stein 流形, 则 $H^p(M;\mathscr{O})=0$, 对 $\forall p\geqslant 1$ 也成立, 而且也可利用相当于 (10.7) 的断言来证明.

最后再举一个具体应用 Leray 定理的例子. 设 M 是黎曼面, $\mathfrak{W}=\{W_\alpha\}$ 是一个坐标覆盖, 而且每个 W_α 是单连通的, 则对 $\forall r\geqslant 0$,

$$H^r(M;\mathbf{C})\cong H^r(\mathfrak{W};\mathbf{C}). \tag{10.8}$$

这个定理的证明, 要用到一个结果: 如 V_1,V_2 是 $\mathbf{C}$ 上的单连通域 ($V_1\cap V_2$ 不一定连通), 则 $V_1\cap V_2$ 的每个连通分支都是单连通的. 由黎曼映照定理, 可设 V_1 是单位圆, 因此用一些初步的推论, 不难验证此点. 现在可视 M 上的 W_α 为 $\mathbf{C}$ 上的单连通域, 因此每个 $W_{i_0}\cap\cdots\cap W_{i_p}$ 都是一些单连通域之和, 易于证明, 如果一个拓扑空间 X 是不连通, 它可以分解为一些连通分支 $X_a(a=1,2,3,\cdots)$ 之和, 则有

$$H^q(X;\mathbf{C})=\bigoplus_a H^q(X_a;\mathbf{C}),\quad q=0,1,2,\cdots$$

这个等式对有限个 a 与可数个 a 均成立. 因为对于 $\mathbf{C}$ 上每个单连通域 W, 都有

$$H^q(W;\mathbf{C})=0\quad \forall q\geqslant 1,$$

而今 $W_{i_0}\cap\cdots\cap W_{i_p}$ 的每个连通分支都是单连通的, 因此

$$H^q(W_{i_0}\cap\cdots\cap W_{i_p};\mathbf{C})=0\quad \forall q\geqslant 1.$$

由 Leray 定理, 立可推出 (10.8).

应该指出, 在定义黎曼面及一般的复流形时要求空间是 T_2 且仿紧的 (定义 3.1, 3.2), 其中一个原因是要应用层和上同调理论. §9 内的主要定理都需要这种假设.

§11　Hodge 定理和 Serre 对偶定理

这一节主要是阐述 Hodge 定理与应用 Hodge 定理.

在这里主要用 Hodge 定理证明, 如果 M 是紧的黎曼面, 则 $H^1(M,\Omega^0(L))$ 与 $H^1(M,\Omega^1(L))$ 是两个有限维空间, 而且具体地找出这两个有限维向量空间的基 (也就是在这些空间中的所谓调和形式的基). 这个有限维的性质由 §10 的 Dolbeault 定理是无法直接看出来的.

这节内的形式运算特别多, 而且比较繁琐. 对这点我们要加两句按语. 第一, 这些形式运算在高维时都基本上完全成立, 所以是值得学习的. 其次, Hodge 定理在复流形上的应用无穷, 实在要好好地了解这定理每方面的意义, 包括这些形式运算在内.

定义 11.1　设 L 为黎曼面 M 上的 (全纯) 线丛. L 上的 Hermit 度量是指一组 $\{\langle,\rangle_x : x\in M\}$, 其中每个 $\langle,\rangle_x$ 是 $\pi^{-1}(x)$ 上的一个 Hermit 内积 (即 $v,v'\in\pi^{-1}(x);\langle v,v'\rangle_x\in\mathbf{C}$), 而且如 s,s' 是任意的 C^∞ 截影, 则

$$x\mapsto\langle s,s'\rangle_x$$

是一个实值 C^∞ 函数.

以后简称 Hermit 度量为 H 度量.

引理 11.2　如果 L 是 M 上线丛, $L\leftrightarrow\{W_\alpha,f_\alpha^\beta\}$, 又如果 $\langle,\rangle$ 是 L 上 H 度量, 则存在一组 C^∞ 函数 $\{g_\alpha : W_\alpha\to\mathbf{R}^+\}$, 使得在 $W_\alpha\cap W_\beta$ 上有

$$g_\alpha|f_\alpha^\beta|^2g_\beta^{-1}=1.\tag{11.1}$$

并且引理之逆亦成立.

证 在 W_α 上定义全纯截影 $e(\alpha)=\psi_\alpha^{-1}(\cdot,1)$, 其中 $\psi_\alpha^{-1}(\cdot,1)$ 表示 $x\mapsto\psi_\alpha^{-1}(x,1),\forall x\in W_\alpha$. 命 $g_\alpha\equiv\langle e(\alpha),e(\alpha)\rangle$. 由 $e(\alpha)=f_\beta^\alpha e(\beta)$ (注意: 这里是 f_β^α, 而不是 f_α^β), 立得 (11.1). 反之, 如存在一组 $\{g_\alpha\}$ 满足引理中所述条件, 则对 $v=\psi_\alpha^{-1}(x,\lambda),v'=\psi_\alpha^{-1}(x,\lambda')(x\in W_\alpha)$, 定义 $\langle v,v'\rangle(x)\equiv g_\alpha(x)\lambda\overline{\lambda}'$. 可验证这样定义的 $\{\langle,\rangle(x):x\in M\}$ 是 L 上的 H 度量. □

以后我们总用 $e(\alpha)$ 来表示 L 在 W_α 上的恒不等于零的全纯截影 $\psi_\alpha^{-1}(\cdot,1)$.

一般我们用一组适合引理的 $\{g_\alpha\}$ 来表示 L 上的一个 H 度量.

在 L 上赋与 H 度量之后, 对 L 在 M 上的 C^∞ 截影 s, 定义

$$|s|_x=\sqrt{\langle s,s\rangle(x)}.$$

习题 M 上的任何线丛 L 具有一个 H 度量. (要用到 C^∞ 单位分解.)

习题 对于 L 在 M 上的 C^∞ 截影 s, 在 W_α 上命 $s=s_\alpha e(\alpha)$ (引理 10.2), 则在 W_α 上有 $|s|^2=g_\alpha s_\alpha\overline{s}_\alpha$.

例 1 如 L 是 M 的全纯切丛 T_hM (§7, 例 3), 则在 T_hM 上的 H 度量称为 M 上的 H 度量. 如 $\pi:T_hM\to M$ 是自然映照, 则每个纤维 $\pi^{-1}(x)$ 基本上就是 M 在 x 上的切空间, 所以一个 M 上的 H 度量就赋与每切向量一个长度. 从这几何角度看来, T_hM 是一个很具体的线丛, 而且 T_hM 上的 H 度量也有很直观的意义. 对下面所有在线丛上引进的抽象概念, 如能从 T_hM 的观点去理解, 是会有很大帮助的.

现命 $\varGamma_\infty(L)$ 为线丛 L 在 M 上的所有 C^∞ 截影. $\varGamma_\infty(L)$ 不但是一个复向量空间 (见定义 7.6 后的讨论), 而且 $\forall f\in A^0$ (A^0 表示 M 上的所有 C^∞ 函数环), $\forall s\in\varGamma_\infty(L)$, 可定义 $fs\in\varGamma_\infty(L)$, 使 $(fs)(x)=f(x)s(x),\forall x\in M$. $\varGamma_\infty(L)$ 因此成为 A^0 上的模 (module). 如用 A^1 表示 M 上所有的 $C^\infty 1$ 形式, 则 A^1 也是 A^0 上的模. 故 $A^1\bigotimes\limits_{A^0}\varGamma_\infty(L)$ 有意义. 具体来说, 每个 $A^1\bigotimes\limits_{A^0}\varGamma_\infty(L)$ 内的元可写成一个形式积的有限和: $\sum_{i=1}^k\omega_is_i$ 其中 $\omega_i\in A^1,s_i\in\varGamma_\infty(L)$, 且这个形式积满足显然的线性条件.

定义 11.3 在一个全纯线丛 L 上的联络, 是一个算子

$$D:\varGamma_\infty(L)\to A^1\bigotimes_{A^0}\varGamma_\infty(L),$$

使 D 满足下面两条件:

$$D(v+v')=Dv+Dv',\quad \forall v,v'\in \varGamma_\infty(L),$$
$$D(fv)=(df)v+f(Dv),\quad \forall v\in \varGamma_\infty(L),\quad \forall f\in A^0.$$

联络的定义是从几何学上引进的, 在 1917 年, Levi-Civita 发现如曲面 $M\subset \mathbf{R}^3$ 上两点 p,q 由一曲线 γ 连接起来, 则在 p,q 的切平面上 M_p,M_q 上可引进一个只依赖于 γ 的同构 $\varPhi_\gamma: M_p\to M_q$. 这就是所谓"从 p 到 q 沿 γ 的平移". $\varPhi_\gamma$ 满足一些自然的条件, 例如它对 γ 的依赖是 C^∞ 的. 在这发现的第二年 (1918), Weyl 指出这个平移的概念应是微分几何的基础, 并用无穷小的方法来表达这概念. 这就是联络的起源. 经过后来不少数学家的完善, 联络现在可用很多等价的方法来定义. 为求简便, 我们用的是一个较形式化的方法, 从这观点看来, 联络主要是一个能使我们内蕴地微分所有 C^∞ 截影的工具. 说得更具体一点, 命 $Dv=\theta v$, 其中 θ 是 M 上的 1 形式. 如果 X 是在 $p\in M$ 的一个切向量, 则定义

$$D_Xv=\theta(X)v(p).$$

所以 D_Xv 是 L 在 p 上的纤维的一元. 容易验证

$$D_X(v+v')=D_Xv+D_Xv',$$
$$D_{aX+bY}(v)=aD_Xv+bD_Yv\ (Y \text{ 是 } p \text{ 上的切向量}),$$
$$D_X(fv)=(Xf)_v+f(p)D_Xv\ (f\in A^0).$$

从这三个公式看来, 这个 D_Xv 跟普通欧氏空间上函数的方向导数, 在形式上是一致的. 因此可说联络的直观意义是在 C^∞ 截影中引进"方向导数".

为方便起见, 现在系统化的简化记号: 对于 $p,q=0,1,2$,

$$\mathscr{A}^p(M)=A^p,$$
$$\mathscr{A}^{p,q}(M)=A^{p,q},$$
$$\mathscr{A}^p(L)(M)=A^p(L),$$
$$\mathscr{A}^{p,q}(L)(M)=A^{p,q}(L),$$
$$A(L)=\bigoplus_{p=1}^{2}A^p(L)=\bigoplus_{p,q=0}^{1}A^{p,q}(L).$$

例如, $A^{1,0}$ 是在 M 上所有 C^∞ 的 (1, 0) 形式, $A^{0,1}(L)$ 是在 M 上的所有 L 值 C^∞ 的 (0, 1) 形式. 因此联络 D 可写成

$$D: A^0(L)\to A^1(L).$$

如 D 是 L 上的联络, 则可扩充 D 至

$$D: A^p(L) \to A^{p+1}(L), \quad \forall p \geqslant 0.$$

要定义这一扩充, 设在 W_α 上 $De(\alpha) = \theta_\alpha e(\alpha), \theta_\alpha$ 是 W_α 上的 1 形式. 如果 $\sigma \in A^p(L)$, 在 W_α 上可写 $\sigma = \omega e(\alpha), \omega$ 是 W_α 上的 p 形式 (用引理 10.2). 现定义:

$$D\sigma \equiv (d\omega)e(\alpha) + (-1)^p(\omega \wedge \theta_\alpha)e(\alpha),$$

亦即

$$D\sigma \equiv \{d\omega + (-1)^p\omega \wedge \theta_\alpha\}e(\alpha).$$

不难验证这定义是合理的, 即不依赖于 $\sigma = \omega e(\alpha)$ 的表示形式. 这里 $D\sigma$ 的第一个写法说明, 我们是将 D 扩充成一个反求导运算 (anti-derivation).

引理 11.4 设 L 为线丛, $\{g_\alpha\}$ 是 L 上的一个 H 度量. 则 $\{g_\alpha\}$ 具有一个唯一的联络 D, 满足

(i) $d\langle v, v'\rangle = \langle Dv, v'\rangle + \langle v, Dv'\rangle, \forall v, v' \in A^0(L)$.

(ii) D 是 $(1, 0)$ 型的.

这个 D 称为 $\{g_\alpha\}$ 的 Hermit 联络.

我们首先解释一下符号. 如果 $\omega = pdz + qd\bar{z}$, 则定义 $\overline{\omega} = \overline{p}d\bar{z} + \overline{q}dz$. 又如果 $\theta v \in A^1(L)$ (即 $\theta \in A^1, v \in A^0(L)$), 则定义

$$\langle \theta v, v'\rangle = \theta\langle v, v'\rangle, \quad \forall v' \in A^0(L),$$
$$\langle v, \theta v'\rangle = \overline{\theta}\langle v, v'\rangle, \quad \forall v' \in A^0(L).$$

上面的符号就清楚地解释了引理中条件 (i). 条件 (ii) 中之 D 为 $(1, 0)$ 型, 是指如果 $s(\alpha)$ 是一个 L 在 W_α 上恒不等于零的全纯截影, 可写 $Ds(\alpha) = \theta_\alpha s(\alpha)$. 如 θ_α 是 $(1, 0)$ 型, 则就称 D 是 $(1, 0)$ 型的. 要证这定义合理, 设 $t(\alpha)$ 是 L 在 W_α 上另一个恒不等于零的全纯截影, $Dt(\alpha) = \varphi_\alpha t(\alpha)$. 我们知道存在 W_α 上的全纯函数 h, 使 $t(\alpha) = hs(\alpha)$ (引理 10.4), h 亦恒不等于零. 因此由定义 11.3,

$$\begin{aligned} Dhs(\alpha) &= h(Ds(\alpha)) + (dh)s(\alpha) = h\theta_\alpha s(\alpha) + (\partial h)s(\alpha) \\ &= (h\theta_\alpha + \partial h)s(\alpha) = (h\theta_\alpha h^{-1} + (\partial h)h^{-1})t(\alpha). \end{aligned}$$

所以

$$\varphi_\alpha = h^{-1}(\partial h + \theta_\alpha h),$$

仍然是一个 $(1, 0)$ 形式. 这就表示上述定义是合理的.

引理的证明 设 D 满足 (i) 和 (ii). 先证 D 的唯一性. 取 $e(\alpha) = \psi_\alpha^{-1}(\cdot, 1)$, 故有 $De(\alpha) = \theta_\alpha e(\alpha), \theta_\alpha$ 是 (1, 0) 型. $d\langle e(\alpha), e(\alpha)\rangle = \langle De(\alpha), c(\alpha)\rangle + \langle e(\alpha), De(\alpha)\rangle$, 因此有

$$dg_\alpha = \theta_\alpha g_\alpha + \overline{\theta}_\alpha g_\alpha.$$

因为 θ_α 是 (1, 0) 型, $\overline{\theta}_\alpha$ 为 (0, 1) 型, 故有

$$\partial g_\alpha = \theta_\alpha g_\alpha, \quad \text{即 } g_\alpha^{-1}\partial g_\alpha = \theta_\alpha.$$

这就表示 θ_α 是唯一决定的, $\theta_\alpha = g_\alpha^{-1}\partial g_\alpha = \partial \log g_\alpha$.

存在性. 证明更为简单, 我们定义

$$De(\alpha) = (\partial \log g_\alpha)e(\alpha),$$

在 W_α 上它自然满足定义 11.3 的条件. 另外由 D 的唯一性, 知这样定义的 D 在 $W_\alpha \cap W_\beta$ 上必相同. □

这证明中的 $\{\theta_\alpha\}$ (即 $De(\alpha) = \theta_\alpha e(\alpha), \forall\alpha$) 称为 D 的联络形式.

现在 $\{g_\alpha\}, D, \{\theta_\alpha\}$ 都如上所述, 在 W_α 上定义一个 2 形式

$$\Theta_\alpha = d\theta_\alpha.$$

这就是说, 在每个 W_α 上,

$$\Theta_\alpha = \overline{\partial}\theta_\alpha = \overline{\partial}\partial \log g_\alpha.$$

而在 $W_\alpha \cap W_\beta$ 上, 有

$$\begin{aligned}\Theta_\beta &= \overline{\partial}\partial \log g_\beta = \overline{\partial}\partial \log(g_\alpha |f_\alpha^\beta|^2) \\ &= \overline{\partial}\partial \log g_\alpha + \overline{\partial}\partial \log f_\alpha^\beta + \overline{\partial}\partial \log \overline{f}_\alpha^\beta \\ &= \overline{\partial}\partial \log g_\alpha = \Theta_\alpha,\end{aligned}$$

其中因为 f_α^β 全纯且恒不等于零, 故 $\log f_\alpha^\beta$ 局部全纯, 因而 $\overline{\partial} \log f_\alpha^\beta = \partial \log \overline{f}_\alpha^\beta = 0$. 因此, 在 M 上可整体地定义一个 2 形式 Θ, 使

$$\Theta | W_\alpha = \Theta_\alpha,$$

Θ 称为黎曼面 M 上的曲率形式.

例 2 如果 $L = T_h M$, 命 G 为 $T_h M$ 上的一个 H 度量 (即 G 为 M 上的 H 度量, 见例 1), 在每个坐标邻域 W_α 上, 可局部表示为

$$G = \gamma_\alpha dz_\alpha d\overline{z}_\alpha,$$

(其中 z_α 是 W_α 上的坐标函数), 即 $G(\partial/\partial z_\alpha, \partial/\partial z_\alpha) = \gamma_\alpha$. 命 $z_\alpha = x_\alpha + iy_\alpha$, 则有

$$G = \gamma_\alpha(dx_\alpha^2 + dy_\alpha^2).$$

这也表示在 M 上定义了一个 Riemann 度量 (即所谓等温坐标表示的 Riemann 度量). 由直接计算, 可知这个 G 的 Hermit 联络就是 $\gamma_\alpha(dx_\alpha^2 + dy_\alpha^2)$ 的 Riemann (或称 Levi-Civita) 联络. 在 W_α 上定义相应的 2 形式

$$\begin{aligned}\Omega_\alpha &= \gamma_\alpha dx_\alpha \wedge dy_\alpha \\ &= \gamma_\alpha\left(\frac{i}{2} dz_\alpha \wedge d\overline{z}_\alpha\right).\end{aligned}$$

易于验证, 在 $W_\alpha \cap W_\beta$ 上有

$$\Omega_\alpha = \Omega_\beta.$$

因此, 在 M 上又可整体地定义一个 2 形式 Ω, 使

$$\Omega | W_\alpha = \Omega_\alpha.$$

这个 Ω 是 M 的所谓体积形式.

设 Θ_0 为 G 的曲率形式. Ω 在 M 上是永不等于零的, 故有表示式

$$\Theta_0 = \frac{K_0}{i}\Omega,$$

其中 K_0 是 M 上的实值 C^∞ 函数. 它就是黎曼度量 $\gamma_\alpha(dx_\alpha^2 + dy_\alpha^2)$ 的 Gauss 曲率. 由一些初等的运算可以得到

$$K_0 = -\frac{2}{\gamma_\alpha}\frac{\partial^2 \log \gamma_\alpha}{\partial z_\alpha \partial \overline{z}_\alpha}. \tag{11.2}$$

一般来说, 如果 $\{g_\alpha\} \equiv H$ 为线丛 L 上的一个 H 度量, 命 H 的曲率形式为 Θ, 用上面例子同样的记号, 则同理可知在 M 上有一个实值 C^∞ 函数 K, 使

$$\Theta = \left(\frac{K}{i}\right)\Omega.$$

且在 W_α 上,

$$K = -\frac{2}{\gamma_\alpha}\frac{\partial^2 \log g_\alpha}{\partial z_\alpha \partial \overline{z}_\alpha}. \tag{11.3}$$

K 称度量 H 的曲率.

习题 如果 L 是 M 上平凡线丛, 则可赋与一个 H 度量, 称为平凡度量, 使其曲率恒等于零.

习题 如果在单位圆 $\{|z|<1\}$ 上赋与 H 度量

$$\frac{4}{(1-|z|^2)^2}dzd\overline{z}$$

(此通称 Poincaré 度量), 则 $K_0=-1$.

又如在 $\mathbf{C}$ 上赋与 H 度量

$$\frac{4}{(1+|z|^2)^2}dzd\overline{z}$$

(通称球度量), 则 $K_0=+1$.

现在定义 $*$ 运算,

$$*: A^{p,q}\to A^{1-q,1-p}.$$

在每个 W_α 上, 定义

$$\begin{aligned}
&*1=\Omega,\\
&*\Omega=1,\\
&*dz_\alpha=-idz_\alpha,\\
&*d\overline{z}_\alpha=id\overline{z}_\alpha,
\end{aligned}$$

而且要求 $*$ 是线性于 A^0 (即 M 上 C^∞ 函数), 易于验证, $*$ 运算与局部坐标的选取无关, 因此, 这个定义是合理的.

习题 记号如例 2.

1) 在 A^p 上可定义一个内积 $(p=1,2)$:

$$\begin{cases}G(dx_\alpha,dx_\alpha)=G(dy_\alpha,dy_\alpha)=1/\gamma_\alpha,\\ G(dx_\alpha,dy_\alpha)=0;\end{cases}$$
$$G(dx_\alpha\wedge dy_\alpha,dx_\alpha\wedge dy_\alpha)=1/\gamma_\alpha^2;$$

要这个 G 对于 A^0 是双线性的. 试证这个定义是合理的.

2) 证明 $G(\Omega,\Omega)=1$ (此即表示体积形式 Ω 是单位形式).

3) 定义

$$*: A^p\to A^{2-p},$$

如果 $\varphi\in A^p$, 则 $*\varphi$ 是 A^{2-p} 内的元素, 使得 $\forall\psi\in A^p$, 有

$$\psi\wedge *\overline{\varphi}=G(\psi,\varphi)\Omega. \tag{11.4}$$

证明此 $*$ 的定义与上面的定义相同.

4) 证明 $** : A^p \to A^p$, 满足

$$**\varphi = (-1)^p \varphi, \tag{11.5}$$

因此 $*$ 是同构.

5) 证 $G(*\varphi, *\psi) = G(\varphi, \psi), \forall \varphi, \psi$.

此即表示 $*$ 是保距的. 另外,

$$*\overline{\varphi} = \overline{*\varphi}, \tag{11.6}$$

此即表示 $*$ 是实的.

现在, $\sigma_1, \sigma_2 \in A^{p,q}(L)$, 局部可写成 $\sigma_1 = \omega_1 s_1, \sigma_2 = \omega_2 s_2$. 今定义

$$*\sigma_1 = (*\omega_1)s_1,$$

容易验证这个定义不依赖于 σ_1 的局部表示形式.

注意. $* : A^{p,q}(L) \to A^{1-q,1-p}(L)$.

由现在开始, 需假设 M 是紧的黎曼面. σ_1, σ_2 如上, 定义

$$(\sigma_1, \sigma_2) \equiv \int_M \langle s_1, s_2 \rangle \omega_1 \wedge *\overline{\omega}_2, \tag{11.7}$$

然后要求 $(,)$ 是对 σ_1 是 $\mathbf{C}$ 线性的, 对 σ_1 是共轭线性于 $\mathbf{C}$. 很易验证这定义不依赖于 $\sigma_1 = s_1\omega_1$ 和 $\sigma_2 = s_2\omega_2$ 的局部表示. $(,)$ 使 $A^{p,q}(L)(\forall p, q = 0, 1)$ 成为一个内积空间, 也使 $A(L) \equiv \bigoplus\limits_{p,q} A^{p,q}(L)$ 成为内积空间. 这些证明将是初等的.

在应用 $(,)$ 之前, 先温习一下 (11.7) 右边的积分的定义. 现 M 是紧黎曼面. 如 η 是 M 上任何一个 2 形式, 则积分 $\int_M \eta$ 的定义如下. 这定义适用于任意仿紧流形.

设 W 是 M 上的坐标邻域, z 是 W 上的坐标函数, ζ 是 W 上有紧支集的 2 形式. 命 $\zeta = \zeta' dx \wedge dy$, 其中 $z = x + iy, \zeta'$ 是 W 上的 C_0^∞ 函数. 现定义

$$\int_M \zeta = \int_M \zeta' d' xdy,$$

右边的积分是普通 $\mathbf{C}$ 上的 Lebesgue 积分. 这定义是不依赖于 x 的选取的. 现设 $\{W_\alpha\}$ 为 M 的局部有限的坐标邻域覆盖, 又设 $\{\varphi_\alpha\}$ 为关于开覆盖 $\{W_\alpha\}$ 的 C^∞ 单位分解. 如果 η 是 M 上有紧支集的 2 形式, 则上面已将每个 $\int_{W_\alpha} \varphi_\alpha \eta$ 定义, 现定义

$$\int_M \eta = \sum_\alpha \int_{W_\alpha} \varphi_\alpha \eta.$$

不难验证这定义是合理的.

现回到 (11.7). 如果 ω_1 是 (p,q) 形式, ω_2 是 (r,s) 形式, 从 $*$ 的定义可立得: $p\neq r$ 或 $q\neq s$, 则 $\omega_1\wedge *\overline{\omega}_2=0$, 因此我们可以扩充定义 (11.7) 到任意的 $\sigma_1=\omega_1 s_1\in A^{p,q}(L)$,

$$\sigma_2=\omega_2 s_2\in A^{r,s}(L).$$

这样, 当 $p\neq r$ 或 $q\neq s$ 时, 有

$$(A^{p,q}(L),A^{r,s}(L))=0.$$

因此, 我们就在 $A(L)$ 上定义了内积, 使其成为内积空间, 而且 $A^{p,q}\perp A^{r,s}$, 当 $p\neq r$ 或 $q\neq s$ 时.

我们现在固定一个线丛 L, 及 L 上的一个 H 度量.

定义 11.5 如果 $T_1,T_2: A(L)\to A(L)$ 是线性算子, 使得

$$(T_1\sigma,\eta)=(\sigma,T_2\eta),\quad \forall\sigma,\eta,$$

则称 T_1 和 T_2 互为伴随的. 亦称 $T_1(T_2)$ 是 $T_2(T_1)$ 的伴随算子.

习题 $*$ 与 $*^{-1}$ 是互为伴随的.

现在要找 $\overline{\partial}$ 的伴随算子.

先定义线性算子

$$D': A^{p,q}(L)\to A^{p+1,q}(L).$$

若 $\sigma=\omega e(\alpha), De(\alpha)=\theta_\alpha e(\alpha)$, 定义

$$D'\sigma\equiv\{\partial\omega+(-1)^{p+q}\omega\wedge\theta_\alpha\}e(\alpha).$$

即是说, 这个 $D'\sigma$ 是 $D\sigma$ 的 $(p+1,q)$ 分量.

习题 证明 D' 的定义是合理的.

引理 11.6 定义 $\vartheta\equiv -*D'*$, 则 ϑ 与 $\overline{\partial}$ 互为伴随算子.

证明. 对 $\forall\sigma_1=\omega_1 e(\alpha)\in A^{p,q-1}(L)$,

$$\forall\sigma_2=\omega_2 e(a)\in A^{p,q}(L),$$

要证明

$$(\overline{\partial}\sigma_1,\sigma_2)=(\sigma_1,\vartheta\sigma_2).$$

计算

$$(\overline{\partial}\sigma_1,\sigma_2)-(\sigma_1,\vartheta\sigma_2) \qquad (\#)$$
$$=\int_M \langle e(\alpha),e(\alpha)\rangle\overline{\partial}\omega_1\wedge *\overline{\omega}_2-\int_M\langle\sigma_1,\vartheta\sigma_2\rangle.$$

按定义

$$\vartheta\sigma_2=-*D'*\sigma_2=-*(\partial*\omega_2+(-1)^{p+q}*\omega_2\wedge\theta_\alpha)e(\alpha),$$

其中联络形式 θ_α 满足 $\theta_\alpha=g_\alpha^{-1}\partial g_\alpha$. 因此

$$\begin{aligned}(\sigma_1,\vartheta\sigma_2)&=-\int_M\langle e(\alpha),e(\alpha)\rangle\omega_1\wedge**\overline{(\partial*\omega_2+(-1)^{p+q}*\omega_2\wedge\theta_\alpha)}\\&=-\int_M g_\alpha\omega_1\wedge(-1)^{p+q+1}(\overline{\partial}*\overline{\omega}_2+(-1)^{p+q}*\overline{\omega}_2\wedge\overline{\theta}_\alpha)\\&=-\int_M g_\alpha\omega_1\wedge(-1)^{p+q+1}(\overline{\partial}*\omega_2+(-1)^{p+q}*\overline{\omega}_2\wedge g_\alpha^{-1}\overline{\partial}g_\alpha)\\&=-\int_M(-1)^{p+q-1}\omega_1\wedge(\overline{\partial}*\overline{\omega}_2)g_\alpha-\omega_1\wedge*\overline{\omega}_2\wedge\overline{\partial}g_\alpha,\end{aligned}$$

这一推导其中用到 (11.5) 和 (11.6). 上式代入 (#), 得到

$$\begin{aligned}&(\overline{\partial}\sigma_1,\sigma_2)-(\sigma_1,\vartheta\sigma_2)\\=&\int_M[\overline{\partial}\omega_1\wedge*\overline{\omega}_2\cdot g_\alpha+(-1)^{p+q-1}\omega_1\wedge(\overline{\partial}*\overline{\omega}_2)g_\alpha-\omega_1\wedge*\overline{\omega}_2\wedge\overline{\partial}g_\alpha]\\=&\int_M\overline{\partial}(\omega_1\wedge*\overline{\omega}_2g_\alpha)=\int_M d(\omega_1\wedge*\overline{\omega}_2g_\alpha)=0.\end{aligned}$$

上面用到 $\overline{\partial}(\omega_1\wedge*\overline{\omega}_2g_\alpha)=d(\omega_l\wedge*\overline{\omega}_2g_\alpha)$ 是因为 $\omega_1\wedge*\overline{\omega}_2g_\alpha$ 是 (1, 0) 型的, 而且最后一步是用 Stokes 定理. □

现在已有对于 **C** 线性的映照

$$\vartheta:A^{p,q}(L)\to A^{p,q-1}(L),$$
$$\overline{\partial}:A^{p,q}(L)\to A^{p,q+1}(L).$$

注意: $\overline{\partial}^2=0=\vartheta^2$, 今定义算子

$$\Box\equiv\vartheta\overline{\partial}+\overline{\partial}\vartheta=(\overline{\partial}+\vartheta)^2.$$

按 如果在 **C** 上取平凡线丛 $L=O$, 而且在 L 上取平凡度量, 则

$$\Box=\frac{1}{2}\left(\frac{\partial}{\partial x^2}+\frac{\partial}{\partial y^2}\right)=2\frac{\partial^2}{\partial z\partial\overline{z}}.$$

$\square$ 是自伴的, 即满足

$$(\square\sigma_1, \sigma_2) = (\sigma_1, \square\sigma_2), \quad \forall \sigma_1, \sigma_2 \in A(L).$$

我们称 $\square$ 为 $\overline{\partial}$-Laplacian 或四方 Laplacian. 如果 $\square\varphi = 0$, 则称 φ 为 (L 值) 调和形式.

引理 11.7 在紧黎曼面 M 上,

$$\square\varphi = 0 \Leftrightarrow \overline{\partial}\varphi = 0, \quad \vartheta\varphi = 0.$$

证 这是很显然的, 根据公式

$$\begin{aligned}(\square\varphi, \varphi) &= (\overline{\partial}\vartheta\varphi, \varphi) + (\vartheta\overline{\partial}\varphi, \varphi) \\ &= (\vartheta\varphi, \vartheta\varphi) + (\overline{\partial}\varphi, \overline{\partial}\varphi)\end{aligned}$$

便可得证. $\square$

此外, 从 $\square$ 的定义可知, $\square$ 算子是保型的, 即

$$\square : A^{p,q}(L) \to A^{p,q}(L), \quad \forall p, q.$$

下面来计算 $\square$ 的表示式.

设在 W_α 上, $e(\alpha) = \psi_\alpha^{-1}(\cdot, 1), g_\alpha = \langle e(\alpha), e(\alpha)\rangle$, 在 T_hM 上的 H 度量 G, 可表示为

$$G = \gamma_\alpha(dx_\alpha^2 + dy_\alpha^2) = \gamma_\alpha dz d\overline{z},$$

其中 z_α 即为 W_α 上的坐标函数, $z_\alpha = x_\alpha + iy_\alpha$ (见例 2). 设有 $f \in A^{p,q}(L)$, 今在 W_α 上计算 $\square f$ 的表示式.

设 $f = f_\alpha\varphi_\alpha e(\alpha)$, 其中 f_α 是 W_α 上的 C^∞ 函数, 并且

$$\varphi_\alpha = \begin{cases} 1 & \text{当 } (p,q) = (0,0), \\ dz_\alpha & \text{当 } (p,q) = (1,0), \\ d\overline{z}_\alpha & \text{当 } (p,q) = (0,1), \\ \Omega & \text{当 } (p,q) = (1,1). \end{cases}$$

即是说我们固定了 $A(L)$ 在 W_α 上的基为 $\varphi_\alpha e(\alpha)$. 定义 W_α 上的线性微分算子

$$\square_0 = \frac{-2}{\gamma_\alpha}\left(\frac{\partial^2}{\partial z_\alpha \partial \overline{z}_\alpha} + \frac{\partial \log g_\alpha}{\partial z_\alpha}\frac{\partial}{\partial \overline{z}_\alpha}\right).$$

又命 K 为 H 度量 $\{g_\alpha\}$ 的曲率 (见 (11.3)). 通过计算, 可得:

当 $f \in A^{0,0}(L)$ 时,

$$\Box f = (\Box_0 f_\alpha)\varphi_\alpha e(\alpha);$$

当 $f \in A^{1,0}(L)$ 时,

$$\Box f = \left\{\left(\Box_0 + \frac{2}{\gamma_\alpha}\frac{\partial \log \gamma_\alpha}{\partial z_\alpha}\frac{\partial}{\partial \overline{z}_\alpha}\right) f_\alpha\right\}\varphi_\alpha e(\alpha);$$

当 $f \in A^{0,1}(L)$ 时,

$$\Box f = \left\{\left(\Box_0 + \frac{2}{\gamma_\alpha}\frac{\partial \log \gamma_\alpha}{\partial \overline{z}_\alpha}\frac{\partial}{\partial z_\alpha} + \left[K + \frac{2}{\gamma_\alpha}\frac{\partial \log \gamma_\alpha}{\partial \overline{z}_\alpha}\frac{\partial \log g_\alpha}{\partial z_\alpha}\right]\right) f_\alpha\right\}\varphi_\alpha e(\alpha);$$

当 $f \in A^{1,1}(L)$ 时,

$$\Box f = \{(\Box_0 + K) f_\alpha\}\varphi_\alpha e(\alpha). \tag{11.8}$$

计算这些公式是不需要任何特殊技巧的. 但因为 (11.8) 在第五章 §20 中对消没定理 20.1 的证明占一个很重要的地位, 我们特在此把它算出来.

现设 $f = f_\alpha \varOmega e(\alpha)$, 由定义

$$\begin{aligned}
\Box f &= (\overline{\partial}\vartheta + \vartheta\overline{\partial}) f = \overline{\partial}\vartheta f = -\overline{\partial} * D'(f_\alpha e(\alpha))\\
&= -\overline{\partial} * (\partial f_\alpha + f_\alpha \theta_\alpha) e(\alpha)\\
&= i(\overline{\partial}\partial f_\alpha + \overline{\partial} f_\alpha \wedge \theta_\alpha + f_\alpha \overline{\partial}\theta_\alpha) e(\alpha)\\
&= i\left\{\frac{\partial^2 f_\alpha}{\partial z_\alpha \partial \overline{z}_\alpha} d\overline{z}_\alpha \wedge dz_\alpha + \frac{\partial \log g_\alpha}{\partial z_\alpha}\frac{\partial f_\alpha}{\partial \overline{z}_\alpha} d\overline{z}_\alpha \wedge dz_\alpha + f\alpha \varTheta\right\} e(\alpha)\\
&= (\Box_0 + K) f_\alpha \varOmega e(\alpha).
\end{aligned}$$

(11.8) 得证.

这四个公式可综合如下. 在 W_α 上写

$$\begin{aligned}
f &\equiv f_\alpha \varphi_\alpha e(\alpha),\\
\Box f &\equiv \widetilde{f}_\alpha \varphi_\alpha e(\alpha),
\end{aligned}$$

则有

$$\widetilde{f}_\alpha = \frac{-2}{\gamma_\alpha}\left(\frac{\partial^2}{\partial z_\alpha \partial \overline{z}_\alpha} + k_1 \frac{\partial}{\partial z_\alpha} + k_2 \frac{\partial}{\partial \overline{z}_\alpha} + k_3\right) f_\alpha, \tag{11.9}$$

其中 k_1, k_2, k_3 是 W_α 上的 C^∞ 函数, 不依赖于 f 而只依赖于 f 的型 (p,q).

(11.9) 的右边是一个线性微分算子. 它的主项是

$$\frac{-2}{\gamma_\alpha}\frac{\partial^2}{\partial z_\alpha \partial \overline{z}_\alpha} = -\frac{1}{\gamma_\alpha}\left(\frac{\partial^2}{\partial x_\alpha} + \frac{\partial^2}{\partial y_\alpha}\right),$$

而且 $-1/\gamma_\alpha < 0$. 所以它是一个椭圆算子. 这就是说 $\Box$ 是一个线性椭圆微分算子. 这一点是下列 Hodge 定理的证明的关键所在 (详细证明见下一章).

现命 $\mathscr{H}^{p,q}(L)$ 为所有的 L 值调和 (p,q) 形式, 即

$$\mathscr{H}^{p,q}(L) \equiv \{f \in A^{p,q}(L) : \Box f = 0\}.$$

又命

$$\mathscr{H}(L) \equiv \bigoplus_{p,q} \mathscr{H}^{p,q}(L).$$

同时 $A(L)$ 有内积 $(,)$, 故可讨论 $A(L)$ 上的有界算子, 以及 $A(L)$ 内的 Cauchy 序列等等拓扑概念.

Hodge 定理 *设 L 为紧黎曼面 M 上的全纯线丛. 现固定 M 上的一个 H 度量和 L 上的一个 H 度量来定义 $\Box$, 则有:*

(a) $\mathscr{H}(L)$ 是一个有限维向量空间.

(b) 存在一有界算子 $G: A(L) \to A(L)$, 使得 G 的核 $\mathrm{Ker}\, G = \mathscr{H}(L)$. G 是保型的, 即 $GA^{p,q}(L) \subset A^{p,q}(L)$, 而且 G 与 $\overline{\partial}, \vartheta$ 都是交换的. 另外, G 将 $A(L)$ 的任意有界序列映为一个 Cauchy 序列. $A(L)$ 有如下的正交和分解式:

$$\begin{aligned} A(L) &= \mathscr{H}(L) \bigoplus \Box G A(L) \\ &= \mathscr{H}(L) \bigoplus G \Box A(L). \end{aligned} \tag{11.10}$$

事实上, 在实和复流形理论中有三个形式上稍为不同的 Hodge 定理, 但基本精神却是无异的. 上面的定理是其中之一的一个特例. 如将 M 换作紧复流形, L 换作全纯向量丛, 则定理亦成立. 已故的英国数学家 J. H. C. Whitehead 曾说过这定理是本世纪最重要的数学定理. 自然, Whitehead 不希望别人把这句话作字面的解释, 因为数学是一门博而深的学问, 不能像球赛一样分出第一和第二, 但 Whitehead 的基本看法, 大概很少人会反对的. 因为 Hodge 定理不但大大加深了对代数流形的了解, 也把分析与拓扑作了一个意想不到的密切联系, 因而对这两大数学部门的日后发展作了深刻的影响. 近日的整体分析 (global analysis), 其中一个主流就源出于 Hodge 定理.

我们要等到下一章才给出这定理的证明, 在这里先用它来得到一些重要而且有趣的结果, 包括 RR 定理的证明在内.

我们有必要对分解式 (11.10) 作一说明. (11.10) 的意思是, 对 $\forall \sigma \in A(L)$, 则 $(\sigma - G\Box\sigma) \in \mathscr{H}(L)$. 如果我们把 $\sigma - G\Box\sigma$ 记为 $H\sigma$, 则定义了一个投影映照 $H: A(L) \to \mathscr{H}(L)$. (11.10) 可写成

$$\sigma = H\sigma + G\Box\sigma, \quad \forall \sigma \in A(L), \tag{11.11}$$

而且这表示是唯一的. 另一方面, 在 (11.10) 左边的 $A(L)$ 其定义当然与 M 上和 L 上的 H 度量无关, 但 (11.10) 的右边每项 $(\mathscr{H}(L), \square, G)$ 都是依靠这些度量来定义的. 如果将 M 上的 H 度量和 L 上的 H 度量改变, 则 $\square, G, \mathscr{H}(L)$ 也跟随改变. 但 (11.10) 说明这个直交和 $\mathscr{H}(L) \bigoplus G\square A(L)$ 都是不变的, 仍等于 $A(L)$.

为求文字的简洁, 在以后的讨论, 我们将沿用 Hodge 定理中对 M 和 L 的假设, 而不另分述.

定理 11.8　*存在同构*: $H^q(M; \Omega^p(L)) \cong \mathscr{H}^{p,q}(L)$,

$$\forall p \geqslant 0, \quad q \geqslant 0.$$

这定理蕴含在紧黎曼面上, $H^q(M; \Omega^p(L))$ 是有限维空间. 很重要的特例是当 L 是平凡线丛时, $\Omega^p(L) = \Omega^p =$ 结构层 $\mathscr{O}(p=0)$ 或全纯 (1, 0) 形式芽层 $(p=1)$, $A(L) = A \equiv \bigoplus\limits_{p,q} A^{p,q} = M$ 上所有的 C^∞ 外形式, 而且在平凡线丛取平凡度量后, $\square$ 的局部表示式 (11.9) 完全简化:

$$\square(f_\alpha \varphi_\alpha) = \left\{ \frac{-2}{\gamma} \left(\frac{\partial^2}{\partial z_\alpha \partial \overline{z}_\alpha} + \frac{\partial \log g_\alpha}{\partial a_\alpha} \frac{\partial}{\partial \overline{z}_\alpha} \right) f_\alpha \right\} \varphi_\alpha,$$

其中 γ 是所有的 γ_α 的共同常值将 $\mathscr{H}(L)$ 简写成 $\mathscr{H}$, 即 $\mathscr{H}$ 是普通的调和形式. 故有

$$\begin{cases} H^q(M; \mathscr{O}) \cong \mathscr{H}^{0,q}, \\ H^q(M; \Omega^1) \cong \mathscr{H}^{1,q}, \end{cases} \tag{11.12}$$

$\forall q \geqslant 0$.

这里应附带指出, $\mathscr{H}^{1,0}$ 就是所有 M 上整体定义的全纯微分. 如 $\omega \in \mathscr{H}^{1,0}$, 则 ω 是 (1, 0) 形式且 $\overline{\partial}\omega = 0$ (引理 11.9), 故 ω 是全纯微分. 反之, 如 ω 是全纯微分, 则 $\overline{\partial}\omega = 0$ 且 ω 是 (1, 0) 形式, 因此 $\vartheta\omega = 0$. 由引理 11.9 知 $\omega \in \mathscr{H}^{1,0}$.

定理的证明　当 $q = 0$ 时, $H^0(M; \Omega^p(L)) \cong \{f \in A^{p,0}(L) : \overline{\partial} f = 0\}$ (Dolbeault 定理). 但当 $f \in A^{p,0}(L)$ 时, $\vartheta f \in A^{p,-1}(L) = \{0\}$, 因此 $\vartheta f = 0$. 由引理 11.7 及 Hodge 定理, 得

$$H^0(M; \Omega^p(L)) \cong \mathscr{H}^{p,0}(L).$$

当 $q = 1$ 时, 又可从 Dolbeault 定理推出,

$$H^1(M; \Omega^p(L)) \cong A^{p,1}(L)/\widetilde{\partial} A^{p,0}(L).$$

由 Hodge 定理,

$$\begin{aligned}A^{p,1}(L) &= \mathscr{H}^{p,1}(L)\bigoplus G(\vartheta\overline{\partial}+\overline{\partial}\vartheta)A^{p,1}(L)\\&= \mathscr{H}^{p,1}(L)\bigoplus G\overline{\partial}\vartheta A^{p,1}(L)\\&= \mathscr{H}^{p,1}(L)\bigoplus\overline{\partial}(\vartheta GA^{p,1}(L))\\&\subset \mathscr{H}^{p,1}(L)\bigoplus\overline{\partial}A^{p,0}(L).\end{aligned}$$

因 $\vartheta GA^{p,1}(L)\subset\vartheta A^{p,1}(L)\subset A^{p,0}(L)$. 显然 $\mathscr{H}^{p,1}(L)\bigoplus\overline{\partial}A^{p,0}(L)\subset A^{p,1}(L)$, 故

$$A^{p,1}(L)=\mathscr{H}^{p,1}(L)\bigoplus\overline{\partial}A^{p,0}(L).$$

因此 $H^1(M,\Omega^p(L))\cong\mathscr{H}^{p,1}(L)$ 成立. □

系 对于 $\forall D\in\mathscr{D}, l(D)$ 和 $i(D)$ 都是有限维向量空间.

证 $l(D)\cong H^0(M;\Omega^0(\lambda(D)))$ 和 $i(D)\cong H^0(M;\Omega^1(\lambda(-D)))$ (见 Dolbeault 定理后之讨论). □

Serre 对偶定理 设 L 是紧黎曼面 M 上的全纯线丛, 则有同构

$$H^q(M;\Omega^p(L))\cong H^{1-q}(M;\Omega^{1-p}(-L)),\quad\forall p,q\geqslant 0.$$

这对偶定理在高维时也成立. 在这小书的 RR 定理的证明, 这对偶定理是决定性的. 我们用 Hodge 定理来证明它, 但还需要先引进多一点形式的工具.

设 $L\leftrightarrow\{W_\alpha,f^\beta_\alpha\}$, 则 $(-L)\leftrightarrow\{W_\alpha,f^\alpha_\beta\}$ (见 §7). 如 $\{g_\alpha\}$ 是 L 的一个 H 度量, 则 $\{g^{-1}_\alpha\}$ 是 $(-L)$ 上的 H 度量 (引理 11.2).

现在定义

$$\sim: A^{p,q}(L)\to A^{q,p}(-L),$$

如果 $\varphi\in A^{p,q}(L)$, 在 W_α 上可写成 $\varphi=\omega e(\alpha)$. 同样, 设 $-L$ 在 W_α 上相应的恒不等于零的全纯截影为 $\widetilde{e}(a)$ (即 $\widetilde{e}(\alpha)=\widetilde{\psi}^{-1}_\alpha(\cdot,1)$). $e(\alpha)=f^\alpha_\beta e(\beta),\widetilde{e}(a)=f^\beta_\alpha\widetilde{e}(\beta)$. 定义 $\sim$, 使 $\forall\varphi\in A^{p,q}(L)$,

$$\begin{gathered}\varphi\mapsto\widetilde{\varphi}\in A^{p,q}(-L),\\\varphi=\omega e(\alpha)\mapsto\widetilde{\varphi}\equiv\overline{\omega}g_\alpha\widetilde{e}(\alpha).\end{gathered}$$

但须证明这定义是合理的. 事实上, 当 $W_a\cap W_\beta\neq\varnothing$ 时, 设在 W_β 上 $\varphi=\omega' e(\beta)$. 我们有 $\omega'=\omega f^\alpha_\beta$, 而且

$$\overline{\omega}\,'g_\beta\widetilde{e}(\beta)=\overline{\omega}\overline{f}^\alpha_\beta g_\beta f^\alpha_\beta\widetilde{e}(\alpha)=\overline{\omega}g_\alpha\widetilde{e}(\alpha).$$

这就说明定义是合理的.

今再定义 $\widetilde{*} = * \circ \sim$, 显然

$$\widetilde{*}: A^{p,q}(L) \to A^{1-p,1-q}(-L),$$
$$\omega e(\alpha) \to (*\overline{\omega}) g_\alpha \widetilde{e}(\alpha)$$

因为 $*$ 是实的 (见 (11.6), 故从定义知道, $* \circ \sim = \sim \circ *$, 即 $\widetilde{*} = * \circ \sim = \sim \circ *$.

由 $\sim$ 的定义, 可知 $\sim$ 是一个共轭同构, 即 $\forall f \in A^0$,

$$\forall \varphi \in A^{p,q}(L), \quad \widetilde{f\varphi} = \overline{f}\widetilde{\varphi},$$

而且 $\sim$ 是一个同构. 亦知 $*$ 已是一个同构 (见 (11.5)). 故有下列引理.

引理 11.9 对于 $\forall p, q \geqslant 0, \widetilde{*}: A^{p,q}(L) \to A^{1-p,1-q}(-L)$ 是一个共轭同构.

现在我们断言: 如 $\varphi \in A^{p,q}(L)$, 则

$$\widetilde{*}\vartheta\varphi = (-1)^{p+q}\overline{\partial}\widetilde{*}\varphi. \tag{11.13}$$

事实上, 若用表示式, $\varphi = \omega e(a), De(a) = \theta_a e(a)$, 则有

$$\begin{aligned}
\overline{\partial}\widetilde{*}\varphi &= \overline{\partial}\widetilde{*}(\omega e(\alpha)) = \overline{\partial}(*\overline{\omega} g_\alpha \widetilde{e}(\alpha)) \\
&= \{(\overline{\partial} * \overline{\omega}) g_\alpha + \overline{\partial} g_\alpha \wedge \overline{*\omega}\}\widetilde{e}(\alpha) \\
&= g_\alpha \overline{(\partial * \omega + \theta_\alpha \wedge *\omega)}\widetilde{e}(\alpha) \\
&= \widetilde{D' * \varphi} = (-1)^{p+q+1} * * \widetilde{D' * \varphi} \\
&= (-1)^{p+q}\widetilde{*}(- * D' * \varphi) = (-1)^{p+q}\widetilde{*}\vartheta\varphi.
\end{aligned}$$

现命 $\{g_\alpha^{-1}\}$ 在 $(-L)$ 上的 Hermit 联络为 $\widetilde{D}$, 又命

$$\widetilde{\vartheta} = - * \widetilde{D}' *,$$

则

$$\widetilde{\vartheta}: A^{p,q}(-L) \to A^{p,q-1}(-L).$$

同理同证: $\forall \varphi \in A^{p,q}(L)$,

$$\widetilde{*}\overline{\partial}\varphi = (-1)^{p+q+1}\widetilde{\vartheta}\widetilde{*}\varphi. \tag{11.14}$$

现在命 $\widetilde{\square} \equiv \widetilde{\vartheta}\overline{\partial} + \overline{\partial}\widetilde{\vartheta}: A^{p,q}(-L) \to A^{p,q}(-L)$. $\widetilde{\square}$ 是 $A(-L)$ 上的 $\overline{\partial}$-Laplacian (相对于 H 度量 $\{g_\alpha^{-1}\}$).

引理 11.10 下列的图表是交换的, 即 $\widetilde{\Box}\circ\widetilde{*}=\widetilde{*}\circ\Box$:

$$\begin{array}{ccc} A^{p,q}(L) & \xrightarrow{\widetilde{*}} & A^{1-p,1-q}(-L) \\ \Big\downarrow{\Box} & & \Big\downarrow{\widetilde{\Box}} \\ A^{p,q}(L) & \xrightarrow{\widetilde{*}} & A^{1-p,1-q}(-L). \end{array}$$

证 设 $\varphi\in A^{p,q}(L)$. 由 (11.13) 及 (11.14), 可计算如下:

$$\begin{aligned}\widetilde{*}\Box\varphi &= \widetilde{*}(\overline{\partial}\vartheta+\vartheta\overline{\partial})\varphi=\widetilde{*}\overline{\partial}(\vartheta\varphi)+\widetilde{*}\vartheta(\overline{\partial}\varphi)\\ &=(-1)^{p+q}\widetilde{\vartheta}(\widetilde{*}\vartheta\varphi)+(-1)^{p+q+1}\overline{\partial}(\widetilde{*}\overline{\partial}\varphi)\\ &=(-1)^{p+q}\vartheta(-1)^{p+q}\overline{\partial}\widetilde{*}\varphi+(-1)^{p+q+1}\overline{\partial}(-1)^{p+q+1}\widetilde{\vartheta}\widetilde{*}\varphi\\ &=(\widetilde{\vartheta}\overline{\partial}+\overline{\partial}\widetilde{\vartheta})\widetilde{*}\varphi=\widetilde{\Box}\widetilde{*}\varphi,\end{aligned}$$

引理得证. □

系 $\varphi\in A^{p,q}(L)$ 是调和的 $\Leftrightarrow\widetilde{*}\varphi\in A^{1-p,1-q}(-L)$ 是调和的.

证 由引理 11.9 及引理 11.10 便可立得. □

Serre 对偶定理证明 由上面的系已知,

$$\mathscr{H}^{p,q}(L)\cong\mathscr{H}^{1-p,1-q}(-L).$$

加上 Hodge 定理 (直接的应用是定理 11.8), 立得这对偶定理的证明. □

现用 Serre 对偶定理作一些简单的推论. 我们考虑紧黎曼面上的如下序列:

$$0\longrightarrow\mathbf{C}\xrightarrow{t}\mathscr{O}\xrightarrow{d}\Omega^1\longrightarrow 0.$$

这序列是正合的, 即是说任何一个全纯微分局部一定是一个全纯函数的微分. 这是因为每个全纯微分是一个闭的 1 形式, 所以这断言可以用 Poincaré 引理的普通证明加以验证 (见 §2 末尾). 现在由此层的短正合序列, 诱导上同调群长正合序列 (简写 $H^i(M;\mathbf{C})$ 为 $H^i(\mathbf{C})$, 其它类推):

$$\begin{aligned}0\longrightarrow H^0(\mathbf{C})\xrightarrow{i^*}H^0(\mathscr{O})\xrightarrow{d^*}H^0(\Omega^1)\xrightarrow{\delta^*}H^1(\mathbf{C})\\ \xrightarrow{i^*}H^1(\mathscr{O})\xrightarrow{d^*}H^1(\Omega^1)\xrightarrow{\delta^*}H^1(\mathbf{C})\xrightarrow{i^*}H^1(\mathscr{O})\longrightarrow\cdots.\end{aligned}$$

由 Dolbeault 定理, $H^2(\mathscr{O})=0$. 且由 M 是紧的, $H^0(\mathscr{O})\cong\mathbf{C}$. 根据 Serre 对偶定理, 取 L 为平凡线丛, 此时有

$$H^1(\Omega^1)\cong H^0(\Omega^0)=H^0(\mathscr{O})\cong\mathbf{C}.$$

再由引理 3.6 和紧黎曼面上同调群的最基本的性质, 知道 $H^2(\mathbf{C}) \cong \mathbf{C}$. 现在

$$H^1(\Omega^1) \xrightarrow{\delta^*} H^2(\mathbf{C}) \longrightarrow 0,$$

表明 δ^* 一个满同态, 而 $H^1(\Omega^1) \cong H^2(\mathbf{C}) \cong \mathbf{C}$. 因为一个域的非零同态一定是一个同构, 因此这个 δ^* 就是一个同构, 故 $d^*(H^1(\mathscr{O})) = 0$, 即 $i^* : H^1(\mathbf{C}) \to H^1(\mathscr{O})$ 是满的. 同样, M 是紧的, 则 $H^0(\mathbf{C}) = \mathbf{C}$,

$$0 \to H^0(\mathbf{C}) \xrightarrow{i^*} H^0(\mathscr{O}) \xrightarrow{d^*} H^0(\Omega^1).$$

因为 i^* 是单同态, 而 $H^0(\mathbf{C}) \cong \mathbf{C} \cong H^0(\mathscr{O})$, 因此 i^* 必是满同态 (是一同构), 因此 $d^*(H^0(\mathscr{O})) = 0$. 由此知道

$$H^0(\Omega^1) \xrightarrow{\delta^*} H^1(\mathbf{C})$$

是单的. 综合上述, 我们得到正合序列

$$0 \longrightarrow H^0(\Omega^1) \xrightarrow{\delta^*} H^1(\mathbf{C}) \xrightarrow{i^*} H^1(\mathscr{O}) \longrightarrow 0.$$

由此得到同构

$$H^1(\mathbf{C}) \cong H^1(\mathscr{O}) \bigoplus H^0(\Omega^1).$$

再由 Serre 对偶定理

$$H^1(\mathscr{O}) \cong H^0(\Omega^1),$$

因此有

$$H^1(M;\mathbf{C}) \cong H^0(M;\Omega^1) \bigoplus H^0(M;\Omega^1).$$

所以

$$\dim{}_{\mathbf{C}} H^1(M;\mathbf{C}) = 2\dim{}_{\mathbf{C}}\ \{M \text{ 上全纯微分式所成的空间}).$$

现在根据在 §6 中所用 g 的定义,

$$\dim{}_{\mathbf{C}} H^1(M;\mathbf{C}) = \dim{}_{\mathbf{R}} H^1(M;\mathbf{R}) = 2g.$$

所以

$$g = \dim{}_{\mathbf{C}}\ \{M \text{ 上全纯微分式所成的空间}). \tag{11.15}$$

由 (11.12) 和 (11.12) 后的讨论, 可将 (11.15) 写成

$$g = \dim{}_{\mathbf{C}} \mathscr{H}^{1,0}. \tag{11.16}$$

这等式在 §6 中 RR 定理的应用 (I) 里, 我们已加证明, 这两个证明相差不了多少, 因为我们离开 RR 定理本身的证明很接近了.

§12 RR 定理的证明

在这节内, M 是紧黎曼面. 设 $\mathscr{F}$ 是 M 上的层, 我们形式的定义 (这节内 dim 表示复维数):

$$\chi(\mathscr{F})=\sum_{i=0}^{\infty}(-1)^i\dim H^i(M;\mathscr{F}).$$

这与普通同调类的 Euler 示性数的定义, 形式上是一致的. 故亦取似的记号.

如 $\mathscr{F}=\Omega^p(L), L\in\mathscr{L}$, 则定义:

$$\chi^p(L)=\sum_{i=0}^{\infty}(-1)^i\dim H^i(M;\Omega^p(L)).$$

其中当 $p=0$ 时, 用 $\chi(L)$ 代替 $\chi^0(L)$.

我们先研究几个特例.

(1) $L=O=$ 平凡线丛. 命 $\chi(O)$ 为 $\chi_0(M)$ (称为 M 的算术亏格).

由 (11.15),

$$\begin{aligned}\chi_0(M)&=\dim H^0(M;\mathscr{O})-\dim H^1(M;\mathscr{O})\\&=\dim H^0(M;\mathscr{O})-\dim H^0(M;\Omega^1)\\&=1-g.\end{aligned}$$

(2) $L=\lambda(D), D\in\mathscr{D}$.

这时, 由 Serre 对偶定理,

$$\begin{aligned}\chi(\lambda(D))&=\dim H^0(M;\Omega(\lambda(D)))-\dim H^1(M;\Omega(\lambda(D)))\\&=\dim H^0(M;\Omega(\lambda(D)))-\dim H^0(M;\Omega^1(\lambda(-D)))\\&=\dim l(D)-\dim i(D).\end{aligned}$$

(见 §10 中 Delbeault 定理后的讨论.)

(3) 设 $D\geqslant 0, D\in\mathscr{D}, D=\sum_p n(p)\cdot p$, 其中 $n(p)\geqslant 0$. 命 S_D 是 D 所决定的摩天大厦层, 即

$$\mathrm{S}_D=\bigoplus n(p)\mathrm{S}_p,$$

使得 S_D 在每点 $p\in M$ 上的茎正好是 $n(p)$ 个 $\mathbf{C}$ 的直和: $\mathbf{C}\bigoplus\cdots\bigoplus\mathbf{C}$. 我们有层正合序列

$$0\longrightarrow\mathscr{S}_D\longrightarrow\mathscr{O}\longrightarrow\mathrm{S}_D\longrightarrow 0.$$

这里, 在 M 的每个开集 W 上,

$$\mathscr{S}_D(W) = \{S \in \mathscr{O}(W) : (S) - D \geqslant 0\}.$$

(见 §8, 例 5.).

无疑 S_D 是 M 上的强层 (定义 9.6), 因此 $H^i(M; S_D) = 0, \forall i \geqslant 1$. 易证 $\dim H^0(M; \mathrm{S}_D) = d(D)$. 故

$$\chi(\mathrm{S}_D) = \dim H^0(M; \mathrm{S}_D) = d(D). \tag{12.1}$$

因此, 由 (1) 和 (2), 知 RRI (见 §6) 可以改写为下面的 RRⅢ.

RRⅢ $\chi(\lambda(D)) = d(D) + \chi_0(M)$.

RRⅢ 与 RRI 是完全等价的. 它的证明需要用到下列的代数性引理.

引理 12.1 (1) 设

$$0 \longrightarrow \mathscr{F}_1 \xrightarrow{\alpha} \mathscr{F}_2 \xrightarrow{\beta} \mathscr{F}_3 \longrightarrow 0 \tag{12.2}$$

为一个层的正合序列. 如果

$$\dim H^i(M; \mathscr{F}_i) < \infty, \quad \forall i, j,$$

且当 j 充分大时, $H^j(M; \mathscr{F}_i) = 0$, 则

$$\chi(\mathscr{F}_2) = \chi(\mathscr{F}_1) + \chi(\mathscr{F}_3).$$

(2) 如果 $D \in \mathscr{D}, D \geqslant 0$, 则有如下的正合序列

$$0 \longrightarrow \Omega(L - \lambda(D)) \longrightarrow \Omega(L) \longrightarrow \mathrm{S}_D \longrightarrow 0.$$

证 (2) 的证明. 当 $D = p$ 时, 在 §9 中已经证明过 (见 (9.7)). 一般 $D \geqslant 0$ 的情况, 证明完全类似, 故在此不再赘述.

现证明 (1). 简写 $H^i(M; \mathscr{F}_i)$ 为 $H^i(\mathscr{F}_i)$. 由 (12.2) 诱导上同调群的正合序列

$$H^{i-1}(\mathscr{F}_3) \xrightarrow{\delta^*} H^i(\mathscr{F}_1) \xrightarrow{\alpha^*} H^i(\mathscr{F}_2)$$
$$\xrightarrow{\beta^*} H^i(\mathscr{F}_3) \xrightarrow{\delta^*} H^{i+1}(\mathscr{F}_1)$$

因此有同构

$$\beta^* H^i(\mathscr{F}_2) \cong H^i(\mathscr{F}_2)/\alpha^* H^i(\mathscr{F}_1).$$

所以

$$\dim H^i(\mathscr{F}_2) = \dim \alpha^* H^i(\mathscr{F}_1) + \dim \beta^* H^i(\mathscr{F}_2)$$

同理有

$$\begin{aligned}\dim H^i(\mathscr{F}_1) &= \dim \delta^* H^{i-1}(\mathscr{F}_3) + \dim \alpha^* H^i(\mathscr{F}_1),\\ \dim H^i(\mathscr{F}_3) &= \dim \delta^* H^i(\mathscr{F}_3) + \dim \beta^* H^i(\mathscr{F}_2).\end{aligned}$$

由此推出,

$$\begin{aligned}&\chi(\mathscr{F}_2) - \chi(\mathscr{F}_1) - \chi(\mathscr{F}_3)\\ =&\sum_{i=0}^{\infty}(-1)^i \dim \alpha^* H^i(\mathscr{F}_1) + (-1)^i \dim \beta^* H^i(\mathscr{F}_2)\\ &+\sum_{i=0}^{\infty}(-1)^{i+1} \dim \delta^* H^{i-1}(\mathscr{F}_3) + (-1)^{i+1} \dim \alpha^* H^i(\mathscr{F}_1)\\ &+\sum_{i=0}^{\infty}(-1)^{i+1} \dim \delta^* H^i(\mathscr{F}_3) + (-1)^{i+1} \dim \beta^* H^i(\mathscr{F}_2)\\ =&\ 0.\end{aligned}$$

RRⅢ 的证明. 设 $D \in \mathscr{D}$, 将 D 写成 $D = D_1 - D_2$, 其中 $D_1 \geqslant 0, D_2 \geqslant 0$. 在引理 12.1 的 (2) 中, 用 $\lambda(D_1)$ 代替 L, 用 D_2 代替 D. 由 (12.1) 和引理 12.1 的 (1) 可得

$$\chi(\lambda(D_1)) = \chi(\lambda(D)) + d(D_2).$$

同理, 如用 $\lambda(D_1)$ 代替 L, D_1 代替 D, 则有

$$\chi(\lambda(D_1)) = \chi_0(M) + d(D_1).$$

两式相减, 便得

$$\chi(\lambda(D)) - \chi_0(M) = d(D_1) - d(D_2) = d(D).$$

RRⅢ 证毕. □

最后我们应该指出, RRⅢ 与古典的 Riemann-Roch 定理 RRI (见 §6) 虽然完全等价, 但在概念上前者比后者向前迈进了一大步. 因为现在可以把 Riemann-Roch 定理看作一个计算一个全纯线丛 L 的 $\chi(L)$ 的公式. 如果要向高维推广, 命 M 为一个紧复流形, E 为 M 上的全纯向量丛, 则同理可定义

$$\chi(E) = \sum_{i=0}^{\infty}(-1)^i \dim H^i(M; \Omega^0(E)).$$

将 $\chi(E)$ 表达为 M 上的拓扑不变量的公式, 就是所谓广义 Riemann-Roch 定理. RRⅢ 说明 $\chi(L) = d(L) + (1-g)(d(L)$ 的定义见第五章 §18), 所以 RRⅢ 就是最简单的 Riemann-Roch 定理. 这广义定理的解决, 是经过三十多年无数人的共同努力的结果. 到目前为止, 这方面最完善的定理, 是 M. F. Atiyah 和 I. M. Singer 在 1963 所证明的指标定理 (Atiyah-singer Index Theorem).

注 记

§7. 全纯线丛是复流形上全纯向量丛 (holomorphic vector bundles) 的一个特例. 后者在 Griffiths-Harris 的书内 Chapter 0., §5 有一个初步的介绍. 另外, Griffiths 在 1969 年发表的文章是值得细读的.

P. A. Griffiths and J. Harris, Principles of Algebraic Geometry, John Wiley and Sons, 1978.

P. A. Griffiths, Hermitian differential geometry, Chern classes, and positive vector bundles, *Global Analysis* (Papers in Honor of Kunihiks Kodaira), ed. D. C. Spencer and S. Iyunaga, University of Tokyo Press and Princeton University Press, 1969.

要真正了解全纯向量丛, 自然先要了解拓扑空间上的向量丛的初步性质. 这方面的经典著作, 是下面从 Milnor 1957 年的讲义演变出来的书. 这个 1957 年的讲义可以说所有 1960 年代的拓扑学家都受了它的陶熏.

J. W. Milnor and J. D. Stasheff, Characteristic Classes, Princeton University Press, 1974.

我们在第五章将证明 $\lambda : \mathscr{D} \to \mathscr{L}$ 是一个群同构. 这个定理在代数流形上的正确性, 以及这方面的基本概念, 是 Kodaira (小平邦彦) 以及 D. C. Spencer 在 1950 年度初期所提出和证明的. 他们这方面的一连串交章是代数几何的一个突破. 现录出有关 $\lambda : \mathscr{D} \to \mathscr{L}$ 的文章

K. Kodaira and D. C. Spencer, Groups of Complex line bundle over compact Kähler varieties, *Proc. Nat. Acad. Sci. U. S. A.* **39** (1953) 868—872; Divisor class groups on algebraic varieties, *Proc. Nat. Acad. Sci. U. S. A.* **39** (1953) 872—877.

§8—9. 层的理论是法国数学家 J. Leray 在 1945 年开始发表的. (Leray 对数学的贡献是深入而且多方面的. 在发表层论时他同时引进了谱序列 Spectral sequence 的理论; 这理论是近代代数拓扑的基础. 在非线性微分方程内的 Schauder-Leray 理论是很要紧的. 此外 Leray 在多复变的残数理论 theory of residues 中也有重要的贡献. 自 1950 年开始, 他主要的工作是线

性的双曲微分方程; 他是这方面的最主要人物之一.) Leray 原意是要用层论去研究代数拓扑, 特别是纤维丛的同调论. 但 H. Cartan 发现这理论刚好符合多复变函数论的需要. 由 1948 至 1954 年, Cartan 在他的讨论班 Séminaire Cartan 内, 把这理论简化和系统化, 并用它来表达 Oka 在多复变函数论中的几个极重要的结果. 在 1953 年 Kodaira 和 Spencer 开始用层论整理古典代数几何, 并引进很多重要的想法和结果. 在 1955 年, Serre 更系统化地应用层论于抽象代数几何中. 自此至今, 层论就成为多复变函数论和代数几何的基本工具, 相比之下层论在代数拓扑本身的应用就渺不足道了. 值得一提的, 就是从 Leray 到 H. Cartan 的层论演变过程中, A. Weil 有一篇文章起了一个极重要的作用. Weil 在 1947 年发现一个 de Rham 定理的新证明. 这证明没有用层论的术语, 而且表面上看来是和层论无关的. 但其实这证明就是这本书在 §9 末所给出的 de Rham 定理的证明. H. Cartan 是时刚着手整理层论, 他悟到了 Weil 这个想法的重要性. 在 H. Cartan 的手中, 这个想法就变成了今日层论的主要骨干之一. Weil 的文章则延到 1952 年才发表.

H. Cartan, Séminaire E. N. S. 1951—52, 1953—54, École Normale supérieure, Paris.

K. Kodaira and D. C. Spencer, 很多文章, 参阅 *Proc. Nat. Acad. S'ci. U. S. A.* **39** (1953), 641—649, 865—877, 1268—1278.

J. P. Serre, Faisceaux algébriques Coherents, *Annals of Math.* **61** (1955), 197—278.

A. Weil, Sur les théorèmes de deRham, *Comm. Math. Helv.* **26** (1952), 119—145.

近代层论的文献很多. Godement 的书很完备. 但这么长的书, 用来作参考就很好了, 不一定要拿来作课本念. Gunning 的书内 §2—3 的简介基本上已够用. Gunning-Rossi 书内 Chapters IV, VI 的介绍相当详细; 他们不用 Čech 理论来定义上同调群, 但结果自然仍是与 Čech 同调群同构. 同时这书的 Chapter VI 对凝聚层 Coherent Sheaf 有初步的介绍. 这是一个很重要的概念.

R. Godement, Topologie Algébrique et Théorie des Faisceaux, Hermann, 1958.

R. C. Gunning, Lectures on Riemann Surfaces, Princeton University Press, 1966.

R. C. Gunning and H. Rossi, Analytic Function of Several Complex Variables, Princeton Hall Inc., 1965.

在我们这小书中, 层的上同调群是很重要的. 固然单从 §9 中的讨论读者可以对这些群有一个形式上的了解, 但如对古典的代数拓扑同调论完全没有认识的话, 那么对这方面的基本概念 (如上链、δ 等等) 的了解就怕只停在形式上的阶段. 这是不充分的, 因为既然不知所学的东西来自何方, 自然也不会知道自己下一步应到那里去. 这就等于说自己无法创新、发理新问题, 和做有意义的研究工作. 所以要真正了解层的上同调论, 就要对代数拓扑的同调函子 homology functor 有一个基本认识. 这方面的完备参考书可推荐的有 Spanier 和 Dold 的两本书. 只是要用作课本或自学, 则这些书是长得怕人的. Greenberg 的书够短, 但又嫌太简略. 假如一个学生已懂点集拓扑而想读一本书以得同调论的概括观念的话, 则这本理想的课本尚未面世. 但目前可参阅 Croom 的著作. 对同调论本身的历史, Eilenberg-Steenrod 书中的 Preface 和章后的 Notes 有一个扼要的序述. (Eilenberg-Steenrod 这书的面世, 是代数拓扑发展的一个转折点. 这书的写法极优美. 虽不能作课本看, 但还是值得翻一翻的.)

F. H. Croom, Basis Concepts of Algebraic Topology, Springer Verlag, 1978.

A. Dold, Lectures on Algebraic Topology, Springer Verlag, 1972.

S. Eilenberg and N. E. Steenrod, Foundations of Algebraic Topology, Princeton University Press, 1952.

M. Greenberg, Lectures on Algebraic Topology, W. A. Benjamin Inc., 1967.

E. H. Spanier, Algebraic Topology, McGraw Hill Book Co. 1966.

上面所要说明的一点, 就是不应该只从形式上去了解层的上同调论. 其实这观点在数学上每一个分支都成立的. 比方说, 代数 K 理论 Algebraic K-theory 是近日发展得很蓬勃的一个领域. 这领域可以看成纯代数, 而且理论上一个不懂其它分支 (拓扑、分析等) 的学生也可以学上手. 但这领域是由拓扑的 K 理论所诱导的, 它的根也有一部分在拓扑内. 要是完全不懂拓扑而去研究代数 K 理论, 也许不是最好的. 试看 D. Quillen 在代数 K 理论的决定性贡献, 就明白对拓扑学有透彻的了解是如何得重要了.

如果将 $\mathbf{C}$ (或 $\mathbf{Z}$, 或 $\mathbf{R}$) 看成常数层, 在 §9 末中提到 $H^*(\mathbf{C})$ 与普通上同调群的关系. 首先应该指出这个 $H^*(M,\mathbf{C})$ 就是 Čech 在 1932 年所定义的上同调群, 见 Eilenberg-Steenrod 书中的第九章, 所以我们称这种较广义的层上同调理论为 Čech 理论. 一般来说, 在有限维单纯复形上所有常见的上、下同调群都是同构的, 例如单形同调群, Čech 同调群等等, 这些证明可见 Spanier 的书. Eilenberg 和 Steenrod 在他们的书中的第三章, 甚至证明了在紧的单纯复形范畴中, 上 (或下) 同调函子是唯一的. (但这个证明并没有太大的启发性.) 由 §9 末所提到的 Cairns-Whitehead 定理, 故知紧流形上所有同调群都同构, 这个 Cairns-Whitehead 定理的证明是很不简单的, 可参阅:

J. R. Munkres, Elementary Differential Topology, Princeton University Press, 1963.

古典的 de Rham 定理有几部分, 但都可用层论完全证出. 这是 H.Cartan 在他的讨论班 Séminaire Cartan 1950—1951 所发表的. 这证明也可在 Warner 的书中读到 (这书比较形式化). 但读者如要真了解这定理, 必须读 de Rham 自己的书.

G. de Rham, Variétés Différentiables, Hermann, 1960.

F. W. Warner, Foundation of Differentiable Manifolds and Lie Groups, Scott, Foresman and Co., 1971.

§10. 我们所给的 Dolbeault 引理的证明, 如用广义函数的理论, 则只需一行就了事: 因为在 $\mathbf{C}$ 上 $\partial/\partial\bar{z}(1/\pi z)=\delta$, 所以 $\eta=f*(1/\pi z)$ 满足 $\partial\eta/\partial\bar{z}=f$. (广义函数其实是很容易学而且很基本的一门学问. Hörmander 的书第一章有一个很精采的介绍.) Dolbeault 引理事实上是 Grothendieck 首先证明的, 因此有些书 (如 Narasimhan) 根本就称之为 Grothendieck 引理. 但 Grothendieck 本人没有将它发表, 而且 Dolbeault 在差不多的时候给出了独立的证明. 加上 Dolbeault 也引进了所谓 Dolbeault 群 $(H^q(M,\Omega^q(L)))$ 和证明了 Dolbeault 定理, 所以我们就跟随大多数的作者而称之为 Dolbeault 引理. 自然, 有了层论的抽象 de Rham 定理之后, Dolbeault 定理的证明就再简易不过.

P. Dolbeault, Formes différentielles et Cohomologie sur une variété analytique Complex I, II, *Annals of Math.* **64** (1956), 83—130; **65** (1957), 282—330.

L. Hörmander, Linear Partial Differential Operator, Springer-Verlag, 1963.

R. Narasimhan, Analysis on Real and Complex Manifolds, North Holland Publishing Co., 1968.

定理 10.2 的证明是相当典型的, 所以值得细读. 其中的主要想法是这样: 如 M 是非紧的, 若要证明一个层的消没定理 $H^q(M;\mathscr{F})=0$, 则先证所有 M 的有紧闭包的子集 K 皆满足 $H^q(K;\mathscr{F})=0$, 然后再证一个像 Runge 定理的逼近定理, 将 $H^q(K;\mathscr{F})=0$ 扩充至整个 M 上. 为了证明最后这一步, 将 M 写成

$$M=\bigcup_{i=1}^{\infty}K_i$$

(见引理 10.2 的证明) 的办法是极普通的. 这个想法在高维的非紧复流形的理论中是很基本的.

我们已不只一次提到如 M 是非紧黎曼面, 则 $H^1(M;\mathscr{O})=0$. 这定理的证明可参考 Guenot-Narasimhan 的文章, Chapitre V, §2. Hörmander 的多复变函数课本用相当的方法证明它的高维推广 (Chapter V).

J. Guenot and R. Narasimhan, Introduction à la theorie des surfaces de Riemann, *L'Enseiguement Mathématique*, **21** (1975), 123—328.

L. Hormander, An Introduction to Complex Analysis in Several Variables, North Holland Publishing Co. 1968.

Leray 定理是层论内最基本的定理之一. Gunning 和 Gunning-Rossi 的书 (见上) 有详细证明. 注意: Leray 定理本身是所谓 Leray 谱序列的一个特例 (见 Godement 的书中 Ch. II, Théorème 5.2.4).

§11. 对 Hodge 定理的严格评价, 可参考下列 Weyl 的文章 (第 168 页) 和 Atiyah 的文章 (第 113—115 页). 前者是 Weyl 在 1954 年的国际数学家会议中, 颁 Fields 奖章与 Kodaira 和 Serre 时的演讲. Weyl 在那时已六十九岁了, 但他的演讲几乎等于纯数学在过去十五年的发展的总括报告, 了无老态. 这种严肃的治学态度, 是应该学习的. Atiyah 的文章是 Hodge 的悼文, 很可读. 一般来说, 伟大的数学家死后的悼文, 若是由好的数学家来写的话, 总是很有启发性和教育性前. 下列的文献只举一些例.

M. F. Atiyah, William Vallance Douglas Hodge, *Bulletin London Math. Soc.* **9**(1977), 99—118.

S. S. Chern and C. Chevalley, Élie Cartan and his mathematical work, *Bulletin Amer. Math. Soc.* **58** (1952), 217—250.

C. Chevalley and A. Weil, Hermann Weyl (1885—1955), *L'Enseignement Mathèmatique*, **3** (1957), 157—187.

H. Weyl, David Hilbert and his mathematical work, *Bulletin Amer. Math. Soc.* **50** (1944), 612—654.

H. Weyl, Address of the President of the Fields Medal Committee 1954, Proc. International Congress of Mathematicians 1954, Volume 1, North Holland, 1957, 161—174.

所谓 Hodge 定理, 一般是指以下三者之一: (A) 如 M 是一个可定向的紧黎曼流形, 则 $H^q(M;\mathbf{R})$ 内的每个上同调类可用一个唯一的次数等于 q 的调和形式代表. (B) 如果 M 是一个紧的 Kähler 流形, ω 是 M 上的一个调和形式, ω' 是 ω 的 (p,q) 型分量, 其中 $(p+q)$ 是 ω 的次数, 则 ω' 也是一个调和形式. (C) 设 M 为一个紧的 Hermit 流形, E 为 M 上的 Hermit 全纯向量丛, 则 $H^q(M;\Omega^p(E))$ 内每个上同调类可用一个唯一的 (p,q) 型 E 值调和形式表示.

在第二章 §5 的注记中已介绍了 de Rham 的书作为 (A) 的证明的参考. (B) 可直接由 (A) 和 Kahler 流形上的一些形式运算推论. 这个证明可在 Griffiths-Harris (见上) 书中 Chapter 1, §1 找到; 他们这个 (B) 的证明写得比较好, 因为这些 Kähler 流形上的形式运算是相当冗长乏味的, 所以不易写. 严格说来 Hodge 只证明了 (A) 和 (B), 但是真正明白了 (A) 和 (B) 后, 要证 (C) 就轻而易举. 这里我们应补充几句话. de Rham 书中给出的证明可能太具体, 初学者可能看不出如何用它去证明 (C). 这方面牵涉到一些基本的线性椭圆微分方程解的性质. Nirenberg 的文章说得很清楚, 是用拟微分算子 pseudo-differential operator 理论的. 要是读者需要更具体的说明, 则可参考 Wells 的书, Chapter Ⅳ, theorem 4.12 和 Chapter V, proposition 2.4. (注意: Wells 这书过分抽象和形式化, 我们只提供参考, 但并没有推荐.) 另一方面, 我们这书所用的 Hodge 定理, 自然是 (C) 的特殊情况. 在下一章所给的证明, 在一般的情形基本上也成立. 见下章的注记.

L. Nirenberg, Pseudo-differential operators, Global Analysis, Proceedings of Symposia in Pure Math., Volume XVI, Amer. Math. Soc. Publications, 1970, 149—167.

R. O. Wells, Differentical Analysis on Complex Manifolds, Prentice Hall Inc., 1973.

Hodge 理论所需的形式工具无疑是比较多. 如果读者能在微分几何有较好的训练, 则也不难接受. 这方面最重要的概念是联络. 这概念有很多个等价的定义. 上面所用的定义 11.3 在一般情形下也成立. 此外可用 M 上的一组 1 形式来定义, 也可用 M 的主要纤维丛上的 1 形式或分布 distribution 定义. 要研究这一方面, 主要是要培养几何直观, 用几何的观点去了解而不要被形式工具困住. 比较好的书是 Hicks 和 Gromoll-Klingenberg-Meyer. 最好是有人能写一本小书, 根据历史的次序去介绍这些基本概念的起源和日后的演变.(下列 Hawkins 的书就是用这办法来讨论 Lebesgue 积分, 很有启发性.) 从这观点看来, Spivak 的书是很好的. 它对高斯和黎曼的想法有很突出的介绍和解释, 只可惜没有用同样方法来讨论二十世纪的发展.

D. Gromoll, W. Klingenberg and W. Meyer, Riemannsche Geometrie im Grossen, Springer Verlag Lecture Notes, (Zweite Auflage), 1975.

T. Hawkins, Lebesgue's Theory of Integration: Its Origin and Development, (2nd Edition), Chelsea Publishing Co., 1975.

N. J. Hicks, Notes on Differential Geometry, D. Von Nostrand Co., 1965.

M. Spivak, A Comprehensive Introduction to Differential Geometry, Volume I—V, Publish or Perish, 1970—1975.

Serre 在 1955 年所发表的对偶定理的证明, 完全用层论而不用 Hodge 理论. 我们所用的证明, 是 Kodaira 所提出的. 虽然 Kodaira 的文章是在 1953 年发表, 但他那时已经知道 Serre 有这样的结果.

K. Kodaira, On a differential-geometrie method in the theory of analytic Stacks, *Proc. Nat. Acad. Sci. U. S. A.* 39(1953), 1268—1273.

J. P. Serre, Un théorème de duality, *Comm. Math. Helv.* **29** (1955), 9—26.

Serre 对偶定理是在层论中相当于流形拓扑理论中的 Poincaré 对偶定理. 这种结果的重要性是很明显的. Serre 对偶定理不但在紧的高维复流形上也成立, 而且在非紧的复流形上也有部分的推广. 见 Serre 的原文可知.

§12. Serre 在他的对偶定理文章中已指出, 对偶定理的其中一个应用就是能将古典的 RR 定理重新解释和证明. 我们这一节根本上就是把 Serre 这文章的后两页抄过来.

在 §12 末我们已指出, 由 RRⅢ 我们可视 Riemann-Roch 定理为一个计算 $\chi(L)$ 的公式 (L 是黎曼面上的全纯线丛). 如果 E 是黎曼面 M 上的一个全纯向量丛, 则 Weil 在 1938 年已算出 $\chi(F)$ 的公式 (自然 Weil 没有用层论或向量丛的术语). 这就是最早的广义 RR 定理. 在 1953 年 Serre 证明了他的对偶定理以后, 猜想当 M 是高代数流形时, $\chi(E)$ 一定可以写成一个只包含 M 的陈类及 E 的陈类的多项式 (见 §20 的 RRⅣ). 这猜想立刻被 Hirzebruch 证明. 这就是 1954 年发表的有名的 Hirzebruch-Riemann-Roch 定理. 这定理不但推广了 Weil 的公式, 而且它的证明方法在微分拓扑和超越代数几何两方面都有深远的影响. 现在我们知道 Hirzebruch 这定理可以分开两方面推广. 其一, Grothendieck 把 $\chi(E)$ 的计算看作一个关于全纯映照的公式. 就是说如果 M、N 是两个代数流形, $f: M \to N$ 是一个全纯照, 则 f 把 M 和 N 上的某些上同调类建立起一个关系. 这个公式就是所谓 Grothendieck-Riemann-Roch 定理, 如果 N 是退化为一点, 则 f 是一常值映照, 而 Grothendieck 这公式就变成 Hirzebruch 的公式. Grothendieck 本人从来没有发表过这工作, 倒是 Borel 和 Serre 根据他的讨论班演讲, 代他将这结果写下来, 于 1958 年在 Bulletin Soc. Muth. France 发表的. Grothendieck 这工作的重要性, 不是限于它的一般性. (有时最一般的定理未必最好. 为了推广而推广并不是做数学的正途.) 主要是他有很多新想法. 比方说, 他这工作就是代数 K 理论和拓扑 K 理论的出发点. Hirzebruch-Riemann-Roch 定理的另一个主要推广就 Atiyah-Singer 指标定理. 如果 M 是一个的微分流形, E 和 F 是 M 上的微分向量丛, σ 是由 E 到 F 的一个椭圆微分算子, 则 σ 一方面诱导一个解析指数 analytic index, 另一方面由一个较复杂的过程也诱导一个拓扑指标 topological index. 这两个指数的相等, 就是 Atiyah-singer 定理. 这定理的其中一个系, 就是当 $\sigma = \overline{\partial} + \vartheta$ 时得到 Hirzebruch-Riemann-Roch 公式在任何紧复流形 (不需代数流形上的正确性. 这定理首先在 1963 年发表. 在过去的十五年中已发现了数个不同的证明, 但定理本身的应用却是不多. 自然, 要是能找到一个 Grothendieck-Riemann-Roch 和 Atiyah-Singer 两定理的共同推广, 使我们能对这方面有一个彻底的了解, 就会是很重要的工作. 但目前较迫切的任务, 似乎是为这些极一般的和难证明的定理, 找出深一点的应用. 这方面的文献很多. 我们只列举在 Hirzebruch 的书内所没有记载的其中三项.

M. F. Atiyah, R. Bott and V. K. Patodi, on the heat equation and the index theorem, *Invent. Math.* **19** (1973), 279—330.

M. F. Atiyah and I. M. Singer, The index of elliptic operators I, Ⅲ, *Annals of Math.* **87** (1968), 484—530, 546—604.

F. Hirzebruch, Topological Methods in Algebraic Geometry, Third enlaged edition, Springer-Verlag, 1966.

P. Shanahan, The Atiyah-Singer Index Theorem, Springer-Verlag Lecture Notes, 1978.

最后我们应指出, 假如 M 是黎曼面, 则 RR 定理的要点是在于计算 $H^0(M,\Omega(\lambda(D)))(=l(D))$ 的维数. 就是说, 它是一个关于全纯截影的存在定理 (见 §6 注记的讨论). 在 §6 中 (I) 至 (X) 均已很有力地说明了这点. 由这眼光看来, RR 定理不是完全使人满意的, 因为它只给出一个

$$\chi(\lambda(D))(=\dim H^0(M;\Omega(\lambda(D)))-\dim H^1(M;\Omega(\lambda(D)))$$

的公式, 而我们对 $H^1(M;\Omega(\lambda(D)))(=i(D))$ 也是同样无知的. 所以只有在知道 $H^1(M;\Omega(\lambda(D)))$ 的特殊情况下, RR 定理才算是一个完善的存在定理. 比方说, 假如 $H^1(M;\Omega(\lambda(D)))=0$, 就有 $\chi(\lambda(D))=\dim H^0(M;\Omega(\lambda(D)))$. 读者如果现在复习一下 §6 的 (V), 就了解在那里我们假设 $d(D)$ 充分大, 正是要使 $H^1(M,\Omega(\lambda(D)))=0$. 在第五章 §20 中我们会把这消没定理解析清楚. 在一般情形, 如果 M 是一个高维代数流形, 则对应的消没定理也成立. 这就是有名的 Kodaira-Le Potier 消没定理 (见 Griffiths-Harris 书内 Chapter 1, §3 及 Cornalba-Griffiths 的 (3.12)). 这时同样的, $\chi(E)=\dim H^0(M,\Omega(E))$, 所以 Hirzebruch-Riemann-Roch 公式也就给这全纯截影存在问题一个完满的答案. 至于在一般的情形下 $\dim H^0(M,\Omega(E))$ 是什么, 目前尚未有结果.

M. Cornolba and P. A. Griffiths, Some transcendental aspects of algebraic geometry, Algebraic Geometry Arcata 1974, Proceeding of Symposia in Pure Math., Volume XXIX, Amer. Math. Soc. Publications, 1975, 3—110.

第四章 Hodge 定理的证明

在欧氏空间上的 Laplace 方程 $\Delta f = 0$ 在数学史上占一个十分重要的地位. 由它所引起的 Dirichlet 问题, 很多第一流的数学家也曾费劲研究过, 包括 Riemann, Weierstass, Poincaré, Hilbert. 为了要证明他的定理, Hodge 始创研究紧黎曼流形上的 Dirichlet 原理. 他的工作加深和启发了我们对线性椭圆算子的了解. 现在大家公认 Hodge 定理有关的分析是数学界的最基本知识之一. 因此这章的题目大可改为 "椭圆方程的普通常识".

在这章内请注意 "局部分析" 及 "整体分析" 的区别和它们之间的关系. 比方说, 在 §16 中的 Sobolev 引理是一个局部的分析定理. 但 Hodge 定理断言是一个整体的分析定理. 因为它的正确性是绝对依赖于 M 的整体紧致性.

§13 $\mathbf{R}^n$ 上的 Sobolev 空间

命 Ω 为 $\mathbf{R}^n$ 上的开集, 考虑 Ω 上的复值函数 $f(x)(x=(x_1,x_2,\cdots,x_n))$. 对每个 $s\in\mathbf{Z}, s\geqslant 0$, 命

$$A_s(\Omega)\equiv\{f\in C^\infty(\Omega): |f|_s^2<\infty\},$$

这里范数 $|\cdot|_s$ 定义为

$$|f|_3^2\equiv\sum_{|\alpha|\leqslant s}\int_\Omega |D^\alpha f|^2 dx,$$

其中 $dx = dx_1 \cdots dx_n, \alpha = (\alpha_1, \cdots, \alpha_n), \alpha_i \in \mathbf{Z}, \alpha_i \geqslant 0$, 且 $|\alpha| = \alpha_1 + \cdots + \alpha_n$,

$$D^\alpha \equiv \frac{\partial^{\alpha_1}}{\partial x_1^{\alpha_1}} \cdot \frac{\partial^{\alpha_2}}{\partial x_2^{\alpha_2}} \cdot \cdots \cdot \frac{\partial^{\alpha_n}}{\partial x_n^{\alpha_n}}.$$

对 $\forall f, g \in A_s(\Omega)$, 定义内积

$$(f, g)_s \equiv \sum_{|\alpha| \leqslant s} \int_\Omega D^\alpha f \overline{D^\alpha g} dx.$$

由 Schwarz 不等式, 有

$$|(f, g)_s| \leqslant |f|_s |g|_s.$$

$A_s(\Omega)$ 在这内积 $(\,,\,)_s$ 及其诱导的范数 $|\cdot|_s$ 下成为 Pre-Hilbert 空间.

注意. 对 $\forall f \in A_s(\Omega), |f|_s^2 = \sum_{|\alpha| \leqslant s} |D^\alpha f|_0^2$ 所以有

$$|f|_t \leqslant |f|_s, \quad \forall t \leqslant s.$$

$A_s(\Omega)$ 按范数 $|\cdot|_s$ 的完备化称为 Sobolev 空间 $H_s(\Omega)$.

$$A_s(\Omega) \cap C_0^\infty(\Omega)$$

按范数 $|\cdot|_s$ 的完备化则用 $\mathring{H}_s(\Omega)$ 表示.

$H_s(\Omega)$ 和 $\mathring{H}_s(\Omega)$ 都是 Hilbert 空间, 且 $\mathring{H}_s(\Omega) \subset H_s(\Omega)$. 可以证明, $\mathring{H}_0(\Omega) = H_0(\Omega) = L^2(\Omega)$. 但 $s > 0$ 时, 一般说来, $\mathring{H}_s(\Omega) \subsetneqq H_s(\Omega)$.

现在引入弱导数的概念. 这概念可由下面 (13.1) 所引导.

对于 $\forall f \in C^\infty(\Omega), \forall \varphi \in C_0^\infty(\Omega)$, 根据微积分学的分部积分公式, 有

$$\int_\Omega f \overline{D^\alpha \varphi} = (-1)^{|\alpha|} \int_\Omega (D^\alpha f) \overline{\varphi}.$$

此即

$$(f, D^\alpha \varphi)_0 = (-1)^{|\alpha|} (D^\alpha f, \varphi)_0. \tag{13.1}$$

定义 13.1 对于 $f \in H_0(\Omega)$, 如果存在 $h^\alpha \in H_0(\Omega)$, 使得对于任何 $\varphi \in C_0^\infty(\Omega)$, 总有

$$(f, D^\alpha \varphi)_0 = (-1)^{|\alpha|} (h^\alpha, \varphi)_0,$$

则称 h^α 为 f 的 α 阶弱导数, 且表示为 $D^\alpha f = h^\alpha$ (弱). 这时也称 f 的 α 阶弱导数存在.

习题 f 的弱导数 h^α, 如果存在则在 $L^2(\Omega)$ 上是唯一的, 即在 Ω 上除测度为 0 的集外是唯一确定的.

在这章内, 所有的函数空间将会是 L^2 的子空间. 因此今后如果断言一个函数有某性质时, 意即为 "除测度为 0 的集外是有这性质的". 上面这习题是一个例子. 另外一个重要的例子是 "f 是 C^∞ 函数" 的意义是"有一个 C^∞ 函数 f_0, 使 f 与 f_0 除一测度为 0 的集外相等".

习题 设 $f,g \in C^\infty(\Omega)$. 如 $D^\alpha f = g$ (弱), 则在普通的意义下 $D^\alpha f = g$ 亦成立.

请注意: 弱导数的形式运算, 与普通导数是没有分别的. 这点从定义可直接验证. 比方说, $f,g \in H_0(\Omega)$, 且弱导数 $D^\alpha f, D^\alpha g$ 存在, 则 $\forall a,b \in \mathbf{C}$,

$$D^\alpha(af+bg) = aD^\alpha f + bD^\alpha g.$$

又如果弱导数 $\partial f/\partial x_i$ 存在, $\varphi \in C^\infty(\Omega)$ 而且 φ 的导数在 Ω 上有界, 则

$$\frac{\partial}{\partial x_i}(\varphi f) = \frac{\partial \varphi}{\partial x_i} f + \varphi \frac{\partial f}{\partial x_i}.$$

断言 13.2 如果 $f \in H_s(\Omega)$, 则 $\forall \alpha, \ni |\alpha| \leqslant s$, 弱导数 $D^\alpha f$ 存在.

证 由于 $f \in H_s(\Omega)$, 按 $H_s(\Omega)$ 定义, 存在一个序列 $\{f_i\} \subset A_s(\Omega)$, 使得当 $i \to \infty$ 时, $|f_i - f|_s \to 0$. 因此, 当 $i,j \to \infty$ 时, $|f_i - f_j|_s \to 0$. 由此推出, 对于 $\forall \alpha, \ni |\alpha| \leqslant s$, 有

$$|D^\alpha f_i - D^\alpha f_j|_0 \to 0.$$

因为 $H_0(\Omega)$ 是完备的, 故 $\exists h^\alpha \in H_0(\Omega)$, 使当 $i \to \infty$ 时 $|D^\alpha f_i - h^\alpha|_0 \to 0$. 现对于 $\forall \varphi \in C_0^\infty(\Omega)$, 有

$$\begin{aligned}(f, D^\alpha \varphi)_0 &= \lim_{i\to\infty}(f_i, D^\alpha\varphi)_0 = \lim_{i\to\infty}(-1)^{|\alpha|}(D^\alpha f_i, \varphi)_0 \\ &= (-1)^{|\alpha|}(h^\alpha, \varphi)_0.\end{aligned}$$

此即 $D^\alpha f = h^\alpha$. □

断言 13.3 对于 $\forall f \in H_s(\Omega)$, 在 D^α (弱) 的意义下, 有

$$|f|_s^2 = \sum_{|\alpha|\leqslant s} |D^\alpha f|_0^2. \tag{13.2}$$

注意: 根据断言 13.2, (13.2) 式右边是有意义的, 且当 $f \in A_s(\Omega)$ 时, 它与原范数定义一致.

证 承接断言 13.2 之证明, 且按 $H_s(\Omega)$ 是 $A_s(\Omega)$ 的完备化, 我们有

$$|D^\alpha f_i - D^\alpha f|_0 \to 0.$$

$$|f|_s^2 \equiv \lim_{i\to\infty} |f_i|_s^2 = \lim_{i\to\infty} \sum_{|\alpha|\leqslant s} |D^\alpha f_i|_0^2 = \sum_{|\alpha|\leqslant s} |D^\alpha f|_0^2.$$

此即说明断言 13.3 成立. □

为了对 $H_s(\Omega)$ 有更深的了解, 我们将证明断言 13.2 之逆. 首先我们证明一个所谓光滑化引理.

引理 13.4 设 $\chi \in C_0^\infty(\mathbf{R}^n), \chi \geqslant 0$, 且其支集满足 $\mathrm{supp}(\chi) \subset \{x : |x| < 1\}$ ($\mathbf{R}^n$ 的单位球), 并且 $\int_{\mathbf{R}^n} \chi = 1$. 对 $\forall \varepsilon > 0$, 命 $\chi_\varepsilon(x) = \frac{1}{\varepsilon^n}\chi\left(\frac{x}{\varepsilon}\right)$. 对 $\forall f \in L^2(\Omega)$, 定义**卷积**

$$(f * \chi_\varepsilon)(x) \equiv \int_{\mathbf{R}^n} f(y)\chi_\varepsilon(x-y)dy,$$

(这里我们把 f 开拓到 Ω 外, 使 $\forall\ x \notin \Omega, f(x) = 0$). 则有

(a) $d(\mathrm{supp}(f), \mathbf{R}^n - \mathrm{supp}\,(f * \chi_\varepsilon)) \leqslant \varepsilon$, 其中 $d(,)$ 表示距离;

(b) $f \mapsto f * \chi_\varepsilon$ 定义一个 $L^2(\Omega)$ 到 $C^\infty(\mathbf{R}^n) \cap L^2(\mathbf{R}^n)$ 的映照, 并且按 $L^2(\mathbf{R}^n)$ 的范数, 当 $\varepsilon \to 0$ 时有

$$|f - f * \chi_\varepsilon|_{0,\mathbf{R}^n} \to 0;$$

(c) 如果 $d(\mathrm{supp}\,(f), \mathbf{R}^n - \Omega) > 2\varepsilon$, 且弱导数 $D^\alpha f$ 存在, 则

$$D^\alpha(f * \chi_\varepsilon) = (D^\alpha f) * \chi_\varepsilon.$$

注意: 对于 χ_ε 也有 $\int_{\mathbf{R}^n} \chi_\varepsilon = 1$, 且 $\mathrm{supp}\,(\chi_\varepsilon) \subset \{x : |x| < \varepsilon\}$.

证 首先, $f * \chi_\varepsilon$ 可写成

$$(f * \chi_\varepsilon)(x) = \int_{\mathbf{R}^n} f(x - \varepsilon y)\chi(y)dy,$$

由此式可看出 (a) 是正确的.

现证 (b), 我们先证明, 对 $\forall \alpha, D^\alpha(f * \chi_\varepsilon)$ 存在, 且有

$$D^\alpha(f * \chi_\varepsilon)(x) = \int_{\mathbf{R}^n} f(y) D_x^\alpha \chi_\varepsilon(x-y)dy. \tag{13.3}$$

这样使得 $f * \chi_\varepsilon \in C^\infty(\mathbf{R}^n)$. 为此须先证明, (13.3) 等式对于 $D^\alpha = \frac{\partial}{\partial x_i}(i = 1, 2, \cdots, n)$ 成立.

按导数定义,

$$\begin{aligned}&\frac{(f * \chi_\varepsilon)(x + \Delta x_i) - (f * \chi_\varepsilon)(x)}{\Delta x_i}\\ =& \int_{\mathbf{R}^n} f(y)\frac{\chi_\varepsilon(x + \Delta x_i - y) - x_\varepsilon(x-y)}{\Delta x_i}dy.\end{aligned}$$

由于 $\chi_\varepsilon \in C_0^\infty(|\chi| < \varepsilon)$, 有

$$\lim_{\Delta x_i \to 0} \frac{\chi_\varepsilon(x + \Delta x_i - y) - \chi_\varepsilon(x-y)}{\Delta x_i} = \frac{\partial \chi_\varepsilon(x-y)}{\partial x_i},$$

且 $|\partial \chi_\varepsilon(x-y)/\partial x_i| \leqslant K, \forall x, y, K$ 为常数. 因此根据微分学中值定理, 得

$$\left| \frac{\chi_\varepsilon(x + \Delta x_i - y) - \chi_\varepsilon(x-y)}{\Delta x_i} \right| \leqslant K.$$

而

$$\begin{aligned}
&\left| \frac{(f * \chi_\varepsilon)(x + \Delta x_i) - (f * \chi_\varepsilon)(x)}{\Delta x_i} - \int_{\mathbf{R}^n} f(y) \frac{\partial \chi_\varepsilon(x-y)}{\partial x_i} dy \right| \\
\leqslant &\int_{\mathbf{R}^n} |f(y)| \left| \frac{\chi_\varepsilon(x + \Delta x_i - y) - \chi_\varepsilon(x-y)}{\Delta x_i} - \frac{\partial \chi_\varepsilon(x-y)}{\partial x_i} \right| dy \\
\leqslant &\left(\int_{\mathbf{R}^n} |f(y)|^2 dy \right)^{1/2} \\
&\times \left(\int_{\mathbf{R}^n} \left| \frac{\chi_\varepsilon(x + \Delta x_i - y) - \chi_\varepsilon(x-y)}{\Delta x_i} - \frac{\partial \chi_\varepsilon(x-y)}{\partial x_i} \right|^2 dy \right)^{1/2}.
\end{aligned}$$

根据关于积分号下取极限的 Lebesgue 定理, 右边的积分, 当 $\Delta x_i \to 0$ 时趋于 0. 因此便得

$$\frac{\partial}{\partial x_i}(f * \chi_\varepsilon)(x) = \int_{\mathbf{R}^n} f(y) \frac{\partial \chi_\varepsilon(x-y)}{\partial x_i} dy.$$

同理, 逐次微商便可证明 (13.3) 式对一般的 D^α 成立.

为完成 (b) 的证明, 要用到下列不等式

$$|f * \chi_\varepsilon|_{0,\mathbf{R}^n} \leqslant |\chi|_{L^1} |f|_0. \tag{13.4}$$

注意: 这里 $|\chi|_{L^1} = 1$. 这一不等式显然是成立的, 因为

$$\begin{aligned}
|f * \chi_\varepsilon|_{0,\mathbf{R}^n}^2 &= \int_{\mathbf{R}^n} dx \, |f(x - \varepsilon y) \chi(y) dy|^2 \\
&= \int_{\mathbf{R}^n} dx \left| \int_{\mathbf{R}^n} f(x - \varepsilon y) \sqrt{\chi(y)} \sqrt{\chi(y)} dy \right|^2 \\
&\leqslant \int_{\mathbf{R}^n} dx \left(\int_{\mathbf{R}^n} |f(x - \varepsilon y)|^2 \chi(y) dy \right) \int_{\mathbf{R}^n} \chi(y) dy \\
&\leqslant |\chi|_{L^1} \int_{\mathbf{R}^n} \chi(y) dy \int_{\mathbf{R}^n} |f(x - \varepsilon y)|^2 dx \\
&\leqslant |\chi|_{L^1}^2 |f|_0^2.
\end{aligned}$$

(同理, 对 $\forall f \in L^P(\Omega), \forall \chi \in L^1(\Omega)$, 有 $|f * \chi|_{L^P} \leqslant |\chi|_{L^1} |f|_{L^P}$, 此说明卷积是 L^P 上的有界算子.)

现在证明, 当 $\varepsilon \to 0$ 时,

$$|f * \chi_\varepsilon - f|_0 \to 0.$$

选序列 $\{f_i\} \subset C_0^\infty(\Omega)$, 使得当 $i \to \infty$ 时 $|f_i - f|_0 \to 0$. 对于任意的 $\eta > 0$, 可选取充分大的 i, 使得

$$|f_i - f|_0 < \eta.$$

由于

$$\begin{aligned}|f * \chi_\varepsilon - f|_0 &= |(f - f_i) * \chi_\varepsilon + f_i * \chi_\varepsilon - f_i + f_i - f|_0 \\ &\leqslant |(f - f_i) * \chi_\varepsilon|_0 + |f_i * \chi_\varepsilon - f_i|_0 + |f_i - f|_0,\end{aligned}$$

根据不等式 (13.4), 有

$$|f * \chi_\varepsilon - f|_0 \leqslant |\chi|_{L^1}|f_i - f|_0 + |f_i - f|_0 + |f_i * \chi_\varepsilon - f_i|_0.$$

但 $f_i \in C_0^\infty(\Omega)$, f_i 在 $\mathbf{R}^n$ 上一致连续. 根据 (a), 有紧集 $K, \ni \forall i, f_i$ 的支集在 K 之内, 且 $\forall x \in \mathbf{R}^n$,

$$|(f_i * \chi_\varepsilon - f_i)(x)| \leqslant \int_{\mathbf{R}^n} |f_i(x - \varepsilon y) - f_i(x)|\chi(y)dy.$$

因此当 $\varepsilon \to 0$ 时, 可以得到

$$|f_i * \chi_\varepsilon - f_i| \to 0.$$

这样, 对任意的 $\delta > 0$, 先取 $\eta < \max\{\delta/3, \delta/(3|\chi|_{L^1})\}$, 选充分大的 i, 使 $|f_i - f|_0 < \eta$, 因此当 ε 充分小时, 有

$$|f_i * \chi_\varepsilon - f_i|_0 < \delta/3$$

因而有

$$|f * \chi_\varepsilon - f|_0 < \delta.$$

引理之 (b) 至此证完.

最后证明引理之 (c).

由假设及已证之 (a), 可知

$$d(\operatorname{supp}(f * \chi_\varepsilon), \mathbf{R}^n - \Omega) > \varepsilon.$$

按弱导数定义又知

$$\operatorname{supp}(D^\alpha f) \subset \operatorname{supp}(f).$$

因此可得

$$d(\text{supp}\,(D^\alpha f * \chi_\varepsilon), \mathbf{R}^n - \Omega) > \varepsilon.$$

据此我们只需证明, 对 $\forall x \in \Omega, \ni d(x, \mathbf{R}^n - \Omega) > \varepsilon$, 有

$$D^\alpha(f * \chi_\varepsilon)(x) = ((D^\alpha f) * \chi_\varepsilon)(x).$$

因为 $d(x, \mathbf{R}^n - \Omega) > \varepsilon$, 这时作为 y 的函数,

$$\chi_\varepsilon(x-y) \in C_0^\infty(\Omega).$$

根据 (13.3), 我们有

$$\begin{aligned} D^\alpha(f * \chi_\varepsilon)(x) &= \int_\Omega f(y) D_x^\alpha \chi_\varepsilon(x-y)dx \\ &= \int_\Omega f(y)(D^\alpha \chi_\varepsilon)(x-y)dy \\ &= (-1)^{|\alpha|} \int_\Omega f(y) D_y^\alpha \chi_\varepsilon(x-y)dy. \end{aligned}$$

再根据 (13.1),

$$\begin{aligned} D^\alpha(f * \chi_\varepsilon)(x) &= \int_\Omega D^\alpha f(y) \chi_\varepsilon(x-y)dy \\ &= ((D^\alpha f) * \chi_\varepsilon)(x), \end{aligned}$$

此即要证者. 至此引理之 (c) 得证. □

引理 13.5 $H_s = \{f \in L^2(\Omega) : \forall \alpha, \ni |\alpha| \leqslant s$, 弱导数 $D^\alpha f$ 存在 $\}$.

这一引理是断言 13.2 之逆, 它也可用以定义 Sobolev 空间. 在证明引理之前, 我们先用它直接推出下列各系.

系 13.1

$$H_s(\Omega) \subset H_{s-1}(\Omega) \subset \cdots \subset H_1(\Omega) \subset H_0(\Omega).$$

这一关系式称为 Sobolev 链.

系 13.2 $H_s(\Omega)$ 是 $A_s(\Omega)$ 在 $L^2(\Omega)$ 内对于 $|\cdot|_s$ 的闭包.

系 13.3 如果 $f \in H_t(\Omega)$, 且对 $\forall \alpha, \ni |\alpha| \leqslant t$, 有 $D^\alpha f \in H_s(\Omega)$, 则 $f \in H_{s+t}(\Omega)$.

注意: 按原定义, $D^\alpha f \in H_0(\Omega)$, 系 13.3 的区别在于

$$D^\alpha f \in H_s(\Omega).$$

引理 13.5 的证明.

设 $f \in H_0(\Omega)$, 对 $\forall \alpha, \ni |\alpha| \leqslant s, D^\alpha f$ 存在. 我们要证明, 存在序列 $\{f_i\} \subset A_s(\Omega)$, 使当 $i \to \infty$ 时, $|f_i - f|_s \to 0$.

设 $\{W_\alpha\}(\alpha = 1, 2, \cdots)$ 为 Ω 的局部有限且可数的开集覆盖, 满足 $W_\alpha \subset\subset \Omega$ ($\subset\subset$ 表示 W_α 的闭包在 Ω 内是紧的). 命 $\{\eta_\alpha\}$ 为一个从属于 $\{W_\alpha\}$ 的 C^∞ 单位分解. 对于 $\forall \alpha, \operatorname{supp}(\eta_\alpha f) \subset\subset \Omega$. 根据引理 13.4, 可取序列 $\delta(n) \to 0$, 使对于 $\forall \delta(n) > 0$, 存在 $\varepsilon(\alpha, n) > 0$, 使得

$$|D^\beta(\eta_\alpha f) * \chi_{\varepsilon(\alpha,n)} - D^\beta(\eta_\alpha f)|_0 < \frac{\delta(n)}{2^{\alpha+1}},$$

对于 $\forall \beta (|\beta| \leqslant s)$ 成立.

命 $f_{\delta(n)} = \sum_\alpha (\eta_\alpha f) * \chi_{\varepsilon(\alpha,n)}$, 显然 $f_{\delta(n)} \in C^\infty(\Omega)$. 且对 $\forall \beta, |\beta| \leqslant s$, 有

$$\begin{aligned}
|D^\beta f_{\delta(n)} - D^\beta f|_0 &= \left| D^\beta \left(\sum_\alpha (\eta_\alpha f) * \chi_{\varepsilon(\alpha,n)} \right) - D^\beta \left(\sum_\alpha \eta_\alpha f \right) \right|_0 \\
&= \left| \sum_\alpha [D^\beta(\eta_\alpha f) * \chi_{\varepsilon(\alpha,n)} - D^\beta(\eta_\alpha f)] \right|_0 \\
&\leqslant \left| \sum_\alpha D^\beta(\eta_\alpha f) * \chi_{\varepsilon(\alpha,n)} - D^\beta(\eta_\alpha f) \right|_0 \leqslant \delta(n),
\end{aligned}$$

这一过程的推导亦用到引理 13.4. 因此, 当 $n \to \infty$ 时我们有

$$|f_{\delta(n)} - f|_s \to 0.$$

此即表示 $f \in H_s(\Omega)$, 引理因而得证. □

以上我们讨论的是 $\mathbf{R}^n$ 上的 Sobolev 空间, 导数 D^α 是对

$$\left(\frac{\partial}{\partial x_1}, \cdots, \frac{\partial}{\partial x_n} \right)$$

而取的. 但在复流形上讨论时, 则要把 D^α 的形式改变一下, 例如在 $\mathbf{C}$ 上要把 $\left\{ \frac{\partial}{\partial x}, \frac{\partial}{\partial y} \right\}$ 换为 $\left\{ \frac{\partial}{\partial z}, \frac{\partial}{\partial \bar{z}} \right\}$. 我们现在举出一个引理如下.

设 $\Omega \subset\subset \Omega' \subset \mathbf{R}^n$ (即 Ω 在 Ω' 内的闭包是紧的), Ω, Ω' 为 $\mathbf{R}^n$ 的开集. 又设在 Ω' 上有复向量场 $X_1, \cdots, X_n$ (即对 $\forall j$,

$$X_j = \sum_{i=1}^n a_j^i \frac{\partial}{\partial x_i},$$

其中 $a_j^i \in C^\infty(\Omega').$), 使得对于 $\forall x \in \Omega$,

$$\operatorname*{span}_{\mathbf{C}}\{X_1(x), \cdots, X_n(x)\} = \operatorname*{span}_{\mathbf{C}}\left\{\frac{\partial}{\partial x_1}(x), \cdots, \frac{\partial}{\partial x_n}(x)\right\}.$$

对于 $\forall f \in A_s(\Omega)$, 定义

$$\|f\|_s^2 \equiv \sum_{|\alpha| \leqslant s} |X^\alpha f|_0^2,$$

其中 $X^\alpha f = X_1^{\alpha_1} \cdots X_n^{\alpha_n} f$.

引理 13.6 在 $A_s(\Omega)$ 上, 范数 $\|\cdot\|_s$ 与 $|\cdot|_s$ 等价.

注意: 这里范数等价是指, 存在常数 $a_1, a_2 > 0$, 使得对于 $\forall f \in A_s(\Omega)$, 有

$$a_1\|f\|_s \leqslant |f|_s \leqslant a_2\|f\|_s.$$

由此便得出, $\|\cdot\|_s$ 和 $|\cdot|_s$ 在 $A_s(\Omega)$ 上诱导的拓扑是等价的. 所以 $H_s(\Omega)$ 也是 $A_s(\Omega)$ 在 $L^2(\Omega)$ 中对于 $\|\cdot\|_s$ 的闭包.

习题 请给出引理 13.6 的证明.

例 根据引理 13.6, 在 $\mathbf{C}$ 上若取

$$X_1 = \frac{\partial}{\partial z} = \frac{1}{2}\left(\frac{\partial}{\partial x} - i\frac{\partial}{\partial y}\right),$$
$$X_2 = \frac{\partial}{\partial \bar{z}} = \frac{1}{2}\left(\frac{\partial}{\partial x} + i\frac{\partial}{\partial y}\right),$$

则这时 $D^\alpha = X_1^{\alpha_1} X_2^{\alpha_2} = \left(\frac{\partial}{\partial z}\right)^{\alpha_1}\left(\frac{\partial}{\partial \bar{z}}\right)^{\alpha_2}$, 而由此定义的范数与原定义的范数等价.

§14 定理 I, II, III 及 Hodge 定理的证明

在这节内, M 是紧黎曼面, L 是 M 上的一个全纯线丛. 设 $\{W_\alpha\}$ 是 M 上的一组坐标覆盖, 且 z_α 是 W_α 上的坐标函数. 可设 $\{W_\alpha\}$ 也是 L 的 STN (定义见 §7). 从 M 是紧的, 自然可设 $\{W_\alpha\} = \{W_1, \cdots, W_l\}$. 如果 η_α 是一个从属于 $\{W_\alpha\}$ 的 C^∞ 单位分解, 则 $\forall \alpha$ 与 $\forall f \in A^{p,q}(L)$, 可写 $\eta_\alpha f = f_\alpha \varphi_\alpha e(\alpha)$, 其中 $f_\alpha \in C_0^\infty(W_\alpha), e(\alpha) = \psi_\alpha^{-1}(\cdot, 1)$, 而且

$$\varphi_\alpha = \begin{cases} 1 & \text{当 } (p,q) = (0,0), \\ dz_\alpha & \text{当 } (p,q) = (1,0), \\ d\bar{z}_\alpha & \text{当 } (p,q) = (0,1), \\ dz_\alpha \wedge d\bar{z}_\alpha & \text{当 } (p,q) = (1,1). \end{cases}$$

(记号可参阅 §11.)

现在把每个 W_α 看成 $\mathbf{R}^2(=\mathbf{C})$ 上的开集, 因此 f_α 就是 $\mathbf{R}^2$ 上的一个 C_0^∞ 函数. $\forall s\in\mathbf{Z}, s\geqslant 0$, 在 §13 中已定义了 f_α 的 Sobolev s 范数, 即

$$|f_\alpha|_s^2\equiv\sum_{|\nu|\leqslant s}\int_{W_\alpha}|D^\nu f_\alpha|^2 dL_\alpha,$$

其中 dL_α 是 $\mathbf{R}^2$ 上的 Lebesgue 测度, 即 $dL_\alpha=dx_\alpha dy_\alpha$ (用 $z_\alpha=x_\alpha+\sqrt{-1}y_\alpha$).

现定义:

$$|f|_s^2\equiv\sum_{\alpha=1}^{l}|f_\alpha|_s^2,$$

$$H_s^{p,q}(L)\equiv\{A^{p,q}(L)\text{ 对于 }|\cdot|_s\text{ 的完备化}\},$$

$$H_s(L)=\bigoplus_{p,q}H_s^{p,q}(L).$$

这里 $|\cdot|_s$ 的定义是与坐标覆盖的选择有关. 但下面的引理说明, $|\cdot|_s$ 在 $A(L)$ 内所诱导的拓扑却不依赖于坐标覆盖的选择.

引理 14.1 如果 $|\cdot|_s'$ 是用另一个坐标覆盖 $\{W_\alpha'\}$ 和一个从属于 $\{W_\alpha'\}$ 的单位分解 $\{\eta_\alpha'\}$ 所定义的 s 范数, 则在 $A(L)$ 上 $|\cdot|_s$ 与 $|\cdot|_s'$ 等价.

习题 请证明引理 (用引理 13.6).

由这一引理可知, 如果 $H_s(L)$ 和 $H_s'(L)$ 分别表示 $A(L)$ 对于 $|\cdot|_s$ 和 $|\cdot|_s'$ 的完备化, 则有线性同胚 $\varPhi: H_s(L)\to H_s'(L)$ 使 $\varPhi|A(L)$ 是恒等映照. 所以今后我们只用 $H_s(L)$ 来表示 $A(L)$ 对于任何一个 s 范数的完备化.

约定 除非特别申明, 在一般的 $H_s(L)$ 上都是一开始就固定了一个坐标覆盖 $\{W_\alpha\}$ 和从属于 $\{W_\alpha\}$ 的 C^∞ 单位分解 $\{\eta_\alpha\}$.

称 $H_s(L)$ 为 L 值形式的 Sobolev 空间. 一般只简称为 Sobolev 空间. $H_s(L)$ 是一个 Hilbert 空间 (参阅 §13).

现设 M 和 L 都有 H 度量, 在 §11 中我们已指出这就在 $A(L)$ 上引进一个内积 $(,)$ (见 (11.7)). 这内积所诱导的范数我们用 $|\cdot|$ 记之.

习题 在 $A(L)$ 上, $|\cdot|$ 与 $|\cdot|_0$ 等价 (用引理 13.6).

因为有这等价, $A(L)$ 对于 $|\cdot|$ 的完备化是与 $H_0(L)$ 同胚, 故仍用 $H_0(L)$ 表示 $|\cdot|$ 的完备化. 即是说, 在 $H_0(L)$ 上用 $|\cdot|$ 或 $|\cdot|_0$ 所得到的拓扑是一样的.

约定 除非特别申明, 在 $H_0(L)$ 上用 $|\cdot|$ 而不用 $|\cdot|_0$. (这理由是对于 $|\cdot|$, $\overline{\partial}$ 与 ϑ 互为伴随算子 (引理 11.6), $\Box$ 则自伴, 这样在计算上很方便.)

现设 $P=\vartheta,\overline{\partial},\overline{\partial}+\vartheta$ 或 $\Box$. 命 P^* 为 P 的伴随算子, 即对应地 $P^*=\overline{\partial},\vartheta,\overline{\partial}+\vartheta$ 或 $\Box$.

定义 14.2 如果 $f,g\in H_0(L)$, 定义 $Pf=g$ (弱的意义). 如有

$$(f,P^*\varphi)=(g,\varphi),\quad \forall\varphi\in A(L).$$

注意: 如果 $f\in A(L)$, 则由 P^* 的定义有 $(f,P^*\varphi)=(Pf,\varphi)$. 在这情形下, $Pf=g$ (弱的意义) $\Rightarrow (Pf,\varphi)=(g,\varphi),\forall\varphi\in A(L)$. 由此可知定义 14.2 与定义 13.1 基本上是一样的.

例 1 $f,g\in H_0(L),(\overline{\partial}+\vartheta)f=g$ (弱的意义) $\Leftrightarrow (f,(\overline{\partial}+\vartheta)\varphi)=(g,\varphi),\forall\varphi\in A(L)$.

习题 P,P^* 如前, 如果 $f,g\in A(L)$ 而且 $Pf=g$ (弱的意义), 则在普通的意义下 $Pf=g$.

现在已有充分的工具来阐述这章的三个主要定理. Hodge 定理将由它们结合而得.

定理 I ($\Box$ 的 Gårding 不等式) 有常数 $c_1,c_2>0$, 使所有 $f\in A(L)$ 满足:

$$(\Box f,f)\geqslant C_1|f|_1^2-C_2|f|_0^2. \tag{14.1}$$

定理 II ($(\overline{\partial}+\vartheta)$ 的正则性) 如果 $f\in H_0(L),g\in A(L)$, 而且 $(\overline{\partial}+\vartheta)f=g$ (弱的意义), 则 $f\in A(L)$.

定理 III 如果 $\{f_n\}$ 是 $A(L)$ 内的序列, 而且是对于 $|\cdot|_1$ 范数有界, 则有一个子序列 $\{f_{n(i)}\}$ 对 $|\cdot|_0$ 是 Cauchy 序列. (即 $\{f_{n(i)}\}$ 在 $H_0(L)$ 内收敛.)

因为定理 II 比较微妙一些, 所以我们在此略加解释. 用这定理的记号, 如果 f 本身已是 $A(L)$ 内一元, 而 $g\in H_0(L)$, 则显然 $(\overline{\partial}+\vartheta)f=g\Leftrightarrow g\in A(L)$. 定理 II 是这个浅易断言的逆定理. 它所以成立是完全因为 $(\overline{\partial}+\vartheta)$ 是所谓椭圆算子之故. 由下面这例子可见这种性质不是所有微分算子都具有的. 在 $\mathbf{R}^2$ 上, 命 (x,y) 为普通坐标. 又命 $\Omega=(-1,1)\times(-1,1)\subset\mathbf{R}^2$. 现定义 $f:\Omega\to\mathbf{R},f(x,y)=|x|$, 又定义 $P\equiv\partial^2/\partial y^2$. 显然 $f\in H_0(\Omega)$ 和 $Pf=0\in C^\infty(\Omega)$. 但 $f\notin C^\infty(\Omega)$.

很粗略地说, 如果 P 是一个偏微分算子, 而且常有 $Pf\in C^\infty\Rightarrow f\in C^\infty$, 则称 P 为一个有正则性的算子, 或称 P 为次椭圆算子 hypoelliptic operator.

用这术语，则 $\overline{\partial}+\vartheta$ 是一个次椭圆算子. 但在 $\mathbf{R}^2$ 上则不是每个偏微分算子都是次椭圆的. 一个很广义的定理说，任何有 C^∞ 系数的椭圆算子都是次椭圆的. 这一类的定理是在 1940 年由 Weyl 首先证明，所以上述定理一般就称 Weyl 引理.

定理 I, II, III 的证明将在下面三节给出. 现在我们先用它们来推论一些引理，然后用这些引理来证明 Hodge 定理.

引理 14.3 如果 $f\in H_1(L), g\in A(L)$, 而且 $\square f=g$ (弱的意义), 则 $f\in A(L)$.

证 由 $\overline{\partial}$ 及 ϑ 的定义可知 $\overline{\partial}$ 及 ϑ 的局部表示只有一阶的微分和 0 阶的微分. 因此 $f\in H_1(L)\Rightarrow(\overline{\partial}+\vartheta)f\in H_0(L)$ (断言 13.2). 命 $\varphi\equiv(\overline{\partial}+\vartheta)f$, 则 $\square f=(\overline{\partial}+\vartheta)\varphi$. 故有在弱的意义下 $(\overline{\partial}+\vartheta)\varphi\in A(L), \varphi\in H_0(L)$. 由定理 II, $\varphi\in A(L)$, 亦即 $(\overline{\partial}+\vartheta)f\in A(L)$. 再用定理 II, 便得 $f\in A(L)$. □

引理 14.4 命 $\mathfrak{H}^\perp$ 为调和形式 $\mathfrak{H}(L)$ 在 $A(L)$ 内对于 $(,)$ 的正交补，即

$$\mathfrak{H}^\perp=\{f\in A(L):(f,v)=0,\quad \forall v\in A(L)\ni\square v=0\}.$$

则有正常数 C_0, 使

$$|f|_1^2\leqslant C_0(\square f,f),\quad \forall f\in\mathfrak{H}^\perp. \tag{14.2}$$

证 如不等式不成立，则存在一个序列 $\{f_n\}\subset\mathfrak{H}^\perp, |f_n|_1=1$, 但 $(\square f_n,f_n)\to 0$ 当 $n\to\infty$. 由 $|f_n|_1=1$ 和定理 III, 知有子序列 $\{f_{n(i)}\}$ 及有 $F\in H_0(L)$ 使

$$|f_{n(i)}-F|\to 0 \text{ 当 } n(i)\to\infty.$$

另一方面，由 $(\square f_n,f_n)\to 0$ 及引理 11.6, $|(\overline{\partial}+\vartheta)f_n|\to 0$. 所以 $\forall\varphi\in A(L)$

$$\begin{aligned}|(F,(\overline{\partial}+\vartheta)\varphi)|&=\lim_{n(i)\to\infty}|(f_{n(i)},(\overline{\partial}+\vartheta)\varphi)|\\&=\lim|((\overline{\partial}+\vartheta)f_{n(i)},\varphi)|\\&\leqslant\lim|(\overline{\partial}+\vartheta)f_{n(i)}|\cdot|\varphi|\\&=0.\end{aligned}$$

即 $(F,(\overline{\partial}+\vartheta)\varphi)=0,\forall\varphi\in A(L)$. 由定义 14.1, 有弱意义下的等式 $(\overline{\partial}+\vartheta)F=0$. 根据定理 II, $F\in A(L)$. 由 $\square F=(\overline{\partial}+\vartheta)^2F=0$, 得 $F\in\mathfrak{H}(L)$. 同时 $F\in\mathfrak{H}^\perp$ 亦成立，因为 $\forall\varphi\in\mathfrak{H}(L),(F,\varphi)=\lim\limits_{n\to\infty}(f_n,\varphi)=0$. 所以 $F\in\mathfrak{H}(L)\cap\mathfrak{H}^\perp=\{0\}$, 即 $F=0$. 另一方面，由 (14.1) 有

$$|(\overline{\partial}+\vartheta)f_n|^2\geqslant C_1|f_n|_1^2-C_2|f_n|_0^2,$$

其中 $C_1>0, C_2>0$. 但 $|f_n|_1=1, \forall n$, 而且当 $n\to\infty$ 时有 $|f_n|_0\to|F|_0=0$ 和有 $|(\overline{\partial}+\vartheta)f_n|\to 0$. 因此当 $n\to\infty$ 时, 这不等式的极限是, $0\geqslant C_1$. 这是与 $C_1>0$ 矛盾的. □

引理 14.5 记号如引理 14.4, 则 $\Box:\mathfrak{H}^{\perp}\to\mathfrak{H}^{\perp}$ 是一个一一对应.

证 首先证明 $\Box(\mathfrak{H}^{\perp})\subset\mathfrak{H}^{\perp}$. 设 $\omega\in\mathfrak{H}^{\perp}$, 则 $\forall\eta\in\mathfrak{H}(L)$,

$$(\Box\omega,\eta)=(\omega,\Box\eta)=0,$$

故有 $\Box\omega\in\mathfrak{H}^{\perp}$. 其次, 如 $\alpha,\beta\in\mathfrak{H}^{\perp}, \Box(\alpha-\beta)=0$ 则表示 $\alpha-\beta\in\mathfrak{H}(L)$, 所以 $\alpha-\beta=0$, 即 $a=\beta$. 这说明 $\Box$ 在 $\mathfrak{H}^{\perp}$ 上是单的.

现在剩下要证明, 如果 $f\in\mathfrak{H}^{\perp}$, 则有 $u\in\mathfrak{H}^{\perp}$ 使 $\Box u=f$. 命 B_1 为 $\mathfrak{H}^{\perp}$ 在 $H_1(L)$ 内对于 $|\cdot|_1$ 的闭包. 根据引理 14.3, 只需找 $u\in B_1$ 使 $\Box u=f$ (弱的意义).

在 $\mathfrak{H}^{\perp}$ 定义: $\forall\varphi,\psi\in\mathfrak{H}^{\perp}$,

$$[\varphi,\psi]\equiv(\Box\varphi,\psi),\quad \|\varphi\|^2\equiv[\varphi,\varphi].$$

由 (14.2), $\forall\varphi\in\mathfrak{H}^{\perp}, |\varphi|_1^2\leqslant C_0\|\varphi\|^2$. 同时因为 $(\overline{\partial}+\vartheta)$ 是一个一阶的微分算子, 从 $|\cdot|_1$ 的定义易于验证, $\forall\varphi\in A(L), |(\overline{\partial}+\vartheta)\varphi|^2\leqslant C_0'|\varphi|_1^2$, 其中 C_0' 是一个不依赖于 φ 的正常数. 所以 $\forall\varphi\in\mathfrak{H}^{\perp}$, 亦有

$$\|\varphi\|^2=|(\overline{\partial}+\vartheta)\varphi|^2\leqslant C_0'|\varphi|_1^2.$$

因此 $\|\cdot\|$ 在 $\mathfrak{H}^{\perp}$ 上定义了一个与 $|\cdot|_1$ 等价的范数, 故 B_1 对于 $[,]$ 也是一个 Hilbert 空间. 现定义线性映照 $\varPhi:\mathfrak{H}^{\perp}\to\mathbf{C}, \varPhi(\varphi)=(\varphi,f), \forall\varphi\in\mathfrak{H}^{\perp}$ (f 是 $\mathfrak{H}^{\perp}$ 内给出的一元). 设 $a>0$ 满足 $|\psi|\leqslant a|\psi|_1, \forall\psi\in A(L)$.

$$|\varPhi(\varphi)|\leqslant|f||\varphi|\leqslant(a|f|)|\varphi|_1\leqslant(a\sqrt{C_0}|f|)\|\varphi\|.$$

所以在 $\mathfrak{H}^{\perp}$ 上, $\varPhi$ 是对于 $\|\cdot\|$ 有界的. 因此 $\varPhi$ 唯一地扩充成一个对于 $\|\cdot\|$ 有界的泛函 $\varPhi:B_1\to\mathbf{C}$. 由 Riesz 表示定理, 有 $u\in B_1$ 使

$$\varphi(\varphi)=[\varphi,u], \forall\varphi\in B_1.$$

特别是对于所有 $\varphi\in\mathfrak{H}^{\perp}$ 时, 这等式也成立. 即是说

$$(\varphi,f)=(\Box\varphi,u), \forall\varphi\in\mathfrak{H}^{\perp}.$$

如果 $\varphi\in\mathfrak{H}(L)$, 由假设 $f\in\mathfrak{H}^{\perp}$, 左边等于 0. 右边显然有 $(\Box\varphi,u)=0$. 故由 $A(L)=\mathfrak{H}(L)\bigoplus\mathfrak{H}^{\perp}$,

$$(\varphi,f)=(\Box\varphi,u), \forall\varphi\in A(L).$$

根据定义 14.2, $\Box u=f$ (弱的意义). □

在引理 14.5 的证明中, 最重要的一步是证明:

$$\forall f \in \mathfrak{H}^{\perp}, \quad \exists u \in \mathfrak{H}^{\perp} \ni \Box u = f. \tag{$*$}$$

我们应该指出, $(*)$ 的证明很清楚地分为两部分: (A) 先找出一个 "Hilbert 空间解" u, 即先找 $u \in B_1$ $(= \mathfrak{H}^{\perp}$ 在 $H_1(L)$ 内的闭包) 使 $\Box u = f$ 在弱意义下成立. (B) 证明 $\Box$ 的正则性, 即 $u \in H_1(L)$ 和 $\Box u \in A(L) \Rightarrow u \in A(L)$. 在 19 世纪和 20 世纪初期, 数学家遇到像 $(*)$ 这类问题时, 都以为需要直接从 $\mathfrak{H}^{\perp}$ 里面求解. 这就把问题弄得很难办, 因为 $\mathfrak{H}^{\perp}$ 对一般通用的范数都是不完备的. 在不完备的空间上作分析的问题是几乎不可能的事. 比如说, 有理数系 $\mathbf{Q}$ 是比实数系 $\mathbf{R}$ 简单易明得多, 但在讨论最基本的微积分时已经需要舍 $\mathbf{Q}$ 取 $\mathbf{R}$, 因为 $\mathbf{Q}$ 是不完备的而 $\mathbf{R}$ 是完备的. 所以对于 $(*)$ (以及这类微分方程求解的问题), Sobolev 空间供给 $\mathfrak{H}^{\perp}$ 一个适当的完备化 B_1, 同时使我们了解 $(*)$ 可以分成较容易的两步 (A) 与 (B). 事实上 (A) 的证明我们已知道是初步的 Hilbert 空间理论, 在下面 §17 中也将看到有了 $H_s(\Omega)$ 为工具后, 则 (B) 的证明 (即定理 Ⅱ 的证明) 也是直捷了当的.

在上节 §13 引进 Sobolev 空间时, 读者可能怀疑这种抽象想法有什么好处. 现在可知这种想法就是帮助解决像 $(*)$ 这种具体问题的有力工具. 近代数学的抽象趋势, 都可作如此观察.

现在可以证明 Hodge 定理了. 我们先用泛函分析通用的术语和 Sobolev 空间的术语来重述这个定理. 首先复习紧算子 Compact operator(又称全连续算子 Completely continious operator) 的定义. 如果 H 是一个 Hilbert 空间, V 是一个赋范向量空间, 则线性映照 $f: V \to H$ 称为紧算子, 如果对任何 V 内的有界集 $S, f(S)$ 在 H 内闭包是紧的.

Hodge 定理. 任一个紧黎曼面 M 上的全纯线丛 L 均有如下两个性质:

(a) 所有 L 值调和形式所成的空间 $\mathfrak{H}(L)$ 是一个有限维空间.

(b) 有一个紧算子 $G: A(L) \to A(L)$. G 具有如下的性质: $G|\mathfrak{H}(L) \equiv 0, G: \mathfrak{H}^{\perp} \to \mathfrak{H}^{\perp}$ 是一个线性同构 ($\mathfrak{H}^{\perp}$ 表示 $\mathfrak{H}(L)$ 在 $A(L)$ 内对于 $(,)$ 的正交补), $G\bar{\partial} = \bar{\partial}G, G\vartheta = \vartheta G$, 而且有如下的正交和分析:

$$A(L) = \mathfrak{H}(L) + G\Box A(L).$$

请注意 G 不仅是一个连续算子而且是紧的. 在某些应用上这点是很重要的. 一般称 G 为 Green 算子.

证 (a) 如果 $\mathfrak{H}(L)$ 是无限维的, 则存在一个对于 $|\cdot|_0$ 的无限标准正交基 $\{\omega_1, \omega_2, \cdots\cdots\}$. 由 (14.1), $\forall i$,

$$|\omega_i|_1^2 \leqslant C_1^{-1}\{(\Box\omega_i, \omega_i) + C_2|\omega_i|_0^2\} = C_1^{-1}C_2.$$

所以 $\{\omega_i\}$ 对于 $|\cdot|_1$ 是一个有界集. 由定理 III, $\{\omega_i\}$ 有一个 Cauchy 子序列 $\{\omega_{i(j)}\}$ (对于 $|\cdot|_0$). 这是不可能的, 因为

$$|\omega_{i(j)}-\omega_{i(k)}|_0^2=2,\quad \forall i(j)\neq i(k).$$

所以 $\mathfrak{H}(L)$ 是有限维的.

(b) 由引理 14.5, 知 $\Box:\mathfrak{H}^\perp\to\mathfrak{H}^\perp$ 是一个一一对应. 今又定线性算子 $G:A(L)\to A(L)$ 如下:

$$G|\mathfrak{H}(L)\equiv 0,$$
$$G|\mathfrak{H}^\perp\equiv(\Box|\mathfrak{H}^\perp)^{-1}.$$

现在要证明这个 G 是紧算子. 设 $\{f_n\}\subset A(L)$, 而且 $|f_n|\leqslant 1,\forall n$. 要证明 $\{Gf_n\}$ 包含一个对于 $|\cdot|$ 的 Cauchy 子序列. 由定理 III, 只需证明 $\{|Gf_n|_1\}$ 是有界的. 根据 (14.2), $\forall\varphi\in\mathfrak{H}^\perp$ 有 $|\varphi|_1^2\leqslant C_0(\Box\varphi,\varphi)$. 今命 $a>0$ 为一充分大的常数, 使 $|f|\leqslant a|f|_0,\forall f\in A(L)$, 则

$$\begin{aligned}|\varphi|_1^2&\leqslant C_0|\Box\varphi|\cdot|\varphi|\\&\leqslant aC_0|\Box\varphi|\cdot|\varphi|_0\\&\leqslant aC_0|\Box\varphi|\cdot|\varphi|_1,\quad\forall\varphi\in\mathfrak{H}^\perp.\end{aligned}$$

故有

$$|\varphi|_1\leqslant aC_0|\Box\varphi|,\quad\forall\varphi\in\mathfrak{H}^\perp.$$

因此如果将每个 f_n 分解, $f_n=f_n'+f_n^\perp, f_n'\in\mathfrak{H}(L), f_n^\perp\in\mathfrak{H}^\perp$, 则由 G 的定义:

$$\begin{aligned}|Gf_n|_1&=|Gf_n^\perp|_1\leqslant aC_0|\Box Gf_n^\perp|\\&=aC_0|f_n^\perp|\leqslant aC_0|f_n|\leqslant aC_0.\end{aligned}$$

故 $\{|Gf_n|_1\}$ 有界, 即 G 是紧算子.

现在来证明 $A(L)=\mathfrak{H}(L)\bigoplus G\Box A(L)$. 今命 H 为 $A(L)$ 到 $\mathfrak{H}(L)$ 的正交投影, 则对每 $f\in A(L)$,

$$\begin{aligned}&f-Hf\in\mathfrak{H}^\perp,\\\Rightarrow\ &f-Hf=G\Box(f-Hf)=G\Box f,\\\Rightarrow\ &f=Hf+G\Box f.\end{aligned}$$

最后, 要证 $G\overline{\partial}=\overline{\partial}G$, 和 $G\vartheta=\vartheta G$. 因为两者证明相类, 只证前者. 如 $f\in\mathfrak{H}(L)$, 有 $\overline{\partial}f=0$ (引理 11.7), 故 $G\overline{\partial}f=0$. 但 $f\in\mathfrak{H}(L),\Rightarrow Gf=0\Rightarrow\overline{\partial}Gf=0$. 所以

在 $\mathfrak{H}(L)$ 上, $G\overline{\partial} = \overline{\partial} G = 0$. 剩下只需考虑 $G\overline{\partial}|\mathfrak{H}^{\perp}$ 和 $\overline{\partial} G|\mathfrak{H}^{\perp}$. 如 $f \in \mathfrak{H}^{\perp}$, 无妨假定 $f = \Box\widetilde{f}, \widetilde{f} \in \mathfrak{H}^{\perp}$ (引理 14.5). 今有

$$G\overline{\partial} f = G\overline{\partial}\Box\widetilde{f} = G\Box\overline{\partial}\widetilde{f} = \overline{\partial}\widetilde{f} = \overline{\partial} G\Box\widetilde{f} = \overline{\partial} G f.$$

上面用了两个显然的事实: 一是 $\Box\overline{\partial} = \overline{\partial}\Box (= \overline{\partial}\vartheta\overline{\partial})$, 另一是 $\overline{\partial}\mathfrak{H}^{\perp} \subset \mathfrak{H}^{\perp}$ (引理 11.7). Hodge 定理证毕. □

§15　定理 I 的证明

现在来证明 Gårding 不等式 (14.1). 这里仅对 $f \in A^{0,1}(L)$ 作出证明, 其它几种情况方法类似. 设 $\{W_\alpha\}$ 是 M 上的一组坐标覆盖; 无妨也设 $\{W_\alpha\}$ 是线丛 L 的 STN. 因为 M 是紧的, 可设 $\{W_\alpha\}$ 只有 k 个元, 即 $M = W_1 \cup \cdots \cup W_k, k \in \mathbf{Z}$. 命 $\{\eta_\alpha\}$ 为从属于 $\{W_\alpha\}$ 的一个 C^∞ 单位分解. f 在 W_α 之局部表示为

$$f = f_\alpha d\overline{z}_\alpha e(\alpha),$$

(记号参阅 §11), 其中 f_α 为 W_α 上之 C^∞ 函数. 命 η_α 之支集为 Z_α, 则

$$\operatorname{supp}\eta_\alpha \equiv Z_\alpha \subset\subset W_\alpha.$$

因为 f 是 (0, 1) 型的, 故 $\overline{\partial} f = 0$, 因此

$$(\Box f, f) = (\vartheta f, \vartheta f) \equiv |\vartheta f|^2. \tag{15.1}$$

由 §14, 知有正常数 a_0, a_1 使

$$a_0|h|_0^2 \leqslant |h|^2 \leqslant a_1|h|_0^2, \quad \forall h \in A(L). \tag{15.2}$$

所以要证 (14.1), 只需求 $|\vartheta f|_0^2$ 的下界.

现复习 (11.9) 及它前面的记号. 在 W_α 上, 命

$$\begin{cases} \langle e(\alpha), e(\alpha)\rangle = g_\alpha, \\ M \text{ 的 } H \text{ 度量} = \gamma_\alpha dz_\alpha d\overline{z}_\alpha, \\ De(\alpha) = \theta_\alpha e(\alpha). \end{cases} \tag{15.3}$$

我们断言在 W_α 上,

$$\vartheta f = \frac{-2}{\gamma_\alpha}\left(\frac{\partial f_\alpha}{\partial z_\alpha} + f_\alpha \frac{\partial \log g_\alpha}{\partial z_\alpha}\right) e(\alpha). \tag{15.4}$$

这公式可证明如次:

$$\begin{aligned}\vartheta f &= -*D'*(f_\alpha d\overline{z}_\alpha e(\alpha))\\ &= -i*D'(f_\alpha d\overline{z}_\alpha e(\alpha))\\ &= -i*\{\partial f_\alpha\wedge d\overline{z}_\alpha + f_\alpha\theta_\alpha\wedge d\overline{z}_\alpha\}e(\alpha)\\ &= -i*\left\{\frac{\partial f_\alpha}{\partial z_\alpha}+f_\alpha\frac{\partial\log g_\alpha}{\partial z_\alpha}\right\}dz_\alpha\wedge d\overline{z}_\alpha e(\alpha)\\ &= -i\frac{2}{\gamma_\alpha i}\left\{\frac{\partial f_\alpha}{\partial z_\alpha}+f_\alpha\frac{\partial\log g_\alpha}{\partial z_\alpha}\right\}e(\alpha)\\ &= (15.4)\ \text{之右边}.\end{aligned}$$

由 (15.4) 及 $|\cdot|_0$ 之定义得

$$|\vartheta f|_0^2=\sum_\alpha\int_{W_\alpha}\left(\frac{2}{\gamma_\alpha}\right)^2\eta_\alpha^2\left|\frac{\partial f_\alpha}{\partial z_\alpha}+f_\alpha\frac{\partial\log g_\alpha}{\partial z_\alpha}\right|^2dL_\alpha,\tag{15.5}$$

其中 dL_α 是 W_α 上的 Lebesgue 测度 $dx_\alpha dy_\alpha(z_\alpha=x_\alpha+iy_\alpha)$.

现讨论一个初等而有用的不等式. 设 $\varphi,\xi\in\mathbf{C}$, 则 $|\varphi+\xi|^2\geqslant(|\varphi|-|\xi|)^2=|\varphi|^2+|\xi|^2-2|\varphi||\xi|$. 同时 $\forall\varepsilon>0, 0\leqslant\left(\varepsilon|\varphi|-\frac{1}{\varepsilon}|\xi|\right)^2=\varepsilon^2|\varphi|^2+\frac{1}{\varepsilon^2}|\xi|^2-2|\varphi||\xi|$. 故得

$$|\varphi+\xi|^2\geqslant(1-\varepsilon^2)|\varphi|^2-\left(\frac{1}{\varepsilon^2}-1\right)|\xi|^2.\tag{15.6}$$

命 $\varphi=\eta_\alpha\frac{\partial f_\alpha}{\partial z_\alpha},\xi=\eta_\alpha f_\alpha\frac{\partial\log g_\alpha}{\partial z_\alpha},\varepsilon=\frac{1}{\sqrt{2}}$. 由 (15.5) 及 (15.6),

$$|\vartheta f|_0^2\geqslant\sum_\alpha\int_{W_\alpha}\frac{2}{\gamma_\alpha^2}\left|\eta_\alpha\frac{\partial f_\alpha}{\partial z_\alpha}\right|^2dL_\alpha-\sum_\alpha\int_{W_\alpha}\left(\frac{2}{\gamma_\alpha}\right)^2\left|\frac{\partial\log g_\alpha}{\partial z_\alpha}\right|^2|\eta_\alpha f_\alpha|^2dL_\alpha.$$

命

$$A_1\equiv\min_{\alpha=1,\cdots,k}\left\{\min_{Z_\alpha}\left(\frac{2}{\gamma_\alpha^2}\right)\right\},$$

$$A_2\equiv\min_{\alpha=1,\cdots,k}\left\{\max_{Z_\alpha}\left(\frac{2}{\gamma_\alpha}\right)^2\left|\frac{\partial\log g_\alpha}{\partial z_\alpha}\right|^2\right\}.$$

A_1 与 A_2 均为不依赖于 f 之正常数, 且

$$\begin{aligned}|\vartheta f|_0^2&\geqslant A_1\sum_\alpha\int_{W_\alpha}\left|\eta_\alpha\frac{\partial f_\alpha}{\partial z_\alpha}\right|^2dL_\alpha-A_2\sum_\alpha\int_{W_\alpha}|\eta_\alpha f_\alpha|^2dL_\alpha\\ &=A_1\sum_\alpha\int_{W_\alpha}\left|\frac{\partial(\eta_\alpha f_\alpha)}{\partial z_\alpha}-f_\alpha\frac{\partial\eta_\alpha}{\partial z_\alpha}\right|^2dL_\alpha-A_2|f|_0^2.\end{aligned}\tag{15.7}$$

又命

$$\varphi = \frac{\partial(\eta_\alpha f_\alpha)}{\partial z_\alpha}, \quad \xi = -f_\alpha \frac{\partial \eta_\alpha}{\partial z_\alpha}, \quad \varepsilon = \frac{1}{\sqrt{2}}.$$

由 (15.6) 及 (15.7), 有

$$\begin{aligned}|\vartheta f|_0^2 \geqslant & \frac{A_1}{2}\sum_\alpha \int_{W_\alpha} \left|\frac{\partial(\eta_\alpha f)}{\partial z_\alpha}\right|^2 dL_\alpha \\ & -A_1 \sum_\alpha \int_{W_\alpha} \left|\frac{\partial \eta_\alpha}{\partial z_\alpha}\right|^2 |f_\alpha|^2 dL_\alpha - A_2 |f|_0^2.\end{aligned} \tag{15.8}$$

再命

$$A_3 = \max_{\alpha=1,\cdots,k}\left\{\max_{Z_\alpha}\left|\frac{\partial \eta_\alpha}{\partial z_\alpha}\right|^2\right\}.$$

A_3 亦是一个不依赖于 f 的正常数, 且

$$-\sum_\alpha \int_{W_\alpha} \left|\frac{\partial \eta_\alpha}{\partial z_\alpha}\right|^2 |f_\alpha|^2 dL_\alpha \geqslant -A_3 \sum_\alpha \int_{Z_\alpha} |f_\alpha|^2 dL_\alpha. \tag{15.9}$$

由 $*dz_\alpha = -idz_\alpha$ 及公式 (11.7),

$$\begin{aligned}|f|^2 &= \int_M \langle e(\alpha), e(\alpha)\rangle |f_\alpha|^2 (d\bar{z}_\alpha \wedge *dz_\alpha) \\ &\geqslant \int_{Z_\alpha} \langle e(\alpha), e(\alpha)\rangle |f_\alpha|^2 (d\bar{z}_\alpha \wedge *dz_\alpha) \\ &= \int_{Z_\alpha} 2g_\alpha |f_\alpha|^2 dL_\alpha.\end{aligned}$$

今又命

$$A_4 = \min_{\alpha=1,\cdots,k}\left\{\min_{Z_\alpha} 2g_\alpha\right\}.$$

A_4 也是一个不依赖于 f 的正常数, 并且

$$|f|^2 \geqslant A_4 \int_{Z_\alpha} |f_\alpha|^2 dL_\alpha,$$

故 (15.2) 蕴涵, $\forall \alpha$

$$-\int_{Z_\alpha} |f_\alpha|^2 dL_\alpha \leqslant -\frac{a_0}{A_4}|f|_0^2. \tag{15.10}$$

因为共有 k 个 W_α, 由 (15.8)—(15.10) 可得

$$|\vartheta f|_0^2 \geqslant \frac{A_1}{2}\sum_\alpha \int_{W_\alpha} \left|\frac{\partial(\eta_\alpha f_\alpha)}{\partial z_\alpha}\right|^2 dL_\alpha - \left(\frac{a_0 A_1 A_3 k}{A_4} + A_2\right)|f|_0^2.$$

应用 (15.1), 有

$$(\Box f, f) \geqslant A_5 \sum_\alpha \int_{W_\alpha} \left|\frac{\partial(\eta_\alpha f_\alpha)}{\partial z_\alpha}\right|^2 dL_\alpha - A_6|f|_0^2, \tag{15.11}$$

其中 A_5 与 A_6 是不依赖于 f 的正常数.

要简化 (15.11) 的右边, 须注意如果 $\varphi \in C_0^\infty(W_\alpha)$, 则在 W_α 上的分部积分得

$$\begin{aligned}\int_{W_\alpha}\left|\frac{\partial\varphi}{\partial z_\alpha}\right|^2 dL_\alpha &= \int_{W_\alpha}\frac{\partial\varphi}{\partial z_\alpha}\cdot\frac{\partial\overline{\varphi}}{\partial\overline{z}_\alpha}dL_\alpha\\ &= -\int_{W_\alpha}\frac{\partial^2\varphi}{\partial\overline{z}_\alpha\partial z_\alpha}\cdot\overline{\varphi}dL_\alpha\\ &= -\int_{W_\alpha}\frac{\partial^2\varphi}{\partial z_\alpha\partial\overline{z}_\alpha}\cdot\overline{\varphi}dL_\alpha\\ &= \int_{W_\alpha}\frac{\partial\varphi}{\partial\overline{z}_\alpha}\cdot\frac{\partial\overline{\varphi}}{\partial z_\alpha}dL_\alpha\\ &= \int_{W_\alpha}\left|\frac{\partial\varphi}{\partial\overline{z}_\alpha}\right|^2 dL_\alpha.\end{aligned}$$

因此在 (15.11) 中, $\eta_\alpha f_\alpha$ 既有紧支集, 有

$$\begin{aligned}\sum_\alpha\int_{W_\alpha}\left|\frac{\partial(\eta_\alpha f_\alpha)}{\partial z_\alpha}\right|^2 dL_\alpha &= \frac{1}{2}\sum_\alpha\int_{W_\alpha}\left\{\left|\frac{\partial(\eta_\alpha f_\alpha)}{\partial z_\alpha}\right|^2+\left|\frac{\partial(\eta_\alpha f)}{\partial\overline{z}_\alpha}\right|^2\right\}dL_\alpha\\ &= \frac{1}{2}(|f|_1^2-|f|_0^2).\end{aligned}$$

上面最后的等式用了引理 13.6 和它后面的注意. 代入 (15.11) 则得

$$(\Box f, f) \geqslant \frac{A_5}{2}|f|_1^2 - \left(A_6+\frac{A_5}{2}\right)|f|_0^2.$$

这就是 Gårding 不等式 (14.1).

§16 Rellich 引理、Sobolev 引理与 $H_{-s}(\Omega)$

为了证明定理 Ⅱ 和 Ⅲ, 我们必须回到开集 $\Omega \subset \mathbf{R}^n$ 上讨论. 根据引理 13.5 的系 13.3, 如果 $0 \leqslant s < t$ $(s, t \in \mathbf{Z})$, 则 $H_t(\Omega) \subset H_s(\Omega)$, 且由此可得 $\overset{\circ}{H}_t \subset (\Omega)\,\overset{\circ}{H}_s(\Omega)$. 因此我们得一自然内射

$$i : \overset{\circ}{H}_t(\Omega) \to \overset{\circ}{H}_s(\Omega).$$

Rellich 引理. 如果 Ω 为 $\mathbf{R}^n$ 上有界开集, 则 i 是紧算子.

在证明这一引理之前, 我们先看一个例子. 命 $C^1[a,b]$ 为所有在区间 $[a,b]$ 上有连续导数的函数的集. 我们在 $C^1[a,b]$ 中引入两个范数,

$$\|f\|_0 = \max_{x\in[a,b]} |f(x)|,$$
$$\|f\|_1 = \max_{x\in[a,b]} |f(x)| + \max_{x\in[a,b]} |f'(x)|.$$

设 S_0, S_1 分别为 $C^1[a,b]$ 对于 $\|\cdot\|_0$ 和 $\|\cdot\|_1$ 的完备化. 显然

$$S_1 \subset S_0 \subset C[a,b]$$

($C[a,b]$ 是 $[a,b]$ 上所有连续函数的集).

断言 自然内射

$$i : S_1 \to S_0$$

是紧算子.

为此只需说明, 如果任何序列 $\{f_n\} \subset S_1$, 且 $\|f_n\|_1 \leqslant 1$, 必存在子序列 $\{f_{n(j)}\}$, 使其对于 $\|\cdot\|_0$ 是 Cauchy 序列. 而根据 Ascoli-Arzela 定理, 归结到证明 $\{f_n\}$ 是一致有界和等度连续. 但由假设 $\|f_n\|_0 \leqslant \|f_n\|_1 \leqslant 1$, 因此 $\{f_n\}$ 一致有界. 另外由 $\|f_n'\| \leqslant \|f_n\|_1 \leqslant 1$, 及微分学的中值定理, 可得

$$|f_n(x) - f_n(y)| = |f_n'(z)||x-y| \leqslant |x-y|,$$

其中 $z \in [a,b]$, 由此立得 $\{f_n\}$ 的等度连续性.

从这一具体例子, 我们可看到 Rellich 引理的主要想法.

下面先建立两个引理, 然后用它们来证明 Rellich 引理.

引理 16.1 设 χ 和 χ_ε 如引理 13.4 所定义者. 如果 Ω 为 $\mathbf{R}^n$ 的开集, 则对任意 $t>0$, 存在常数 $A_t>0$, 使得 $\forall f \in \overset{\circ}{H}_t(\Omega)$, 有

$$|f - f * \chi_\varepsilon|_{t-1,\mathbf{R}^n} \leqslant \varepsilon A_t |\chi|_0 |f|_t,$$

其中 $\|\cdot\|_{t-1,\mathbf{R}^n}$ 为 $H_{t-1}(\mathbf{R}^n)$ 的范数, A_t 为仅与 t 有关的常数.

证 先设 $f \in C_0^\infty(\Omega)$. 对 $\forall x, y \in \mathbf{R}^n$, 定义

$$g_y(x) = f(x+y) - f(x).$$

我们有

$$g_y(x) = \sum_{i=1}^n y_i \int_0^1 \frac{\partial f}{\partial x_i}(x+ty)dt,$$

其中 $y=(y_1,\cdots,y_n)$. 应用 Schwarz 不等式得

$$|g_y(x)|^2\leqslant n\sum_{i=1}^n y_i^2\int_0^1\left|\frac{\partial f}{\partial x_i}(x+ty)\right|^2dt.$$

因此对 x 积分后, 有

$$\begin{aligned}|g_y(x)|_0^2&\leqslant n\sum_{j=1}^n y_j^2\int_0^1 dt\int_{\mathbf{R}^n}\left|\frac{\partial f}{\partial x_j}(x+ty)\right|^2dx\\&=n\sum_{j=1}^m y_j^2\int_{\mathbf{R}^n}\left|\frac{\partial f}{\partial x_j}\right|^2dx\leqslant n\sum_{j=1}^n y_j^2|f|_1^2.\end{aligned}$$

若用普通记号 $|y|^2=\sum_{j=1}^n y_j^2$, 则有

$$|g_y(x)|_0^2\leqslant n|y|^2|f|_1^2. \tag{16.1}$$

另一方面, 根据定义有

$$\begin{aligned}(f*\chi_\varepsilon-f)(x)&=\int_{|y|\leqslant1}[f(x-\varepsilon y)-f(x)]\chi(y)dy\\&=\int_{|y|\leqslant1}g_{-\varepsilon y}(x)\chi(y)dy.\end{aligned}$$

由 Schwarz 不等式得

$$|(f*\chi_\varepsilon-f)(x)|^2\leqslant|\chi|_0^2\int_{|y|\leqslant1}|g_{-\varepsilon y}(x)|^2dy,$$

两边对 x 积分后, 根据 (16.1), 便可得到

$$\begin{aligned}|f*\chi_\varepsilon-f|_{0,\mathbf{R}^n}^2&\leqslant|\chi|_0^2|g_{\varepsilon y}(x)|_0^2\left(\int_{|y|\leqslant1}dy\right)\\&\leqslant\varepsilon^2\left(n\int_{|y|\leqslant1}dy\right)|\chi|_0^2|f|_1^2.\end{aligned}$$

把这一不等式应用于 $D^\alpha f,|\alpha|\leqslant t-1$, 然后根据引理 13.4 之 (c), 则 $\forall f\in C_0^\infty(\Omega)\cap\overset{\circ}{H}_t(\Omega)$, 可得

$$\begin{aligned}|D^\alpha(f*\chi_\varepsilon-f)|_{0,\mathbf{R}^n}^2&=|(D^\alpha f)*\chi_\varepsilon-D^\alpha f|_{0,\mathbf{R}^n}^2\\&\leqslant\varepsilon^2\left(n\int_{|y|\leqslant1}dy\right)|\chi|_0^2|D^\alpha f|_1^2.\end{aligned}$$

由 (13.2) 得

$$|f*\chi_\varepsilon - f|^2_{t-1,\mathbf{R}^n} \leqslant A_t|\chi|_0^2|f|_t^2,$$

其中 A_t 为仅与 t 有关的常数. 此即引理对任一 $f\in C_0^\infty(\Omega)$ 成立. 在一般情况下, $\forall f\in \mathring{H}_t(\Omega), \exists\{f_n\}\subset C_0^\infty(\Omega)$, 使 $|f_n-f|_t\to 0$. 应用引理 13.4 之 (c) 及不等式 (13.4), 便得不等式对一般的 f 成立. 引理得证. □

引理 16.2 如果 Ω 为 $\mathbf{R}^n$ 的有界开集, $k\in C_0^0(\mathbf{R}^n)$, 定义算子

$$K: L^2(\Omega)\to L^2(\mathbf{R}^n),\quad K(f)=f*k,\quad \forall f\in L^2(\Omega),$$

其中

$$(f*k)(x)=\int_{\mathbf{R}^n} f(y)k(x-y)dy,$$

则 K 是紧算子.

证 从 $(f*k)$ 的定义可直接验证 $(f*k)$ 是连续的. 且 $\operatorname{supp}(f*k)$ 包含于如下有界集

$$S\equiv\{x+y: x\in\overline{\Omega}, y\in\operatorname{supp}(k)\}$$

之内 (见引理 13.4(a)). 因此 $Kf\in C_0^0(\mathbf{R}^n)\subset L^2(\mathbf{R}^n)$, 故 K 的定义是合理的.

今要证 K 是紧算子, 设序列 $\{f_i\}\subset L^2(\Omega), \ni |f_i|_{L^2(\Omega)}\leqslant 1$, 只需证明 $\{K(f_i)\}$ 在 S 上一致有界和等度连续, 然后由 Ascoli-Arzela 定理, $\{K(f_i)\}$ 在 S 上存在一致收敛子序列, 由此便推出这子序列在 $L^2(\mathbf{R}^n)$ 中收敛.

直接由定义

$$K(f_i)(x)=\int_{\mathbf{R}^n} f_i(y)k(x-y)dy,$$

应用 Schwarz 不等式可得, $\forall x\in\mathbf{R}^n$

$$|K(f_i)(x)|\leqslant |k|_{L^2(\mathbf{R}^n)}|f_i|_{L^2(\Omega)}\leqslant |k|_{L^2(\mathbf{R}^n)}.$$

因此 $\{K(f_i)\}$ 一致有界. 同时, 如 $x_1,x_2\in\mathbf{R}^n$,

$$\begin{aligned}|(Kf_i)(x_2)-(Kf_i)(x_1)| &\leqslant \sup_y\{k(x_2-y)-k(x_1-y)\}\times\int_\Omega |f_i|\\ &\leqslant \sup_y\{k(x_2-y)-k(x_1-y)\}\times\left(\int_\Omega 1\right)^{1/2}|f_i|_{L^2(\Omega)},\end{aligned}$$

在最后的不等式中我们又用了 Schwarz 不等式. 因为 Ω 有界, $\int_\Omega 1$ 是一个有限常数. 亦知 $|f_i|_{L^2(\Omega)}\leqslant 1$. 最后, 因为 $k\in C_0^0(\mathbf{R}^n)$, 故 k 在 $\mathbf{R}^n$ 上一致连续, 因此当 x_1 和 x_2 充分接近时, 上式右边的 $\sup\limits_y$ 是充分小的. 这就证明了 $\{Kf_i\}$ 的等度连续性. 因此引理得证. □

Rellich 引理的证明.

我们要证明如 Ω 有界, 则

$$i:\mathring{H}_t(\Omega)\to\mathring{H}_s(\Omega)(s<t)$$

是紧算子. 由于存在等距映照

$$l:\mathring{H}_s(\Omega)\to\mathring{H}_s(\mathbf{R}^n),$$

故只需证明

$$l\circ i:\mathring{H}_t(\Omega)\to\mathring{H}_s(\mathbf{R}^n)$$

是紧算子.

首先, 按引理 13.4, $\forall f\in\mathring{H}_t(\Omega),(f*\chi_\varepsilon)\in C_0^\infty(\mathbf{R}^n)$. 所以对 $\forall\varepsilon>0$, 可以定义

$$T_\varepsilon:\mathring{H}_t(\Omega)\to\mathring{H}_s(\mathbf{R}^n)$$

(注意, 右边是 $\mathring{H}_s(\mathbf{R}^n)$ 而不是 $\mathring{H}_s(\Omega)$) 使得 $\forall f\in\mathring{H}_t(\Omega)$,

$$T_\varepsilon(f)=f*\chi_\varepsilon,$$

当 $\varepsilon\to0$ 时, 按算子范数有

$$\|l\circ i-T_\varepsilon\|\to0.$$

这是因为对于 $\forall f\in\mathring{H}_t(\Omega)$, 由引理 16.1,

$$\begin{aligned}|(l\circ i-T_\varepsilon)(f)|_{s,\mathbf{R}^n}=|f-f*\chi_\varepsilon|_{s,\mathbf{R}^n}&\leqslant\varepsilon A_{s+1}|\chi|_0|f|_{s+1}\\&\leqslant\varepsilon A_{s+1}|\chi|_0|f|_t.\end{aligned}$$

按算子范数的定义, 便有

$$\|l\circ i-T_\varepsilon\|\leqslant\varepsilon A_{s+1}|\chi|_0.$$

因此, 只需证得 T_ε 是紧的, 则由于 T_ε 一致收敛于 $l\circ i, l\circ i$ 便是紧的 (任一组紧算子的一致极限也是紧算子).

现证 T_ε 是紧的. 设序列 $\{f_m\}\subset\mathring{H}_t(\Omega),\ni|f_m|_t\leqslant1$, 只要证明 $\{f_m*\chi_\varepsilon\}$ 存在一子序列, 使其在 $\mathring{H}_s(\mathbf{R}^n)$ 上收敛.

根据引理 16.2, 对 $\forall\alpha,\ni|\alpha|\leqslant s$, 算子

$$f\mapsto f*D^\alpha\chi_\varepsilon$$

是 $L^2(\Omega)$ 到 $L^2(\mathbf{R}^n)$ 的紧算子. 因此根据 $\{f_m\}$在 $L^2(\mathbf{R}^n)$ 中有界, 经有限次重复取子序列后, 取得一子序列 $\{f_{m(j)}\}$, 使得当 $j\to\infty$ 时, 对 $\forall\alpha,\ni|\alpha|\leqslant s,\{f_{m(j)}*D^\alpha\chi_\varepsilon\}$ 在 $L^2(\mathbf{R}^n)$ 上收敛, 因而是 $L^2(\mathbf{R}^n)$ 上的 Cauchy 序列. 另外, 显然 $\{f_{m(j)}*\chi_\varepsilon\}\in A_s(\mathbf{R}^n)$. 由于

$$\begin{aligned}|T_\varepsilon(f_{m(j)})-T_\varepsilon(f_{m(i)})|^2_{s,\mathbf{R}^n}&=|T_\varepsilon(f_{m(j)}-f_{m(i)})|^2_{s,\mathbf{R}^n}\\&=|(f_{m(j)}-f_{m(i)})*\chi_\varepsilon|^2_{s,\mathbf{R}^n}\\&=\sum_{|\alpha|\leqslant s}|D^\alpha\{(f_{m(j)}-f_{m(i)})*\chi_\varepsilon\}|_0^2\\&=\sum_{|\alpha|\leqslant s}|(f_{m(j)}-f_{m(i)})*D^\alpha\chi_\alpha|_0^2,\end{aligned}$$

这里最后一步用了 (13.3). 由此推出 $\{T_\varepsilon(f_{m(j)})\}$ 为 $A_s(\mathbf{R}^n)$ 中的 Cauchy 序列, 它在 $\mathring{H}_s(\mathbf{R}^n)$ 中收敛. 此即要证者. □

附注. Rellich 引理一般是用广义函数, 通过 Fourier 变换来证明的.

下面的引理, 是几乎所有正则性的证明都用到者.

Sobolev 引理. 如果 $t\in\mathbf{Z},t\geqslant0$, 则当 $s>n/2$ 时 (n 为 $\mathbf{R}^n$ 的维数), 有

$$H_{s+t}(\Omega)\subset C^t(\Omega).$$

从这些引理的观点来说, 概而言之, Sobolev 空间之所以有用, 在于它们都是 Hilbert 空间, 所以在处理问题之解时可用 Hilbert 空间的理论. 最后应用 Sobolev 引理归结到 $C^t(\Omega)$, 说明解的正则性.

证明依赖于建立下列不等式.

Sobolev 不等式. 如果 $s>n/2$, 且 K 是 Ω 内的紧集, 则存在常数 $C>0$, 使得 $\forall f\in A_s(\Omega)$, 有

$$\max_K|f(x)|\leqslant C|f|_s.$$

证 由于 K 是 Ω 内紧集, 故存在常数 $R>0$, 使得 $\forall x\in K,B(x,R)\subset\Omega$, 这里 $B(x,R)$ 为闭球 $\{y\in\mathbf{R}^n:|y-x|\leqslant R\}$. 命 $\zeta(r)\in C^\infty([0,R)),\ni\operatorname{supp}(\zeta)\subset[0,R)$, 且 $\zeta|[0,R/2]\equiv1$. 对于 $\forall x\in K,\zeta$ 在 $\mathbf{R}^n$ 上定义一个 y 的函数 $\zeta(|y-x|)$, 且也以 ζ 表示之.

设 $f\in A_s(\Omega)$, 对于 $\forall x\in K$, 我们要估计 $|f(x)|$, 而在下面的估计过程中可看到, 只需对 x 为原点 O 时估计 $|f(0)|$, 其它之值可同法得出.

今设 $x=0$. 根据分部积分公式, 我们有

$$f(0)=-\int_0^R\frac{\partial(\zeta f)}{\partial r}dr=(-1)^{\zeta+1}\int_0^R r^{s-1}\left(\frac{\partial^s(\zeta f)}{\partial r^s}\right)dr.$$

设在 $\mathbf{R}^n$ 的极坐标下, 体积元素为 $dL = r^{n-1}drd\sigma, d\sigma$ 表示单位超球面的面积元素, 且设 σ 为单位超球面的面积. 对上式应用 Schwarz 不等式, 得

$$\begin{aligned}|\sigma f(0)| &= \left|\int_{B(0,R)} r^{s-n}\left(\frac{\partial^s(\zeta f)}{\partial r^s}\right) r^{n-1}drd\sigma\right| \\ &\leqslant \left(\int_{B(0,R)} r^{2(s-n)}r^{n-1}drd\sigma\right)^{1/2}\left(\int_{B(0,R)}\left|\frac{\partial^s(\zeta f)}{\partial r^s}\right|^2 dL\right)^{1/2} \\ &\leqslant C_1|\zeta f|_s \\ &\leqslant C|f|_s,\end{aligned}$$

而且也用到了 $r^{2(s-n)}$ 在 $B(0,R)$ 上是可积的, 因为 $s > n/2$, 这里 C 为仅与 s 及 R (即与 K) 有关的常数. 同理, 可证这不等式对 $\forall x \in K$ 成立, 我们便得 Sobolev 不等式的证明. □

Sobolev 引理的证明. 设 $f \in H_{s+t}(\Omega), s > n/2, t \geqslant 0$, 我们要证明 $f \in C^t(\Omega)$ (此即 f 几乎处处等于 $C^t(\Omega)$ 中一函数), 只需证明, 在任何紧集 $K \subset \Omega$ 上, $f \in C^t$.

设序列 $\{f_i\} \subset A_{s+t}(\Omega)$, 使得当 $i \to \infty$ 时 $|f - f_i|_{s+t} \to 0$. 根据 Sobolev 不等式有, $\forall\alpha \ni |\alpha| \leqslant t$,

$$\begin{aligned}\max_K |D^\alpha f_i - D^\alpha f_i| &\leqslant C|D^\alpha f_i - D^\alpha f_j|_s \\ &\leqslant C|f_i - f_j|_{s+t} \to 0,\end{aligned}$$

当 $i, j \to \infty$. 因此存在函数 $g \in C^t(K)$, 使得当 $i \to \infty$ 时, 在 K 上 $D^\alpha f_i$ 一致收敛于 $D^\alpha g, \forall\alpha \ni |\alpha| \leqslant t$. 因而在 $L^2(K)$ 上 $f_i \to g$, 同时也有 $f_i \to f$, 故在 K 上几乎处处有 $f = g$. □

现在我们引进一个较完善的方法来表达 Sobolev 引理. 定义局部 Sobolev 空间如下: $\forall s \geqslant 0, s \in \mathbf{Z}$,

$$H_s(\Omega, \mathrm{loc}) \equiv \{f : f \text{ 是 } \Omega \text{ 上的可测函数, 而且 } \forall\zeta \in C_0^\infty(\Omega), \zeta f \in H_s(\Omega)\}.$$

因为可微分性是一个局部性质, 所以下面两个系是明显的, 而且也是较上面的 Sobolev 引理自然些.

系 16.1 如果 $t \in \mathbf{Z}, t \geqslant 0$, 则当 $s > n/2$ 时, 有

$$H_{s+t}(Q, \mathrm{loc}) \subset C^t(\Omega).$$

系 16.2 $C^\infty(\Omega) = \bigcap_{s\geqslant 0} H_s(\Omega, \mathrm{loc})$.

由这里至本节之结尾, s 是一个 $\geqslant 0$ 的整数. 在 §13 我们已在每个 $\mathbf{R}^n$ 上的开集 Ω 引进了 Sobolev 空间 $H_s(\Omega)$, 现在为了方便和技巧上的需要, 要引进 $H_{-s}(\Omega)$. 这需要性很容易解释. 设 $f \in H_s(\Omega)$, 如果 $|\alpha| \leqslant s$, 则弱导数 $D^\alpha f$ 有定义 (断言 13.2). 但如果常常要顾虑到 s 和 $|\alpha|$ 之间的大小才能取弱导数, 实是费时失事. 但在引进 $H_{-s}(\Omega)$ 后, 则 $D^\alpha f$ 永远有意义, 而且 $D^\alpha f \in H_{s-|\alpha|}(\Omega)$ (见下面引理 16.3).

现如常命 Ω 为 $\mathbf{R}^n$ 上的开集, $s \geqslant 0, s \in \mathbf{Z}$. 定义

$$H_{-s}(\Omega) \equiv (\text{Hilbert 空间 } H_s(\Omega) \text{ 的对偶})$$

即

$$H_{-s}(\Omega) = \{\varphi : \varphi \text{ 是 } H_s(\Omega) \text{ 上的有界泛函}\}.$$

根据一般定义, 如果 $\varphi \in H_{-s}(\Omega)$, 则其范数 $|\varphi|_{-s}$ 为

$$|\varphi|_{-s} = \sup_{f \neq 0} \frac{|\varphi(f)|}{|f|_s},$$

其中 $f \in H_s(\Omega)$. 因为 $H_0(\Omega)(= L^2(\Omega))$ 是自对偶的, 所以当 $s = 0$ 时, 这个 $H_0(\Omega)$ 与 §13 的 $H_0(\Omega)$ 是一样的. (为了下面的需要, 这里复习一下 $H_0(\Omega)$ 的自对偶情况: 如 $\varphi \in H_0(\Omega)$, 则 φ 与如下的泛函认同 $f \mapsto (f, \overline{\varphi})$. $\forall f \in H_0(\Omega)$.)

设 $0 \leqslant s < t$. 用下面引进的自然映照, 将可视 $H_{-s}(\Omega)$ 为 $H_{-t}(\Omega)$ 的子空间. 如果 $\varphi \in H_{-s}(\Omega)$, 则 φ 是一个有界泛函 $\varphi : H_s(\Omega) \to \mathbf{C}$. 但 $s < t \Rightarrow H_t(\Omega) \subset H_s(\Omega)$. 故可限制 φ 使成泛函 $\varphi : H_t(\Omega) \to \mathbf{C}$. 后者对 $|\cdot|_t$ 也是有界的, 因 $\forall f \in H_t(\Omega)$,

$$|\varphi(f)| \leqslant |\varphi_{-s}||f|_s \leqslant |\varphi|_{-s}|f|_t.$$

所以这泛函 $\varphi : H_t(\Omega) \to \mathbf{C}$ 是 $H_{-t}(\Omega)$ 的一元. 这样定义的自然内射就使 $H_{-s}(\Omega) \subset H_{-t}(\Omega)$. 特别要注意的是, 由 $H_0(\Omega)$ 自对偶的性质, 如果 $s = 0, \varphi \in H_0(\Omega)$, 则把 φ 看作 $H_{-t}(\Omega)$ 内之一元时便有

$$\varphi(f) = (f, \overline{\varphi})_0, \quad \forall f \in H_t(\Omega).$$

由这些定义, 可将 §13 所引进的 Sobolev 链延长成:

$$\cdots \subset H_2(\Omega) \subset H_1(\Omega) \subset H_0(\Omega) \subset H_{-1}(\Omega) \subset H_{-2}(\Omega) \subset \cdots$$

如果 $f \in H_t(\Omega), t \in \mathbf{Z}$, 则称弱导数 $D^\alpha f$ 存在, 假若有 $g \in H_{t-|\alpha|}(\Omega)$ 使

$$(f, D^\alpha \zeta) = (-1)^{|\alpha|}(g, \zeta), \quad \forall \zeta \in C_0^\infty(\Omega). \tag{16.2}$$

这个 (,) 的意义是这样的: 如果 $h \in H_t(\Omega), \psi \in C_0^\infty(\Omega)$, 则定义

$$(h,\psi) \equiv \begin{cases} (h,\psi)_0 & \text{当 } t \geqslant 0, \\ h(\overline{\psi}) & \text{当 } t < 0. \end{cases}$$

若 (16.2) 成立, 则写 $D^\alpha f = g$ (弱的意义). 由于下面引理 16.3 的关系, 反正无论 t 与 α 有什么值, $D^\alpha f$ 对 $\forall f \in H_t(\Omega)$ 一定存在, 且 $D^\alpha f \in H_{t-|\alpha|}(\Omega)$. 所以我们今后将常常略去 "弱的意义" 这句话. 应该注意的是, 如果 $t \geqslant 0$, 则 (16.2) 的定义与定义 13.1 符合.

引理 16.3 设 $|\alpha| = s, t \in \mathbf{Z}$, 则 $D^\alpha : H_t(\Omega) \to H_{t-s}(\Omega)$ 是一个有界线性算子, 其范数 $\|D^\alpha\| \leqslant 1$.

证 如果 $t \geqslant s \geqslant 0$, 已知 D^α 的定义合理 (引理 13.5). 命 $\{f_n\}$ 为 $A_t(\Omega)$ 内一 Cauchy 序列, $f_n \to f, f \in H_t(\Omega)$. 这时有

$$|D^\alpha f|_{t-s} = \lim_n |D^\alpha f_n|_{t-s} \leqslant \lim_n |f_n|_t = |f|_t,$$

所以 $|D^\alpha| \leqslant 1$.

其次, 设 $t \geqslant 0, s > t$. 命 $f \in H_t(\Omega)$, 则需证明 $D^\alpha f$ 存在, 且为 $H_{t-s}(\Omega)$ 内一元. 现定义一线性算子 $g : C_0^\infty(\Omega) \to \mathbf{C}$, 使 $g(\zeta) = (-1)^{|\alpha|}(f, D^\alpha\overline{\zeta})_0$. 如 $\alpha = (\alpha_1, \cdots, \alpha_n)$, 其中 $\alpha_i \geqslant 0, \alpha_i \in \mathbf{Z}$, 则可找一个 $\beta = (\beta_1, \cdots, \beta_n)$ 使 $0 \leqslant \beta_i \leqslant \alpha_i, \forall i, \beta_i \in \mathbf{Z}$, 而且 $|\beta| = t$. 故有 $|\alpha - \beta| = s - t$, 并有 $D^\alpha = D^\beta D^{\alpha-\beta}$. 现有 $D^{\alpha-\beta}\overline{\zeta} \in C_0^\infty(\Omega), \forall \zeta \in C_0^\infty(\Omega)$, 故从定义 13.1,

$$(f, D^\alpha\overline{\zeta})_0 = (-1)^{|\beta|}(D^\beta f, D^{\alpha-\beta}\overline{\zeta})_0,$$

所以

$$|g(\zeta)| \leqslant |D^\beta f|_0 |D^{\alpha-\beta}\zeta|_0 \leqslant |f|_t |\zeta|_{s-t}.$$

这就说明 g 在 $C_0^\infty(\Omega) \subset H_{s-t}(\Omega)$ 上是一个对于 $|\cdot|_{s-t}$ 有界的线性算子. 由 Hahn-Banach 定理, 可扩充 g 成一有界泛函

$$g : H_{s-t}(\Omega) \to \mathbf{C},$$

而且 g 在 $H_{s-t}(\Omega)$ 上的范数相等于 g 原来的范数. 由上面不等式, 得 $\|g\| \leqslant |f|_t$.

现知 g 在 $H_{s-t}(\Omega)$ 上有界, 故 $g \in H_{t-s}(\Omega)$. 由上面定义, $\forall \zeta \in C_0^\infty(\Omega)$,

$$(f, D^\alpha\zeta) = (-1)^{|\alpha|}(g, \zeta).$$

根据定义 (16.2), $D^\alpha f = g \in H_{t-s}(\Omega)$. 同时

$$|D^\alpha f|_{t-s} = |g|_{t-s} \equiv \|g\| \leqslant |f|_t.$$

这说明 $\|D^\alpha\| \leqslant 1$.

对我们来说, $t \geqslant 0$ 的情况是最重要的, 证明已见如上. 余下的 $t < 0$ 情况就可留作习题了.

习题 请把引理证完.

对 $H_{-s}(\Omega)$ 的简单运算, 在这里略加注记. 如果

$$\varphi, \psi \in C_0^\infty(\Omega),$$

则

$$|(\varphi, \psi)_0| \leqslant |\varphi|_s |\psi|_{-s}, \quad \forall s \geqslant 0. \tag{16.3}$$

这是一个广义的 Schwarz 不等式, 理由是如把 ψ 看成 $H_{-s}(\Omega)$ 内之一元, 则 $\forall f \in H_s(\Omega)$

$$|\psi(f)| \leqslant |\psi|_{-s} |f|_s.$$

但 $\psi \in H_0(\Omega)$, 所以从上面自然内射 $H_0 \subset H_{-s}$ 的定义, 知 $\psi(f) = (f, \overline{\psi})_0$. 用 φ 代 f 便得 (16.3).

此外, 一般的普通导数形式运算, 在弱导数的情形下也成立. 比如说, $\forall f, g \in H_t(\Omega), \forall a, b \in \mathbf{R}$,

$$D^\alpha(af + bg) = aD^\alpha f + bD^\alpha g, \tag{16.4}$$

这等式 $\forall t, \forall \alpha$ 在 $H_{t-|\alpha|}(\Omega)$ 上成立. 较复杂的乘积的公式, 设 $f \in H_t(\Omega), t \in \mathbf{Z}$, 如果 $\varphi \in C^\infty(\Omega)$ 而且 φ 的所有 $\leqslant s$ 阶的导数都在 Ω 上有界, 则可定义 $\varphi f \in H_t(\Omega)$ 如下: 如 $t < 0$, 则 $(\varphi f)(h) = f(\varphi h), \forall h \in H_{-t}(\Omega)$; 如 $t \geqslant 0$, 命 $\{f_n\} \subset C^\infty(\Omega) \cap H_t(\Omega)$ 使 $|f_n - f|_t \to 0$, 则 φf 为 $\{\varphi f_n\}$ 在 $H_t(\Omega)$ 内的极限. 在这情形下, 有 $\forall \alpha; |\alpha| \leqslant |t|$,

$$D^\alpha(\varphi f) = \sum_{0 \leqslant \beta \leqslant \alpha} (D^\beta \varphi)(D^{\alpha-\beta} f), \tag{16.5}$$

其中 $0 \leqslant \beta \leqslant \alpha$ 的意义为 $0 \leqslant \beta_i \leqslant \alpha_i, \forall i = 1, \cdots, n$.

最后我们定义一个黎曼面 M 上的全纯线丛 L 的 $H_{-s}(L)$. 这定义与 $H_{-s}(\Omega)$ 的定义是完全对应的, 即

$$\begin{aligned} H_{-s}(L) &= (\text{Hilbert 空间 } H_s(L) \text{ 的对偶}) \\ &= \{\varphi : \varphi \text{ 是 } H_s(L) \text{ 上的有界泛函}\}. \end{aligned}$$

因为 $H_{-s}(\Omega)$ 与 $H_{-s}(L)$ 同是形式上定义的, 所以前面关于 $H_{-s}(\Omega)$ 的结果在 $H_{-s}(L)$ 上也成立. 例如有长 Sobolev 链

$$\cdots H_2(L) \subset H_1(L) \subset H_0(L) \subset H_{-1}(L) \subset H_{-2}(L) \subset \cdots.$$

又例如有如下的连续算子: $\forall t \in \mathbf{Z}$,

$$\overline{\partial}, \vartheta, \overline{\partial} + \vartheta : H_t(L) \to H_{t-1}(L),$$
$$\Box : H_t(L) \to H_{t-2}(L).$$

又例如 $\forall \omega, \eta \in A(L)$,

$$|(\omega, \eta)_0| \leqslant |\omega|_s |\eta|_{-s}, \quad \forall s \geqslant 0.$$

这些都是容易验证的.

有了 $H_{-s}(L)$ 的概念和对应于引理 16.3 的结果, 以后对任意的 $f \in H_s(L)$, 我们可直接写 $\Box f$ 或 $\overline{\partial} f$ 而不需再加上 "弱的意义" 这句话了. 用这术语, 则定义 14.1 不过是定义

$$\forall f \in H_0(L), \text{“} Pf \in H_0(L) \text{”}$$

的意义; 即是说, 已知 $Pf \in H_{-1}(L)$ 或 $H_{-2}(L)$, 但如刚好 Pf 属于子空间 $H_0(L)$, 则可等价表示为

$$(f, P^*\varphi) = (Pf, \varphi) \quad \forall \varphi \in A(L).$$

见 (16.2) 和自然内射 $H_0(\Omega) \subset H_{-1}(\Omega) \subset H_{-2}(\Omega)$ 的定义.

§17 定理 Ⅱ 与 Ⅲ 的证明

我们先证明定理 Ⅲ. 如果序列 $\{f_n\} \subset A(L)$ 对于范数 $|\cdot|_1$ 有界, 需证有一个对 $|\cdot|_0$ 的 Cauchy 子序列.

命 $\{W_\alpha\}$ 为定义范数 $|\cdot|_s$ 的 M 上一贯采用的坐标覆盖, $\{\eta_\alpha\}$ 为从属于 $\{W_\alpha\}$ 的 C^∞ 单位分解. 对于每个固定的 α,

$$|\eta_\alpha f_n|_1 \leqslant |f_n|_1 \leqslant E,$$

其中 E 是一个固定的常数. 把 $\eta_\alpha f_n$ 看作 $C_0^\infty(W_\alpha)$ 内的元素时, 根据 Rellich 引理, 可找出子序列 $\{\eta_\alpha f_i\}$, 使得 $\{\eta_\alpha f_i\}$ 在 $H_0(W_\alpha)$ 内是 Cauchy 序列. 由于

$\{W_\alpha\}$ 的个数有限, 经有限次重复取子序列后, 可以假设对每个 $\alpha, \{\eta_\alpha f_i\}$ 是 $H_0(W_\alpha)$ 内的 Cauchy 序列. 因此有

$$\begin{aligned}|f_i - f_j|_0 &= \sum_\alpha |(\eta_\alpha f_i - \eta_\alpha f_j)|_0 \\ &\leqslant \sum_\alpha |\eta_\alpha f_i - \eta_\alpha f_j|_0 \to 0,\end{aligned}$$

当 $i, j \to \infty$. 所以 $\{f_i\}$ 是对于 $|\cdot|_0$ 的 Cauchy 序列. 定理 Ⅲ 证完.

现在证明定理 Ⅱ. 给出 $h \in H_0(L), u \in A(L)$, 如果 $(\overline{\partial} + \vartheta)h = u$, 则需证 $h \in A(L)$ (这个断言的严格意义是, 有 $\widetilde{h} \in A(L)$ 使几乎处处有 $\widetilde{h} = h$).

我们先证一个比较简单的特殊情况.

引理 17.1 设 $h \in H_0(L)$, 而且 $\overline{\partial} h \in A(L), \vartheta h \in A(L)$, 则 $h \in A(L)$.

系 设 $h \in H_0^{p,q}(L)$, 而且 $(\overline{\partial} + \vartheta)h \in A(L)$, 则 $h \in A(L)$.

系的证明 如 $h \in H_0^{p,q}(L)$, 则 $\overline{\partial} h \in H_{-1}^{p,q+1}(L)$ 和 $\vartheta h \in H_{-1}^{p,q-1}(L)$. 所以 $(\overline{\partial} + \vartheta)h \in A(L) \Leftrightarrow \overline{\partial} h \in A(L), \vartheta h \in A(L)$. 由引理 17.1, 系立得证. □

请注意一点. 在 §14 Hodge 定理的证明中, 已知道所用的不是定理 Ⅱ 本身而是引理 14.3. 现在我们指出, 由上面的系立可推得引理 14.3. 理由如次. 设 $f \in H_1(L)$ 和 $\Box f \in A(L)$, 要证 $f \in A(L)$. 因为 $\Box$ 是保型的, 如果 f' 是 f 的 (p,q) 型分量, 则 $\Box f'$ 也是 (p,q) 型. 所以 $\Box f \in A(L) \Rightarrow \Box f' \in A(L)$. 命 $\psi = (\overline{\partial} + \vartheta)f'$. 因为 M 是黎曼面, 所以

$$\psi = \begin{cases} \overline{\partial} f' & \text{当 } q = 0, \\ \vartheta f' & \text{当 } q = 1, \end{cases}$$

故 $\psi \in H_0^{p,q+1}(L)$ 或 $H_0^{p,q-1}(L)$, 视 $q = 0$ 或 1 而定 ($\psi \in H_0(L)$, 因为 $f \in H_1(L) \Rightarrow f' \in H_1^{p,q}(L)$). 由假设,

$$(\overline{\partial} + \vartheta)\psi = \Box f' \in A(L),$$

故 $\psi \in A(L)$ (引理 17.1 的系). 同理,

$$(\overline{\partial} + \vartheta)f' = \psi \in A(L) \Rightarrow f' \in A(L).$$

这就证明了 f 的每个 (p,q) 型分量是 $A^{p,q}(L)$ 内一元, 故 $f \in A(L)$.

所以如果只为黎曼面上 Hodge 定理证明的需要, 则引理 17.1 已够用. 但我们在下面还是证明定理 Ⅱ 本身, 因为这证明有值得学习的地方, 而且也不是太繁.

引理 17.1 的证明 由惯用的记号 (见 (11.9) 之前的讨论或见 §15), 命 $\{W_\alpha\}$ 为 M 上的坐标覆盖和 STN. 取任一个 W_α 并命 W 为 W_α 内的一个开集, 而且 $W \subset\subset W_\alpha$, 我们只需证明 $h|W$ 是 C^∞ 形式. 无妨设 h 为 (p,q) 型 (必要时只考虑 h 的 (p,q) 型分量). 在 W_α 上有惯用的 $e(\alpha), \varphi_\alpha, \gamma_\alpha dz_\alpha d\overline{z}_\alpha$ 及 $g_\alpha \equiv \langle e(\alpha), e(\alpha)\rangle$. 命 h 在 W_α 上的局部表示为

$$h = h_\alpha \varphi_\alpha e(\alpha).$$

以下的计算都限制到 W 上.

现将 W 与 $\mathbf{C}$ 的一个开集认同, 即是说, 我们把 z_α 当作 $\mathbf{C}$ 上的标准坐标函数限制到 W 上. 因 $W \subset\subset \mathbf{C}$, 故

$$h \in H_0(L) \Rightarrow h_\alpha \in L^2(W).$$

另外知 γ_α 和 g_α 都在 W_α 上 C^∞, 所以它们在 W 上所有导数都有界, 故像 (16.4) 与 (16.5) 一类的形式运算在 W 上都成立. 这点以后亦不再指出.

由 $\overline{\partial}$ 的定义, 有

$$\overline{\partial} h = \frac{\partial h_\alpha}{\partial \overline{z}_\alpha}(d\overline{z}_\alpha \wedge \varphi_\alpha) e(\alpha). \tag{17.1}$$

另一方面, 由 (11.8) 的证明和由 (15.4), 得

当 $(p,q) = (0,1)$,

$$\vartheta h = \frac{-2}{\gamma_\alpha}\left(\frac{\partial h_\alpha}{\partial z_\alpha} + \frac{\partial \log g_\alpha}{\partial z_\alpha} h_\alpha\right) e(\alpha);$$

当 $(p,q) = (1,1)$,

$$\vartheta h = i\left(\frac{\partial h_\alpha}{\partial z_\alpha} + \frac{\partial \log g_\alpha}{\partial z_\alpha} h_\alpha\right) dz_\alpha e(\alpha);$$

当 $(p,q) = (0,0)$ 或 $(1,0)$,

$$\vartheta h = 0.$$

总结之得

$$\vartheta h = \tau(\rho h), \tag{17.2}$$

其中 τ 为一个永不等于 0 的 C^∞ 函数, 而且

$$\rho h \equiv \left(\frac{\partial h_\alpha}{\partial z_\alpha} + \sigma h_\alpha\right) \psi_\alpha e(\alpha), \tag{17.3}$$

σ 是一个 C^∞ 函数, $\psi_\alpha = 1$, 或 dz_α, 或 0.

现在要证明 $h \in C^\infty(W)$. 由 Sobolev 引理的系 16.2, 我们只需证明:

(♯) $h \in H_s(W, \mathrm{loc}) \quad \forall s \geqslant 0, s \in \mathbf{Z}$.
如果 $s \geqslant 0$, 在下面我们将证明:

(♯♯) 设已知 $h \in H_s(W, \mathrm{loc}), \overline{\partial} h \in H_s(W, \mathrm{loc})$ 和

$$\rho h \in H_s(W, \mathrm{loc}), \text{ 则 } h \in H_{s+1}(W, \mathrm{loc}).$$

现在先说明为什么 (♯♯) 蕴涵 (♯). 由引理假设, 有 $\overline{\partial} h \in C^\infty(W)$,

$$\rho h = \frac{1}{\tau}(\vartheta h) \in C^\infty(W),$$

故 $\overline{\partial} h$、$\rho h \in H_s(W, \mathrm{loc}), \forall s \geqslant 0, s \in \mathbf{Z}$. 因此 (♯♯) 在这情况下就变成: 如果 $h \in H_s(W, \mathrm{loc})$, 则 $h \in H_{s+1}(W, \mathrm{loc})$. 但由假设知 $h \in H_0(W)$, 故 $h \in H_1(W, \mathrm{loc}), h \in H_2(W, 1\mathrm{oc}), h \in H_3(W, \mathrm{loc})$, 等等. 所以 (♯) 成立.

现在证明 (♯♯). 为了记号简便, 只证 $s = 0$ 的情况. 当 $s > 0$ 时证明是一样的, 在下面有简略的讨论. 我们将证明:

(♯♯♯) 如果 $f, \overline{\partial} f$ 和 $\rho f \in H_0(W)$ 而且 $\mathrm{supp}\, f \subset\subset W$, 则 $f \in H_1(W)$.
这就蕴涵 (♯♯) 在 $s = 0$ 的情况, 理由如次: 设 h 满足 (♯♯) 的条件. 命 $f \equiv \zeta h, \zeta \in C_0^\infty(W)$, 只需证明 $f \in H_1(W)$. 由假设已知 $f \in H_0(W)$. 再由 (17.1) 和 (17.3), 有

$$\overline{\partial}(\zeta h) = \zeta(\overline{\partial} h) + \frac{\partial \zeta}{\partial \overline{z}_\alpha} h_\alpha (d\overline{z}_\alpha \wedge \varphi_\alpha) e(\alpha),$$

$$\rho(\zeta h) = \zeta(\rho h) + \frac{\partial \zeta}{\partial z_\alpha} h_\alpha \psi_\alpha e(\alpha).$$

由 (♯♯) 的假设, $\overline{\partial} h, \rho h$, 和 h_α 都在 $H_0(W, \mathrm{loc})$ 内. 因为 $\zeta, \partial\zeta/\partial z_\alpha$, 和 $\partial\zeta/\partial\overline{z}_\alpha$ 都在 $C_0^\infty(W)$ 内, 故右边是在 $H_0(W)$ 内, 即 $\overline{\partial} f$ 和 $\rho f \in H_0(W)$. 因此可用 (♯♯♯) 来推出 $f \in H_1(W)$.

以下是 (♯♯♯) 的证明.

现用 Gårding 不等式 (14.1): 有正常数 C 使

$$|\varphi|_1^2 \leqslant C\{|\varphi|_0^2 + |\overline{\partial}\varphi|_0^2 + |\vartheta\varphi|_0^2\}, \quad \forall \varphi \in A(L).$$

如我们只考虑所有满足 $\mathrm{supp}\, \varphi \subset W$ 的 φ, 则由 (17.2) 知 $|\vartheta\varphi|_0^2 \leqslant C_1^2 |\rho\varphi|_0^2$, 其中 $C_1 = \max\limits_W |\tau|$. 故必要时取一较大的常数 C, 使 $\forall \varphi \in A(L), \mathrm{supp}\, \varphi \subset W$, 有

$$|\varphi|_1^2 \leqslant C\{|\varphi|_0^2 + |\overline{\partial}\varphi|_0^2 + |\rho\varphi|_0^2\}. \tag{17.4}$$

用引理 13.4 的记号, 定义 $\varphi \equiv f * \chi_\varepsilon - f * \chi_\delta$, 其中 ε, δ 是充分小的正数.(严格来说, 如 f 的局部表示是 $f = f_\alpha \varphi_\alpha e(\alpha)$, 则定义 $f * \chi_\varepsilon \equiv (f_\alpha * \chi_\varepsilon)\varphi_\alpha e(\alpha)$.) 因

为 $\mathrm{supp}\, f \subset\subset W$, 引理 13.4 蕴涵如 ε 充分小则 $f * \chi_\varepsilon \in C_0^\infty(W)$. 所以这 φ 满足 (17.4). 现在要证明当 $\varepsilon, \delta \to 0$ 时, $|\varphi|_1 \to 0$. 由 (17.4), 只需证

$$|\varphi|_0^2 + |\overline{\partial}\varphi|_0^2 + |\rho\varphi|_0^2 \to 0.$$

因为 $f \in H_0(W)$, 由引理 13.4 蕴涵 $f * \chi_\varepsilon \to f$. 故有

$$|\varphi|_0 = |f * \chi_\varepsilon - f * \chi_\delta| \to |f - f|_0 = 0.$$

我们将用同样办法去处理 $|\overline{\partial}\varphi|_0$ 和 $|\rho\varphi|_0$. 首先因为 $\mathrm{supp}\, f \subset\subset W$, 易验证 $\mathrm{supp}\, \overline{\partial} f \subset \mathrm{supp}\, f \subset\subset W$. 同理 ρf 的支集亦是 W 内的紧集. 由假设知 $\overline{\partial} f$ 和 $\rho f \in H_0(W)$. 故当 ε 充分小时, $(\overline{\partial} f) * \chi_\varepsilon$ 和

$$(\rho f) * \chi_\varepsilon \in C_0^\infty(W)$$

(引理 13.4). 再者, 因 f 在 W 上有局部表示 $f = f_\alpha \varphi_\alpha e(\alpha)$, 在下面的计算中我们把 f 和 $f\alpha$ 认同. 因此重复用引理 13.4, (17.1) 及 (17.3) 后得:

$$\begin{aligned}
|\overline{\partial}\varphi|_0 &= |(\overline{\partial} f) * \chi_\varepsilon - (\overline{\partial} f) * \chi_\delta|_0 \to 0, \\
|\rho\varphi|_0 &= |(\rho f) * \chi_\varepsilon - [(\sigma f_\alpha) * \chi_\varepsilon - \sigma(f_\alpha * \chi_\varepsilon)] \\
&\quad -(\rho f) * \chi_\delta + [(\sigma f_\alpha) * \chi_\delta - \sigma(f_\alpha * \chi_\delta)]|_0 \\
&\leqslant |(\rho f) * \chi_\varepsilon - (\rho f) * \chi_\delta|_0 + |(\sigma f)_\alpha * \chi_\varepsilon - (\sigma f_\alpha) * \chi_\delta|_0 \\
&\quad +|\sigma(f_\alpha * \chi_\varepsilon - f_\alpha * \chi_\delta)|_0.
\end{aligned}$$

在最后三项中, 第一和第二项 $\to 0$. 如定义 $E \equiv \max\limits_W |\sigma|$, 则第三项 $\leqslant E|f_\alpha * \chi_\varepsilon - f_\alpha * \chi_\delta|_0 \to 0$. 因此

$$|\varphi|_1^2 \leqslant C(|\varphi|_0^2 + |\overline{\partial}\varphi|_0^2 + |\rho\varphi|_0^2) \to 0.$$

就是说 $\{f * \chi_\varepsilon\}$ 在 $H_1(W)$ 内是一个 Cauchy 序列. 设 $\widetilde{f} \in H_1(W)$ 为 $\{f * \chi_\varepsilon\}$ 的极限. 但由引理 13.4 和假设 $f \in H_0(W)$, 已知在 $H_0(W)$ 内 $f * \chi_\varepsilon \to f$. 再由 $|\widetilde{f} - f * \chi_\varepsilon|_0 \leqslant |\widetilde{f} - f * \chi_\varepsilon|_1 \to 0$, 及极限的唯一性, 有 $f = \widetilde{f} \in H_1(W)$. 这就是所欲得的结论.

当 $s > 0$ 时, (##) 的证明没有什么不同. 在上面的推论中以其用 $f(\equiv f_\alpha \varphi_\alpha e(\alpha))$, 我们用 $(D^\gamma f_\alpha)\varphi_\alpha e(\alpha)$, 其中 $|\gamma| \leqslant s$. 因为 $f \in H_s(W)$, 故知 $(D^\gamma f_\alpha)\varphi_\alpha e(\alpha) \in H_0(W)$ (引理 13.5). 同理得 $\overline{\partial}[(D^\gamma f_\alpha)\varphi_\alpha e(\alpha)]$ 和 $\rho[(D^\gamma f_\alpha)\varphi_\alpha c(\alpha)] \in H_0(W)$. 由上面的推论得 $(D^\gamma f_\alpha)\varphi_\alpha e(\alpha) \in H_1(W)$. 由于这是对所有的 $\gamma \ni |\gamma| \leqslant s$ 都成立, 引理 13.5 的系 13.3 蕴涵 $f_\alpha \varphi_\alpha e(\alpha) \in H_{s+1}(W)$. 引理证毕. 所以 Hodge 定理也证毕.

现在给出**定理 II 本身的证明**. 记号推论一如引理 17.1 的证, 只需证对应于 (####) 的断言, 即:

(*) 如果 f 和 $(\overline{\partial}+\vartheta)f \in H_0(W)$, 而且 $\operatorname{supp} f \subset\subset W$, 则 $f \in H_1(W)$. 现将 Gårding 不等式 (14.1) 写成:

$$|\varphi|_1^2 \leqslant C\{|\varphi|_0^2 + |(\overline{\partial}+\vartheta)\varphi|_0^2\}, \quad \forall \varphi \in A(L), \tag{17.5}$$

其中 $C > 0$ 是一个不依赖于 φ 的常数. 今假设 f 满足 (*) 的条件. 定义 $\varphi \equiv f * \chi_\varepsilon - f * \chi_\delta, \chi_\varepsilon, \chi_\delta$ 如引理 13.4 的记号, $\varepsilon > 0, \delta > 0$. 如果 ε, δ 充分小, 由 $\operatorname{supp} f \subset\subset W$ 及引理 13.4, 有 $\varphi \in A(L), \operatorname{supp}\varphi \subset\subset W$. 需证当 $\varepsilon, \delta \to 0$ 时, $|\varphi|_0 \to 0$ 和 $|(\overline{\partial}+\vartheta)\varphi|_0 \to 0$. 前者由 $f \in H_0(W)$ 的假设和引理 13.4 可推得. 下面讨论后者.

容易验证 $\operatorname{supp}(\overline{\partial}+\vartheta)f \subset\subset W$. 因为 $(\overline{\partial}+\vartheta)f \in H_0(W)$, 故当 ε 充分小时 $[(\overline{\partial}+\vartheta)f] * \chi_\varepsilon \in C_0^\infty(W)$, 而且当 $\varepsilon \to 0$ 时, 有如下对于 $|\cdot|_0$ 的收敛,

$$[(\overline{\partial}+\vartheta)f] * \chi_\varepsilon \to (\overline{\partial}+\vartheta)f \tag{17.6}$$

(见引理 13.4). 现在暂时假设已证明: 当 $\varepsilon \to 0$,

$$|(\overline{\partial}+\vartheta)(f * \chi_\varepsilon) - [(\overline{\partial}+\vartheta)f] * \chi_\varepsilon|_0 \to 0. \tag{17.7}$$

由 (17.6) 及 (17.7) 有当 $\varepsilon, \delta \to 0$ 时

$$\begin{aligned}(\overline{\partial}+\vartheta)\varphi &= (\overline{\partial}+\vartheta)(f * \chi_\varepsilon) - (\overline{\partial}+\vartheta)(f * \chi_\delta) \\ &\to (\overline{\partial}+\vartheta)f - (\overline{\partial}+\vartheta)f = 0,\end{aligned}$$

这里收敛是对于 $|\cdot|_0$ 的. 因此 $|(\overline{\partial}+\vartheta)\varphi|_0 \to 0$. 因此由 (17.5) 知 $|f * \chi_\varepsilon - f * \chi_\delta|_1^2 \equiv |\varphi|_1^2 \leqslant C\{|\varphi|_0^2 + |(\overline{\partial}+\vartheta)\varphi|_0^2\} \to 0$. 即是说 $\{f * \chi_\varepsilon\}$ 是 $H_1(W)$ 内的 Cauchy 序列. 但对于 $|\cdot|_0$ 已有 $f * \chi_\varepsilon \to f$, 故由极限的唯一性, $f \in H_1(W)$.

现在需要补充 (17.7) 的证明. 这是所谓 Friedrichs 引理的特殊情况. 由 (17.1) 和 (17.2), $(\overline{\partial}+\vartheta)p = q (p, q \in A(L))$ 是一个一阶偏微分方程组, 而且在 (17.7) 中已知 f 和

$$(\overline{\partial}+\vartheta)f \in H_0(W).$$

所以只需证明:

设 $P_1, \cdots, P_e$ 是 $\mathbf{R}^n$ 上有 C^∞ 系数的一阶偏微分算子, $v_1, \cdots, v_e \in H_0(\mathbf{R}^n), \operatorname{supp} v_j \subset\subset \mathbf{R}^n, \forall j$,

而且 $\sum_j P_j v_j \in H_0(\mathbf{R}^n)$ 则当 $\varepsilon \to 0$ 时

$$\left|\left(\sum_j P_j v_j\right) * \chi_\varepsilon - \sum_j P_j(v_j * \chi_\varepsilon)\right|_0 \to 0.$$

现在将每个 P_j 写成

$$P_j = \sum_i a_{ij} \frac{\partial}{\partial x_i} + b_j (a_{ij}, b_j \in C^\infty(\mathbf{R}^n)).$$

因此 $\sum_{i,j}\left(a_{ij}\dfrac{\partial v_j}{\partial x_i}\right)^j + \sum_j b_j v_j \sum_j P_j v_j \in H_0(\mathbf{R}^n)$. 但

$$\sum_j b_j v_j \in H_0(\mathbf{R}^n),$$

因为 $v_j \in H_0(\mathbf{R}^n), \forall j$, 而且 $\operatorname{supp} v_j \subset\subset \mathbf{R}^n, \forall j$. 所以有

$$\sum_{i,j}\left(a_{ij}\frac{\partial v_j}{\partial x_i}\right) \in H_0(\mathbf{R}^n).$$

因此我们可以将证明分为两步: (1) 如

$$\sum_j b_j v_j \in H_0(\mathbf{R}^n), \quad \operatorname{supp} v_j \subset\subset \mathbf{R}^n, \quad \forall j,$$

则当 $\varepsilon \to 0$ 时

$$\left|\left(\sum_j b_j v_j\right) * \chi_\varepsilon - \sum_j b_j (v_j * \chi_\varepsilon)\right|_0 \to 0.$$

(2) 如 $\sum_{i,j} a_{ij}(\partial v_j/\partial x_i) \in H_0(\mathbf{R}^n), \operatorname{supp} v_j \subset\subset \mathbf{R}^n, \forall j$,则

$$\left|\left(\sum_{ij} a_{ij}\frac{\partial v_j}{\partial x_i}\right) * \chi_\varepsilon - \sum_{ij} a_{ij}\frac{\partial}{\partial x_i}(v_j * \chi_\varepsilon)\right|_0 \to 0.$$

因为 $v * \chi_\varepsilon$ 是对于 v 有加性的

$$\left(\sum_i (v_i * \chi_\varepsilon) = \left(\sum_i v_i\right) * \chi_\varepsilon\right),$$

所以我们将节省记号而只证下面较简单的两个断言. 一般的证明显然只有记号上的差别.

$(**)$ 如 $v \in H_0(\mathbf{R}^n), \operatorname{supp} v \subset\subset \mathbf{R}^n, a \in C^\infty(\mathbf{R}^n)$ 则当 $\varepsilon \to 0$ 时

$$|(av) * \chi_\varepsilon - a(v * \chi_\varepsilon)|_0 \to 0.$$

$(***)$ 如 v 及 $\frac{\partial v}{\partial x_i} \in H_0(\mathbf{R}^n), \operatorname{supp} v \subset\subset \mathbf{R}^n, a \in C^\infty(\mathbf{R}^n)$, 则当 $\varepsilon \to 0$ 时

$$\left|\left(a\frac{\partial v}{\partial x_i}\right) * \chi_\varepsilon - a\frac{\partial}{\partial x_i}(v * \chi_\varepsilon)\right|_0 \to 0.$$

$(**)$ 的证明. 定义线性映照 $T_\varepsilon : C_0^\infty(\mathbf{R}^n) \to H_0(\mathbf{R}^n)$,

$$T_\varepsilon(\varphi) = a(\varphi * \chi_\varepsilon) - (a\varphi) * \chi_\varepsilon.$$

从定义, $\forall x \in \mathbf{R}^n$

$$\begin{aligned} T_\varepsilon(\varphi)(x) &= a(x) \int \varphi(x - \varepsilon y)\chi(y)dy \\ &\quad - \int a(x - \varepsilon y)\varphi(x - \varepsilon y)\chi(y)dy \\ &= \int [a(x) - a(x - \varepsilon y)]\varphi(x - \varepsilon y)\chi(y)dy. \end{aligned}$$

命 $A = \max\{|a(x) - a(z)| : x \in (\operatorname{supp}\varphi + \{|x| \leqslant 1\}), |z - x| \leqslant 1\}$. 则有

$$\begin{aligned} |T_\varepsilon(\varphi)|_0^2 &\leqslant A^2 \int_x dx \left\{ \int_y |\varphi(x - \varepsilon y)||\chi(y)|dy \right\}^2 \\ &\leqslant A^2 \int_x dx \left\{ \int_y |\varphi(x - \varepsilon y)|^2 |\chi(y)|dy \cdot \int_y |\chi(y)|dy \right\} \\ &= A^2 |\chi|_{L^1} \cdot \int_y |\chi(y)|dy \int_x |\varphi(x - \varepsilon y)|^2 dx \\ &= A^2 |\chi|_{L^1}^2 |\varphi|_0^2. \end{aligned}$$

因此 T_ε 的算子范数是 $\|T_\varepsilon\| \leqslant A|\chi|_{L^1}$, 而右边的上界是不依赖于 ε 的.

因为 $C_0^\infty(\mathbf{R}^n)$ 是 $H_0(\mathbf{R}^n)$ 的稠密子集 (对于 $|\cdot|_0$), 故有唯一的扩充 $T_\varepsilon : H_0(\mathbf{R}^n) \to H_0(\mathbf{R}^n)$, 使得 $\|T_\varepsilon\| \leqslant A|\chi|_{L^1}$. 由引理 13.4, $\forall \varphi \in C_0^\infty(\mathbf{R}^n)$, 当 $\varepsilon \to 0$ 时, 有

$$|T_\varepsilon(\varphi)|_0 = |a(\varphi * \chi_\varepsilon) - (a\varphi) * \chi_\varepsilon|_0 \to |a\varphi - a\varphi|_0 = 0.$$

现取 v 如 $(**)$ 的假设. 有 $\varphi \in C_0^\infty(\mathbf{R}^n)$ 使 $|v - \varphi|_0 < \delta/2A|\chi|_{L^1}$, 其中 $\delta > 0$ 为任意正数. 若 ε 充分小, 则 $|T_\varepsilon(\varphi)|_0 < \delta/2$. 故有

$$|T_\varepsilon(v)|_0 \leqslant |T_\varepsilon(v - \varphi)|_0 + |T_\varepsilon(\varphi)|_0 \leqslant \delta.$$

这就是 $(**)$.

$(***)$ 的证明. 这证明的原理与 $(**)$ 的证明相同. 即是说, 定义 $S_\varepsilon : C_0^\infty(\mathbf{R}^n) \to H_0(\mathbf{R}^n)$,

$$S_\varepsilon(\varphi) = aD(\varphi * \chi_\varepsilon) - (aD\varphi) * \chi_\varepsilon,$$

(其中 $D \equiv \partial/\partial x_i$), 则只需证明 S_ε. 的算子范数 $\|S_\varepsilon\|$ 有不依赖于 ε 的上界.

现由定义, $\forall x \in \mathbf{R}^n$

$$S_\varepsilon(\varphi)(x) = a(x)\int (D_x\varphi)(x-\varepsilon y)\chi(y)dy - \int a(x-\varepsilon y)(D_x\varphi)(x-\varepsilon y)\chi(y)dy.$$

因为 $(D_x\varphi)(x-\varepsilon y) = -\frac{1}{\varepsilon}(D_y\varphi)(x-\varepsilon y)$, 有

$$\begin{aligned} S_\varepsilon(\varphi)(x) &= a(x)\int \frac{\varphi(x-\varepsilon y)}{\varepsilon}(D_y\chi)(y)dy \\ &\quad - \int \varphi(x-\varepsilon y)\Big\{\frac{a(x-\varepsilon y)}{\varepsilon}(D_y\chi)(y) \\ &\quad -\chi(y)(D_x a)(x-\varepsilon y)\Big\}dy \\ &= \int \varphi(x-\varepsilon y)\left(\frac{a(x)-a(x-\varepsilon y)}{\varepsilon}\right)(D_y\chi)(y)dy \\ &\quad + \int \chi(y)\varphi(x-\varepsilon y)(D_x a)(x-\varepsilon y)dy. \end{aligned}$$

但 $\operatorname{supp} v$ 是紧的, 所以在 $\operatorname{supp} v$ 上有常数 E 使 $|\operatorname{grad} a| < E$. 故当 ε 充分小, $\left|\frac{a(x)-a(x-\varepsilon y)}{\varepsilon}\right| \leqslant E|y|$. 因此

$$\begin{aligned} |S_\varepsilon(\varphi)(x)| &\leqslant \int |\varphi(x-\varepsilon y)|(E|y|)|D\chi(y)|dy \\ &\quad + E\int |\chi(y)||\varphi(x-\varepsilon y)|dy \\ &= E\int |\varphi(x-\varepsilon y)|\{|y||D\chi(y)| + |\chi(y)|\}dy \\ &\equiv E\int |\varphi(x-\varepsilon y)|\beta(y)dy, \end{aligned}$$

其中 $\beta(y) \equiv |y||Dx(y)| + |x(y)|$. 用 $(**)$ 证明中的推论, 可立得

$$|S_\varepsilon(\varphi)|_0^2 \leqslant E^2|\beta|^{2L'}|\varphi|_0^2,$$

即 $\|S_\varepsilon\| \leqslant E|\beta|^{L'}$, 这上界不依赖于 ε. $(***)$ 得证. $(***)$ 本身有更容易的证明: 因 $\frac{\partial v}{\partial x_i} \in H_0(\mathbf{R}^n)$, 由引理 13.4(c),

$$\frac{\partial}{\partial x_i}(v * \chi_\varepsilon) = \left(\frac{\partial v}{\partial x_i} * \chi_\varepsilon\right).$$

因此由 $(**)$,

$$\begin{aligned} &\left|\left(a\frac{\partial v}{\partial x_i}\right) * \chi_\varepsilon - a\frac{\partial}{\partial x_i}(v * \chi_\varepsilon)\right|_0 \\ &= \left|\left(a\frac{\partial v}{\partial x_i}\right) * \chi_\varepsilon - a\left(\frac{\partial v}{\partial x_i} * \chi_\varepsilon\right)\right|_0 \to 0. \end{aligned}$$

但这个证明不能应用于较广义的情况 (2) 上. □

定理 Ⅱ 至此证毕.

注　　记

在逐节讨论之前, 我们先作一个概括的讨论. 这章的主要题目是线性椭圆方程, 主要的参考书籍是下面两本:

吉田耕作, 泛函分析, 程其襄译, 夏道行校, 上海科技出版社, 一九五七年.

R. Narasimhan, Analysis on Real and Complex Manifolds, North-Holland Publishing Co., 1968.

这两本书的共同点是都只用 Sobolev 空间而不用广义函数来讨论微分方程, 而且它们都偏重于椭圆方程的理论 (Narasimhan 甚至不提双曲型及抛物型方程). 我们在这章证明的主要定理都是关于一个特殊的椭圆算子 □, 但这些定理在任何紧微分流形, 和对每个椭圆算子都成立. Narasimhan 书中第三章对这些广义的定理完全有证明. 这书虽然在 "定理" 和 "证明" 两者而外广泛的讨论不多, 但文笔简洁, 态度严谨, 而且每每一针见血. 是可以郑重推荐的书. 另一方面, 吉田耕作的书具有本章所需的泛函分析定理的证明, 而且在短短 250 页中, 把所有最基本的泛函知识和它们的应用都介绍与读者, 在初等的泛函分析课本中, 这可能是最合适的了. 要请读者注意的, 是看吉田耕作如何在每次引进抽象概念之后, 立刻给出具体的实例和应用. 所以这书充满了微分方程和积分方程的讨论, 因为它们是被用来作一般理论的例子的. 它是确确实实地表达了 "抽象概念只是为具体问题的解决作工具" 的要意. 所以这书也是值得向读者郑重推荐的.

在这章内所有泛函分析的必需知识都可在吉田耕作这书找到. 这点在下面不再提了.

(吉田耕作后来用英文写了一本更完备的泛函分析的书, K. Yosida, Functional Analysis. 是 Springer-Verlag 印行的, 共五百多页. 内有广义函数的介绍, 而 1974 年和 1978 年翻版了五次. 但从初学者的眼光看来, 用 "握要" 两字来衡量的话, 则中译本还是比较合适的课本.)

偏微分方程的好课本极少, 主要原因是这是一个历史悠久的科目, 但近代的研究却引进了很多抽象工具. 写书要从这两方面都顾及到, 自然很难. 下面 Folland 的书, 是一般性的初步介绍, 很平易近人. Bers-John-Schechter 的书用作参考书, 特别是有关文献方面, 是不可少的. Gilbarg-Trudinger 的书较深, 是目前椭圆方程最完备的书.

L. Bers, F. John and M. Schechter, Partial Differential Equations, American Mathematical Society, 1971. (初版 John Wiley and Sons, 1964).

G. B. Folland, Introduction to Partial Differential Equations, Princeton University Press, 1976.

D. Gilbarg and N.S. Trudinger, Elliptic Partial Differential Equations of Second Order, Springer-Verlag, 1977.

附带要提及的, 就是古典的线性微分方程, 在一九六〇年代有拟微分方程 Pseudo-differential equations 的推广. 在一九七〇年代更推广到 Fourier 积分算子 Fourier integral operators. 这些推广的重要性, 在于它们能解决古典理论所不能解决的问题. 这方面的初步文献, 前者可参考 Hörmander 与 Nirenberg 的文章, 后者可参考 Duistermaat 的讲义. Duistermaat 讲义的最初十一页对这方面的推广, 有极美好的总结报告.

J. J. Duistermaat, Fourier Integral Operators, Courant Institute Mathematics Lecture Notes, 1973.

L. Hörmander, Pseudo-differential operators, *Communications in Pure and Applied Mathematics*, **18** (1965), 501—517.

J. J. Kohnand L. Nirenberg, An algebra of pseudo-differential operators, *Communications in Pure and Applied Mathematics*, **18** (1965), 269—305.

M. Taylor, Preudo-differential operators, *Lecture Notes in Mathematics*, Volume **416**, Springer-Verlag, 1974.

L. Nirenberg, Pseudo-differential operators, global analysis, *Proc. Symposia Pure Math.* Volume XVI, Amer. Math. Soc. Publications, 1970, 149—167.

最后我们应该提到一个读者可能觉得诧异的事实. 在前面 Griffiths-Harris 的书曾被再三极力推荐, 但虽然它也有一个完全的 Hodge 定理证明, 我们却没有提到这点. 为什么呢? 这件事关涉到我们对写书的基本态度, 是值得一谈的. 首先这一章主要是讨论椭圆算子 $\square$ 在紧的复流形上的性质, 而不是讨论最一般的椭圆算子的基本定理, 所以在节省篇幅方面这点是很重要的. 正因这样, 我们对于介绍新概念的态度是 "可免则免". 所以我们给的 Hodge 定理的证明, 既不用广义函数, 也不用 Fourier 变换. 另一方面, 我们也希望这个证明能真正介绍给读者一些基本的分析工具, 同时也能让读者窥偏微分方程的真面目, 特别是微分或积分不等式的证明和应用 (例如 Gårding 不等式和 Sobolev 不等式). 在这两个极端之间要找一个 "两美具备" 的办法, 自然是每个人见仁见智的问题. 像很多事情一样, 这是没有绝对正确的路线可言的.

现在我们应该指出, 有一个简化过程将一般紧流形上椭圆算子的研究变成高维环面上椭圆算子的研究. 如所周知, 后者的分析就是周期函数的分析, 一切都可用 Fourier 级数来计算. 所以如用这简化过程, 则只需用 Fourier 级数来定义 Sobolev 空间, 然后也用它来证明一切的定理. 这样的做法, 一方面读者几乎永远看不到微分和积分方面的计算, 另一方面是所有的证明是似乎特别快捷而优美的. 这个方法在 Bers-John-Schechter 书内 165–189 页有详细的讨论, 而且 Griffiths-Harris 用这方法来证明 Hodge 定理, Warner 的书也用这方法来证明 Hodge 定理. 但我们舍弃这方面不用, 因为我们觉得它的教育性不大. 即是说, 从我们的立场来看, 这是与上述的第二点有过大的冲突. 主要原因是这办法将偏微分方程这一小部分过分美化和过分粉饰, 结果使它尽失本来面目. 如用这办法, 则读者会片面了解 Hodge 定理的证明, 但对偏微分方程本身却可能茫然无知. 我们宁愿读者先看这章的证明, 以使他日有暇看到这个 Fourier 级数的证明时, 已经胸有成竹, 知道怎样去接受这个取巧的证明方法了 (顺便说明, Griffiths-Harris 的 Hodge 定理证明有漏洞. 见下面 §17 的注记).

P. A. Griffiths and J. Harris, Principles of Algebraic Geometry, John Wiley and Sons, 1978.

F. W. Warner, Foundations of Differentiables Manifolds and Lie Groups, Scott, Foresman and Co., 1971.

§13. 现在的所谓 Sobolev 空间 $H_s(\Omega)$ 是在 1938 年由 S. L. Sobolev 和在 1940 年由 J. W. Calkin 及 C. B. Morrey 所独立定义的. 这点 Morrey 在他的书的序文中特别指出.

C. B. Morrey, Multiple Integrals in the Calculus of Variations, Springer-Verlag, 1966.

请注意: Morrey 这书的第七章对 Hodge 定理有另一个证明.

我们已知 $H_s(\Omega)$ 是 $A_s(\Omega)$ (对于 $|\cdot|_s$) 的完备化. $A_s(\Omega)$ 本身既然不是完备的, 一定要完备化才能作分析, 这是肯定的. 对于不同的范数, $A_s(\Omega)$ 内的很多个子空间有各自不同的完备化 (例如参考 Narasimhan 书中 §3.4). 一般来说这些 Sobolev 空间 $H_s(\Omega)$ 特别有用, 因为它们是 Hilbert 空间, 而 Hilbert 空间总是比 Banach 空间方便好用的. 另一方面, 由技巧的眼光看来, 这些 $H_s(\Omega)$ 能有像 Sobolev 引理 (见 §16) 和引理 16.3 一类的重要性质, 自然增加它们的重要性. 最后, 如果用广义函数和 Fourier 变换来定义 Sobolev 空间的话, 则更可见它们是自然的. 一般偏微分方程的书都用这办法来定义 $H_s(\Omega)$, 例如上列 Folland 书中第六章和下列 Hörmander 书中的第二章. 在后者可以看到很多类似 Sobolev 空间的函数空间, 足供借镜. (Hörmander 这本书不太好读, 但作为参考书则是不可少的.)

L. Hörmander, Linear Partial Operators, Springer-Verlag, 1963.

引理 13.4 和它证明的技巧, 都属于分析内最基本的一部分. 这种光滑化 (Smoothing 或 mollifying) 的技术用途很广, 应该留意.

§14. 这个 Hodge 定理的证明, 包括 §15—§17 所给的定理 I、II 与 III 的证明, 在高维时也成立, 略加修改就行了.

如 P 是任意的强椭圆算子, 则 P 也满足对应于定理 I 的 Gårding 不等式. 这不等式是 L. Gårding 在 1953 年首先证明的. 这个证明及这方面的文献可参考 Narasimhan 的 §3.6 或吉田耕作的第四章. 由这不等式, Hilbert 空间理论可以用来处理对所有强椭圆算子的 Dirichlet 问题. 这方面特别参考:

L. Nirenberg, Remarks on strongly elliptic partial differential equations, *Commumication in Pure Appl. Math.* **8** (1955), 648—674.

次椭圆性或正则性 (hypoellipticity) 可用广义函数定义如下: 设 P 为一个有 C^∞ 系数的线性微分算子, 则称 P 为次椭圆的, 如果 $Pu = f, u$ 是广义函数和 f 是 C^∞ 函数, 则蕴涵 u 是 C^∞ 函数. 关于所有椭圆算子的次椭圆性, 其证明可阅 Narasimhan 的书 §3.7. Hörmander 的一个有名定理, 完全刻划了所有有常数系数的次椭圆算子, 见上述 Hörmander 的书内第四章. 这一类定理是首次由 Weyl 在 1940 年证明的, 虽然 Weyl 只考虑 $\mathbf{R}^3$ 上的 Laplace 算子 Δ, 但他的想法却是大开眼界的.

H. Weyl, The method of orthogonal projection in potential theory, *Duke Math. J.* **7** (1940), 411—444.

"紧算子" 的概念最先源出 Fredholm 的积分方程理论. 最典型的紧算子是如下由 $C[a,b]$ 到 $C[a,b]$ 的一个积分算子:

$$f \mapsto \int_a^b K(x,y)f(y)dy,$$

其中 K 是在 $[a,b]\times[a,b]$ 上的连续函数. 那时自然是没有 Hilbert 空间这种抽象想法的, 但经过 Hilbert 和 E. Schmidt 在这方面的工作, 特别是他们对对称核 $K(x,y) = K(y,x)$ 的研究后, 这概念的抽象化可能性就很明显了. 这个抽象化过程的最后一步, 即是由上述的积分算子推广到任意 Banach 空间上的紧算子, 是由 F. Riesz 在 1917 年和 J. Schauder 在 1930 年所完成的. 在吉田耕作的书中第十章, 对这个演进过程有较完备的讨论. 我们在这里只想指出紧算子这个概念, 供给一个很完善的例子说明所谓 "抽象数学", 是如何抽丝剥茧地逐步由实例中推向抽象领域的. 不但如此, 这个抽象的想法好处是比原来的积分算子实例更具威力. 比方说, 这节的定理 III 就说明由 $H_1(L)$ 到 $H_0(L)$ 的自然内射是一个紧算子. 这个内射并非积分算子, 但它的紧算子性质是对 Hodge 定理的证明起决定性作用的. 由此可以清楚地看到在数学

上常见的一个序列:

$$具体 \to 抽象 \to 具体.$$

这序列是很值得我们思考的.

在引理 14.2 到 14.4 的证明, 我们用了很多 "由 Hilbert 空间理论来处理 Dirichlet 问题" 的想法. 同时在这章的开始提到 Hodge 理论和 Dirichlet 原理之间的密切关系. 因此我们趁这机会讨论一下古典的 Laplace 算子 $\Delta \equiv \sum_i \partial^2/\partial x_i^2$ 在 $\mathbf{R}^n$ 有界域 Ω 上的 Dirichlet 问题. 这样我们再有机会看到 Sobolev 空间是如何比 19 世纪的分析超进一步的, 而且也看到正则性定理对这个非常古老的问题所起的作用.(请参阅引理 14.5 的证明后的讨论.)

为了使主要想法不会被次要的枝节所混乱, 在下面的讨论将不太注重精确的光滑性假设. 设 Ω 为 $\mathbf{R}^n$ 上的有界域, 其边界 $\partial\Omega$ 是一个 C^∞ 子流形. 命 $C^\infty(\overline{\Omega})$ 为所有在闭包 Ω 上的 C^∞ 函数. 所谓 Dirichlet 问题, 就是: $\forall f \in C^\infty(\overline{\Omega})$, 找 $h \in C^\infty(\overline{\Omega})$ 使 h 在 Ω 内部是一个调和函数 (即 $\Delta h = 0$), 而且 $h|\partial\Omega = f|\partial\Omega$.

先讨论 19 世纪对这个问题的看法 (但我们将用近代术语), 在 $C^\infty(\overline{\Omega})$ 上定义内积 $\mathscr{D}(,)$

(1) $\mathscr{D}(f,g) = \int_{\partial\Omega} f\overline{g} + \int_\Omega \nabla f \cdot \overline{\nabla g}$,

其中 ∇f 是 f 的梯度, $\nabla f \cdot \overline{\nabla g}$ 是矢量的点积. 记号 $\|f\|^2 \equiv \mathscr{D}(f,f)$. 定义

$$\mathscr{G} = \{g \in C^\infty(\overline{\Omega}) : g|\partial\Omega = 0\},$$
$$\mathscr{H} = \{h \in C^\infty(\overline{\Omega}) : \Delta h = 0\}.$$

请注意: 如用 Hodge 定理的记号, 则 $\mathscr{D}(f,f)$ 是对应 $(\Box f, f) = |\overline{\partial} f|^2 + |\vartheta f|^2$ 的 (因在函数上 $\vartheta f = 0$).

由 Green 恒等式, $\forall g, h \in C^\infty(\overline{\Omega})$

(2) $\int_\Omega g\overline{\Delta h} + \int_\Omega \nabla g \cdot \overline{\nabla h} = \int_{\partial\Omega} g \cdot \frac{\overline{\partial h}}{\partial n}$,

其中 $\partial/\partial n$ 是外向的法向导数. 由 (1) 及 (2), 立得 $\mathscr{G} \perp \mathscr{H}$ (对于 $\mathscr{D}$). 现设 $f \in C^\infty(\overline{\Omega}), h \in \mathscr{H}$ 而且 $f|\partial\Omega = h|\partial\Omega$, 则 $g \equiv f - h \in \mathscr{G}$. 因此由 $g \perp h$,

$$\|f\|^2 = \|g\|^2 + \|h\|^2.$$

即是说, f, h 如上, 则 $\|h\| \leqslant \|f\|$. 所以如 Dirichlet 问题有解, 则这个解 h 总满足 $\|h\| \leqslant \|f\|, \forall f \in C^\infty(\overline{\Omega}) \ni h|\partial\Omega = f|\partial\Omega$. 所以 Dirichlet 问题的解是有 "极小范数" 这个性质的. 所谓 Dirichlet 原理基本上就是这断言的逆, 就是说: 给出 $f \in C^\infty(\overline{\Omega})$, 则在所有满足 $\widetilde{f}|\partial\Omega = f|\partial\Omega$ 的 $\widetilde{f}$ 之中有一个 $h \in C^\infty(\overline{\Omega})$, 使 $\|h\|$ 有极小值, 而且 h 是 Ω 上的调和函数.

从近代眼光来看, 这个函数 h 的存在固然不明显, 而且即使有这样的 h 也难以证明 h 是连续的, 更谈不上 $\Delta h=0$. 在十九世纪初期 "数学严格性" 这概念是不普遍的. 所以黎曼从导热和导电这一类的物理性质, 去考虑这原理而觉得这是正确之后, 就重复用它来证明很多伟大的定理, 包括黎曼映照定理! 那时对这原理的一般直观解释是这样如 $f|\partial\Omega\equiv 0$, 则恒等于 0 的函数就是问题的解. 今假设 $f|\partial\Omega\neq 0$. 由 (1),

$$\inf\|\widetilde{f}\|\geqslant\int_{\partial\Omega}|f|^2>0.$$

其中的 inf 是取自所有的 $\widetilde{f}\in C^\infty(\overline{\Omega}),\widetilde{f}|\partial\Omega=f|\partial\Omega$. 所以有一正常数 C 使 $\inf\|\widetilde{f}\|=C$. 命 $f_i\in C^\infty(\overline{\partial})$ 使当 $i\to\infty$ 时, $\|f_i\|\to C$. 由直观的角度看来, 如下两个断言成立:

(α) 有函数 h 使 $f_i\to h, h|\partial\Omega=f_i|\partial\Omega=f|\partial\Omega$.

(β) 因 $\|h\|=\lim\|f_i\|=C,\|h\|$ 有极小值, 故在 Ω 上 $\Delta h=0$, 而且 $h\in C^\infty(\overline{\Omega})$.

在 1849 年黎曼正式用这原理来证明他的很多定理, 当时 Weierstrass 已指出 (α) 这断言在一般情况下是有反例的, 故此 (β) 更不用说了. 这原理本身的正确性, 要到五十年后, 在 1899 年, 才由 Hilbert 严格证明出来. 现在我们用 Sobolev 空间来给 Dirichlet 原理一个近代的证明.

先注意两个事实:

(3) 在 $C^\infty(\overline{\Omega})$ 上, $\|\cdot\|$ 与 Sobolev 1 范数 $|\cdot|_1$ 等价.

(4) 如 $\overline{\mathscr{G}}$ 是 $\mathscr{G}$ 在 $H_1(\Omega)$ 内的闭包, 则 $\overline{\mathscr{G}}=\mathring{H}_1(\Omega)$.

(3) 的证明分两部. $\|\cdot\|\leqslant C|\cdot|_1$ 需用发散定理好好计算一下; $|\cdot|_1\leqslant C'\|\cdot\|$ 的证明与引理 14.3 的证明一样. (4) 则可用引理 13.4 来证明 ($\mathring{H}_1(\Omega)$ 是 $C_0^\infty(\Omega)$ 对于 $|\cdot|_1$ 的完备化, 见 §13). 现命 $S=C^\infty(\overline{\Omega})$ 在 $H_1(\Omega)$ 内的闭包. 由 (3), 知 S 亦是 $C^\infty(\overline{\Omega})$ 对 $\|\cdot\|$ 的完备化. 现设 $f\in C^\infty(\overline{\Omega}), f|\partial\Omega\neq 0$. 定义 $f+\mathscr{G}\equiv\{f+g:g\in\mathscr{G}\}$.$f+\mathscr{G}$ 就刚好是所有 $C^\infty(\overline{\Omega})$ 内的函数

$$\widetilde{f}\ni\widetilde{f}|\partial\Omega=f|\partial\Omega.$$

考虑在 $(f+\mathscr{G})$ 上的实泛函 $\widetilde{f}\mapsto\|\widetilde{f}\|$, 称之为 φ. 由 (1),

$$\varphi(\widetilde{f})\geqslant\int_{\partial\Omega}|f|^2>0.$$

因此在 $(f+\mathscr{G})$ 上, $\inf\varphi>0$. 现将 φ 唯一地扩充到 $(f+\overline{\mathscr{G}})$ 上, 则仍有不等式 $\inf\varphi>0$. 但 $\mathscr{G}$ 是 Hilbert 空间 S 的闭子空间, 故由初步的 Hilbert 空间理论, 知有 $h\in(f+\overline{\mathscr{G}})$ 使 h 为 φ 的极小点, 即 $\varphi(h)\leqslant\varphi(\widetilde{f}),\forall\widetilde{f}\in(f+\overline{\mathscr{G}})$. 所以

有 $h \in H_1(\Omega) \ni \|h\| \leqslant \|\widetilde{f}\|, \forall \widetilde{f} \in (f+\overline{\mathscr{G}})$. 这就证明了 (α). 而这个证明所以成立, 主要因为我们在 $C^\infty(\overline{\Omega})$ 的完备化 S 上着手而不是在 $C^\infty(\overline{\Omega})$ 本身着手.

现在证明 (β). 因为 h 事实上是由原点到 $(f+\overline{\mathscr{G}})$ 的距离 (对于 $\|\cdot\|$) 的极小点, 由初步 Hilbert 空间理论, $h \perp \overline{\mathscr{G}}$ (对于 $\mathscr{G}$). 由 (4) 得知 $h \perp C_0^\infty(\Omega)$, 即 $\mathscr{D}(h,\varphi)=0, \forall \varphi \in C_0^\infty(\Omega)$. 今有 $h_i \in (f+\mathscr{G}) \subset C^\infty(\overline{\Omega})$ 使 $\|h-h_i\| \to 0$, 故 $\forall \varphi \in C_0^\infty(\Omega)$,

$$\begin{aligned}\int_\Omega h\Delta\varphi &= \lim_{i\to 0}\int_\Omega h_i\Delta\varphi = \lim\int_\Omega \nabla h_i\nabla\varphi \quad (\text{用 } (2))\\ &= \lim \mathscr{D}(h_i,\varphi) \quad (\text{用 } (1))\\ &= \mathscr{D}(h,\varphi)=0.\end{aligned}$$

根据定义 13.1, $\Delta h=0$ (弱的意义). 由 $h \in H_1(\Omega)$ 和引理 14.3, $h \in C^\infty(\overline{\Omega})$, 而且在普通意义下 $\Delta h = 0$. 同时

$$h-f \in \overline{\mathscr{G}} = \mathring{H}_1(\Omega),$$

因此可说在某个广义的意义下, $h|\partial\Omega = f|\partial\Omega$. 事实上用 $f \in C^\infty(\overline{\Omega})$ 和 $\overline{\Omega}$ 的有界性, 可以证明 $h \in C^\infty(\overline{\Omega})$. 这种 “边界正则性” 在技巧上总比 “内部正则性” 复杂, 但在这特殊情况之下, 两者想法基本上没有不同, 都是用 Gårding 不等式一类的工具和 Sobolev 引理 (见 Bers-John-Schechter, 200—206 页, 或 Folland, 第 7 章, §F). 无论如何, 现在知道 $f-h \in \mathring{H}_1(\Omega) \cap C^\infty(\overline{\Omega})$. 故 $f|\partial\Omega = h|\partial\Omega$ 在普通的意义下成立. (β) 证毕, 亦即 Dirichlet 原理得证.

总结上面的证明, 可说 Dirichlet 问题的解很清楚地分为两步. 第一步是证明一个 Hilbert 空间理论内的存在定理. 第二步是证明一个正则性定理. 希望读者在念完这章和念完上述的讨论后, 对这两步在概念上都有一个清楚的认识.

§15. 这节内的 □ 的 Gårding 不等式的证明, 其主要想法实在与一般的强椭圆算子的 Gårding 不等式的证明无异. 另一方面, 这个 □ 的 Gårding 不等式可用内蕴的微分几何计算方法, 把 $(\square\varphi,\varphi)$ 完全算出, 然后才推论不等式. 这个 $(\square\varphi,\varphi)$ 的公式就是所谓 Weitzenböck 公式, 在黎曼几何是一个常用的工具. 在 de Rham 书内第 §26 内有这种计算, 是用古典张量记号的. 在 Greene-Wu 文章内 §4 有同样的计算, 是用近代的内蕴记号的.

G. deRham, Variétés Différentiables, Hermann, 1960.

R. E. Greene and H. Wu, Integrals of subharmonic functions on manifolds of nonnegetive curvature, *Inventiones Math.* **27** (1974), 265—298.

§16. 这章内所讨论的概念和结果, 都是属于 Sobolev 空间的最基本性质的一部分. 普通所给的 Rellich 引理和 Sobolev 引理的证明是用 Fourier 变换

的, 见 Folland 或 Narasimhan 的书. 我们所给的 Sobolev 引理的证明是取自 Nirenberg 的 1959 年的文章. Sobolev 不等式有很多个, 见 Bers-John-Schechter 的书内第 220 页和 Friedman 的书内 22—29 页. 我们所给的是最普通和最简单的一个.

A. Friedman, Partial Differential Equations, R. E. Kriegers Publishing Co. 1976. (原版 Holt, Rinchart and Winston, Inc. 1969).

L. Nirenberg, On elliptic partial differential equations, *Annali Scuola Norm. Sup. Pisa* **13** (1959), 115—162.

$H_{-s}(\Omega)$ 也是常用的函数空间, 见 Folland 的书内第六章或 Hörmander 的书内第二章. 其实如用 Fourier 变换来定义 Sobolev 空间, 则一次可定义所有的 $H_t(\Omega)$, 其中 t 是任何实数. 上列文献都是这样做的. 注意, 如 T 是任意的广义函数, $\varphi \in C_0^\infty(\Omega)$, 则有 $t \in \mathbf{Z}$ 使 $\varphi T \in H_t(\Omega)$. 这个事实的基本意义就是说有了 Sobolev 空间就不一定需要广义函数. 不过在很多情况之下广义函数在形式上是更为方便, 而且概念上是加深我们对分析基础的了解的.

§17. 因为我们要避免用太多的工具和太复杂的证明, 这节所给的 $(\overline{\partial}+\vartheta)$ 正则性定理的证明是非常特殊的, 不能用于任意的椭圆算子上. 但这个证明所给的关于应用 Sobolev 引理的办法, 以及如何应用 Gårding 不等式去证明方程解有更高的可微性, 这两点的基本想法却是在一般的情况下完全正确的. 所以这节还有一读的价值. 引理 17.1 的证明, 是取自 Hörmander 另一本书内的第 86—87 页. (L. Hörmander, An Introduction to Complex Analysis in Several Variables, North Holland Publishing Co. 1973).

在 §14 中我们已看到, 由定理 Ⅱ 所能推论的关于 $\square$ 的正则性只是: $f \in H_1(L)$ 和 $\square f \in A(L) \Rightarrow f \in A(L)$ (引理 14.3). 在 Griffiths-Harris 的书中第三章第一节, 他们要用定理 Ⅱ 来证明:

$$f \in H_0(L) \text{ 和 } \square f \in A(L) \Rightarrow f \in A(L).$$

这是不正确的, 理由如下. 命 $\square f = g, f \in H_0(L), g \in A(L)$. 定义 $(\overline{\partial}+\vartheta)f \equiv \varphi$, 则有 $(\overline{\partial}+\vartheta)\varphi = g$. 如果 $\varphi \in H_0(L)$, 则定理 Ⅱ 蕴涵 $\varphi \in A(L), \Leftrightarrow (\overline{\partial}+\vartheta)f \in A(L), \Rightarrow f \in A(L)$. 上面最后一步再用定理 Ⅱ. 但如果 $f \in H_0(L)$ 而不是 $f \in H_1(L)$, 则根据引理 16.3, 只能推论 $\varphi \in H_{-1}(L)$, 故不能用定理 Ⅱ.

我们要指出的是有了充分的工具后, 自然可以证明广义的正则性定理如:

$$\text{设 } f \in H_t(L), t \in \mathbf{Z}, \text{ 且 } (\overline{\partial}+\vartheta)f \in A(L), \text{ 则 } f \in A(L).$$

或

$$\text{设 } f \in H_t(L), t \in \mathbf{Z}, \text{ 且 } \square f \in A(L), \text{ 则 } f \in A(L).$$

可参阅 Folland 书内的 (6.30). 所以 Griffiths-Harris 书中这个正则性定理的证明基本上不是错的, 只是有漏洞而已.

Friedrichs 引理是正则化过程的基本工具, 可见吉田耕作的书或上列 Hörmander 多复变函数的书中引理 5.2.2.

第五章　一些基本定理

这里我们把第一、二、三章中所引进的结果和概念作更深一层的应用. 在 §18 中所证明的三个定理都是基础性的. 在 §19 中引进线丛的陈类后, 我们在 §20 用它来重新解释和证明 §18 里面的结果, 而且也证明 RR 定理的第四个形式. 这个 RRⅣ是 Hirzebruch-Riemann-Roch 公式在一维时的特殊情况. 在最后的一节 §21 中, 我们回到 §1 中讨论过的问题, 把这书作一结束.

§18　$\mathscr{D}=\mathscr{L}$, 消没定理及嵌入定理

这节的题目所提到的三个似乎互不相关的定理其实有一个共同点: 它们都与一个全纯线丛的全纯截影存在性有关. 这一点在下面的证明中是很明显的, 请读者注意.

在这节中除特别说明以外, M 是一个紧的黎曼面, $\mathscr{D}$ 是 M 的因子类群 (§5), $\mathscr{L}$ 是 M 上线丛类群 (§7). $\lambda:\mathscr{D}\to\mathscr{L}$ 在 §7 中已有定义.

定理 18.1　*$\lambda:\mathscr{D}\to\mathscr{L}$ 是一个 Abel 群同构.*

证　由引理 7.7, 已知 λ 是一个单同态, 现用引理 7.12 来证明 λ 是满的. 设 $L\in\mathscr{L},D\in\mathscr{D}$. 我们断言:

$$\chi(L)=\chi(L-\lambda(D))+d(D),\tag{18.1}$$

这是因为如果将 D 写成 $D=D_1-D_2,D_1\geqslant 0,D_2\geqslant 0,D_1$、$D_2\in\mathscr{D}$, 然后在引

理 12.1 的 (2) 中命 $L = L + \lambda(D_2), D = D_1$, 则引理 12.1 的 (1) 蕴涵

$$\chi(L - \lambda(D)) + d(D_1) = \chi(L + \lambda(D_2))$$

(其中我们也用了 (12.1)). 同理, 如在引理 12.1 的 (2) 中命 $L = L + \lambda(D_2), D = D_2$, 则

$$\chi(L) + d(D_2) = \chi(L + \lambda(D_2)).$$

两式相减便得 (18.1).

现在

$$\begin{aligned}\chi(L - \lambda(D)) &= \dim H^0(M, \Omega(L - \lambda(D))) - \dim H^1(M, \Omega(L - \lambda(D)))\\ &\leqslant \dim H^0(M, \Omega(L - \lambda(D)))\\ &= \dim \Gamma(L - \lambda(D)),\end{aligned}$$

故由 (18.1),

$$\chi(L) \leqslant \dim \Gamma(L - \lambda(D)) + d(D).$$

今选 $D \in \mathscr{D}$ 使 $d(D) \leqslant \chi(L) - 1$, 则 $\dim \Gamma(L - \lambda(D)) \geqslant 1$. 由引理 7.12, 有 $D_0 \in \mathscr{D}$ 使 $L = \lambda(D_0)$. 因为 L 是任意线丛, 所以 λ 是满的. □

由定理 18.1, 我们现在可将 $\mathscr{L}$ 和 $\mathscr{D}$ 认同. 现用引理 7.11 立可推论:

系 18.1 每个线丛具有不恒等于 0 的亚纯截影.

定义 18.2 如 $L \in \mathscr{L}$, 定义 L 的次数 $d(L) = d(D)$, 其中 $\lambda(D) = L$.

例 1 命 T_h^* 为 M 的全纯余切丛 (见 §7, 例 2). 由 RRI, 已知 M 上存在不恒等于 0 的亚纯微分 (由上面的系亦可得到同样结论). 命为 ω. 由引理 7.11, $T_h^* = \lambda((\omega))$. 由 §6 之 (Ⅲ), 得 $d(T_h^*) = 2g - 2$, 其中 g 为 M 的亏格. 现命 T_h 为 M 的全纯切丛 (见 §7, 例 3). 因为 $T_h = -T_h^*$, 有

$$d(T_h) = 2 - 2g = \chi(M),$$

其中 $\chi(M)$ 表示 M 的 Euler 示性数.

现在我们用这个新术语和 Serre 对偶定理 (§11), 将 "$d(D) < 0 \Rightarrow l(D) = \{0\}$" 和 §6 中的 (V)(a) 这两个简单的事实用上同调来重新解释. 首先重温一下: $\forall D \in \mathscr{D}$, 有同构

$$l(D) \cong H^0(M, \Omega(\lambda(D))), \tag{18.2}$$

$$\Omega^1(\lambda(D)) \cong \Omega(T_h^* + \lambda(D)). \tag{18.3}$$

(18.2) 是引理 7.9 和引理 9.3 所结合而得, (18.3) 已在 §10 中定义 $\Omega^1(L)$ 时指出. 注意: 我们的记号是 $\Omega^0(L) \equiv \Omega(L)$.

定理 18.3 (消没定理) 设 $L \in \mathscr{L}$. (a) 如果 $d(L) > 0$, 则 $H^1(M, \Omega^1(L)) = 0$. (b) 如果 $d(L) > 2g-2$, 则

$$H^1(M, \Omega(L)) = 0.$$

按 在 (b) 中 $(2g-2)$ 这常数的意义, 见 §6 之 (III) 和上面例 1. 又: 这定理和全纯截影的关系, 见引理 9.5.

证 我们会重复用 Serre 对偶定理和 (18.2), (18.3), 在下面不再赘述. 由定理 18.1, 有 $D \in \mathscr{D}$ 使 $L = \lambda(D)$.

(a) $d(L) > 0 \Rightarrow d(D) > 0 \Rightarrow d(-D) < 0 \Rightarrow l(-D) = 0 \Rightarrow H^0(M, \Omega(-\lambda(D))) = 0 \Rightarrow H^1(M, \Omega^1(\lambda(D))) = 0 \Rightarrow H^1(M, \Omega^1(L)) = 0$.

(b) 命 φ 为一个不恒等于零的亚纯微分, 有 $d((\varphi)) = 2g-2$ 和 $\lambda((\varphi)) = T_h^*$. 故 $d(L) > 2g-2 \Rightarrow d(D) > d((\varphi)), \Rightarrow d((\varphi) - D) < 0, \Rightarrow l((\varphi) - D) = 0, \Rightarrow H^0(M, \Omega(T_h^* - \lambda(D))) = 0, \Rightarrow H^0(M, \Omega^1(-\lambda(D))) = 0, \Rightarrow H^1(M, \Omega(\lambda(D))) = 0, \Rightarrow H^1(M, \Omega(L)) = 0$. □

在前面我们已屡次提到这种消没定理的用途 (见引理 9.5 和定理 10.1, 系 10.2), 在 §20 中将有很多这一类的应用. 在这里我们用它来解决一个具体的问题. (这系是 §7 内的一个习题.)

系 如 $g > 1$, 则 M 上所有全纯向量场 (即 $\Gamma(T_h)$ 的元素) 均恒等于 0.

证 我们要证 $H^0(M, \Omega(T_h)) = 0$. 由 Serre 对偶定理, 只须证 $H^1(M, \Omega^1(-T_h)) = 0$. 根据例 1, $d(-T_h) = 2g-2 > 0$ 如果 $g > 1$. 故这系可由定理 18.3(a) 导出. □

最后, 我们已在 §6 中提过, 由 RR 定理推论出紧黎曼面 M 具有很多亚纯函数之后, 就可以证明一个嵌入定理, 现在给这个证明. 首先需要引进一些定义.

定义 18.4 设 M, N 分别为 m 维和 n 维的复流形, $\varphi: M \to N$ 为全纯映照 (定义 3.5). M 上的一点 x 称为 φ 的非奇异点, 如果存在 x 的坐标邻域 (U, Φ) 和 $\varphi(x)$ 的坐标邻域 (V, Ψ), 使如下的映照

$$\Psi \circ \varphi \circ \Phi^{-1} : \Phi(U)(\subset \mathbf{C}^m) \to \Psi(V)(\subset \mathbf{C}^n)$$

的 Jacobian 矩阵在 $\Phi(x)$ 上有 m 秩.

今命 $\mathbf{C}^m$ 和 $\mathbf{C}^n$ 上的坐标函分别 $z_1,\cdots,z_m$ 和 $w_1,\cdots,w_n$. 此后我们将 U 和 $\varPhi(U)$ 认同, 也将 V 和 $\varPsi(V)$ 认同, 因此 $\{z_a\}$ 和 $\{w_i\}$ 分别变成 U 和 V 上的函数. 以下将用记号: $\varphi_i = w_i \circ \varphi, \varphi = (\varphi_1,\cdots,\varphi_n)$. 所以 x 是 φ 的非奇异点的充要条件是如下的 $m\times n$ 矩阵

$$\left\{\frac{\partial \varphi_i}{\partial z_\alpha}(x)\right\}_{1\leqslant\alpha\leqslant m, 1\leqslant i\leqslant n}$$

的秩是 m. 如 x 是 φ 的非奇异点, 则显然 $m\leqslant n$. 对我们来说, 最重要的特殊情况是当 M 是黎曼面. 这时 $m=1$, 每个 φ_i 是全纯单复变函数, 而且 x 是 φ 的非奇异点 $\Leftrightarrow$ 有一个 i 使 φ_i 在 x 上的导数不等于 0.

引理 18.5　定义 18.4 不依赖于 $(U,\varPhi)$ 和 $(V,\varPsi)$ 的选取. 即是说, 如果 $\varPsi\circ\varphi\circ\varPhi^{-1}$ 在 x (与 $\varPhi(x)$ 认同) 上其 Jacobian 矩阵有 m 秩, 设 $(U_1,\varPhi_1),(V_1,\varPhi_1)$ 分别为 $x,\varphi(x)$ 的坐标邻域, 则 $\varPsi_1\circ\varphi\circ\varPhi_1^{-1}$ 在 x 上的 Jacobian 矩阵也有 m 秩.

习题　用链式法则证明引理.

定义 18.6　设 M,N 为复流形. $\varphi: M\to N$ 称为全纯浸入, 如果 φ 是一个全纯映照而且 M 上每点都是 φ 的非奇异点. 一个单的全纯浸入称为全纯嵌入.

现在我们至少可以阐述所欲证明的嵌入定理.

定理 18.7 (投影嵌入定理)　设 M 为紧黎曼面, 且亏格等于 g, 则有一个全纯嵌入 $\varphi: M\to P_{g+1}\mathbf{C}$.

按　这定理中投影空间的维数依赖于 M 的亏格. 在 §21 中我们将改善这一点, 使所有黎曼面皆可全纯嵌入 $P_5\mathbf{C}$.

在证明定理 18.7 之前我们先作一个一般性的讨论. 今设 $f_0,\cdots,f_n$ 为黎曼面 M 上 $n+1$ 个亚纯函数 (M 不一定紧). 约定: 在这种情况下我们总是假设没有一个 f_i 是恒等于 0 的. 现定义一个全纯映照

$$(f_0:f_1:\cdots:f_n): M\to P_n\mathbf{C} \tag{18.4}$$

如下. 若 $p\in M$,p 不是任何一个 i 的极点或所有 $\{f_i\}$ 的零点, 则定义 $(f_0:\cdots:f_n)(p)=[f_0(p),\cdots,f_n(p)]$. 这显然在 p 附近定义了一个全纯映照. 现设 p 为所有 $\{f_i\}$ 的零点或是某些 f_i 的极点. 命 ν 为所有 $\{f_i\}$ 在 p 上的赋值 (定义 4.8) 的最小值, 即 $\nu=\min\{\nu_p(f_0),\cdots,\nu_p(f_n)\}$. 取任意 p 附近的坐标函数 z 使 $z(p)=0$. 定义:

$$(f_0:\cdots:f_n)(p)=[(z^{-\nu}f_0)(p),\cdots,(z^{-\nu},f_n)(p)]$$

(例: 设 $M=\mathbf{C}, p$ 为 $\mathbf{C}$ 的原点 0, $n=2$. 如果 $f_0=7z^2, f^1=2z^2, f_2=z^5$, 则 $\nu=2$,

$$(f_0:f_1:f_2)(p)=[7,2,0].$$

如果 $f_0=3z, f_1=5/z^3, f_2=1/z$, 则 $\nu=-3$,

$$(f_0:f_1:f_2)(p)=[0,5,0].$$

这个定义是合理的, 因为如果 w 是另一个在 p 附近的坐标函数而且 $w(p)=0$, 则在 p 一个充分小的邻域 ν 上 w/z 是一个永不等零的全纯函数. 因此在 A 上有

$$\begin{aligned}&[(w^{-\nu}f_0),\cdots,(w^{-\nu}f_n)]\\&=\left[\left(\frac{w}{z}\right)^{-\nu}(z^{-\nu}f_0),\cdots,\left(\frac{w}{z}\right)^{-\nu}(z^{-\nu}f_n)\right]\\&=[z^{-\nu}f_0,\cdots,z^{-\nu}f_n].\end{aligned}$$

故断言得证. 显然在 p 附近 $(f_0:\cdots:f_n)$ 仍是一个全纯映照. 所以 (18.4) 完全定义了.

引理 18.8 设 $p\in M, M$ 不一定紧, $\{f_0,\cdots,f_n\}$ 是在 p 附近全纯的亚纯函数. 更设 $f_0(p)\neq 0$, 而且有 i 使 $\nu_p(f_i)=1$. 则 p 是全纯映照 $(f_0:\cdots:f_n): M\to P_n\mathbf{C}$ 的非奇异点.

证 用上面的记号, 设 W 为 p 的坐标邻域, z 为 W 上的坐标函数. 命 $\varphi\equiv(f_0:\cdots:f_n), U_0$ 为 $P_n\mathbf{C}$ 上常用的开集, 即

$$U_0=\{[z_0,\cdots,z_n]:z_0\neq 0\}.$$

在 U_0 上定义坐标函数 $\{w_1,\cdots,w_n\}$ 使 $w_i([z_0,\cdots,z_n])=z_i/z_0, \forall i=1,\cdots,n$. (如定义

$$\varPhi:U_0\to\mathbf{C}^n,\quad \varPhi(x)=(w_1(x),\cdots,w_n(x)),$$

则 $\varPhi$ 是双全纯映照 (定义 3.7).) 因 $f_0(p)\neq 0$, 如果 W 充分小, 则 $\varphi(W)\subset U_0$. 命 $w_i\circ\varphi=\varphi_i$. 无妨假设 $\nu_p(f_1)=1$, 即 $f_1(p)=0, \frac{df_1}{dz}(p)\neq 0$. 因此在 W 上

$$\frac{d\varphi_1}{dz}=\frac{d}{dz}\left(\frac{f_1}{f_2}\right)=\frac{1}{f_0^2}\left(f_0\frac{df_1}{dz}-f_1\frac{df_0}{dz}\right),$$

故 $(d\varphi_1/dz)(p)=(1/f_0(p))(df_1/dz)(p)\neq 0$. 由上面的讨论, 可知 p 是 φ 的非奇异点.

在证明定理 18.7 时我们会遇到如下的情形. 设 B 为一个亚纯函数的向量空间 (例如 $B = l(D), D \in \mathscr{D}$), $\{h_0, \cdots, h_n\}$ 和 $\{f_0, \cdots, f_n\}$ 是 B 的两个不同的基. 今设 $\{f_i\}$ 满足引理 18.8 的条件, 故 $(f_0 : \cdots : f_n)$ 有 p 为非奇异点, 欲证 p 亦是 $(h_0 : \cdots : h_n)$ 的非奇异点. 为了这个证明以及其它的用途, 我们讨论一下 $P_n\mathbf{C}$ 内的 "投影变换".

设 $F : \mathbf{C}^{n+1} \to \mathbf{C}^{n+1}$ 为一个非退化的线性变换. 显然 $F : \mathbf{C}^{n+1} - \{0\} \to \mathbf{C}^{n+1} - \{0\}$ 而且 $\lambda F(x) = F(\lambda x), \forall \lambda \in \mathbf{C}, x \in \mathbf{C}^{n+1}$. 由 $P_n\mathbf{C}$ 的定义, F 诱导一个全纯映照 $\widetilde{F} : P_n\mathbf{C} \to P_n\mathbf{C}$, 称为 $P_n\mathbf{C}$ 的投影变换. 如果 G 是 F 的逆变换, 则 G 诱导一个投影变换 $\widetilde{G}$, 而且 $\widetilde{G}$ 是 $\widetilde{F}$ 的逆映照. 因此每个投影变换是一个双全纯映照 (定义 3.7). (不难验证所有 $P_n\mathbf{C}$ 上的投影变换是一个群, 称投影群.) 自然, 一个投影变换 $\widetilde{F} : P_n\mathbf{C} \to P_n\mathbf{C}$ 是一个全纯嵌入的特殊情况之一. 下面这引理是由定义 18.6 立可推演的.

引理 18.9　设 M, N, N' 为复流形, $\varphi : M \to N$ 为全纯映照, $\psi \cdot N \to N'$ 为全纯嵌入. 如果 $p, q \in M, \varphi(p) \neq \varphi(q)$ 则 $(\psi \circ \varphi)(p) \neq (\psi \circ \varphi)(q)$. 如果 p 是 φ 的非奇异点, 则 p 亦是 $\psi \circ \varphi$ 的非奇异点.

引理 18.10　设 B 为一个任意黎曼面 M 上亚纯函数的向量空间, $\{f_0, \cdots, f_n\}$ 和 $\{h_0, \cdots, h_n\}$ 为 B 的两个基. 如果 $(f_0, \cdots, f_n)$ 判别 $p, q \in M$ (即 $(f_0 : \cdots : f_n)(p) \neq (f_0 : \cdots : f_n)(q)$), 则 $(h_0 : \cdots : h_n)$ 亦判别 p, q. 如果 p 是 $(f_0 : \cdots : f_n)$ 的非奇异点, 则 p 亦是 $(h_0 : \cdots : h_n)$ 的非奇异点.

证　设 $h_i = \sum_i a_{ij} f_j, 0 \leqslant i, j \leqslant n, a_{ij} \in \mathbf{C}, \forall i, j$. 则 $\{a_{ij}\}$ 是一个非退化的方阵. 现命 $\{e_i\}$ 为 $\mathbf{C}^{n+1}$ 的标准正交基 ($e_1 = (1, 0, \cdots, 0), e_2 = (0, 1, 0, \cdots, 0)$ 等等). 定义 $F : \mathbf{C}^{n+1} \to \mathbf{C}^{n+1}$ 为一个线性变换, 使 $F(e_i) = \sum_j a_{ij} e_j$. F 是非退化的, 故诱导投影变换 $\widetilde{F} : P_n\mathbf{C} \to P_n\mathbf{C}$. 容易验证 $(h_0 : \cdots : h_n) = \widetilde{F}_0(f_0 : \cdots : f_n)$. 因此引理 18.10 可由引理 18.9 导出. □

现在我们可以着手证明定理 18.7. 我们将重复用 §6 中的 (V) (a). 为方便起见, 将之重复一次:

$$d(D) \geqslant 2g - 1 \Rightarrow \dim l(D) = d(D) + (1 - g), \tag{18.5}$$

其中 g 是 M 的亏格.

定理 18.7 的证明　如果 $g = 0$, 则 §6 中之 (II) 已证明了有同构 $M \cong P_1\mathbf{C}$. 因此我们可设 $g \geqslant 1$.

取 $p \in M$ 并命 $D = (2g+1)p$. 由 (18.5), $\dim l(D) = g+2$. 命 $\{h_0, \cdots, h_{g+1}\}$ 为 $l(D)$ 的一个基. 定义 $\varphi = (h_0 : \cdots : h_{g+1}) : M \to P_{g+1}\mathbf{C}$. 现须证明 φ 为一

个全纯嵌入.

设 $q,q'\in M,q\neq q'$. 须证 $\varphi(q)\neq\varphi(q')$. 命 $D_1=D-q,D_2=D-q-q'$. 由定义 5.3,

$$l(D_2)\subset l(D_1)\subset l(D).$$

因为 $d(D_1)=2g,d(D_2)=2g-1$, 由 (18.5) 有

$$\dim l(D_2)=\dim l(D_1)-1.$$

命 $f_1\in l(D_1)\ni f_1\notin l(D_2)$. 不妨假设 $p\neq q$. 因此 $f_1\in l(D_1)\Rightarrow f_1$ 在 q 上等于 0, 在 p 上等于 ∞. 故 f_1 不是一常值. 所以 $\{1,f_1\}$ 是 $l(D)$ 内两个线性无关的元素. 由初等的推论, 有 $\{f_2,\cdots,f_{g+1}\}\subset l(D)$ 使 $\{1,f_1,f_2,\cdots,f_{g+1}\}$ 是 $l(D)$ 的基. 命 $\psi\equiv(1:f_1:\cdots:f_{g+1}):M\to P_{g+1}\mathbf{C}$. 现在要证 $\psi(q)\neq\psi(q')$. 可分开两种情况来讨论. 首先设 $q'\neq p$. 因为 $f_1\in l(D_1)$ 且 $f_1\notin l(D_2),f_1(q)=0,f_1(q')=a\neq 0$. 如果 $i\geqslant 2,f_i\in l(D)\Rightarrow f_i$ 在 q 和 q' 上是全纯的. 所以 $\psi(q)=[1,0,\cdots]\neq[1,a,\cdots]=\psi(q')$. 其次, 设 $q'=p$. 因为所有 $l(D)$ 内的元素在 q 上都是全纯的, $\psi(q)=[1,\cdots]$. 同时因为所有 $l(D)$ 内的元都在 p 上有极点, 故由 (18.4) 的定义, $\psi(q')\equiv\psi(p)=[0,\cdots]$. 总之, $q\neq q'\Rightarrow\psi(q)\neq\psi(q')$. 由引理 18.11, $q\neq q'\Rightarrow\varphi(q)\neq\varphi(q')$. 因此 φ 是一个单映照.

现设 $q\in M$. 须证 q 为 φ 的非奇异点. 命 $D_1=D-q,D_2=D-2q$. 同理, 知有 $f_1\in l(D_1)\ni f_1\notin l(D_2)$, 而且 f_1 不是一常值, 故同上可得 $l(D)$ 的一个基 $\{1,f_1,\cdots,f_{g+1}\}$. 命 $\psi\equiv(1:f_1:\cdots:f_{g+1})$. 首先设 $q\neq p$. 由 f_1 的定义, f_1 在 q 上有单零点. 因为 $f_2,\cdots,f_{g+1}$ 在 q 上是全纯的, 引理 18.8 蕴涵 q 是 ψ 的非奇异点. 其次设 $q=p$, 则 $D_1=(2g)p,D_2=(2g-1)p$. 由 f_1 的定义, $\nu_p(f_1)=-2g$. 但我们知道 $l(D)$ 有一个元素 f 满足 $\nu_p(f)=-2g-1$, 因为由 (18.5),

$$\dim l(D_1)=\dim l(D)-1.$$

故如 $f\in l(D),f\notin l(D_1)$, 则 f 有 $\nu_p(f)=-2g-1$ 这个性质. 现 f 是 $\{1,f_1,\cdots,f_{g+1}\}$ 的线性组合, 而每个 f_i 在 p 上满足 $\nu_p(f_i)\geqslant-2g-1$, 因此 $\{f_2,\cdots,f_{g+1}\}$ 其中一元, 比如说 f_2 满足 $\nu_p(f_2)-2g-1$. 现命 z 为 p 附近的一个坐标函数使 $z(p)=0$. 由 (18.4) 的定义, ψ 在 p 附近可表示成

$$\psi=[z^{2g+1},z^{2g+1}f_1,z^{2g+1}f_2,\cdots,z^{2g+1}f_{g+1}],$$

这里每个函数都是全纯的, 且 $z^{2g+1}f_1$ 在 p 上有单零点, 更有 $(z^{2g+1}f_2)(p)\neq 0$. 由引理 18.8, p 是 ψ 的非奇异点. 总之 $\forall q\in M,q$ 是 ψ 的非奇异点. 由引理 18.10, M 上每点也是 φ 的非奇异点. 即 φ 也是一个全纯浸入. □

在这里我们对定理 18.7 加一个注记. $\varphi(M)$ 是 $P_{g+1}\mathbf{C}$ 内的一个紧子簇, 故由周氏定理 (Chow's theorem, 周炜良于 1949 年所证) 在 $\mathbf{C}[X_0, X_1, \cdots, X_n]$ 有一组齐次多项式 $\{R_i\}$, 使 $\varphi(M)$ 为 $\{R_i\}$ 在 $P_{g+1}\mathbf{C}$ 内的公共零点. 现在我们直接证明这个周氏定理的特殊情况. 由定义, $\varphi = (h_0 : \cdots : h_{g+1})$. 因 $1 \in l(D)$, 无妨假设 $h_0 = 1$. 设 h_1 在 M 上有 n 个极点. 由定理 6.3, M 的亚纯函数域 $\mathfrak{M}$ 满足 $[\mathfrak{M} : \mathbf{C}(h_1)] = n$. 所以 $\forall i \geqslant 2, h_i$ 满足一个代数方程 $Q_i(h_1, h_i) = 0$. 其中 $Q_i(X_1, X_i) \in \mathbf{C}(X_1)[X_i], Q_i$ 是不可约的,

$$Q_i(X_1, X_i) = X_i^s + \alpha_1(X_1)X_i^{s-1} + \cdots + \alpha_s(X_1),$$

$2 \leqslant s \leqslant n$, 而且每个 $\alpha_j(X_1)$ 是 X_1 的有理函数. 设 β_0 为 $\{\alpha_1, \cdots, \alpha_s\}$ 的最小公分母, 定义 $\beta_i \equiv \beta_0\alpha_i$ 和定义

$$P_i(X_1, X_i) \equiv \beta_0(X_1)X_i^s + \beta_1(X_1)X_i^{s-1} + \cdots + \beta_s(X_1),$$

则 $P_i \in \mathbf{C}[X_1, X_i]$ 而且 $P_i(h_1, h_i) = 0$. 现将 P_i 齐次化成 $R_i(X_0, X_1, X_i)$, 即如果 m 是 P_i 的次数, 则

$$R_i(X_0, X_1, X_i) = X_0^m P_i(X_1/X_0, X_i/X_0).$$

R_i 是 m 次的齐次多项式, 而且由 $h_0 = 1$, 有 $R_i(h_0, h_1, h_i) = R_i(1, h_1, h_i) = P_i(h_1, h_i) = 0$. 因此

$$\varphi(M) = \{[X_0, \cdots, X_{g+1}] \in P_{g+1}\mathbf{C} : \forall i = 2, \cdots, g+1, R_i(X_0, X_1, X_i) = 0\}.$$

在 $P_n\mathbf{C}$ 内一组齐次多项式的公共零点就是所谓代数簇. 上面这个 $\varphi(M)$ 就是所谓 1 维的代数簇 (简称代数曲线) 的一个例子. 因为代数簇是由多项式环的元素所定义的, 所以代数上关于多项式环的定理可以应用于代数簇的研究. 这个研究就是代数几何的主要题目.(由历史的发展看来, 关于多项式环的定理却是因为代数簇的研究所需而发现和证明的.) 所以从我们的观点看来, 这个全纯嵌入 $\varphi : M \to P_{g+1}\mathbf{C}$ 就建立起一个在黎曼面 M 和代数曲线 $\varphi(M)$ 之间的 "同构". 黎曼面理论更深入的研究, 大部分就要用到代数几何的方法.

§19 陈类及 Gauss-Bonnet 定理

上节的三个主要定理 (定理 18.1, 18.3, 18.7) 的证明有两个缺点: 第一, 这种推论不能推广到高维的情况; 第二, 虽然它们都是关于全纯截影存在性的定理, 但它们的证明却没有统一性, 而且一个线丛的次数的定义 (定义

18.2) 也是有点高深莫测的, 因为 $d(L)$ 不是直接用 L 本身定义而是用 λ 来间接定义的.

在这节中我们引进线丛的陈类的新概念, 然后用它来给 $d(L)$ 一个新解释 (Gauss-Bonnet 定理). 在下节中, 这些概念和结果将用来重新证明定理 18.1, 18.3 和 18.7. 这两节的讨论表面上似乎较 §18 更长和更抽象, 但所有的推论都是更自然和更彻底的, 而且所有的想法都是与高维时的想法吻合的.

请特别注意, 在这节和下节中, 我们完全不用定理 18.1, 18.3 和 18.7.

设 L 为黎曼面 M 上的全纯线丛, $\{g_\alpha\}$ 是 M 上的 H 度量 (引理 11.2), D 是 $\{g_\alpha\}$ 的 Hermit 联络 (引理 11.4), $\Theta = \overline{\partial}\partial \log g_\alpha$ 是 $\{g_\alpha\}$ 的曲率形式 (见 §11 例 2 前面). 现在我们要对 Θ 作更深的研究. 设 $\{g'_\alpha\}$ 为 L 上的另一个 H 度量, 因此诱导另一个曲率形式 $\Theta' = \overline{\partial}\partial \log g'_\alpha$. 我们断言: 存在一个在 M 上整体定义的 1 形式 γ 使 $\Theta - \Theta' = d\gamma$. 证明如下:

$$\begin{aligned}\Theta - \Theta' &= \overline{\partial}\partial(\log g_\alpha - \log g'_\alpha)\\ &= \overline{\partial}\partial \log(g_\alpha g'^{-1}_\alpha).\end{aligned}$$

但由 (11.1), $1 = g_\alpha|f^\beta_\alpha|^2 g^{-1}_\beta = g'_\alpha|f^\beta_\alpha|g'^{-1}_\beta$ 在每个 $W_\alpha \cap W_\beta$ 上. 故 $g_\alpha g'^{-1}_\alpha = g_\beta g'^{-1}_\beta$ 在每 $W_\alpha \cap W_\beta$ 上. 即是说 $g_\alpha g'^{-1}_\alpha : W_\alpha \to \mathbf{R}$ 其实是一个在 M 上整体定义的 C^∞ 函数. 因此可命 $\gamma = \partial \log(g_\alpha g'^{-1}_\alpha)$. 由于 γ 是 (1, 0) 型的, $d\gamma = \overline{\partial}\gamma$. 故 $\Theta - \Theta' = \overline{\partial}\gamma = d\gamma$.

由 (9.18) (古典 de Rham 定理), $\Theta - \Theta' = d\gamma$ 的意义是无论 L 上取什么 H 度量, 它们的曲率形式都定义同一个上同调类 (虽然曲率形式本身会是不同的). 这个上同调类所以是 L 本身的不变量, 是不依赖于 H 度量的选取的.

定义 19.1 设 $L \in \mathscr{L}, \Theta$ 为 L 上任意 H 度量的曲率形式. L 的陈类 Chern Class; 陈省身 1946) 就是 $\frac{-1}{2\pi i}\Theta$ 在 $H^2(M, \mathbf{C})$ 内所定义的上同调类. 记号为 $C(L) \equiv \left[\frac{-1}{2\pi i}\Theta\right]$ 或 $\frac{-1}{2\pi i}\Theta \in C(L)$.

$C(L)$ 的定义中的常数 $\frac{-1}{2\pi i}$ 在下面的 Gauss-Bonnet 定理有解释, 现在我们先讨论 $C(L)$ 的基本性质. $C(L)$ 定义一个映照, $C : \mathscr{L} \to H^2(M, \mathbf{C})$.

引理 19.2 $C : \mathscr{L} \to H^2(M, \mathbf{C})$ 是一个群同态.

证 设 $L_1, L_2 \in \mathscr{L}$. 无妨假设 L_1, L_2 有共同的 STN$\{W_\alpha\}$. 如果 $\{g_\alpha\}$ 和 $\{h_\alpha\}$ 分别为 L_1 和 L_2 的 H 度量, 则由引理 11.2 可直接验证 $\{g_\alpha h_\alpha\}$ 和 $\{g_\alpha/h_\alpha\}$ 分别为 $L_1 + L_2$ 和 $L_1 - L_2$ 的 H 度量. 因此 $L_1 + L_2$ 的曲率形式是

$$\overline{\partial}\partial \log(g_\alpha h_\alpha) = \overline{\partial}\partial \log g_\alpha + \overline{\partial}\partial \log h_\alpha = \Theta_1 + \Theta_2,$$

其中 Θ_1 和 Θ_2 分别为 L_1, L_2 的曲率形式. 同理 $L_1 - L_2$ 的曲率形式是 $\Theta_1 - \Theta_2$. 所以 $C(L_1 \pm L_2) = C(L_1) \pm C(L_2)$. □

由引理 19.2, 如 L 与平凡线丛 $M \times \mathbf{C}$ 同构, 则 $C(L) = 0$. 很粗略地说, $C(L)$ 是一个量度 L 与平凡线丛之间的偏差的不变量.(事实上, 拓扑上的一个初步定理说明 L 与 $M \times \mathbf{C}$ 微分同构的充要条件就是 $C(L) = 0$. 这里微分同构的意义是有 C^∞ 映照 $h_1 : L \to M \times \mathbf{C}, h_2 : M \times \mathbf{C} \to L$, 使 $h_1 \circ h_2 =$ 恒等映照, $h_2 \circ h_1 =$ 恒等映照, 而且如果 $\pi : L \to M$ 是线丛的映照, 则 $h_1 : \pi^{-1}(x) \to \{x\} \times \mathbf{C}$ 和 $h_2 : \{x\} \times \mathbf{C} \to \pi^{-1}(x)$ 都是线性同构, $\forall x \in M$. (比较定义 7.3) 所以如果我们不要求全纯的同构 (定义 7.3), 而只要求微分同构, 则 $C(L)$ 完全解答了这问题. 但在一般情况下, 两个全纯线丛微分同构不一定蕴涵全纯的同构, 这点在节末再有讨论.)

现在设 M 为黎曼面. 故可在 M 上将任何 2 形式积分 (见 (11.7) 后面关于这方面的讨论). 我们将利用这点来将 $C(L)$ 简化成一常数. 跟随着的讨论其实是古典 de Rham 定理的一部分, 但因我们在上面并未有证明这部分, 故在此特别提出. 由 (9.18), 可将 $H^2(M, \mathbf{C})$ 内任何上同调类用 2 形式表示 (在黎曼面上所有 2 形式都是闭的). 现定义求值同态

$$[M] : H^2(M, \mathbf{C}) \to \mathbf{C}, \quad \eta \to \eta[M] \equiv \int_M \eta.$$

这定义是合理的, 因为如果 η' 表示与 η 相同的上同调类, 则有 γ 使 $\eta - \eta' = d\gamma$. 故由 Stokes 定理,

$$\int_M \eta = \int_M \eta' + \int_M d\gamma = \int_M \eta'.$$

显然 $(\eta_1 + \eta_2)[M] = \eta_1[M] + \eta_2[M]$, 故 $[M]$ 是一个同态.

引理 19.3 在一个紧黎曼面上, $[M]$ 是一个群同构.

这是求值同态的一个基本性质. 因为我们要等到引理 19.8 的证明时才用到它, 现在暂时不给证明. 因为没有好好地讨论古典 de Rham 定理, 所以本书所给引理 19.3 的证明 (在引理 19.8 之后) 并不是太自然的, 这点请读者注意.

由引理 19.3. 若知道 $C(L)[M]$ 就等于知道 $C(L)$. 显然 $C(L)[M]$ 较 $C(L)$ 方便. 称 $C(L)[M]$ 为 L 的 Euler 示性数. 这个称呼在下面例 1 中有解释. 用普通的符号,

$$C(L)[M] = \frac{-1}{2\pi i} \int_M \Theta.$$

现可阐述本节的主要定理如下.

定理 19.4 (Gauss-Bonnet 定理) 设 M 为紧黎曼曲面, $L \in \mathscr{L}$, 且有 $D \in \mathscr{D}$ 使 $L = \lambda(D)$, 则 $C(L)[M] = d(D)$.

按 由 $C(L)[M]$ 的定义, 我们只知它是一个复数, 但定理 19.4 却断言它是一个整数, 这是陈类的一个重要性质.(定义 19.1 中常数 $-1/2\pi i$ 就是要使 $C(L)[M] \in \mathbf{Z}$.)

在证明定理之前我们先讨论一个重要例子.

例 1 我们用 §11 例 2 的结果及记号. 设 $L = T_h$ (紧黎曼面 M 的全纯切线丛), G 为 T_h 上任意一个 H 度量所诱导的黎曼度量, K_0 为 G 的 Gauss 曲率, Ω 为 G 的体积形式, 则

$$C(T_h)[M] = \frac{1}{2\pi}\int_M K_0 \Omega.$$

一般称 $C(T_h)$ 为 M 的陈类. 命 K 为 M 的典范因子 (§5), 则有 $T_h = \lambda(-K)$ (注意: 这只需 RRI 来证明 K 的存在和用引理 7.11, 但并没有用定理 18.1). 由 §6 之 (Ⅲ) 及定理 19.4,

$$C(T_h)[M] = d(-K) = 2 - 2g = \chi(M),$$

其中 $\chi(M)$ 是 M 的 Euler 示性数. 故有

$$\frac{1}{2\pi}\int_M K_0 \Omega = \chi(M).$$

这就是古典微分几何的曲面 Gauss-Bonnet 定理. 定理 19.4 故可视为这古典定理的推广.

定理 19.4 的证明 设 $L = \lambda(D), D = \sum_i n_i p_i$. 因为 $\lambda : \mathscr{D} \to \mathscr{L}$ 也是一个群同态, 由引理 19.2,

$$C(L)[M] = \sum_i n_i C(\lambda(p_i))[M].$$

所以只需证明 $\forall p \in M$,

$$\int_M C(\lambda(p)) = 1. \tag{19.1}$$

由引理 7.11, 知线丛 $\lambda(p)$ 有亚纯截影 $S \ni (S) = p$, 即是说:
$\exists S \in \Gamma(\lambda(p)) \ni S$ 在 p 上有单零点, 而且

$$S(q) \neq 0 \quad \forall q \neq p. \tag{19.2}$$

现在我们对全纯线丛的曲率形式作一个一般性的注记, 设 L 为一个全纯线丛, 其 H 度量的曲率形式为 Θ. 又设在 M 的一个开集 W 上, L 具有一个恒不等于零的全纯截影 S, 命 $|S|$ 为 S 对于这 H 度量的模, 则有

$$\text{在 } W \text{ 上}, \quad \Theta = \overline{\partial}\partial \log |S|^2. \tag{19.3}$$

证明如次: 用引理 11.2 的记号, 在每个 $W_\alpha \cap W$ 上, 可写 $|S|^2 = S_\alpha \overline{S}_\alpha g_\alpha$. 由于 S_α 是全纯的, 故 $\partial \log \overline{S}_\alpha = \overline{\partial} \log S_\alpha = 0$. 所以在 $W_\alpha \cap W$ 上,

$$\overline{\partial}\partial \log |S|^2 = \overline{\partial}\partial(\log g_\alpha + \log S_\alpha + \log \overline{S}_\alpha) = \overline{\partial}\partial \log g_\alpha = \Theta.$$

这就证明了 (19.3).

现在赋予 $\lambda(p)$ 任意一个 H 度量 $\{g_\alpha\}$ (见 §11 例 1 上面的习题), 命其曲率形式为 Θ. 用惯用的记号, 设 $p \in W_\alpha, S$ 如 (19.2), 并设在 W_α 上 $S = ze_\alpha$, 其中 e_α 是 $\lambda(p)$ 在 W_α 上恒不等于零的全纯截影, z 为 W_α 上的全纯函数. 由 (19.2) 知 z 在 p 上有单零点, 因此无妨设 z 是 W_α 上的坐标函数, 且 $z(p) = 0$. 命

$$B(\delta) \equiv \{x \in W_\alpha : |z(x)| < \delta\}.$$

由 (19.2) 知 S 在 $M - B(\delta)$ 恒不等于零, 故有

$$\begin{aligned}
\int_M C(\lambda(p)) &= \frac{-1}{2\pi i}\int_M \Theta = \frac{-1}{2\pi i}\lim_{\delta\to 0}\int_{M-B(\delta)} \Theta \\
&= \frac{-1}{2\pi i}\lim \int_{M-B(\delta)} d\partial \log |S|^2 \ (\text{用 (19.3) 和 } d\partial = \overline{\partial}\partial) \\
&= \frac{1}{2\pi i}\lim \int_{\partial B(\delta)} \partial \log |S|^2 \ (\text{Stokes 定理}) \\
&= \frac{1}{2\pi}\lim \int_{\partial B(\delta)} \partial(\log z + \log |e_\alpha|) \ (\partial \log \overline{z} = 0) \\
&= \frac{1}{2\pi i}\lim \int_{\partial B(\delta)} \partial \log z,
\end{aligned}$$

最后一步是因为 $\log |e_\alpha|$ 在 $B(\delta)$ 上是一个 C^∞ 函数, 所以

$$\lim_{\delta\to 0}\int_{\partial B(\delta)} \partial \log |e_\alpha| = 0.$$

所以

$$\int_M C(\lambda(p)) = \frac{1}{2\pi i}\lim_{\delta\to 0}\int_{\partial B(\delta)} \frac{dz}{z} = \frac{1}{2\pi i}\lim_{\delta\to 0}(2\pi i) = 1. \qquad \square$$

现在引进 "正线丛" 的概念. 如果 z 是黎曼面 M 的一个坐标函数, $z = x + iy$, 则 $\{x, y\}$ 就是 M 的局部实坐标函数. 我们将固定这个记号. 如果 ω

是一个 C^∞ 形式, 称 ω 是实的. 如果用实坐标函数的微分 $\{dx, dy\}$ 来表示 ω, 则其系数都是实值的函数. 如果 η 是一个任意形式, 则可写 $\eta = \eta_1 + i\eta_2$, 其中 η_1 和 η_2 是实的. 称 η_1 为 η 的实部, η_2 为 η 的虚部, 这些都是函数上的概念的推广. 亦定义 $\overline{\eta} = \eta_1 - i\eta_2$. 注意, 如果 η 是 1 形式, 则这个 $\overline{\eta}$ 的定义与引理 11.4 后的定义是等价的. 用这术语, 便有: ω 是实的 $\Leftrightarrow \omega = \overline{\omega}$. 如果 ω 是 (1, 1) 型的 (黎曼面上所有 2 形式都是 (1, 1) 型的), 则 ω 是实的 $\Leftrightarrow$ 每个局部表示 $\omega = f\left(\frac{i}{2}dz \wedge d\overline{z}\right)$ 都蕴涵 f 是实值函数. 这是因为 $\frac{i}{2}dz \wedge d\overline{z} = dx \wedge dy$ 的缘故.

如果 ω 是 (1, 1) 型的实形式, 定义 ω 为正的 (记号: $\omega > 0$), 如果每个局部表示 $\omega = f\left(\frac{i}{2}dz \wedge d\overline{z}\right)$ 都蕴涵 $f > 0$. 显然在固定一点 p 上, 如果 ω 对于一个 p 的坐标函数有这性质, 则 ω 对于所有 p 的坐标函数亦有这性质. 如果 $-\omega$ 是正的, 则称 ω 是负的 (记号: $\omega < 0$).

例 2 设 L 为黎曼面 M 的线丛, Θ 是 L 的一个 H 度量 $\{g_\alpha\}$ 的曲率形式. 如果 z_α 是局部坐标函数, 则

$$\frac{-1}{2\pi i}\Theta = -\frac{1}{\pi}\frac{\partial^2 \log g_\alpha}{\partial z_\alpha \partial \overline{z}_\alpha}\left(\frac{i}{2}dz_\alpha \wedge d\overline{z}_\alpha\right).$$

所以 $-\frac{1}{2\pi i}\Theta$ 是实的 (1, 1) 形式. 命 K 为 $\{g_\alpha\}$ 的曲率 (见 (11.3)), 则 $\frac{-1}{2\pi i}\Theta > 0 \Leftrightarrow$ 曲率 $K > 0$. 一个重要的特殊情况是 $L = T_h$ (全纯切线丛). 用 §11 的记号, 命 $\{\gamma_\alpha\}$ 为 T_h 上的一个 H 度量, 命 K_0 为 $\{\gamma_\alpha\}$ 的 Gauss 曲率. 由 §11 例 2,

$$\frac{-1}{2\pi i}\Theta = \frac{K_0\gamma_\alpha}{2\pi}\left(\frac{i}{2}dz_\alpha \wedge d\overline{z}_\alpha\right). \tag{19.4}$$

由这讨论可以得到一个结论. 因为 $\frac{-1}{2\pi i}\Theta$ 是一个实形式, 所以如果 M 是紧的,

$$C(L)[M] \in \mathbf{R}, \quad \forall L \in \mathscr{L}. \tag{19.5}$$

在下一节中我们将证明 $C(L)[M] \in \mathbf{Z}, \forall L \in \mathscr{L}$.

定义 19.5 设 L 为黎曼面 M 上的线丛, 称 L 为正线丛 (记号: $L > 0$) 如果在 L 上有一个 H 度量, 其曲率形式 Θ 满足 $\frac{-1}{2\pi i}\Theta > 0$. 称 L 为负线丛 (记号: $L < 0$) 如果 $-L > 0$.

由例 2, 可知 $L > 0 \Leftrightarrow$ 在 L 上有一个有正曲率的 H 度量. 特殊情况: $T_h > 0 \Leftrightarrow M$ 上有一个有正 Gauss 曲率的 H 度量, $T_h < 0 \Leftrightarrow M$ 有一个有负 Gauss 曲率的 H 度量.

这个正线丛的定义依赖于某种 H 度量的存在, 概念上比较复杂. 如果 M 是紧的, 我们将找出一个等价而且比较简单的定义. 这就要用到 Hodge 定理了. 首先对这定理作一个复习. 设 M 是紧黎曼面, L 是 M 上的线丛. 固定一个 M 上的 H 度量 G 和一个 L 上的 H 度量 $\{g_\alpha\}(=\langle,\rangle)$. 命 Ω 为 G 的体积形式. 如果 ω 是一个 L 值的 (1, 1) 形式, 断言:

$$\Box\omega = \Omega(\Box * \omega) + i\Theta(*\omega), \tag{19.6}$$

其中 Θ 是 $\{g_\alpha\}$ 的曲率形式. 证明: 如果 ω 有局部表示

$$\omega = \omega_\alpha \Omega e(\alpha),$$

由 (11.8), $\Box\omega = (\Box_0\omega_\alpha)\Omega e(\alpha) + K\omega_\alpha\Omega e(\alpha)$. 但

$$*\omega = \omega_\alpha e(\alpha), \quad K\Omega = i\Theta,$$

而且由 (11.8) 前面的第三个公式, $\Box * \omega = (\Box_0\omega_\alpha)e(\alpha)$. 所以 (19.6) 得证.

现在考虑 Hodge 定理的一个特殊情况 (见 §11, 也请参阅 §14 中的较精确的 Hodge 定理阐述). 就是设 Hodge 定理中的线丛 L 为平凡线丛 O. 所以 (11.10) 就给出一个普通形式的正交和分解

$$A = \mathfrak{H} \oplus \Box GA, \tag{19.7}$$

其中 A 表示所有 C^∞ 形式, $\mathfrak{H}$ 表示所有调和形式

$$(\Box h = 0, \forall h \in \mathfrak{H}),$$

而且 $(\mathfrak{H}, \Box GA) = 0$ (参阅定理 11.8 后的讨论). 因为 $L = O$, 所以无论什么 $\mathrm{STN}\{W_\alpha\}$, 所有连接函数 $f_\alpha^\beta \equiv 1$, 因此可取 L 上的 H 度量 $\{g_\alpha\}$ 使 $g_\alpha \equiv 1, \forall\alpha$. 所以所有的联络形式 $\theta_\alpha \equiv 0$, 故曲率 $K \equiv 0$, 曲率形式 $\Theta \equiv 0$. 同时 $D' = \partial$, 所以 $\vartheta = -*\partial*$. 这时如果 ω 是普通的 (1, 1) 形式, 而且将 ω 写成 $\omega = f\Omega$, 其中 f 是一个 M 上的 C^∞ 函数, 则 (19.6) 蕴涵

$$\Box\omega = (\Box f)\Omega.$$

所以 $\Box\omega = 0 \Leftrightarrow \Box f = 0, \Leftrightarrow \overline{\partial} f = 0$ (引理 11.7), $\Leftrightarrow f$ 是 M 上的全纯函数 (§2), $\Leftrightarrow f$ 是常数 (因为 M 是紧的, 见引理 4.7 下面之 (6), 所以 (19.7) 中的 $\mathfrak{H}$ 只是 Ω 的常值倍数, 即

$$\mathfrak{H} = \{S\Omega : S \in \mathbf{C}\}. \tag{19.8}$$

引理 19.6 设 M 为紧黎曼面, φ 为实的 (1, 1) 形式而且 $\int_M \varphi = 0$, 则在 M 上有实值的函数 h 使 $\varphi = \overline{\partial}\partial(ih)$.

系 设 φ 为 M 上的 (1, 1) 形式, 则 $\int_M \varphi = 0 \Leftrightarrow \varphi$ 是恰当形式.

系的证明 由 Stokes 定理, $\varphi = d\gamma \Rightarrow \int_M \varphi = 0$. 反之, 如果 φ 满足 $\int_M \varphi = 0$, 先假设 φ 是实的. 由引理 19.6, $\varphi = \overline{\partial}\partial(ih)$. 因为 $\partial^2 = 0, \varphi = d(\partial(ih))$. 如果 φ 不是实的, 命 $\varphi = \varphi_1 + i\varphi_2$, φ_1, φ_2 是实的. 由 $\int_M \varphi = 0, \int_M \varphi_1 = \int_M \varphi_2 = 0$. 因此有 1 形式 γ_1, γ_2 使 $\varphi_i = d\gamma_i, i = 1, 2$. 所以 $\varphi = d(\gamma_1 + i\gamma_2)$.

现在我们可以给引理 19.3 的证明. 易于验证 $[M]$ 是一个满同态, 因为如果 Ω 是 M 上一个 H 度量的体积形式, 由定义知 $\Omega > 0$ (见 §11 例 2), 故 $\int_M \Omega = v > 0$. 因此如果 $t \in \mathbf{R}$, 则

$$\left(\frac{t}{v}\Omega\right)[M] = t.$$

现证 $[M]$ 是单的. 设 $\varphi[M] = 0$. 由引理 19.6 的系, $\varphi = d\gamma$, 故 φ 的同调类等于 0. 证毕.

引理 19.6 的证明 首先证明 $\varphi \perp \mathfrak{H}$ (对于 (,)). 由 (19.8), 只需证明 $(\varphi, \Omega) = 0$. 由 (11.7) 的定义 (现有 $L = O$, 故 (11.7) 简化):

$$(\varphi, \Omega) = \int_M \varphi \wedge *\overline{\Omega} = \int_M \varphi \wedge *\Omega = \int_M \varphi = 0.$$

故 $\varphi \perp \mathfrak{H}$. 由 (19.7) 的正交性质, $\varphi \in \square GA$. 即是说, 有

$$\varphi_0 \in A^{1,1} \ni \varphi = \square G\varphi_0.$$

因为 G 是保型的, 故 $G\varphi_0$ 是 (1, 1) 型, 命为 φ_1. 即 $\varphi = \square\varphi_1$. 因为 $\overline{\partial}\varphi_1 = 0$ (M 没有 (1, 2) 型的形式),

$$\varphi = \square\varphi_1 = \overline{\partial}\vartheta\varphi_1 = -\overline{\partial} * \partial * \varphi_1$$

(在上面已指出 $L = O \Rightarrow \vartheta = - * \partial *$). 命 $k \equiv *\varphi_1, k$ 是函数. 由于 ∂k 是 (1, 0) 型, $*\partial k = -i\partial k$ (见 §11 中 $*$ 的定义). 因此有 $\varphi = \overline{\partial}\partial(ik)$. 现在我们用 φ 是实形式的假设. 命 $k = h + ih', h$ 和 h' 是实函数, 故由 $\overline{\partial}\partial = -\partial\overline{\partial}$, 得

$$\varphi = \overline{\partial}\partial(ih) - \overline{\partial}\partial h',$$
$$\overline{\varphi} = \overline{\partial}\partial(ih) + \overline{\partial}\partial h'.$$

由 $\varphi=\overline{\varphi}$, 两边相加立得 $\varphi=\overline{\partial}\partial(ih)$. □

下面的引理说明, 假如 M 是紧的, 则定义 19.5 其实不依赖于 L 的 H 度量. 请注意, 如果 Θ 是 L 上任意一个 H 度量的曲率形式, 则在本节的例 2 中我们已证明 $\frac{-1}{2\pi i}\Theta$ 一定是实的. 所以如果 $\psi\equiv\frac{-1}{2\pi i}\Theta+\overline{\partial}\partial f$, 其中 f 是 M 上的实函数, 则虽然 ψ 和 $\frac{-1}{2\pi i}\Theta$ 都属于 $C(L)$, ψ 不可能有 $\psi=\frac{-1}{2\pi i}\varPsi$ 使 $\varPsi$ 是 L 上一个 H 度量的曲率形式, 因为这个 ψ 不是实的. 下面的引理说明实性是 ψ 唯一需要满足的条件.

引理 19.7 设 M 为紧黎曼面, L 为 M 上的线丛, ψ 为上同调类 $C(L)$ 内的一个实的 (1, 1) 形式, 则 $\psi=\frac{-1}{2\pi i}\varPsi$, 其中 $\varPsi$ 为 L 上一个 H 度量的曲率形式.

证 设 $\{g_\alpha\}$ 为 L 上任意一个 H 度量, Θ 为 $\{g_\alpha\}$ 的曲率形式. 因为 ψ 和 $\frac{-1}{2\pi i}\Theta$ 都属于同一个同调类 $C(L)$, ψ 是一个实的 (1, 1) 型恰当形式 (参阅 (9.18)). 由引理 19.6, 有 $h:M\to\mathbf{R}$ 使

$$\psi=\left(\frac{-1}{2\pi i}\Theta\right)+\overline{\partial}\partial(ih).$$

命 $f=\exp(2\pi h)$, 则有

$$\begin{aligned}\psi&=\frac{-1}{2\pi i}\Theta+\left(\frac{-1}{2\pi i}\overline{\partial}\partial\log f\right)\\&=\frac{-1}{2\pi i}\{\overline{\partial}\partial\log g_\alpha+\overline{\partial}\partial\log f\}\\&=\frac{-1}{2\pi i}\overline{\partial}\partial\log(fg_\alpha).\end{aligned}$$

因为 $f>0$, 由引理 11.2 立可验证 $\{fg_\alpha\}$ 亦是 L 上的 H 度量. 所以 $\varPsi\equiv\overline{\partial}\partial\log(fg_\alpha)$ 就是这度量的曲率形式. □

如果 M 是紧的话, 下面这引理就给定义 19.5 一个完满的解析.

引理 19.8 设 L 是紧黎曼面 M 上的线丛, 则下列各条件都是等价的:

(a) $L>0$.

(b) $C(L)$ 内有一个正的 (1, 1) 形式.

(c) 如果 Ω 是 M 上一个 H 度量的体积形式, 则有正数 S 使 $S\Omega\in C(L)$.

(d) $C(L)[M]>0$ (由 (19.5), $C(L)[M]$ 是实的).

证 我们将证明 (a) $\Rightarrow$ (d) $\Rightarrow$ (c) $\Rightarrow$ (b) $\Rightarrow$ (a). (a) $\Rightarrow$ (d) 是立可从定义 19.5 和 $C(L)[M]$ 的定义导出的.

$$(d) \Rightarrow (c). \text{ 设 } C(L)[M] = t, t > 0. \text{ 命 } v = \int_M \Omega, \text{ 则 } v > 0$$

亦成立, 定义 $S = t/v$, 则 $[S\Omega][M] = t$. 由引理 19.3, $[S\Omega] = C(L)$.

(c) $\Rightarrow$ (b) 是显然的, 因为 $\Omega > 0$ (见 §11 例 2 中 Ω 的定义).

(b) $\Rightarrow$ (a) 可立从引理 19.7 导出. □

系 19.1 *如果 $D \in \mathscr{D}, D \geqslant 0$ 且 $D \neq 0$, 则 $\lambda(D) > 0$.*

证 Gauss-Bonnet 定理蕴涵 $C(\lambda(D))[M] = \deg D > 0$, 故可用引理 19.8 的 (d). □

系 19.2 *如果 M 的亏格 $g = 1$, 则 M 有一个 Gauss 曲率恒等于 0 的 H 度量. 如果 $g > 1$, 则 M 有一个 Gauss 曲率恒为负值的 H 度量.*

证 由例 1, $C(T_h)[M] = \chi(M) = 2 - 2g$. 如 $g = 1, C(T_h)[M] = 0$. 由引理 19.3, $C(T_h) = 0$. 所以如果 φ 是恒等于 0 的 (1, 1) 形式, $\varphi \in C(T_h)$. 由引理 19.7, T_h 具有一个曲率形式恒等于 0 的 H 度量. 如果 $g > 1, C(T_h)[M] < 0$. 应用引理 19.8 (d) 于 $(-T_h)$ 就得到 $T_h < 0$. 由定义 19.5 和 §19 例 2, 立得这个系. □

最后我们应该指出系 19.1 的逆是不成立的. 即是说 $\lambda(D) > 0$ 并不蕴涵 $D \geqslant 0$. 因为 λ 是在因子类群 $\mathscr{D}$ 上定义, 因此我们要仔细地将这断言重述一次: $D \in \overline{\mathscr{D}}, \lambda(D) > 0$ 并不一定蕴涵有 $D' \cong D$ (定义 5.2) 使 $D' \geqslant 0$. 在这里我们只大概说明这个反例的构造. 在引理 6.2 下面我们已提到大部分紧黎曼面 M 都具有这个性质: $\forall p \in M, \dim l(2p) = 1$. 更广义的, 如果 M 的亏格 $g \geqslant 3$, 则一般来说, 任何在 M 上的非常数亚纯函数都至少具有三个极点 (重数算在内). 这就是所谓*非超椭圆的黎曼面*. 取这样的一个紧黎曼面 M, 取任意三点 p_1, p_2, p_3. 定义因子 $D = p_1 + p_2 - p_3$. $d(D) = 1 > 0$, 故 $\lambda(D) > 0$ (引理 19.8 和 Gauss-Bonnet 定理). 现断言不可能存在 D' 使 $D' \geqslant 0$ 和 $D' \cong D$. 若然, 由 $D' \cong D$, 知 $d(D') = 1$. 又由 $D' \geqslant 0$, 有 $D' = p_4, p_4 \in M$. 因此, $p_1 + p_2 - p_3 = p_4$. 等价的说法就是: 在 M 上存在亚纯函数 f 使 $(f) = p_1 + p_2 - (p_3 + p_4)$. 所以 f 在 M 上只有两个极点 p_3、p_4. 这是不可能的.

事实上, 在任何一个亏格大于 1 的紧黎曼面 M 上, "大部分" 次数大于零的因子都不可能线性等价于一个有效因子的. 这个断言的精确意义和证明有赖于所谓 M 的 Picard *簇* $H^1(M, \mathbf{R})/H^1(M, \mathbf{Z})$ 的较深入的讨论. 这是超过本书的范围了.

§20 旧 地 重 游

在这节中我们用陈类和层论的术语来重新证明定理 18.1, 18.3 和 18.7. 这数个新的证明, 对于了解这些定理在高维时的推广, 是会有帮助的, 要请读者留意的是在 §18 中我们用定理 18.1 ($\mathscr{D}=\mathscr{L}$) 来证明定理 18.3 (消没定理), 但在这节中, 我们将先用 Hodge 定理来证明消没定理, 然后用消没定理来证明 $\mathscr{D}=\mathscr{L}$ 以及投影嵌入定理 (定理 18.7), 在概念上这方法不但比较自然, 而且也对这三个定理之间的密切关系有较好的说明.

应该再强调的是, 上一节和这一节的所有证明, 都是不依赖于定理 18.1, 18.3 和 18.7 的.

定理 20.1 (消没定理) 设 M 为紧黎曼面, $L\in\mathscr{L}$. (a) 如果 $L>0$ 则 $H^1(M,\Omega^1(L))=0$. (b) 如果 $L-T_h^*>0$ (T_h^* 是 M 的全纯余切丛), 则 $H^1(M,\Omega(L))=0$.

证 (a) 赋于 M 任意一个 H 度量 G, 命 Ω 为 G 的体积形式. 因为 $L>0$, 由引理 19.8, 有 $S\in\mathbf{R}, S>0$ 使 $S\Omega\in C(L)$. 由引理 19.7, L 具有一个 H 度量 $\{g_\alpha\}$ 使其曲率形式 Θ 满足

$$\frac{-1}{2\pi i}\Theta=S\Omega. \tag{20.1}$$

由 G 及 $\{g_\alpha\}$ 可定义 L 值的调和形式. 由定理 11.8, 要证明 $H^1(M,\Omega^1(L))=0$ 则只须证明任何 L 值 (1, 1) 型调和形式 ω 必等于 0. 由 (19.6) 及 (20.1),

$$\begin{aligned}0=\Box\omega&=\Omega(\Box*\omega)+2\pi S\Omega(*\omega)\\&=\Omega\{(\Box*\omega)+2\pi S(*\omega)\},\end{aligned}$$

故 $\Box*\omega+2\pi S*\omega=0$. 因此如果 (,) 记 $A(L)$ 上的内积,

$$\begin{aligned}0&=(\Box*\omega+2\pi S*\omega,*\omega)\\&=(\Box*\omega,*\omega)+2\pi S(*\omega,*\omega)\\&=(\overline{\partial}*\omega,\overline{\partial}*w)+(\vartheta*\omega,\vartheta*\omega)+2\pi S(*\omega,*\omega).\end{aligned}$$

由于每一项都是非负数, 所以唯一的可能是每项等于 0, 特别是 $2\pi S(*\omega,*\omega)=0$. 但 $S>0$, 故 $(*\omega,*\omega)=0,\Rightarrow *\omega=0,\Rightarrow\omega=0$ (见 (11.5)).

(b) 设 $L-T_h^*>0$. 由 (18.3),

$$\Omega(L)=\Omega(T_h^*-T_h^*+L)=\Omega'(L-T_h^*).$$

所以用这定理的 (a) 部分, $H^1(M,\Omega(L))=H^1(M,\Omega^1(L-T_h^*))=0$. □

定理 20.2 在一个紧黎曼面 M 上, $\lambda: \mathscr{D} \to \mathscr{L}$ 是一个群同构.

证 由引理 7.7, 已知 λ 是一个单同态, 现在要证明 λ 是满的. 设 $L \in \mathscr{L}$, 需找 $D_0 \in \mathscr{D}$ 使 $\lambda(D_0) = L$. 命黎曼面 M 的亏格为 g, 由 (19.5), $C(L)[M] \in \mathbf{R}$, 故可取一充分大的整数 n 使 $n > 2g - 2 - C(L)[M]$, 命 $L_1 \equiv L + \lambda(np)$, 其中 p 是 M 上一点. 现有

$$C(L_1 - T_h^*)[M] = C(L)[M] + n - (2g-2) > 0,$$

其中用了引理 19.2, 定理 19.4 与 §18 例 1. 根据引理 19.8, $L_1 - T_h^* > 0$, 由定理 20.1 (b), $H^1(M, \Omega(L_1)) = 0$, 由引理 9.5, $\dim \Gamma(L + \lambda((n+1)p)) > 0$. 所以引理 7.12 蕴涵存在 $D_0 \in \mathscr{D}$ 使 $\lambda(D_0) = L$. □

由定理 20.2 和定理 19.4, 立可导出下面的系.

系 20.1 在紧黎曼面 M 上, $C(L)[M] \in \mathbf{Z}, \forall L \in \mathscr{L}$.

我们现在可以说 Gauss-Bonnet 定理 (定理 19.4) 是有双重意义的, 一方面它说明陈类的整数性 integrality (用同调类的术语, 即是说 $C(L) \in H^2(M, \mathbf{Z})$). 另一方面它给因子的次数一个新的解释.

现在我们有充分的工具将 RRⅢ 用新的术语来表达. 设 M 为紧黎曼面, $D \in \mathscr{D}$, RRⅢ (§12) 的公式是:

$$\chi(\lambda(D)) = d(D) + \chi_0(M),$$

其中 $\chi(\lambda(D)$ 的定义是

$$\chi(\lambda(D)) = \sum_{i=0}^{\infty} (-1)^i \dim H^i(M, \Omega(\lambda(D)).$$

由 Gauss-Bonnet 定理,

$$d(D) = C(\lambda(D))[M].$$

根据一般的记号 M 的陈类 $C(T_h)$ 普通是记为 $C(M)$, 故由定理 19.4 后的例 1,

$$\chi_0(M) = 1 - g = \frac{1}{2} C(M)[M].$$

现用定理 20.2, M 上每线丛都可写成 $\lambda(D)$, 因此总结这讨论, RRⅢ变成

$$\chi(L) = \left\{ C(L) + \frac{1}{2} C(M) \right\} [M], \tag{20.2}$$

$\forall L \in \mathscr{L}$. 下一步就要用 Hirzebruch 的办法, 引进形式代数, 命 x, y 为两个未定元, 定义

$$\begin{aligned} e^x &\equiv 1 + x + \frac{x^2}{2} + \cdots \\ &\equiv \sum_{n=0}^{\infty} \frac{x^n}{n!}. \end{aligned} \tag{20.3}$$

用形式运算, 可得

$$e^x \cdot \frac{-y}{e^{-y}-1} = \left(1 + \left(x + \frac{1}{2}y\right) + \left(\frac{xy}{2} + \frac{x^2}{2} + \frac{y^2}{12}\right) + \cdots\right), \tag{20.4}$$

如果用 M 的上同调类代入 x 和 y, 而且用 (9.18) 把上同调类看成闭的形式, 则 (20.3) 右边的积便定义为形式之间的外积, 这样 (20.3) 的左边便变成一个 M 上的上同调类. 例: 如 $x = C(L), y \in C(M)$, 则 $\left(\frac{xy}{2} + \frac{x^2}{2} + \frac{y^2}{12}\right)$ 就是一个四次的形式, 故等于 0. 同理, (20.3) 右边所有次数更高的项都等于 0, 所以

$$e^{C(L)} \cdot \frac{-C(M)}{e^{-C(M)}-1} = 1 + \left(C(L) + \frac{1}{2}C(M)\right).$$

如果 φ 是一个 M 的上同调类 (即闭的形式), 可扩充求值同态的定义为

$$\varphi[M] = \begin{cases} 0 & \text{如 } \varphi \text{ 的次数} \neq 2, \\ \displaystyle\int_M \varphi & \text{如 } \varphi \text{ 的次数为 } 2. \end{cases}$$

这样 (20.2) 显然等价于下面这定理.

RRIV *设 M 为紧黎曼面, L 为 M 上的线丛, 则有*

$$\chi(L) = e^{C(L)} \cdot \frac{-C(M)}{e^{-C(M)}-1}[M].$$

按 这定理与 RRIV 只有形式上的分别, 但这个 RR 定理的形式却是可以直接推广到任何高维紧复流形的, $e^{C(L)}$ 就是所谓 L 的陈氏特征标 Chern character, 记号为 $Ch(L)$.

$$\frac{-C(M)}{e^{-C(M)}-1}$$

是所谓 M 的 Todd 类, 记号为 $T(M)$. 所以 RRIV 又可写成:

$$\chi(L) = Ch(L) \cdot T(M)[M]. \tag{20.5}$$

将 $Ch(L)$ 和 $T(M)$ 的定义适当地推广到高维的 M 后, 定义 $\chi(L)$ 如上, 则 (20.4) 依然成立, 这就是有名的 Hirzebruch-Riemann-Roch 公式.

定理 20.3 (投影嵌入定理) 设 M 为亏格等于 g 的紧黎曼面, 则有全纯嵌入 $\varphi: M \to P_{g+1}\mathbf{C}$.

证 取 $p \in M$, 并定义 $L = \lambda((2g+1)p)$. 由 (18.2) 及 (18.5),

$$\dim \varGamma(L) \equiv \dim H^0(M, \varOmega(L)) = \dim l((2g+1)p) = g+2.$$

命 $\{h_0, \cdots, h_{g+1}\}$ 为 $\varGamma(L)$ 的一个基, 取 L 的任意一个 $\mathrm{STN}\{W_1, \cdots, W_k\}$, 在每个 W_α 上有一个恒不取 0 的全纯截影 $e(\alpha) \equiv \psi_\alpha^{-1}(0,1)$ (见定义 7.1). 如果 $q \in M$, 设 $q \in W_\alpha$. 则可表示 $h_i(q) = h_{i\alpha}(q)e(\alpha)$, 其中 $h_{i\alpha}: W_\alpha \to \mathbf{C}, \forall i = 0, \cdots, g+1$ 是全纯函数. 定义 $\varphi: M \to P_{g+1}\mathbf{C}$,

$$\varphi(q) = [h_{0\alpha}(q), \cdots, h_{g+1,\alpha}(q)].$$

如果至少有一个 $h_{i\alpha}(q) \neq 0$, 则右边定义了 $P_{g+1}\mathbf{C}$ 内的一点. 而且如果 q 亦在 W_β 内, 则 $h_{i\alpha}f_\beta^\alpha = h_{i\beta}^\alpha, \forall i$, 其中 f_β^α 是 L 的连接函数. 故有

$$\begin{aligned}
&[h_{0\beta}(q), \cdots, h_{g+1,\beta}(q)] \\
&= [f_\beta^\alpha(q)h_{0\alpha}(q), \cdots, f_\beta^\alpha(q)h_{q+1,\alpha}(q)] \\
&= [h_{0\alpha}(q), \cdots, h_{g+1,\alpha}(q)].
\end{aligned}$$

所以 φ 的定义合理. 只需证明 $\forall q$, 至少有一个 $h_i(q) \neq 0$. 由引理 12.1 之 (2), 有层的短正合序列

$$0 \longrightarrow \varOmega(L - \lambda(q)) \longrightarrow \varOmega(L) \stackrel{\pi}{\longrightarrow} \mathrm{S}_q \longrightarrow 0. \tag{20.6}$$

由定理 19.4 及 §18 例 1 和引理 19.2, 有

$$\begin{aligned}
C(L - \lambda(q) - T_h^*)[M] &= (2g+1) - 1 - (2g-2) \\
&= 2 > 0.
\end{aligned}$$

故由引理 19.8 及定理 20.1 (b), $H^1(M, \varOmega(L - \lambda(q))) = 0$, 由引理 9.4, 得群正合序列

$$0 \longrightarrow \varGamma(L - \lambda(q)) \longrightarrow \varGamma(L) \stackrel{\pi^*}{\longrightarrow} \varGamma(\mathrm{S}_q) \longrightarrow 0.$$

根据 π 的定义 (见引理 9.5 的证明), 如果 $S \in \varGamma(L), \pi(S) = S(q)$. 现有 $\varGamma(\mathrm{S}_q) \cong \mathbf{C}$, 我们把 $\varGamma(\mathrm{S}_q)$ 与 $\mathbf{C}$ 认同, 故有

$$S_0 \in \varGamma(L) \ni S_0(q) = \pi(S_0) = 1.$$

这就蕴涵至少有一个 $h_i \ni h_i(q) \neq 0$, 因为相反的话, 所有 $h_i(q) = 0, \forall i$. 但由于 $\{h_i\}$ 是 $\Gamma(L)$ 的基, 有 $a_i \in \mathbf{C} \ni S_0 = \sum_i a_i h_i$,

$$\Rightarrow S_0(q) = \sum_i a_i h_i(q) = 0.$$

这与 $S_0(q) = 1$ 矛盾. 所以 φ 的定义是合理的. 由定义, φ 显然是全纯映照.

[在这里我们请读者注意两件事: 第一, 上面这个推论 (即由短正合序列 (20.5) 和消没定理去证明 $\Gamma(L)$ 内有充分多的元素), 在下面还要用两三次. 以后就会说得简略一点了. 其次, 这个 φ 的定义与 (18.4) 的定义基本上是一样的. 所以下面我们会应用引理 18.8—18.10 于 φ 上.]

现在证明 φ 是单映照. 设 $q, q' \in M, q \neq q'$. 命

$$L_1 = L - \lambda(q), \quad L_2 = L - \lambda(q + q').$$

同理得证

$$C(L_1 - T_h^*)[M] = 2 > 0,$$
$$C(L_2 - T_h^*)[M] = 1 > 0.$$

故 $H^1(M, \Omega(L_1)) = H^1(M, \Omega(L_2)) = 0$. 因此由短正合序列

$$0 \longrightarrow \Omega(L_1) \xrightarrow{\ i\ } \Omega(L) \xrightarrow{\ \pi\ } \mathrm{S}_q \longrightarrow 0,$$
$$0 \longrightarrow \Omega(L_2) \xrightarrow{\ i'\ } \Omega(L_1) \xrightarrow{\ \pi'\ } \mathrm{S}_{q'} \longrightarrow 0,$$

得正合序列

$$0 \longrightarrow \Gamma(L_1) \longrightarrow \Gamma(L) \xrightarrow{\ \pi\ } \Gamma(\mathrm{S}_q) \longrightarrow 0,$$
$$0 \longrightarrow \Gamma(L_2) \longrightarrow \Gamma(L_1) \xrightarrow{\ \pi'\ } \Gamma(\mathrm{S}_{q'}) \longrightarrow 0.$$

我们把 $\Gamma(L_1)$ 和 $\mathrm{Ker}\,\pi$ 认同, 把 $\Gamma(L_2)$ 和 $\mathrm{Ker}\,\pi'$ 认同, 现选取 $\Gamma(L)$ 的一个基 $\{f_0, \cdots, f_{g+1}\}$, 使

$$\pi(f_0) = f_0(q) \neq 0,$$
$$\{f_1, \cdots, f_{g+1}\} \subset \Gamma(L_1),$$
$$\pi'(f_1) = f_1(q') \neq 0,$$
$$\{f_2, \cdots, f_{g+1}\} \subset \Gamma(L_2).$$

注意: $\forall i \geqslant 1, f_i(q) = \pi(f_i) = 0$. 同理 $\forall j \geqslant 2$,

$$f_j(q') = \pi'(f_j) = 0.$$

由于 $\Gamma(\mathrm{S}_q) \cong \mathbf{C} \cong \Gamma(\mathrm{S}_{q'})$, 故有

$$\dim \Gamma(L) = 1 + \dim \Gamma(L_1) = 1 + (1 + \dim \Gamma(L_2)).$$

所以这个基的选择是有可能的.

现在我们用 $\{f_0, \cdots, f_{g+1}\}$ 来定义一个全纯映照 $F: M \to P_{g+1}\mathbf{C}$. F 的定义与 φ 一样, 只是用 $\{f_i\}$ 来代替 $\{h_i\}$. 由 $\{f_i\}$ 的定义,

$$\begin{aligned} F(q) &= [1, 0, 0, \cdots, 0], \\ F(q') &= [*, 1, 0, \cdots, 0]. \end{aligned}$$

所以 $F(q) \neq F(q')$. 由引理 18.10, $\varphi(q) \neq (q')$. 所以 φ 是单的.

现设 $q \in M$. 要证 q 是 φ 的非奇异点 (定义 18.4), 命 $L_1 = L - \lambda(q), L_2 = L - \lambda(2q)$. 同理可得正合序列

$$0 \longrightarrow \Gamma(L_1) \longrightarrow \Gamma(L) \xrightarrow{\ \pi\ } \mathrm{S}_q \longrightarrow 0,$$

$$0 \longrightarrow \Gamma(L_2) \longrightarrow \Gamma(L_1) \xrightarrow{\ \pi'\ } \mathrm{S}_q \longrightarrow 0.$$

注意, $\Gamma(L_1) = \{S \in \Gamma(L) : (S) - q \geqslant 0\}, \Gamma(L_2) = \{S \in \Gamma(L) : (S) - 2q \geqslant 0\}$ (见引理 9.5 的证明). 所以如果 $f \in \Gamma(L_1)$ 而且 $\pi'(f) \neq 0$, 则 $f \notin \Gamma(L_2) \equiv \operatorname{Ker} \pi'$, 所以 f 在 q 上只能有单零点. 现选取 $\Gamma(L)$ 的一个基 $\{f_0, \cdots, f_{g+1}\}$ 使

$$\begin{aligned} &\pi(f_0) = f_0(q) \neq 0, \\ &\{f_1, \cdots, f_{g+1}\} \subset \Gamma(L_1), \\ &\pi'(f_1) \neq 0, \\ &\{f_2, \cdots, f_{g+1}\} \subset \Gamma(L_2). \end{aligned}$$

和上面一样, 用 $\{f_0, \cdots, f_{g+1}\}$ 定义一个全纯映照 $F: M \to P_{g+1}\mathbf{C}$. 如果在 q 点上将 F 写成 $F = [F_0, \cdots, F_{g+1}]$ (F_i 是 q 点上全纯的函数), 则 $F_0(q) \neq 0$ (对应 $f_0(q) \neq 0$) 而且 F_1 在 q 上有单零点 (对应 $\pi'(f_1) \neq 0$), 由引理 18.8, q 是 F 的非奇异点, 再用引理 18.10, 则 q 亦是 φ 的非奇异点, 所以 φ 是一个全纯嵌入. □

§21 黎曼面与平面曲线

这节的主要目的是证明定理 21.1 和证明任何一个黎曼面都可以全纯嵌入 $P_5\mathbf{C}$.

定理 21.1 设 M 为紧黎曼面, 则有平面曲线 M^* 和有全纯映照: $\varphi: M \to P_2\mathbf{C}$ 使 $\varphi(M)=M^*$, 而且在 M 上存在一个有限点集 A 使 $\varphi|M-A$ 是一个全纯嵌入.

这个证明是构造性的. 我们将直接从 M 构造 M^*. 首先温习一下 §6 里面 (IX) 的内容. 命 $\mathfrak{M}$ 为 M 的亚纯函数域, 又命 $z: M \to S$ 为 M 上一个有 n 个极点的亚纯函数 ($n>0$, 且极点的重数计算在内), 则有 $f \in \mathfrak{M}$ 使 $\mathfrak{M}=\mathbf{C}(z,f)$, 且 $[\mathfrak{M}:\mathbf{C}(z)]=n$. 命 f 对于 $\mathbf{C}(z)$ 的极小多项式为 Q. 故有 $Q(x,y)\in\mathbf{C}(x)[y]$, 使

$$\begin{aligned}&Q(z,f)\equiv f^n+r_1(z)f^{n-1}+\cdots+r_n(z)=0,\\&r_i(z)\in\mathbf{C}(z),\quad \forall i=1,\cdots,n.\end{aligned}\tag{21.1}$$

因为每个 $r_i(x)$ 是 x 的有理函数, 故可通分母而得到 $P(x,y)\in\mathbf{C}[x,y]$,

$$\begin{aligned}&P(x,y)=S_0(x)y^n+S_1(x)y^{n-1}+\cdots+S_n(x),\\&S_i(x)=r_i(x)S_0(x),\ \forall i=1,\cdots,n.\\&S_i(x)\in\mathbf{C}[x],\ \forall i=1,\cdots,n.\\&\{S_0(x),\cdots,S_n(x)\}\ \text{是互素的}.\end{aligned}\tag{21.2}$$

所以 $P(x,y)$ 也满足

$$P(z,f)=S_0(z)f^n+S_1(z)f^{n-1}+\cdots+S_n(z)=0.\tag{21.3}$$

现在用 $P(x,y)$ 来定义一个平面曲线. 首先定义 P 的齐次化多项式 $P_0(w,x,y)$ 为

$$P_0(w,x,y)\equiv w^mP(x/w,y/w),$$

其中 $m=P(x,y)$ 的次数. 注意: P_0 是一个 m 次的齐次多项式, 而且

$$P_0(1,x,y)=P(x,y).$$

今在 $P_2\mathbf{C}$ 上有开集 $U_0=\{[1,z_1,z_2]: z_1\in\mathbf{C}, z_2\in\mathbf{C}\}$. 定义

$$\begin{aligned}&M_0^*\equiv\{[1,x,y]\in P_2\mathbf{C}: P(x,y)=0\},\\&M^*\equiv\{[w,x,y]\in P_2\mathbf{C}: P_0(w,x,y)=0\}.\end{aligned}$$

由定义, M^* 是一个平面曲线, 而且

$$M_0^* = M^* \cap U_0.$$

如果 $E \subset P_2\mathbf{C}$, 用 ClE 来记 E 的闭包. 现断言:

$$ClM_0^* = M^* \tag{21.4}$$

(这是需要证明的, 因为如果 $P_0(w,x,y) = w(x+y)$, 则容易验证 (21.4) 不成立.). 首先注意: $P_0(w,x,y)$ 在 $P_2\mathbf{C}$ 内是没有孤立零点的. 因为如果 $P_0(w_1, x_1, y_1) = 0$, 设 $x_1 \neq 0$, 由 P_0 的齐性, $P_0(w_1/x_1, 1, y_1/x_1) = 0$. 定义 $R(w,y) = P_0(w,1,y)$, 则 $R(w_1/x_1, y_1/x_1) = 0$, 而且在 $[w_1/x_1, 1, y_1/x_1]$ 充分小的邻域内, P_0 的零点与 R 的零点是一一对应的. $R(w,y)$ 是一个代数函数, 所以由代数函数的基本性质, R 是没有孤立零点的 (这相当于一个多项式 $p(y)$ 的根对其系数的连续依赖性). 所以 P_0 也没有孤立零点 $[w_1, x_1, y_1]$. 其次注意: $M^* - U_0 = M^* - M_0^*$ 只有有限数点. 若不然则 $P_0(0,x,y) = 0, \forall x, y \in \mathbf{C}, \Rightarrow w$ 是 $P_0(w,x,y)$ 的一个因子. 但由 P_0 的定义可直接验证这是不可能的. 现在假设 $q \in M^* - M_0^*$. 取一个 q 的充分小的邻域 W 使 W 不包含 $M^* - M_0^*$ 内其它的点. q 是 P_0 的零点, 故有 P_0 的其他零点 $q_i, q_i \in W$, 使 $q_i \to q$. 由 W 的定义, $\forall i, q_i \notin M^* - M_0^*$. 即是说 $q_i \in M_0^*$. 所以 q 是 M_0^* 的聚点. 因而 (21.4) 得证.

我们可以对以上作一直观解释. 将 $\mathbf{C}^2$ 与 U_0 认同, 则 $M_0^* = \{(x,y) \in \mathbf{C}^2 : p(x,y) = 0\}$. 因此 M^* 就是 M_0^* 在无穷远加上有限数点后所得的平面曲线.

这个 M^* 就是定理 21.1 所指的平面曲线. 在证明这定理之前需证下列两个引理.

引理 21.2　设 z 和 f 如上, 又设 A 为 z, f 的极点和 dz, df 的零点的并, 则在 $M - A$ 上任意不同的两点, z 或 f 取判别的值,

证　命 $p, q \in M - A, p \neq q$, 要证明不可能有 $z(p) = z(q)$ 和 $f(p) = f(q)$. 假如这两个等式成立, 命 $h \in \mathfrak{M}$. 要证 $h(p) = h(q)$. 由于 $\mathfrak{M} = \mathbf{C}(z,f)$, 有多项式 $\alpha(x,y)$ 和 $\beta(x,y) \in \mathbf{C}[x,y]$ 使 $h = a(z,f)/\beta(x,f)$. 由假设, $p, q \notin A$, 所以 z 和 f 在 p 和 q 上的重数 (定义 4.5) 都等于 1, 而且 $\{f(p), f(q), z(p), z(q)\} \in \mathbf{C}$. 所以

$$h(p) = \frac{\alpha(z(p), f(p))}{\beta(z(p), f(p))} = \frac{\alpha(z(q), f(q))}{\beta(z(q), f(q))} = h(q).$$

即是说 $\mathfrak{M}$ 内所有的 h 都满足 $h(p) = h(q)$. 这就违反 §6 中 (VI) 的系 6.2. $\square$

习题 上面 $h(p)=h(q)$ 的证明表面上似乎不需要假设 z 和 f 在 p 和 q 上的重数都等于 1. 请解释为什么这假设是必要的. (**提示**: 考虑如下情况. $M=\mathbf{C}\cup\{\infty\}\equiv S, p=0, q=1$. $z(w)=w^3(w-1), f(w)=w^2(w-1), h=z/f$)

引理 21.3 记号如引理 21.2, 命 $B\equiv z(A)\subset S$. 如果 $c\in\mathbf{C}-B, z^{-1}(c)\equiv\{p_1,\cdots,p_n\}$. 则 $\{f(p_1),\cdots,f(p_n))$ 是判别的, 而且是 $P(c,y)=0$ 的所有的根.

证 因为 $z(p_i)=c,\forall i$, 所以由 (21.3),

$$P(c,f(p_i))=P(z,f)(p_i)=0.$$

即是说, 每个 $f(p_i)$ 都是 $P(c,y)=0$ 的根. 由 (21.2), $P(c,y)$ 是一个次数 $\leqslant n$ 的 y 的多项式, 所以要证明 $\{f(p_1),\cdots,f(p_n)\}$ 是它的所有的根则只需证明 $\{f(p_1),\cdots,f(p_n)\}$ 是 n 个判别的复数. 由假设, $z(p_1)=\cdots=z(p_n)=c$, 而且 $p_i\in M-A,\forall i$. 所以引理 21.2 蕴涵 $f(p_i)\neq f(p_j),\forall i\neq j$. □

定理 21.1 的证明 设 $\mathfrak{M}=\mathbf{C}(z,f)$ 如上, 并且沿用上面的一切的记号.

因为 $1,z,f$ 都是 M 上的亚纯函数, 有全纯映照 $(1:z:f):M\to P_2\mathbf{C}$ (见 (18.4) 的定义). 命 $(1:z:f)$ 为 φ. 命 A_1 为引理 21.2 中所定义的集合. A 是 M 的有限子集 (§4), 而且 $\forall p\in M-A, \varphi(p)=[1,z(p),f(p)], dz(p)\neq 0$. 由引理 18.9, $\varphi|M-A$ 是一个全纯浸入. 由引理 21.2, $\varphi|M-A$ 是一个全纯嵌入. 现在只剩下 $\varphi(M)=M^*$ 的证明. 由上面 M^* 和 M_0^* 的定义, $\varphi(M-A)\subset M_0^*\subset M^*$. 由于 $M-A$ 的闭包是 M, 而且 M^* 是 $P_2\mathbf{C}$ 内的闭集, φ 的连续性蕴涵 $\varphi(M)\subset M^*$. 定义 M_0^* 内一个子集 $E\equiv\{[1,x,y]:x\in B, P(x,y)=0\}$, 其中 B 是引理 21.3 中所定义的有限集. 设 $[1,x_0,y_0]\in M_0^*-E$. 所以 $x_0\in\mathbf{C}-B$. 由引理 21.3, 命 $z^{-1}(x_0)=\{p_1,\cdots,p_n\}$ 则 $\{f(p_1),\cdots,f(p_n)\}$ 是 y 的多项式 $P(x_0,y)$ 所有的根. 但 $[1,x_0,y_0]\in M_0^*\Rightarrow P(x_0,y_0)=0$, 故 y_0 亦是 $P(x_0,y)$ 的一个根. 所以有 $i, 1\leqslant i\leqslant n$, 使 $y_0=f(p_i)$. 即是说, $[1,x_0,y_0]=[1,z(p_i),f(p_i)]=\varphi(p_i)$. 由 B 的定义, $p_i\in M-A$. 故得

$$\varphi(M-A)\supset M_0^*-E. \tag{21.5}$$

由 (21.4) 的推论, E 内每点都是 M_0^* 的聚点. 所以用 (21.4) 便导出 $cl(M_0^*-E)=clM_0^*=M^*$. 另一方面 M 是紧的, 故 $\varphi(M)$ 是 $P_2\mathbf{C}$ 的闭子集. 由于 $M-A$ 的闭包就是 M,

$$\varphi(M)=cl\varphi(M-A)\supset cl(M_0^*-E)=M^*.$$

所以 $\varphi(M)=M^*$. □

现在可以给定理 1.2 一个证明概要. 设 M^* 为 $P_2\mathbf{C}$ 内一个平面曲线. 设 M^* 为 $P_0(w,x,y)$ 的所有零点, P_0 为一个齐次多项式. 首先假设 P_0 是不可

约的. 命 $P(x,y) \equiv P_0(1,x,y)$. 所以 $P(x,y)$ 是一个不可约的代数函数. 命 M 为 $P(x,y)$ 的黎曼面, 又命 $z: M \to S$ 为 M 到黎曼球面的自然投影 (参阅定理 6.6 的证明概要和 §10 末尾的讨论). 如果将 (21.2) 用来作 $P(x,y)$ 的表示式, 则在 M 上有一个亚纯函数 f 使 $P(z,f) \equiv 0$ (这时把 z 看作 M 上的亚纯函数, 所以 $P(z,f)$ 也是 M 上的亚纯函数). 到了这地步, 显然只需将定理 21.1 的证明搬过来, 便可导出一个全纯映照 $\varphi \equiv (1:z:f): M \to P_2\mathbf{C}$ 使 $\varphi(M) = M^*$, 而且有一个 M 内的有限子集 A, 使 $\varphi|M - A$ 为一个全纯嵌入.

如果 $P_0(w,x,y)$ 是可约的, 则由因子分解得 $P_0 = R_1 \cdot R_2 \cdots R_k$, 其中每个 $R_i(w,x,y)$ 都是不可约的齐次多项式, $i = 1, \cdots, k$. 命 M_i^* 为 R_i 在 $P_2\mathbf{C}$ 中的所有零点, 则有 $M^* = M_1^* \cup \cdots \cup M_k^*$. 用上面的推论, $\forall i$, 有黎曼面 M_i 和全纯映照 $\varphi_i : M_i \to P_2\mathbf{C}$ 使 $\varphi_i(M_i) = M_i^*$, 而且有一个 M_i 上的有限集 A_i 使 $\varphi_i|M_i - A_i$ 为一个全纯嵌入. 现在定义 $M = M_1 \cup \cdots \cup M_k$ (不相交的并), 定义 $\varphi: M \to P_2\mathbf{C}$ 使 $\varphi|M_i = \varphi_i, \forall i$, 和定义 $A = A_1 \cup \cdots \cup A_k$. 则 M, φ, A 显然满足定理的条件.

现在我们用定理 21.1 来简略地讨论一下 §6 中所提到的初步的椭圆函数理论. 用那里的记号, 命 $M \equiv \mathbf{C}/\Lambda$, 又命 $\mathfrak{M}$ 为椭圆函数域 (见 §6 之 (X)). 已知 $\mathfrak{P}'$ 对于 $C(\mathfrak{P})$ 的极小多项式是

$$(\mathfrak{P}')^2 - (4\mathfrak{P}^3 - g_2\mathfrak{P} - g_3) = 0$$

(定理 6.7). 所以如果我们定义 $P(x,y) \in \mathbf{C}[x,y]$,

$$P(x,y) \equiv y^2 - (4x^3 - g_2 x - g_3),$$

又定义 $P_0(w,x,y)$ 为 $P(x,y)$ 的齐次化多项式, 则 $P_0(w,x,y) = 0$ 就定义了 $P_2\mathbf{C}$ 内的一条平面曲线 E, 称为椭圆曲线,

$$E \equiv \{[w,x,y] : wy^2 - 4x^3 - g_2 w^2 x - g_3 w^3 = 0\}.$$

由定理 21.1 的证明, 有全纯映照 $\varphi: \mathbf{C}/\Lambda \to P_2\mathbf{C}$ 使 $\varphi = (1:\mathfrak{P}:\mathfrak{P}')$, $\varphi(\mathbf{C}/\Lambda) = E$, 而且有 $\mathbf{C}/\Lambda$ 上一个有限集 A 使 $\varphi|(\mathbf{C}/\Lambda - A)$ 为全纯嵌入. 事实上很容易证明在这里可取 $A = \phi$, 即是说这个 $\varphi \equiv (1:\mathfrak{P}:\mathfrak{P}')$ 本身已经是一个全纯嵌入. 所以在这个特殊情况下, 我们能够具体地将环面 $\mathbf{C}/\Lambda$ 全纯嵌入 $P_2\mathbf{C}$. 一般来说这是不可能的. 下面这定理给出一个较弱的一般性答案.

定理 21.4 设 M 为紧黎曼面, 则有全纯嵌入 $\zeta: M \to P_5\mathbf{C}$.

这个定理的证明需要用到积流形的概念. 设 M, N 为复流形且分别有坐标覆盖 $\{U_i, \Phi_i\}$ 和 $\{V_\alpha, \Psi_\alpha\}$. 如果赋与 $M \times N$ 坐标覆盖 $\{U_i \times V_\alpha, \Phi_i \times \Psi_\alpha\}$,

则显然 $M \times N$ 在这样定义下成为复流形, 称之为 M 和 N 的积流形. 例: $P_2\mathbf{C} \times P_1\mathbf{C}$. 在 $P_2\mathbf{C}$ 上有通常的坐标覆盖 $\{U_i, \varPhi_i\}_{0 \leqslant i \leqslant 2}$ 如 §3 的例 1. 同理在 $P_1\mathbf{C}$ 上有坐标覆盖 $\{W_i, \varPsi_i\}$ 使

$$W_0 = \{[z_0, z_1] : z_0 \neq 0\},$$
$$\varPsi_0 : W_0 \to \mathbf{C}, \quad \varPsi_0([z_0, z_1]) = z_1/z_0;$$
$$W_1 = \{[z_0, z_1] : z_1 \neq 0\},$$
$$\varPsi_1 : W_1 \to \mathbf{C}, \quad \varPsi_1([z_0, z_1]) = z_0/z_1.$$

所以在 $P_2\mathbf{C} \times P_1\mathbf{C}$ 上有 $\{U_i \times W_i, \varPhi_i \times \varPsi_j\}_{0 \leqslant i \leqslant 2, 0 \leqslant i \leqslant 1}$. 例如

$$U_2 \times W_0 = \{([z_0, z_1, z_2], [w_0, w_1]) : z_2 \neq 0, w_0 \neq 0\},$$
$$\varPhi_2 \times \varPsi_0 : U_2 \times W_0 \to \mathbf{C}^3,$$
$$(\varPhi_2 \times \varPsi_0)([z_0, z_1, z_2], [w_0, w_1]) = \left(\frac{z_0}{z_2}, \frac{z_1}{z_2}, \frac{w_1}{w_0}\right).$$

现在我们定义一个全纯映照 $\sigma : P_2\mathbf{C} \times P_1\mathbf{C} \to P_5\mathbf{C}, \sigma([z_0, z_1, z_2], [w_0, w_1]) = [z_0w_0, z_0w_1, z_1w_0, z_1w_1, z_2w_0, z_2w_1]$. 这个定义可直接验证是合理的, 而且由初步的计算可以证明这是一个全纯嵌入, 称为 Segre 嵌入. (同理可定义广义的 Segre 嵌入 $\sigma : P_m\mathbf{C} \times P_n\mathbf{C} \to P_N\mathbf{C}, N = mn + m + n$, 使 $\sigma([\cdots z_i \cdots], [\cdots w_j \cdots]) = [z_0w_0, z_0w_1, z_0w_2, \cdots, z_0w_n, z_1w_0, z_1w_1, \cdots, z_mw_n]$. 但在下面将不会用这一般的情况.)

最后我们证明一个亚纯函数的存在引理.

引理 21.5 设 $\{p_1, \cdots, p_n\}$ 为紧黎曼面 M 上 n 个判别的点. 则存在亚纯函数 h 使:

(a) 如果 $i \neq j$, 则 $h(p_i) \neq h(p_j)$.

(b) h 在每点 p_i 上全纯.

(c) $\forall i, dh(p_i) \neq 0$.

证 固定 p_1. 现在先找一个亚纯函数 h_1 使 $h_1(p_1) = 1, dh_1(p_1) \neq 0$, 而且 $h_1(p_i) = 0, \forall i \geqslant 2$. 取 $q \in M - \{p_1, \cdots, p_n\}$, 然后定义两个因子 $D_1 = (2g+n)q - (p_2 + \cdots + p_n) + p_1, D_2 = (2g+n)q - (p_2 + \cdots + p_n)$ 其中 g 是 M 的亏格. $l(D_2) \subset l(D_1)$, 而且由 (18.5)

$$\dim l(D_1) = 1 + \dim l(D_2) = g + 3.$$

取 $f \in l(D_1) - l(D_2)$. 由 D_1 和 D_2 的定义, f 在 p_1 有单极点, 而且 $f(p_i) = 0, \forall i \geqslant 2$. 所以如果定义 $h_1 = 1 - \frac{1}{1+f}$, 则 h_1 满足上述的三个条件.

同理可证 $\forall i=1,2,\cdots,n$, 有亚纯函数 h_i 使 $h_i(p_i)=1, dh_i(p_i)\neq 0$, 而且 $h_i(p_j)=0, \forall j\neq i$. 现断言: 有 $\{a_1,\cdots,a_n\}\subset \mathbf{C}, \{a_i\}$ 是判别的, 而且如果定义 $h\equiv\sum_{i=1}^n a_ih_i$, 则 h 满足引理的 (a), (b), (c). 首先注意: 只要 $\{a_i\}$ 是判别的, 则 (a) 自然成立. 同时由 $\{h_i\}$ 的定义, (b) 是一定成立的. 所以只需小心选取判别的 $\{a_i\}$ 使 (c) 成立. 但 $dh=\sum_i a_idh_i$, 所以如果 $\{a_i\}$ 是判别的, 但 $dh(p_1)=0,\cdots,dh(p_k)=0$ 而 $dh(p_{k+1})\neq 0,\cdots,dh(p_n)\neq 0$, 则 $\forall j=1,\cdots,k$, 可取一个充分小的 $\varepsilon_j>0$, 然后用 $(a_j+\varepsilon_j)$ 来代替 a_j. 这样就可做到 $dh(p_i)\neq 0, \forall i=1,\cdots,n$, 而且 h 的所有系数还是判别的. □

定理 21.4 的证明 由定理 21.1, 有一个全纯映照 $\varphi: M\to P_2\mathbf{C}$ 和一个 M 上的有限集 A 使 $\varphi|M-A$ 是一个全纯嵌入. 命 $A_0=\varphi^{-1}(\varphi(A))$. 显然 $A\subset A_0$, 所以 $M-A_0\subset M-A$, 故知 $\varphi|M-A_0$ 是一个全纯嵌入. 同时 A_0 仍是一个有限集, 因为 $A_0=A\cup\{A_0\cap(M-A)\}$. 但 $\varphi(A_0\cap(M-A))\subset\varphi(A), \varphi(A)$ 是有限集而 $\varphi|M-A$ 是单的, 故 $A_0\cap(M-A)$ 是有限的. 所以 A_0 本身也是有限的.

命 $A_0\equiv\{p_1,\cdots,p_n\}$. 选取 M 上的一个亚纯函数 h 使 h 满足引理 21.5 的三个条件. 现定义全纯映照 $\zeta\equiv\varphi\times(1:h): M\to P_2\mathbf{C}\times P_1\mathbf{C}$. ζ 的全纯性是立可从定义导出的. ζ 是单的, 因为如果 $p,q\in M-A_0, p\neq q$, 则 $\varphi(p)\neq\varphi(q)$ 蕴涵 $\zeta(p)\neq\zeta(q)$. 如果 $p\in A_0, q\in M-A_0$, 则由 A_0 的定义已知 $\varphi(A_0)\cap\varphi(M-A_0)=\varnothing$, 所以 $\varphi(p)\neq\varphi(q), \zeta(p)\neq\zeta(q)$. 最后如果 $p,q\in A_0$, 则由 h 的定义有 $h(p)$ 和 $h(q)$ 是 $\mathbf{C}$ 内的判别点. 所以

$$\zeta(p)=(\varphi(p),[1,h(p)])\neq(\varphi(q),[1,h(q)])=\zeta(q).$$

总之 ζ 是单的. 现证 M 上每点 p 都是 ζ 的非奇异点. 由定理 18.7 后的讨论, 只需证明每点 $p\in M$ 是 φ 或是 $(1:h)$ 的非奇异点. 如 $p\in M-A_0$, 则 p 是 φ 的非奇异点. 如 $p\in A_0$, 则因为 $dh(p)\neq 0$ (引理 21.5(c)), p 是 $(1:h)$ 的非奇异点 (见引理 18.8 的证). 所以结论是 ζ 是一个全纯嵌入. 现在用 Segre 嵌入 $\sigma: P_2\mathbf{C}\times P_1\mathbf{C}\to P_5\mathbf{C}$ 来定义 $\xi\equiv\sigma\circ\zeta: M\to P_5\mathbf{C}$. 由引理 18.9, ξ 是一个全纯嵌入. □

注　记

§18. 在代数流形上每个线丛都是由因子所诱导的. 因为每个黎曼面都是一个代数流形 (见这节 §18 末尾的讨论), 所以定理 18.1 ($\mathscr{D}=\mathscr{L}$) 就是这定理的特殊情况. 这定理是 Kodaira-Spencer 在 1953 年证明的. 消没定理 (如

果我们用定理 20.1 的形式) 在任何紧复流形上也成立. 这是 Kodaira 在同年所证明的. 定理 18.7 (嵌入定理) 的证明只用到 RR 定理, 所以当然是早已证明了. 因为这证明的基本想法在黎曼的工作中已可以找到, 所以定理 18.7 有时称为*黎曼存在定理*. 但定理 18.7 在高维时的推广却是 Kodaira 的伟大贡献之一. 很概括地说, Kodaira 在 1954 年证明: 如果在一个紧的复流形 M 上有一个正的线丛 (见定义 19.5), 则 M 可以全纯嵌入 $P_N\mathbf{C}$ 中. 由周氏定理, M 在 $P_N\mathbf{C}$ 中的像就是一个代数流形. 这个 *Kodaira 嵌入定理*的证明的主要想法已在定理 20.3 的证明中表露无遗. 唯一不同的就是在高维时在技巧上需要考虑所谓*二次变换或放大* blow-up 这个过程. Kodaira 的原文极之可读 (他的文章都写得很好). 自然这三个定理 (即定理 18.1, 18.3, 18.7 在高维时的推广) 现在已是复流形论中的最基本定理的一部分. 在 Griffiths-Harris 的书中有很详细的讨论 (Chapter 1, §2 和 §4).

P. Griffiths and J. Harris, Principles of Algebraic Geometry, John Wiley & Sons, 1978.

K. Kodaira, On a differential-geometric method in the theory of analytic stacks, *Proceedings Nat. Acad. Sci. U. S. A.* **39** (1953), 1268—1273.

K. Kodaira, On Kähler varieties of restricted type, *Ann. of Math.* **60** (1954), 28—48.

K. Kodaira and D. C. Spencer, Divisor class groups on algebraic varieties, *Proceeding Nat. Acad. Sci. U. S. A.* **39** (1953), 872—877.

周氏定理的证明可在 Griffiths-Harris 的书中 Chapter 1, §3 中找到. 这个基本定理已经启发了在复流形理论中很多的工作. 这方面的其中一个问题就是: 在一个复流形 M 中哪些子流形是可用多项式定义的? 如 $M = P_n\mathbf{C}$, 周氏定理说明所有子流形都可以这样做. 如 $M = \mathbf{C}^n$, 则 Stoll 的定理说明一个充要的条件是这子流形的体积的增长率应是 $\leqslant Cr^{2k}$ (k 是子流形的复维). 下面的讲义写得很好, 可供参考.

G. Stolzenberg, Volumes, Limits, and Extensions of Analytic Varieties, Springer-Verlag Lecture Notes, 1966.

§19. 先讨论 de Rham 本来的定理. 设 M 为一个 C^∞ 实流形, $\dim_{\mathbf{R}} M = n$, 命 $H^i_{d\mathbf{R}}$ 为 M 上外形式的上同调群, 即

$$H^i_{d\mathbf{R}} \equiv \text{闭的 } i \text{ 形式/恰当的 } i \text{ 形式}.$$

命 $H^i(M,\mathbf{R})$ 和 $H_i(M,\mathbf{R})$ 分别为 M 的实上同调群和实下同调群. (如果我们用复值的外形式来定义 $H^i_{d\mathbf{R}}$, 则对应地这时也应该用 $H^i(M,\mathbf{C})$ 和 $H_i(M,\mathbf{C})$.) 把 $H^i(M,\mathbf{R})$ 看作 $H_i(M,\mathbf{R})$ 的对偶 $\mathrm{Hom}_{\mathbf{R}}(H_i(M,\mathbf{R}),\mathbf{R}) \equiv \{$所有由 $H_i(M,\mathbf{R})$

到 $\mathbf{R}$ 的群同态). 定义 $\forall i$, 一个 de Rham 同构,

$$h: H^i_{d\mathbf{R}} \to H^i(M,\mathbf{R})$$

$$[h(\varphi)](c) = \int_c \varphi, \quad \forall c \in H_i(M,\mathbf{R}).$$

de Rham 定理的第一部分说 h 是一个群同构, (严格地说, h 这个定义需要用单形下同调群或 C^∞ 的连续下同调群. 否则不能定义 $\int_c \varphi$.) 这是比 (9.18) 精确的, 因为 (9.18) 只说 $H^i_{d\mathbf{R}}$ 与 $H^i(M,\mathbf{R})$ 同构, 但没有说明这个同构的定义. 现定义 $H^*_{d\mathbf{R}} = \bigoplus_i H^i_{d\mathbf{R}}$ 和 $H^*(M,\mathbf{R}) = \bigoplus_i H^i(M,\mathbf{R})$, 则 $H^*_{d\mathbf{R}}$ 对于外形式的外积是一个环, $H^*(M,\mathbf{R})$ 对于上积也是一个环. de Rham 定理的第二部分说 $h: H^*_{d\mathbf{R}} \to H^*(M,\mathbf{R})$ 是一个环同构.

用这个 de Rham 定理的术语, 则引理 19.3 中的求值同态 $[M]$ 其实就是

$$\eta[M] = [h(\eta)](M),$$

而且引理 19.3 是等价于 $h: H^2_{d\mathbf{R}} \to H^2(M,\mathbf{R})$ 的同构性. 关于 de Rham 定理的文献, 我们已不止一次推荐 de Rham 自己的书. 这本书不但写得清楚, 而且要是想对 de Rham 这个定理作彻底了解的话, 则只好念这本书.

G. de Rham, Variétés Différentiable, Hermann, 1960.

陈类的一般定义及基本性质, 可阅 Griffiths-Harris 的书内 Chapter 3, §3. Milnor-Stasheff 的书是从拓扑的观点来讨论陈类的, 也应参阅作一比较. 如果用复流形的观点, 则陈类可以简介如下. 设 M 为紧的复流形, E 为 M 上一个复 r 维的全纯向量丛, 则有 r 个 E 的上同调不变量 $c_i(E) \in H^{2i}_{d\mathbf{R}}, i = 1, \cdots, r$. 如果 E 是平凡的 (即 E 与 $M \times \mathbf{C}^r$ 同构), 则 $c_i(E) = 0, \forall i = 1, \cdots, r$. $c_i(E)$ 就是 E 的第 i 个陈类. 如果 E 是一个线丛, 即是说 $\gamma = 1$, 则用 $c(E)$ 来代替 $c_1(E)$. 这些陈类都是整数的上同调类, 即是说在 $H^*(M,\mathbf{C})$ 内有离散子群 $H^*(M,\mathbf{Z})$, 而 $h(c_i(E) \in H^{2i}(M,\mathbf{Z})$ (h 是 de Rham 同构). 如果 E 是 M 的全纯切线丛 T_h, 则普通写 $c_i(T_h)$ 为 $c_i(M)$, 称为 M 的第 i 个陈类.

J. W. Milnor and J. D. Stasheff, Characterstic Classes, Princeton University Press, 1974.

本书的 Gauss-Bonnet 定理 (定理 19.4) 在高维时有两个不同的推广. 设 M 为 n 维的紧复流形. 第一个推广是:

$$\int_M c_n(M) = \chi(M),$$

其中 $\chi(M)$ 是 M 的 Euler 示性数. 这定理的证明可见 Griffiths-Harris 的书中 Chapter 3, §3. (注意: 这定理其实是广义 Gauss-Bonnet 定理的特殊情况. 见 §5

的注记.) 另一个推广是如果 D 是 M 的一个因子, D 定义一个全纯线丛 $\lambda(D)$. 则 D 与 $c(\lambda(D))$ 互为 Poincaré 对偶, 即是说, $\forall \eta \in H_{d\mathbf{R}}^{2n-2}$, $\int_D \eta = \int_M \eta \wedge c(\lambda(D))$. 这个也是 Kodaira-Spencer 在 1953 年所证明的定理之一, 其证明可见 Griffiths-Harris 书中 Chapter 1, §1.

上面所说到陈类的整数性 (亦可参阅定理 20.1 的系) 是拓扑学中很多整数性的定理之一. 这一类定理固然很足以令人惊讶, 同时也是很重要的. 这方面在 Hirzebruch 的书中有讨论 (从这书的 Index 中找 integrality 这一项). 比如说, 由其中一个整数性定理, 可以证明不存在 16 维的实的可除代数 (real division algebra of dimension 16). 见 Hirzebruch, 第 183 页.

F. Hirzebruch, Topological Methods in Algebraic Geometry, (Third enlarged edition), Springer-Verlag, 1966.

Picard 簇的基本性质, 可见 Griffiths-Harris 书中 Chapter 2, §6. 比较初步的讨论则可在 Gunning 书中 §8 找到, 但 Gunning 这一节写得过分抽象.

R. C. Gunning, Lecture on Riemann Surfaces, Princeton University Press, 1966.

最后我们应提到一个最近的结果. 设 M 为紧黎曼面, G 为 M 上一个 Hermit 度量, Θ 为 G 的曲率形式. 由 $c(M)$ 的定义, $\frac{-1}{2\pi i}\Theta \in c(M)$. 由引理 19.7, 可知 $c(M)$ 内任何一个实 (1, 1) 形式都可写成这样的 $\frac{-1}{2\pi i}\Theta$. 这个结果的重要性可由系 19.2 看出来. 即是说, 如 $g = 1$, 则 $c(M) = 0$, 故 M 具有一个曲率等于 0 的 Hermit 度量. 因此这个 M 的万有覆盖空间 $\widetilde{M}$ 具有完备的 Gauss 曲率等于 0 的 Hermit 度量, 用一些简单的微分几何上的概念, 就立可证得 $\widetilde{M}$ 与 $\mathbf{C}$ 之间有一个等距映射 (例如用 Cartan-Hadamard 定理就立刻可以作这结论). 所以黎曼面 $\widetilde{M}$ 与 $\mathbf{C}$ 同构. 由此可知 $\mathbf{C}$ 内有一个格 Λ 使 $\mathbf{C}/\Lambda$ 与 M 本身同构. 这就证明了任意一个亏格等于 1 的黎曼面一定同构于某一个 $\mathbf{C}/\Lambda$. (这个推论没有用单值化定理, 也没有用 Abel-Jacobi 定理.) 一个很自然的问题是, 这个推论有没有高维的推广? 在黎曼面上任何一个 Hermit 度量都是所谓 Kähler 度量, 所以如果 M 是一个紧的复流形, 设 G 为 M 上的一个 Kähler 度量, 又命 Θ 为 G 的 Ricci 形式, 即如果 $G = \sum_{i,j} G_{ij} dz_i d\bar{z}_j$, g 为 $\{G_{ij}\}$ 的行列式, 则 $\Theta = \bar{\partial}\partial g$. Θ 是一个 (1, 1) 形式而且 $\frac{-1}{2\pi i}\Theta$ 是实的. 由陈类的基本性质,

$$\frac{-1}{2\pi i}\Theta \in c_1(M).$$

在 1954 年, E. Calabi 提出所谓 Calabi 猜想: 设 M 为紧的 Kähler 流形, φ 为 $c_1(M)$ 内一个实的闭 (1, 1) 形式, 则有一个 Kähler 度量使其 Ricci 形式 Θ 满

足 $\varphi = \frac{-1}{2\pi i}\Theta$. 在 1957 年 Calabi 本人证明这猜想的一小部分, 但这猜想的完全证明则直到丘成桐 (Yau) 1978 的文章才获得一个完满的解决. 这定理在代数几何及微分几何两方面都有很重要的推论. 在这里我们只举出上面关于 $g=1$ 的定理的高维推广. 如 M 是一个紧的 Kähler 流形, $c_1(M)=0$, 则 M 具有一个 Ricci 曲率等于 0 的 Kähler 度量. 现用一些微分几何的工具, 便可证明如果 M 如上, $q \equiv \dim H^1(M,\mathscr{O})$, 则 $q \leqslant \dim_c M$, 而且存在一个 M 的有限覆盖 M_1 和存在一个双全纯映照 $M_1 \cong M' \times T$, 其中 T 是一个复维等于 q 的环面, M' 是一个单连通和有 Ricci 曲率等于 0 的 Kähler 流形.

E. Calabi, The Space of Kähler Metrics, Proceedings of International of Mathematicians 1954, Volume 2, North-Holland, 1957, 206—207.

S. T. Yau, On Calabi's Conjecture and Some New Results in Algebraic Geometry, *Proceedings Nat. Acad. Sci. U. S. A.* **74** (1977), 1798—1799.

S. T. Yau, On the Ricci Curvature of a Compact Kähler Manifold and the Complex Monge Ampère Equation I, *Communications Pure Appl. Math.* **31** (1978), 339—411.

§20. 这节内的定理背景, 见 §18 的注记和 §12 的注记. 我们再复述一次, 这节中给出的证明, 其基本想法是和高维的情况无异的. 而且在一维时很多高维时技巧上的困难都完全消失, 所以这些想法都是在这情况下看得最清楚. 在嵌入定理的证明中请注意如何从层的短正合序列和消没定理的结合, 而得证充分多的全纯截影的存在. 这个非常美好的想法是 Kodaira 的.

我们已经提过任何紧黎曼面都可全纯嵌入 $P_3\mathbf{C}$. 这个结果可以用下面这方法从定理 20.3 推论而得. 首先注意: 如果 $p \in P_n\mathbf{C}$, 而且把 $P_{n-1}\mathbf{C}$ 看作 $P_n\mathbf{C}$ 内一个固定的超平面, 则有一个投影 $\pi_p : P_n\mathbf{C} - \{p\} \to P_{n-1}\mathbf{C}$. 定义是, 设 $q \in P_n\mathbf{C} - \{p\}$, 则 p, q 决定一条直线 $P_1\mathbf{C}, \pi_p(q)$ 就是 $P_{n-1}\mathbf{C}$ 与 $P_1\mathbf{C}$ 的相交点. (如果 $p = [1,0,\cdots,0]$, 则 $\pi_p([a_0,\cdots,a_n]) = [a_1,\cdots,\alpha_n]$.) 现在设有全纯嵌入 $\varphi : M \to P_n\mathbf{C}$. 取 $p \in P_n\mathbf{C} - \varphi(M)$, 则 $\pi_p(\varphi(M)) \subset P_{n-1}\mathbf{C}$. 则 $\pi_p(\varphi(M)) \subset P_{n-1}\mathbf{C}$. 若能取得 p 使 p 避开所有 $\varphi(M)$ 的弦及切线, 则容易验证 $\pi_p \circ \varphi : M \to P_{n-1}\mathbf{C}$ 仍然是一个全纯嵌入. 但如果 $n \geqslant 4$, 则这个 p 的选取是可能的 (这个证明需要一些代数几何的推论). 因此重复地这样投影后便由原来的全纯嵌入 $\varphi : M \to P_n\mathbf{C}$ 获得一个全纯嵌入 $\varphi' : M \to P_3\mathbf{C}$. 这个证明可参阅 Griffiths Harris 的书内 Chapter 2, §1, 或 Hartshorne 的书内 Chapter Ⅳ, §3.

R. Hartshorne, Algebraic Geometry, Springer-Verlag, 1977.

§21. 设 M 为紧黎曼面, 由定理 21.1, 有全纯映照 $\varphi : M \to P_2\mathbf{C}$ 和 M

上的一个有限子集 A 使 $\varphi|M-A$ 是一个全纯嵌入, 而且有一个齐次多项式 $P_0 \in \mathbf{C}[w,x,y]$ 使

$$\varphi(M)=\{[w,x,y]\in P_2\mathbf{C}:P_0(w,x,y)=0\}.$$

设 P_0 的次数为 d, d 就称为平面曲线 $\varphi(M)$ 的次数. 在 §21 中我们已证明了如果 $M=\mathbf{C}/\Lambda$, 则在这特殊情况下, 该有限集 A 甚至可取为空集, 即是说 $\mathbf{C}/\Lambda$ 可以全纯嵌入 $P_2\mathbf{C}$. 现在我们略为解释为什么在一般的情况下不能取 $A=\varnothing$. 设 $\varphi: M\to P_2\mathbf{C}$ 本身是一个全纯嵌入, 并设 M 的方格为 g. 一个不太难证的亏格公式说明 g 与 $\varphi(M)$ 的次数 d 之间有如下的等式:

$$g=\frac{1}{2}(d-1)(d-2).$$

所以 φ 是全纯嵌入 $\Rightarrow g=0,1,3,6,10,15,\cdots$. 所以如果 M 的亏格是 2, 4, 5, 7, 8, 9,$\cdots\cdots$, 则 M 不可能全纯嵌入 $P_2\mathbf{C}$. 另一方面, 在 §20 的注记中我们已解释了为什么总有全纯嵌入 $\xi: M\to P_3\mathbf{C}$. 如果用那里所描述的投影方法, 则用一个适当的投影 $\pi_p: P_3\mathbf{C}-\{p\}\to P_2\mathbf{C}$ 便可证明 $\pi_p\circ\xi$ 是 $M\to P_2\mathbf{C}$ 的全纯浸入.

这个全纯浸 $P_2\mathbf{C}$ 的定理在 Griffiths-Harris 书内 Chapter 2, §1 或 Hartshorne 书内 Chapter Ⅳ, §3 有证明. 亏格公式的证明则可参阅 Griffiths-Harris. 同一个地方.

附录一 域的扩充

本附录介绍域的扩充的若干结果, 这些结果在 "Riemann 曲面引论" 中将被应用. 读者只要具有高等代数与点集的知识, 就不难看懂本附录.

域是一些元素的集合, 在这些元素上定义了类似于实数系统 $\mathbf{R}$ ($\mathbf{R}$ 就是大家最熟悉的域的例子) 的加法和乘法的两个运算, 一般亦就称之为 "加" 运算和 "乘" 运算, 首先这两个运算对这个集合是封闭的, 即集合中任何两个元素通过 "加" 运算和 "乘" 运算之后仍是该集合的元素. 每个域中都有一个唯一的元素 0 与唯一的元素 1, 它们在域中的作用就类似于 $\mathbf{R}$ 中的 0 和 1 的作用.

更确切地讲, 一个域是一些元素的集合 $F=\{x,y,z,\cdots\}$, 且对上面所讲的 "加" 运算; 记之为 "+" 和乘运算; 记之为 "·" (一般就用 xy 代替 $x\cdot y$), 它们满足下列条件:

($F1$) F 对 "加" 运算成为一个 Abel 群, 这个 Abel 群的零元素用 0 记之, 亦就称之为域 F 的零元素.

($F2$) $F-\{0\}$ 对 "乘" 运算成为一个乘法群, 它的单位元素记之为 1, 亦就称之为域 F 的单位元素, 此即为

对 $\forall x,y,z\in F-\{0\};(xy)z=x(yz)$,

对 $\forall x\in F-\{0\},\exists x^{-1}\in F-\{0\}$, 使 $xx^{-1}=x^{-1}x=1$.

($F3$) 对$\forall x,y,z,\in F$

$$(x+y)z=xz+yz \text{ 和 } z(x+y)=zx+zy.$$

一般的域与实数系统 $\mathbf{R}$ 可能有两处不完全相似; (1) 一个域可能仅有

有限个元素组成, 这种域称之为有限域, (2) "乘" 运算不一定可交换; 即可能有 $x, y \in F, xy \neq yx$. "乘" 运算可交换的域称为交换域.

设 F 是一个域, 如存在一个最小的正整数 p, 使 $px = 0$; 对 $\forall\ x \in F$, 就称域 F 是特征为 p 的. 如域 F 不存在这样的正整数 p. 则称域 F 是特征为 0 的.

本附录中, 只讨论特征为 0 的交换域, 因此就称之为域. 显然任何有限域都不是特征为 0 的, 因此亦不在本附录的讨论范围之内.

§1 环的知识

这一节简单介绍一些环的知识, 这是后面讨论域所需要的.

定义 1.1 集合 $A = \{a, b, c, \cdots\}$ 称为一个环, 如果在它上面有两个运算, 一个称之为 "加" 运算一般用 "+" 表示, 一个称之为 "乘" 运算, 一般用 "·" 表示 (或就用 ab 来代替 $a \cdot b$). 它们满足如下条件:

(A1) A 对于 "加" 运算成为一个 Abel 群. 它的零元素用 0 表示.

(A2) A 对 "乘" 运算封闭 (即 $\forall a, b \in A, ab \in A$), 而且对 $\forall a, b, c \in A$, 有 $(ab)c = a(bc)$.

(A3) 对这两个运算分配律成立, 即对 $\forall a, b, c \in A$, 有

$$(a + b)c = ac + bc \text{ 和 } c(a + b) = ca + cb.$$

如果环 A 对乘运算是交换的, 即 $\forall a, b \in A$, 有 $ab = ba$, 就称 A 为交换环. 如果 A 具有一个元素 1, 它对 $\forall x \in A$, 均有 $1 \cdot x = x \cdot 1 = x$ 就称 A 为有单位环, 1 就表示 A 的单位元素.

本附录中只考虑有单位交换环.

环 A 中的元素 a, 如具有一个元素 a^{-1}, 使 $a \cdot a^{-1} = 1$, 就称这样的元素为可逆元素. 其他元素就称为不可逆元素. 设 a 是 A 的一个不可逆元素, 如果 a 可分解为另外两个不可逆元素之积, 即 $a = bc, b$ 和 c 都是不可逆元素, 则就称 a 是可分的 (或可约的), 不然就称为不可分的 (或不可约的).

显然域是一个很特殊的环, 这个环中只有一个不可逆元素就是 0.

定义 1.2 A_1 是 A 的子集, 如果它对 A 的两个运算本身就成为一个环, 则 A_1 就称之为 A 的子环.

符号 设 A_1, A_2 表示 A 的两个子集.

$$A_1 \cdot A_2 = \left\{ \sum x_i y_i : x_i \in A_1, y_i \in A_2, \sum \text{ 是有限和} \right\}$$

定义 1.3 设 I 是环 A 的子环, 而且 $I\cdot A=I$, 就称 I 是 A 的理想. 如 $I\neq A$ 就称 I 为真理想.

符号 设 $\{a_i\}_{i\in I}$ 是环 A 的元素之族, 则

$$(\{a_i\}_{i\in I})=\left\{\sum_{i\in I}b_ia_i : b_i\in A,\ \text{而且只有有限个不为 }0\right\}$$

是表示 A 中由 $\{a_i\}_{i\in I}$ 生成的理想.

对 $\forall a\in A,(a)=\{ba| : \forall b\in A\}$, 这就是由 A 中一个元素 a 所生成的理想.

定义 1.4 环中由一个元素生成的理想称之为主理想, 如果一个环的所有理想都是主理想就称这个环为主理想环.

定义 1.5 $\rho : A\to B$ 是两个环 A 和 B 之间的一个映照, 如果对 $\forall a_1,a_2\in A$, 有 $\rho(a_1+a_2)=\rho(a_1)+\rho(a_2)$ 和 $\rho(a_1a_2)=\rho(a_1)\rho(a_2)$, 则称映照 ρ 是一个环同态. 当 $\rho(A)=B$ 就称 ρ 为满同态, 当 $\rho^{-1}(0)=0$ 时就称 ρ 为单同态, ρ 既单又满, 称为同构.

命题 1.6 环同态 ρ 的核 $\mathrm{Ker}\rho=\rho^{-1}(0)$ 是 A 的一个理想.

证 设 $a_1,a_2\in\mathrm{Ker}\rho$, 则 $\rho(a_1+a_2)=\rho(a_1)+\rho(a_2)=0$, 所以 $a_1+a_2\in\mathrm{Ker}\rho$. 设 $c\in\mathrm{Ker}\rho, a\in A$, 则 $\rho(ac)=\rho(a)\rho(c)=0$, 所以 $A\cdot\mathrm{Ker}\rho=\mathrm{Ker}\rho$, 因此 $\mathrm{Ker}\rho$ 是 A 的理想. □

设 A 是一个环, I 是 A 的理想, 今在 A 中引进一个等价关系 $\sim$: $a\sim b\Leftrightarrow a-b\in I$ (易验证 $\sim$ 是一个等价关系). a 的等价类用 a^* 记之, 则今用 A/I 记这个等价类的集合, 今在它上面引进 "加" 运算为 $a^*+b^*=(a+b)^*$ 和 "乘" 运算为 $a^*b^*=(ab)^*$ (如 $a-a_1\in I$, 则 $(a+b)-(a_1+b)\in I$, 同样 $ab-a_1b=(a-a_1)\cdot b\in I$, 因此上面的两种运算的定义是有意义的). 这样 A/I 就成为一个环, 其之零元素就是 0^*, 其之单位元素就是 1^*, 这个环称为 A 对理想 I 的商环.

如 $\rho : A\to R$ 是环 A 到环 B 内的同态, φ; $B\to C$ 是环 B 到环 C 内的同态, 则 $\varphi\circ\rho : A\to C$ 是环 A 到环 C 内的一个环同态, 这是因为对 $\forall a_1,a_2\in A,\varphi\circ\rho(a_1+a_2)=\varphi(\rho(a_1)+\rho(a_2))=\varphi\circ\rho(a_1)+\varphi\circ\rho(a_2)$ 和 $\varphi\circ\rho(a_1a_2)=\varphi(\rho(a_1)\rho(a_2))=\varphi\circ\rho(a_1)\cdot\varphi\circ\rho(a_2)$.

如 A 是一个环, I 是 A 的一个理想, 则有一个自然环同态 φ: $A\to A/I,\varphi\ (a)=a^*;\forall\ a\in A$. 根据商环的定义, 这个 φ 是一个同态, 而且是一个满同态.

设 $\rho: A \to B$ 是环 A 到环 B 上的一个满同态, $\mathrm{Ker}\rho = \rho^{-1}(0)$ 是 A 的一个理想 (命题 1.6), 则由 ρ 可以诱导一个 $\widetilde{\rho}: A/\mathrm{Ker}\rho \to B$ 是一个同构, 这里定义 $\widetilde{\rho}(a^*) = \rho(a)$ 对 $\forall a^* \in A/\mathrm{Ker}\rho$, 因为当 $a_1 - a_2 \in \mathrm{Ker}\rho, \rho(a_1 - a_2) = \rho(a_1) - \rho(a_2) = 0$, 故 $\rho(a_1) = \rho(a_2)$. 所以 $\widetilde{\rho}$ 的定义是有意义的. 而又由商环的定义 $\widetilde{\rho}(a^* + b^*) = \widetilde{\rho}((a+b)^*) = \rho(a+b) = \rho(a) + \rho(b) = \widetilde{\rho}(a^*) + \widetilde{\rho}(b^*)$, 同样 $\widetilde{\rho}(a^*b^*) = \widetilde{\rho}(a^*)\widetilde{\rho}(b^*)$. $\widetilde{\rho}(a^*) = 0 = \rho(a)$, 故 $a \in \mathrm{Ker}\rho$, 所以 $a^* = 0^*$, 因此 $\widetilde{\rho}$ 是单的, $\widetilde{\rho}$ 是满的是显然的, 故 $\widetilde{\rho}$ 是一个同构.

定义 1.7 I 是环 A 的真理想, 如包含 I 的理想只有 I 和 A, 称 I 是 A 的极大理想.

定理 1.8 A 是一个环, I 是 A 的一个极大理想, 商环 A/I 是一个域.

证 要证明 A/I 是一个域, 根据域与环的定义只要证明 A/I 的每个非零元素都是可逆元素. 设 a^* 是 A/I 中的非零元素, 任取 a^* 的代表元素 $a, a \notin I$, 因此理想 $(I, a) = \left\{ \sum b_i a_i + ba : b_i, b \in A; a_i \in I; \sum \text{是有限和} \right\}$ 是包含 I 的理想, $a \notin I$, 因此理想 $(I, a) = A$, 所以 $1 \in (I, a)$, 因此有 $1 = \sum_{i=1}^n b_i a_i + ba$, 这里 $b_i, b \in A, ai \in I; i = 1, \cdots, n$. 故 $1^* = b^*a^*$, 所以 a^* 是可逆元素. □

下面主要讨论一类特殊的环, 即域上的多项式环. 设 F 是一个域, $F[X]$ 表示以域 F 为系数域, X 为未定元的多项式全体组成的多项式环, $f(X) \in F[X]$, 如 $f(X) = \sum_{i=0} a_i X^{n-i}; a_0 \neq 0$. 这个多项式的次数 n, 记为 $\deg f = n$.

$F[X]$ 中的 "加" 运算和 "乘" 运算就相似于高等代数中实数域 $\mathbf{R}$ 上的多项式环中的 "加" 运算和 "乘" 运算, $F[x]$ 中的零元素是 F 中的 0, $F[X]$ 中的单位元素就是 F 中的 1. 不难证明 $F[X]$ 中除了 $F - \{0\}$ 之外的所有元素都是 $F[X]$ 的不可逆元素. 设 $f(X) \in F[X]$ 是一个不可逆元素, 如果它能分解为两个不可逆元素之积, 就称 $f(X)$ 为可约多项式, 此即 $f(x) = g(X)h(X), \deg g \geqslant 1, \deg h \geqslant 1$, 这里 $h(X)(g(X))$ 就称为 $f(X)$ 的因子或说 $f(X)$ 能被 $h(X)(g(X))$ 所整除, 表示为 $h(X)|f(X)(g(X)|f(X))$. 如 $f(X) \in F[X]$ 不是可约的, 就称之为不可约多项式.

值得注意的是可约多项式与不可约多项式的概念是与系数域 F 有紧密联系, 例如 $X^2 + 1$ 是 $\mathbf{R}[X]$ 中的一个不可约多项式, 但是它在 $\mathbf{C}[X]$ (复数域上的多项式环) 中就可以分解为 $(X + \sqrt{-1})(X - \sqrt{-1})$, 就变成可约多项式了. 因此有时就明确地讲多项式 $f(X)$ 对域 F 是不可约的 (或可约的), 它对更大的域 (更小的域) 就可能成为可约 (不可约的), 在域的扩充中将更详细地说明这点.

另外, 环的任一理想 I, 如果有一个环中的可逆元素 $a \in I$, 则由 $A \cdot I = I$,

因为 $a^{-1}\cdot a=1\in I$, 而 $A\cdot 1=A$, 因此 $I=A$. 故凡是一个环的理想, 包含有一个可逆元素, 则这个理想就一定是环本身.

定理 1.9 $F[X]$ 是一个主理想环.

证 设 I 是 $F[X]$ 的任一理想, 如 I 中有 $F[X]$ 的可逆元素, 则 $I=F[X]=(1)$.

今设 I 中没有 $F[X]$ 中的任一可逆元素, 在 I 中选取一个 $f(X)$, 使 $\deg f$ 是 I 中非零元素中次数最小的, 即 $\deg f=\min\{\deg g: g\in I-\{0\}\}$. 对 $\forall\, g(X)\in I$, 如同实数域 $\mathbf{R}$ 上的多项式一样, 域 F 上的多项式亦有带余除法, 故 $\exists\, q(X),\gamma(X)\in I$, 使

$$g(X)=f(X)q(X)+\gamma(X),$$

而且 $\deg\gamma<\deg f$, 由 $g(X),f(X)\in I$, 则 $\gamma(X)\in I$, 由 f 的选取与 $\deg\gamma<\deg f$, 故只能是 $\gamma(X)\equiv 0$, 故 $\forall g(X)\in I$ 必有 $f(X)|g(X)$, 即 $g(X)\in(f(X))$, 所以 $I=(f(X))$. □

定理 1.10 设 $p(X)$ 是一不可约多项式, 则 $(p(X))$ 是 $F[X]$ 的极大理想.

证 设 I 是 $F[X]$ 的一个理想而且 $I\supset(p(X))$, 但是 $I\neq(p(X))$. 由 $F[X]$ 是主理想环, 故有 $\gamma(X)\in F[X]$, 使 $I=(\gamma(X))$, 由 $(p(X))\subset I, p(X)\in I=(\gamma(X))$, 则 $\gamma(X)|p(X)$, 由 $p(X)$ 不可约的, 故 $\gamma(X)$ 一定是可逆元素, 所以 $I=(\gamma(X))=F[X]$. 按极大理想的定义 $(p(X))$ 是 $F[X]$ 的极大理想. □

系 $p(X)$ 是环 $F[X]$ 之不可约多项式, 则 $F[X]/(p(X))$ 是一个域.

这由定理 1.8 和定理 1.10 得到.

§2 域的代数扩充、有限扩充

定义 2.1 设 E 是一个域, F 是 E 的一个子集, 如 F 对于 E 的两种运算本身就成为一个域, 就称 F 是 E 的一个子域, 而 E 就称之为域 F 的扩充.

E 是 F 的扩充就简单地用 $F\subset E$ 表示. 设 $\alpha,\beta,\gamma,\cdots$ 是 E 的元素, $F[\alpha,\beta,\gamma,\cdots]$ 是表示以 F 的元素为系数、以 $\alpha,\beta,\gamma,\cdots$ 为变数的多项式全体所成的环, $F(\alpha,\beta,\gamma,\cdots)$ 是 $F[\alpha,\beta,\gamma,\cdots]$ 的商域; 即是所有型为 $f/g; f,g\in F[\alpha,\beta,\gamma,\cdots]$ 和 $g\neq 0$ 的元素对于"加"运算 $\frac{f}{g}+\frac{f_1}{g_1}=\frac{fg_1+gf_1}{gg_1}$ 和"乘"运算 $\frac{f}{g}\cdot\frac{f_1}{g_1}=\frac{ff_1}{gg_1}$ 所成为的域. 这个域 $F(\alpha,\beta,\gamma,\cdots)$ 是包含有元素 $\alpha,\beta,\gamma,\cdots$ 的 F

的最小扩充, 亦称 $F(\alpha,\beta,\gamma,\cdots)$ 是 F 添加元素 $\alpha,\beta,\gamma,\cdots$ 而得到的域 (F 的扩充域).

对 $F\subset E$, 今可以将 E 视作是域 F 上的线性空间, 这个线性空间一般未必一定是有限维的, 用 $[E:F]$ 记这个线性空间的维数. 当 E 是 F 上的无限维的线性空间时, 就记 $[E:F]=\infty$, 当 $[E:F]<\infty$ 时, 就称 E 是 F 的有限扩充, 当 $[E:F]=\infty$ 时, 就称 E 是 F 的无限扩充.

定理 2.2 E,F,K 是三个域, 而且 $K\subset F\subset E$, 则

$$[E:K]=[E:F][F:K],$$

更确切地讲, 如 $\{x_i\}_{i\in I}$ 是 F 在 K 上的基和 $\{y_j\}_{j\in J}$ 是 E 在 F 上的基, 则 $\{x_iy_j\}_{(i,j)\in I\times J}$ 是 E 在 K 上的基.

证 $\forall z\in E$, 由假设 $\exists\alpha_j\in F;j\in J$, 而且 $\{\alpha_j\}$ 中只有有限个不为 0, 使

$$z=\sum_{j\in J}\alpha_jy_j.$$

类似地对每个 α_j (不为 0 的), 存在 $b_{ji}\in K;i\in I$, 而且对每个 $j,\{b_{ji}\}$ 中亦只有有限个不为 0 的, 而且有

$$\alpha_j=\sum_{i\in I}b_{ji}x_i,$$

因此

$$z=\sum b_{ji}x_iy_j.$$

上式右边仅有有限个 b_{ji} 不为 0 的, 所以 $\{x_iy_j\}_{(i,j)\in I\times J}$ 是 E 在 K 上的生成元族, 现必须证明 $\{x_iy_j\}_{(i,j)\in I\times J}$ 是在 F 上线性无关的. 设 $\{C_{ij}\}$ 是 K 的元素所成之族, 而且 $\{C_{ij}\}$ 中亦只有有限个不为 0, 而且

$$\sum C_{ij}x_iy_j=0,$$

由 $\{y_j\}_{j\in J}$ 在 F 上线性无关, 因此 $\sum_i C_{ij}x_i=0$. 再由 $\{x_i\}_{i\in I}$ 是线性无关的 (在 K 上), 所以 $C_{ij}=0$. 故元素族 $\{x_iy_j\}_{(i,j)\in I\times J}$ 是 E 在 K 上的基. □

系 $K\subset F\subset E$, E 是 K 的有限扩充当且仅当 E 是 F 的有限扩充和 F 是 K 的有限扩充.

设 F 是一个域, $F[X]$ 是域 F 上的多项式环, 如

$$f(X)=a_0X^n+\cdots+a_n\in F[X],$$

其中 $a_0 \neq 0, \deg f = n$ 就称为 $f(X)$ 的次数. $F(X) = \{f/g : f, g \in F[X]; g \neq 0\}$ 就是环 $F[X]$ 的商域, 亦称之为域 F 上的有理函数域, 它的 "加" 运算与 "乘" 运算就如同实数域上的有理函数的加运算与乘运算, 即 $\frac{f}{g}, \frac{f_1}{g_1} \in F(X)$, 则 $\frac{f}{g} \cdot \frac{f_1}{g_1} = \frac{ff_1}{gg_1}$,

$$\frac{f}{g} + \frac{f_1}{g_1} = \frac{fg_1 + gf_1}{gg_1}.$$

定义 2.3 设 $F \subset E, \alpha \in E$ 称为关于 F 代数的 (或在 F 上代数的), 如 $\exists f(X) \in F[X]$, 使 $f(\alpha) = 0$. 这样的 α 亦称之为 $f(X)$ 的根.

命题 2.4 设 $F \subset E, \alpha \in E$ 是关于 F 代数的, 如 $p(X) \in F[X]$ 是一个以 α 为根的多项式, 而且是 $F[X]$ 中所有以 α 为根的多项式中次数最小的, 则 $p(X)$ 一定是不可约的, 而且 $\forall f(X) \in F[X], f(\alpha) = 0$ 的充要条件是 $p(X)|f(X)$ (或 $f(X) \in (p(X))$).

证 如 $p(X)$ 可约, 则 $p(X)$ 的因子中之任一个均次数小于 $p(X)$, 而其中至少有一个以 α 为其根, 这与假设 $p(X)$ 是以 α 为根的多项式中 ($F[X]$ 内的) 次数最小矛盾. 设 $f(X) \in F[X]$, 如 $f(X) = p(X) \cdot q(X)$, 自然 $f(\alpha) = 0$, 反之如 $f(\alpha) = 0$, 则有多项式带余除法, $\exists q(X), \gamma(X) \in F[X]$, 使

$$f(X) = q(X)p(X) + \gamma(X),$$

其中 $\deg \gamma < \deg p$. 由 $f(\alpha) = p(\alpha) = 0$, 故 $\gamma(\alpha) = 0$, 再由 $p(X)$ 之假设, 故 $\gamma(X) \equiv 0$, 所以 $p(X)|f(X)$. □

命题 2.4 中的 $p(X)$ 不是唯一的, 但它们之间只能差一个 $F[X]$ 中的可逆因子, 今取定一个特殊的, 最高次项的系数为 1 的适合命题 1.4 的多项式, 这可以由 α 唯一决定, 称之为 α 的极小多项式.

定理 2.5 α 关于 F 代数的 $\Leftrightarrow [F(\alpha) : F] < \infty$. 而且 $[F(\alpha) : F]$ 就等于 α 的极小多项式的次数与 $F(\alpha) = F[\alpha]$.

证 $\Leftarrow$. 由 $[F(\alpha) : F] < \infty$, 因此 $1, \alpha, \alpha^2, \cdots, \alpha^n, \cdots$ 这个序列一定在域 F 上线性相关, 因此有不全为零的 $a_i \in F; i = 0, 1, \cdots, n$ 使

$$a_0 + a_1\alpha + \cdots + a_n\alpha^n = 0,$$

取 $f(X) = a_0 + a_1X + \cdots + a_nX^n \in F[X], f(\alpha) = 0$.

$\Rightarrow$. α 关于 F 是代数的, 取 $p(X) \in F[X]$ 是 α 的极小多项式. 现在 $F[\alpha] = \{f(\alpha) | \forall f(X) \in F[X]\}$ 是 F 添加 α 所成的环, $F(\alpha) = \{f(\alpha)/g(\alpha) : \forall f(X), g(X) \in F(X); g(\alpha) \neq 0\}$ 是 F 添加 α 所成的域, 它是包含 F 的最小扩

充域. 对 $\forall f(X) \in F[X]$, 如 $f(\alpha) \neq 0$, 由命题 2.4 知道 $p(X) \nmid f(X)$, 而 $p(X)$ 是不可分的, 因此存在 $g(X), h(X) \in F[X]$, 使

$$g(X)p(X) + h(X)f(X) = 1,$$

故 $h(\alpha)f(\alpha) = 1$, 这表示 $f(\alpha) \neq 0$ 就具有逆元素在 $F[\alpha]$ 中, 因此 $F[\alpha]$ 是一个域, 由 $F(\alpha)$ 是包含 α 的最小扩充, 故 $F[\alpha] \supset F(\alpha)$, 而 $F[\alpha]$ 由定义自然是 $F(\alpha)$ 的子集, 因此 $F(\alpha) = F[\alpha]$.

设 $p(X)$ 之次数为 d, 则对 $\forall f(X) \in F[X]$, 由域上多项式的带余除法, $\exists q(X), r(X) \in F[X]$, 使得 $f(X) = q(X)p(X) + r(X); \deg r < \deg p = d$, 故 $f(\alpha) = r(\alpha)$, 所以 $f(\alpha)$ 都是 $1, \alpha, \cdots, \alpha^{d-1}$ 的 F 线性组合. 现在 $1, \alpha, \cdots, \alpha^{d-1}$ 亦是在 $\boldsymbol{F}$ 上线性无关的, 设有 $a_0, \cdots, a_{d-1} \in F$, 使 $a_0 + a_1\alpha + \cdots + a_{d-1}\alpha^{d-1} = 0$, 则 $\widetilde{p}(X) = a_0 + a_1X + \cdots + a_{d-1}X^{d-1} \in F[X]$, 是以 α 为其之根, 这由 $p(X)$ 之定义, 故 $\widetilde{p}(X) \equiv 0$ 故 $a_0 = \cdots = a_{d-1} = 0$, 所以 $1, \alpha, \cdots, \alpha^{d-1}$ 是 F 上线性无关的, 故 $[F(\alpha) : F] = d$. □

系 1 $[E : F] < \infty \Rightarrow E$ 内每个元素关于 F 代数的.

证 $\forall \alpha \in E, [E : F] = [E : F(\alpha)] \cdot [F(\alpha) : F]$, 由定理 1.2 的系 $[F(\alpha) : F] < \infty$, 因此 α 关于 F 代数的.

系 2 $F(\alpha) \cong F[X]/(p(X))$:

证 今作环同态

$$\rho : F[X] \to F[\alpha] = F(\alpha);$$
$$f(X) \to f(\alpha),$$

ρ 显然是满同态. 由命题 2.4 $\operatorname{Ker} \rho = (p(X))$, 则可以诱导一个环同构

$$\widetilde{\rho} : F[X]/(p(X)) \to F[\alpha] = F(\alpha),$$

由 $F(\alpha)$ 是域, 故 $F[X]/(p(X))$ 亦是域, $F[X]/(p(X)) \cong F(\alpha)$. □

注 由定理 1.10 的系已证明 $F[X]/(p(X))$ 是一个域, 因此系 2 之证明加上 1.10 的系就证明了定理 2.5, 这样的证明较上面给出的证明简单, 但不如上面给出的证明易于了解.

定义 2.6 $F \subset E$, 如 E 的每个元素都是关于 F 代数的, 则称 E 是 F 的代数扩充.

定理 2.5 的系 1 表明凡是域 F 的有限扩充都是代数扩充, 但是反之则不然. 例如 $\mathbf{Q}$ 表示有理数域 ($\mathbf{Q}$ 是特征为 0 的域中最小的域, 因为任何一

个特征为 0 的域, 必包含整数环 $\mathbf{Z}$, 所以亦包含其的商域 $\mathbf{Q}$, 因此 $\mathbf{Q}$ 是所有特征为 0 的域的子域). $\overline{\mathbf{Q}}$ 表示 $\mathbf{C}$ (复数域) 中所有代数数所成的域 (即 $\mathbf{Q}[X]$ 中所有多项式的根所成的域, 因为如 α,β 对一个域 F 是代数的, 则 $[F(\alpha,\beta):F]=[F(\alpha)(\beta):F(\alpha)][F(\alpha):F]<\infty$, 所以 $F(\alpha,\beta)=F(\alpha)(\beta)$ 的每个元素都是对 F 代数的, 自然 $\alpha+\beta,\alpha\beta$ 是对 F 代数的, 因此 $\overline{\mathbf{Q}}$ 是一个域), 现 $\overline{\mathbf{Q}}$ 是 $\mathbf{Q}$ 的代数扩充, 但不是 $\mathbf{Q}$ 的有限扩充, 因为 $\overline{\mathbf{Q}}$ 的势是不可数的, 而 $\mathbf{Q}$ 的任一有限扩充之势都与 $\mathbf{Q}$ 一样是可数势的.

下面讨论几个域扩充的实例.

例 1 $\mathbf{Q}(\sqrt{3})\cong\mathbf{Q}[X]/(X^2-3)$

显然这是定理 2.5 的系 2 之具体例子, 这里为了增加对域扩充的了解, 进行一下具体的讨论.

按定义

$$\mathbf{Q}(\sqrt{3})=\left\{\frac{a+b\sqrt{3}}{c+d\sqrt{3}}:a,b,c,d\in\mathbf{Q};(c,d)\neq(0,0)\right\}$$

$$\frac{a+b\sqrt{3}}{c+d\sqrt{3}}=\frac{ac-3bd}{c^2-3d^2}+\frac{cb-ad}{c^2-3d^2}\sqrt{3},$$

因为 $c,d\in\mathbf{Q}$, 所以 $c^2-3d^2\neq0$. 故可表示

$$\mathbf{Q}(\sqrt{3})=\{a+b\sqrt{3}:\forall a,b\in\mathbf{Q}\}.$$

今作环同态

$$\rho:\mathbf{Q}[X]\to\mathbf{Q}(\sqrt{3});$$
$$f(X)\mapsto f(\sqrt{3}),$$

这个 ρ 是满同态是显然的, 由 $\mathbf{Q}[X]$ 是主理想环, $\mathrm{Ker}\ \rho=(X^2-3)$, 所以 $\mathbf{Q}[X]/(X^2-3)\cong\mathbf{Q}(\sqrt{3})$.

例 2 $\mathbf{C}=\mathbf{R}[X]/(X^2+1)\cong\mathbf{R}(\sqrt{-1})$

如同例 1 类似地证明 $\mathbf{R}(\sqrt{-1})=\{a+b\sqrt{-1}:\forall a,b\in\mathbf{R}\}$, 故 $\mathbf{R}(\sqrt{-1})\cong\mathbf{C}$, 现作环同态

$$\rho:\mathbf{R}[X]\to\mathbf{R}(\sqrt{-1});$$
$$f(X)\mapsto f(\sqrt{-1}),$$

显然 ρ 是满同态, $\mathrm{Ker}\ \rho=(X^2+1)$ 是 $\mathbf{R}[X]$ 的极大理想, 故

$$\mathbf{C}\cong\mathbf{R}[X]/(X^2+1)\cong\mathbf{R}(\sqrt{-1}).$$

例 3 $\mathbf{C}(x)=F$, 设 α 对 F 的极小多项式为 Y^2-x (即 $\alpha^2-x=0$), 现来描绘 $F(\alpha)$ 的元素. $F(\alpha)$ 的元素一般的表示式为 $f(\alpha)/g(\alpha)$, 其中 $f(\alpha),g(\alpha)\in F[\alpha]$, 与 $g(\alpha)\neq 0$, 设

$$f(\alpha)=\sum_{i=0}^{n}a_i\alpha^{n-1},\quad g(\alpha)=\sum_{j=0}^{m}b_j\alpha^{n-j},$$

这里 $a_i,b_i\in F=C(x)$, 则今表示 $a_i=p_i(x)/q_i(x),p_i(x),q_i(x)\in\mathbf{C}[x]$ 和 $q_i(x)\neq 0$ 和 $b_j(x)=\frac{s_j(x)}{t_j(x)},s_j(x),t_j(x)\in\mathbf{C}[x]$ 和 $t_j(x)\neq 0$, 今在 $f(\alpha)/g(\alpha)$ 之分子分母上都乘上

$$\prod_{i=1}^{n}q_i(x)\cdot\prod_{j=1}^{m}t_j(x),$$

则 $f(\alpha)/g(\alpha)$ 的分子和分母就都化为是以 $\mathbf{C}$ 为系数 x,α 为度数的多项式, 亦即 $F(\alpha)$ 的元素可以写成 $\widetilde{f}(x,\alpha)/\widetilde{g}(x,\alpha)$,

$$\widetilde{f}(x,\alpha)\in\mathbf{C}[x,\alpha],\quad \widetilde{g}(x,\alpha)\in\mathbf{C}[x,\alpha]$$

且 $\widetilde{g}(x,\alpha)\neq 0$. 所以有 $\mathbf{C}(x)(\alpha)=\mathbf{C}(x,\alpha)=\mathbf{C}(\alpha,x)$, 由 $x=\alpha^2$, 故 $\mathbf{C}(\alpha,x)=\mathbf{C}(\alpha)$, 所以 $F(\alpha)=\mathbf{C}(x)(\alpha)=\mathbf{C}(x,\alpha)$ 的元素可以写为型如 $f(\alpha)/g(\alpha)$; $f(\alpha)$, $g(\alpha)\in\mathbf{C}[\alpha],g(\alpha)\neq 0$.

另外亦可以表示 $F(\alpha)=\mathbf{C}(x)(\alpha)$, 因为 $\alpha^2=x$, 所以

$$F(\alpha)=\left\{\frac{a+b\alpha}{d+e\alpha}:\forall a,b,d,e\in\mathbf{C}(x);(d,e)\neq(0,0)\right\},$$

今有

$$\frac{a+b\alpha}{d+e\alpha}=\frac{1}{d^2-e^2x}(ad-bex+(bd-ae)\alpha),$$

由 $d,e\in\mathbf{C}(x)$, 故 $d^2-e^2x\neq 0$, 因此

$$F(\alpha)=\{a+b\alpha:\forall a,b\in\mathbf{C}(x)\}.$$

这就是域 $F(\alpha)$ 元素的两种表示方法.

注 对任何域 $F,F(\alpha_1)(\alpha_2)\cdots(\alpha_k)=F(\alpha_1,\cdots,\alpha_k)$, 这在前面已用过, 它都是表示 F 添加 $\alpha_1,\cdots,\alpha_k$ 所成的域或是包含有 $\alpha_1,\cdots,\alpha_k$ 的 F 的最小扩充.

§3 域的超越扩充

定义 3.1 $F \subset E, S$ 是 E 的一个子集, 称之为在 F 上代数无关的, 如果关系式

$$0 = \sum a_{(\nu)} \prod_{x \in S} x^{\nu(x)},$$

(其中 $a_{(\nu)} \in F$ 至多只有有限个不为 0 和对每个 $\nu, \nu(x)$ 中亦只有有限个不为 0) 成立的充要条件为 $a_{(\nu)} = 0$; 对所有的 ν.

S 称为是在 F 上代数无关的意义是集合 S 中任意有限个元素 $x_1, \cdots, x_l \in S$, 一定不能适合任一 $F[X_1, \cdots, X_l]$ 中的非零多项式.

如果 E 是 F 的代数扩充, 则 E 之任何非空集合都不是代数无关的, 如果 E 不是 F 的代数扩充, 则 E 中至少有一个非空的代数无关集, 因为这时 E 中至少有一个元素不是关于 F 代数的, 则这一个元素组成的集就是代数无关的.

$F \subset E$, 而 E 又不是 F 的代数扩充, 就称 E 是 F 的*超越扩充*.

E 是 F 的超越扩充, 今在 E 之所有在 F 上代数无关集中, 用集合包含关系可在它们之间一个偏序关系记之为 $\prec$, 即 $S_1 \prec S_2 \Leftrightarrow S_1 \subset S_2$, 今将这个偏序集记之为 Ω, 显然 Ω 的每个全序子集一定有上界, 根据 Zorn 引理 Ω 必有极大元素, 一般来讲 Ω 的极大元素未必是唯一的.

引理 3.2 *设 Ω 有一个极大元素 $S = \{x_1, \cdots, x_m\}$, 则 Ω 的其他极大元素亦必须由 E 中 m 个元素组成.*

证 不失一般性可假定 Ω 之另一个极大元素 $\widetilde{S} = \{y_i\}_{i \in I}$ 之势是不小于 m. 如果 $\widetilde{S}$ 之势就是 m, 则引理已成立. 今设其之势大于 m, 则可选取 $\widetilde{S}$ 中之 $m+1$ 个元素 $y_1, \cdots, y_{m+1}$.

从 S 是 Ω 的极大元素, $\forall x \in E$, 则 $\{x_1, \cdots, x_m, x\}$ 不是代数无关的, 因此存在 $f \in F[X_1, \cdots, X_{m+1}], f \neq 0$ 使

$$f(x_1, \cdots, x_m, x) = 0,$$

f 中一定含有 x, 因为 $\{x_1, \cdots, x_m\}$ 是代数无关的. 所以 x 是关于 $F(x_1, \cdots, x_m)$ 是代数的, 故 E 是 $F(x_1, \cdots, x_m)$ 的代数扩充. 因此对 $\widetilde{S}$ 中之 y_1, 亦有 $f_1 \in F[X_1, \cdots, X_{m-1}], f_1 \neq 0$, 使

$$f_1(x_1, \cdots, x_m, y_1) = 0,$$

现在因为 $y_1 \in \widetilde{S}$, 因此 f_1 中不仅要包含 y_1 亦不能只包含有 y_1, 故无妨假定 f_1 中出现 x_1, 因此 x_1 是关于域 $F(y_1, x_2, \cdots, x_m)$ 代数的. 对 $\forall x \in E$, 显然 x

对 $F(y_1, x_1, \cdots, x_m)$ 是代数的, 而 x_1 对 $F(y_1, x_2, \cdots, x_m)$ 是代数的, 因此由定理 1.2 和 1.5, x 是关于 $F(y_1, x_2, \cdots, x_m)$ 代数的, 所以 E 是 $F(y_1, x_2, \cdots, x_m)$ 的代数扩充. 现在适当的改变 $x_1, \cdots, x_m$ 的次序, 可归纳假设有 $y_1, \cdots, y_r$. $(r \leqslant m)$, 使得 E 是域 $F(y_1, \cdots, y_r, x_{r+1}, \cdots, x_m)$ 代数扩充, 则对于 y_{r+1}, $\exists m+1$ 个变数的多项式 $f_{r+1} \in F[X_1, \cdots, X_m, X_{m+1}]$; $f_{r+1} \neq 0$, 使得

$$f_{r+1}(y_1, \cdots, y_r, x_{r+1}, \cdots, x_m, y_{r+1}) = 0,$$

同样 f_{r+1} 中必须出现某个 $x_{r+1}, \cdots, x_m$ 中的元素, 否则与 $\widetilde{S}$ 代数无关矛盾, 今无妨假定就是有 x_{r+1} 出现, 则 x_{r+1} 关于 $F(y_1, \cdots, y_r, y_{r+1}, x_{r+2}, \cdots, x_m)$ 是代数的, 同前之理 E 是域 $F(y_1, \cdots, y_r, y_{r+1}, x_{r+2}, \cdots, x_m)$ 的代数扩充. 按归纳推理 E 是域 $F(y_1, \cdots, y_m)$ 的代数扩充, 如果存在 y_{m+1}, 则 $\{y_1, \cdots, y_m, y_{m+1}\}$ 代数无关与 E 是 $F(y_1, \cdots, y_m)$ 的代数扩充矛盾, 因此 $\widetilde{S}$ 的势只能是 m. □

注　这个引理对 Ω 的极大元素的势不是有限时亦成立, 这里不再加以证明. 对我们有用的是 Ω 的极大元素的势是有限的情况.

定义 3.3　Ω 的极大元素的势是有限时, 称 E 为 F 的*有限超越扩充*, 否则就称为*无限超越扩充*. 如 E 是 F 的超越扩充, $S = \{x_i\}_{i \in I}$ 是 Ω 的某一极大元素, 则 $S = \{x_i\}_{i \in I}$ 就称为 E 对 F 的*超越基*, 集 S 的势就称为 E 对 F 的*超越次数*. 如果存在 Ω 的一个极大元素 $S = \{x_i\}_{i \in I}$, 使得 $E = F(\{x_i\}_{i \in l})$ 就称 E 是 F 的*纯超越扩充*. 因此 E 若是 F 的一次纯超越扩充, 即存在 $x \in E$, 使 $E = F(x)$, 此时称 E 为 F 的*单纯超越扩充*.

§4　多项式的分裂域与本原元素定理

设 F 是一个域, $p(X) \in F[X]$ 而且 $p(X)$ 是不可约的, 则一定存在一个 F 的扩充, 使 $p(X)$ 在这个扩充中有一个根. 这个 F 的扩充就可以取作 $F[X]/(p(X))$, 令 $\rho : F[X] \to F[X]/(p(X))$ 是环的商同态, 令 $\xi = \rho(X) \in F[X]/(p(X))$, 则有 $p(\xi) = 0$, 因为 $p(\rho(X)) = \rho[p(X)] = 0$.

定理 4.1　*对 $\forall f(X) \in F[X]$, 必存在一个 F 的扩充, 使 $f(X)$ 有一个根在其中.*

证　只要任取一个 $f(X)$ 的不可约元素 $p(X)$, 则 $F[X]/(P(X))$ 就是满足定理的 F 的扩充. □

对 $\forall f(X) \in F[X]$, 由定理 4.1, 则有一个 F 的扩充 F_1, 使 $f(X)$ 在 F_1 中至少有一个根, 因此有 $f(X)$ 在 $F_1(X)$ 中分解 $f(X) = (X - \xi) \cdots (X -$

$\eta)q(X), q(X) \in F_1(X)$ 而且其之次数至少比 $f(X)$ 的次数小 1. 如果 $q(X)$ 的次数大于 1(即 $q(X)$ 在 $F_1(X)$ 中再也分不出一次因子), 则再对 $q(X) \in F_1[X]$, 运用定理 4.1, 这样得到一个域 $F_2, F \subset F_1 \subset F_2$, 使 $q(X)$ 至少有一个根在 F_2 中, 如果 $q(X)$ 在 F_2 中仍不能完全分解为一次式的乘积则可应用定理 4.1 继续作下去, 由于 $f(X)$ 是一个有限次的多项式, 因此经有限步扩充以后我们就得到一个 F 的扩充, 使 $f(X)$ 在其中可完全分解为一次式的乘积. 所以有

定理 4.2 对每个 $f(X) \in F[X]$, 必存在 F 的一个扩充 E, 使 $f(X)$ 在 E 中可完全分解为一次式的乘积, 或说 $f(X)$ 的根都在这个扩充 E 之中.

设 F, B, E 是三个域, 而且 $F \subset B \subset E$, 则我们称 B 为 E 与 F 的中间域.

定义 4.3 设 $f(X) \in F[X]$ 和 $F \subset E$, 而且 $f(X)$ 在 F 中可完全分解为一次因子的乘积, 但是它不能在 E 和 F 的任一中间域完全分解为一次因子的乘积, 则称 E 为 $f(X)$ 的分裂 (splitting) 域.

如果设 $f(X) = a_0X^n + a_1X^{n-1} + \cdots + a_{n+1}X + a_n$ 则在 E 中可分解 $f(X) = a_0(X - \xi_1)\cdots(X - \xi_n)$, 则必有

$$E = F(\xi_1, \cdots, \xi_n),$$

不然 $F(\xi_1, \cdots, \xi_n)$ 就成为 E 与 F 的中间域, 这与 E 是 $f(X)$ 的分裂域的定义矛盾. 因此 $f(X) \in F[X]$ 的分裂域是由 $f(X)$ 的根生成的. 由于每个 $\xi_i; i = 1, \cdots, n$ 都是对 F 代数的, 因此由定理 2.5 与定理 2.2, E 是 F 的有限扩充.

定理 4.2 说明对每个 $f(X) \in F[X]$, 它的分裂域是存在的, 为了要说明它的唯一性, 今陈述域的同构概念.

设 F, L 是两个域, 映照 $\sigma: F \to L$, 如适合

$$\sigma(x + y) = \sigma(x) + \sigma(y) \text{ 和 } \sigma(xy) = \sigma(x)\sigma(y);$$

对 $\forall x, y \in F$, 而且 $\sigma(x) = 0 \Rightarrow x = 0$, 就称 σ 是嵌入. 如又有 $\sigma(F) = L$, 就称 σ 是一个同构, 特别当 $F = L$ 时, 称 σ 是自同构.

设 $\sigma: F \to F'$ 是一个嵌入, 则诱导了一个环同态

$$\widetilde{\sigma}: F[X] \to F'[X];$$

$$f(X) = \sum_{i=0}^{n} a_iX^{n-i} \mapsto \widetilde{\sigma}(f)(X) = f^{\sigma}(X) = \sum_{i=0}^{n} \sigma(a_i)X^{n-i}.$$

引理 4.4 $\sigma: F \to F'$ 是一个域同构, $p(X) \in F[X]$ 是 $F[X]$ 之不可约多项式, $\widetilde{\sigma}(p)(X) = p^{\sigma}(X) \in F'[X]$. 如 $E = F(\beta)$ 和 $E' = F'(\beta')$ 分别是 F 和 F'

的扩充, 这里有 $p(\beta)=0$ (在 E 内) 和 $p^0(\beta')=0$ (在 E' 内), 则 σ 能扩充为 E 到 E' 上的同构.

证 从 σ 是同构, $p^\sigma(X)$ 是 $F'[X]$ 之不可约多项式, 现在 $\widetilde{\sigma}: F[X] \to F'[X]$ 是二个环之间的环同构, $\widetilde{\rho}: F'[X] \to F'[X]/(p^\sigma(X))$ 是一个商同态 $\widetilde{\rho}\circ\widetilde{\sigma}: F[X] \to F'[X]/(p^\sigma(X))$ 是一个满的环同态, $\mathrm{Ker}(\widetilde{\rho}\circ\widetilde{\sigma}) = (p(X))$, 所以 $F[X]/(p(X)) \cong F'[X]/(p^\sigma(X))$, 而由定理 1.5 之系 2, $F(\beta) \cong F[X]/(p(X)) \cong F'[X]/(p^\sigma(X)) \cong F'(\beta')$. 这样的同构限制在 F 上, 显然就是 σ. □

定理 4.5 $\sigma: F \to F'$ 是一个同构, $f(X) \in F[X]$ 和对应的 $\widetilde{\sigma}(f)(X) = f^\sigma(X) \in F'[X]$, 设 E 是 $f(X)$ 的分裂域和 E' 是 $f^\sigma(X)$ 的分裂域, 则 σ 可扩充为 E 与 E' 之间的同构.

证 设 $f(X)(f^\sigma(X))$ 是一个 n 次多项式, 如果 $f(X)$ 有 $k(k \leqslant n)$ 个根不在 F 中, 则由 f^σ 的定义 $f^\sigma(X)$ 亦同样只有 k 个根不在 F' 中, 现在我们对 k 作归纳法来证明定理.

当 $k=0$ 时, 此时 $E=F, E'=F'$, 故命题自然成立.

设 $k-1$ 时定理已证明, 今对 k 来证明定理亦成立. 假设 $f(X) = p_1(X)\cdots p_s(X)$ 是 $f(X)$ 分解为不可约多项式 $p_1(X),\cdots,P_s(X)$ 之积, 则 $f^\sigma(X) = p_1^\sigma(X),\cdots,p_1^\sigma(X)$ 就是 $f^\sigma(X)$ 分解为不可约多项式之积. 今无妨假定是 $p_1(X)$ 至少有一个根不在 F 中, 相应的 $p_1^\sigma(X)$ 亦至少有一个根不在 F' 中, 令 $p_1(X)$ 的这个根为 ξ, 则 $p_1^\sigma(X)$ 的这个根可取为 $\sigma\xi$, 则由引理 4.4, 今可将 σ 扩充为 $F(\xi)$ 与 $F'(\sigma\xi)$ 之间的同构, 仍记之为 σ, 曲分裂域的定义 $F(\xi) \subset E$ 和 $F'(\sigma\xi) \subset E'$. 今将 $f(X)$ 与 $f^\sigma(X)$ 分别看成是 $F(\xi)$ 与 $F'(\sigma\xi)$ 上之多项式, 则它们至多有 $k-1$ 个根不在 $F(\xi)$ 与 $F'(\sigma\xi)$ 上, 则由归纳假设, 可将 $F(\xi)$ 与 $F'(\sigma\xi)$ 之间的同构扩充为 $f(X)$ 的分裂域 E 和 $f^\sigma(X)$ 的分裂域 E' 之间的同构. □

系 $f(X) \in F[X]$, 则它的任何两个分裂域都是同构的.

一般的如 $F \subset E, F' \subset E'$, 且有 $\sigma: F \to F'$ 和 $\tau: E \to E'$ 是二个嵌入, 而且 $\tau|F = \sigma$, 就称 τ 是在 σ 上的嵌入. 如果 $F = F'$, σ 是恒同, 则称 τ 是在 F 上的嵌入.

定义 4.6 如 $f(X), g(X) \in F[X]$, 称 $f(X), g(X)$ 有公根, 如果存在域 E 是 F 的扩充和 $\alpha \in E$, 使 $f(\alpha) = g(\alpha) = 0$.

定理 4.7 $f(X), g(X) \in F[X]$, 则 $f(X), g(X)$ 在 $F[X]$ 内无公因子 $\Leftrightarrow$ $f(X), g(X)$ 无公根.

证 $\Leftarrow$ 这是显然的.

$\Rightarrow$ 如 $f(X), g(X)$ 在 $F[X]$ 内无公因子, 则存在 $\varphi(X), \psi(X) \in F[X]$, 使 $\varphi(X)f(X)+\psi(X)g(X)=1$, 由 f 和 g 的分裂域的定义, 可找一个 F 的扩充 K 而且 K 还包含 f 和 g 的分裂域. 同样 $F[X] \subset K[X]$, 所以 $\varphi(X)f(X)+\psi(X)g(X)=1$ 在 $K[X]$ 中亦成立, 如 $f(X), g(X)$ 有公根 $\alpha \in K$, 则 $0=\varphi(\alpha)f(\alpha)+\psi(\alpha)g(\alpha)$, 这与 $\varphi(X)f(X)+\psi(X)g(X)=1$ 矛盾. □

定义 4.8 $f(X) \in F[X]$, 设 α 是 $f(X)$ 的根, 如 $f(X)$ 在它的分裂域中分解为一次式乘积时, 只出现一个 $(X-\alpha)$ 因子, 就称 α 为判别的, 或说 α 是多项式 $f(X)$ 的单重根. 如果 $f(X)$ 在它的分裂域中分解为一次式乘积时, 出现 $k(k>1)$ 个 $(X-\alpha)$ 的因子, 就称 α 为 $f(X)$ 的 k 重根.

对 $\forall f(X) \in F[X], f(X)=a_0X^n+\cdots+a_{n-1}X+a_n$, 我们定义它的形式导数 $f'(X)=na_0X^{n-1}+\cdots+a_{n-1}$, 易于验证这样定义的形式导数满足导数的基本性质, 即 $\forall f(X), g(X) \in F[X]$, 有 $(f(X)+g(X))'=f'(X)+g'(X)$ 和 $(f(X)g(X))'=f'(X)g(X)+f(X)g'(X)$. 因此如果 $f(X)$ 有 $k(k>1)$ 重根 α, 则 α 必是 $f'(X)$ 的根.

定理 4.9 设 $p(X)$ 为 ξ 对域 F 的极小多项式, 则 $p(X)$ 的所有根皆判别.

证 设 $p(X)=X^n+a_1X^{n-1}+\cdots+a_{n-1}X+a_n$, 则它的导数 $p'(X)=nX^{n-1}+(n-1)a_1X^{n-2}+\cdots+a_{n-1}$, 由于 F 是特征为 0 的, 因此 $p'(X)\neq 0$, 现在由 $p(X)$ 是在 $F[X]$ 中不可约的, 故 $p(X)$ 与 $p'(X)$ 在 $F[X]$ 中没有公因子, 由定理 4.7 $p(X)$ 与 $p'(X)$ 没有公根, 所以 $p(X)$ 的所有根都是判别的. □

设 F 是一个域 (不一定是特征为 0 的), $f(X) \in F[X]$ 是一个不可约多项式, 如果它在它的某个分裂域中可分解为互不相同的一次因子的乘积, 就称这个不可约多项式在 F 上可分的. 如元素 α 是在域 F 上代数的, 若 α 的极小多项式是在 F 上可分的, 就称元素 α 是在 F 上可分的. 现在如域 E 是域 F 的代数扩充, 若对 $\forall\alpha \in E$, 都是在 F 上可分离的就称 E 是域 F 的可分扩充 (separable extension). 由定理 4.9 可断言, 特征为 0 的域的任一扩充都是该域上的可分离扩充.

定理 4.10 设 α, β 都是关于域 F 代数的, 则有 γ, 使

$$F(\alpha,\beta)=F(\gamma)$$

证 断言 $\exists t \in F$, 使 $F(\alpha+t\beta)=F(\alpha,\beta)$. 若不然, 则 $\forall t \in F, \beta \notin F(\alpha+t\beta)$. 今对任意固定的一个 $t \in F$, 设 β 对于 $F(\alpha+t\beta)$ 的极小多项式为 $g_0, \deg g_0 \geqslant$

2. 命 α 对于 F 的极小多项式为 f,β 对于 F 的极小多项式为 g. 今 f,g 均可以看成域 $F(\alpha+t\beta)$ 上的多项式. 由 g_0 是对于域 $F(\alpha+t\beta)$ 的极小多项式, 由命题 2.4 $g_0|g$.

令 $\gamma\equiv\alpha+t\beta$, 又命 $h(X)=f(\gamma-tX), h(\beta)=f(\alpha)=0$, 所以亦有 $g_0|h$. 设 f 的根为 $\alpha_1=\alpha,\alpha_2,\cdots,\alpha_n$, 和 g 的根为 $\beta_1=\beta,\beta_2,\cdots,\beta_m$, 因为 $g_0|g$, 故所有 $\{g_0$ 的根$\}\subset\{\beta_1,\cdots,\beta_m\}$. 由 $g_0|h$, 故 $g_0(\xi)=0\Rightarrow h(\xi)=0$. 由 $\deg g_0\geqslant 2$, 故有 $\beta_j, j>1$, 使 $g_0(\beta_j)=0$, 则有 $h(\beta_j)=0=f(\gamma-t\beta_j)=0$, 所以 $\gamma-t\beta_j$ 是 f 的根, 因此 $\gamma-t\beta_j=\alpha_j$ (这 α_j 是 $\alpha_1,\cdots,\alpha_n$ 中之某一个), 由 $(\alpha+t\beta)-t\beta_j=\alpha_i$, 得到

$$t=\frac{\alpha_i-\alpha}{\beta-\beta_j},$$

现在 $\beta=\beta_1,\beta_j$ 之 $j>1$, 由定理 3.9 知道 g 的所有根皆为判别, 因此 $\beta-\beta_j\neq 0$.

上面 t 的表达式表示 F 中任一 t 一定有这样的表示, 由 $\{\alpha_i\}$ 和 $\{\beta_j\}$ 都只有有限个元素, 所以这样 F 就成为一个有限集. 但是前面已讲过特征为 0 的域均有有理数域 $\mathbf{Q}$ 为其之子域, 因此这是矛盾的, 因此必 $\exists t\in F$, 使 $F(\alpha,\beta)=F(\alpha+t\beta)$. □

定理 4.11 (*本原元素定理*). *如 $[E:F]<\infty$, 必有 $\gamma\in E$, 使 $E=F(\gamma)$.*

证 $[E:F]<\infty$, 则在 E 中有有限个元素 $\alpha_1,\cdots,\alpha_n$ 作为域 F 上向量空间的基生成 E, 因此 $E=F(\alpha_1,\cdots,\alpha_n)$, 其中每个 $\alpha_i; 1\leqslant i\leqslant n$ 都是关于域 F 代数的.

定理 4.10 已证明 $n=2$ 时定理是成立的, 现假定当 $n=k-1$ 时, 定理已成立, $E=F(\alpha_1,\cdots,\alpha_k)=F(\alpha_1,\cdots,\alpha_{k-1})(\alpha_k)$. 由归纳假设, $\exists\gamma_1\in F(\alpha_1,\cdots,\alpha_{k-1})$, 使 $F(\alpha_1,\cdots,\alpha_{k-1})=F(\gamma_1)$, 因此 $E=F(\gamma_1)(\alpha_k)=F(\gamma_1,\alpha_k)$, 再由定理 4.10, $\exists\gamma\in E=F(\gamma_1,\alpha_k)$, 使 $E=F(\gamma)$. □

参考文献

[1] E. Kelley, J. L., General Topology, Princeton, N. J. Van Norstrand, 1955.

[2] E. Artin, Galois Theory, Notre Dame Mathematical Lectures No.2. Notre Dame, Indiana, 1946.

[3] S. Lang. Algebra, Addison-Wesley Publishing Co. 1971.

附录二　层论简介

本附录对层论 (sheaf theory) 作一简单介绍, 只假定读者具有点集拓扑的基本知识与了解 Abel 群的基本概念.

§1　层的定义与基本性质

定义 1.1　设 X 是一个拓扑空间, $\mathscr{U}_X$ 表示 X 所有开集所成之族, 对每个 $U \in \mathscr{U}_X$ 对应有一个 Abel 群 $\mathscr{F}(U)$, 且对于两个 $U, V \in \mathscr{U}_X$; 如果 $U \supset V$, 则有一个 Abel 群同态 $\rho_{U,V} : \mathscr{F}(U) \to \mathscr{F}(V)$. 若 $(\mathscr{F}(U), \rho_{U,V})_{U \in \mathscr{U}_X}$ 满足如下三个条件:

(s_1) 对任意的 $U, V, W \in \mathscr{U}_X$, 且有 $U \supset V \supset W$, 则有

$$\rho_{U,W} = \rho_{V,W} \circ \rho_{U,V}. \tag{1.1}$$

而且 $\rho_{U,V}$ 是 $F(U)$ 上的恒同同构, 即 $\rho_{U,V}(f) = f, \forall f \in F(U)$.

(s_2) 如 $U, (U_i)_{i \in I}$ 都是 X 的开集, 而且 $U = \bigcup_{i \in I} U_i$ 如果 $f, g \in \mathscr{F}(U)$ 且对 $\forall i \in I$ 有 $\rho_{U,U_i}(f) = \rho_{U,U_i}(g)$, 则 $f = g$.

(s_3) 如 $U, (U_i)_{i \in I}$ 都是 X 的开集, 而且 $U = \bigcup_{i \in I} U_i$ 如对每个 $i \in I$, 有一个 $f_i \in \mathscr{F}(U_i)$ 且适合

$$\rho_{U_i, U_i \cap U_j}(f_i) = \rho_{U_j, U_i \cap U_j}(f_j),$$

对 $\forall i, j \in I$ 与 $U_i \cap U_j \neq \varnothing$. 则一定存在一个 $f \in \mathscr{F}(U)$ 使得 $\rho_{U,U_i}(f) = f_i$; 对所有的 $i \in I$.

这样的 $(\mathscr{F}(U), \rho_{UV})_{U\in\mathscr{U}_X}$ 就称之为拓扑空间 X 上的一个 Abel 群层 (或简称群层).

注　上面定义中的 $\mathscr{F}(U)$ 是 Abel 群, $\rho_{U,V}$ 是 Abel 群同态是定义群层的要求, 事实上一般层的定义亦可以是对其他代数范畴; 例如环、模等, 此时 $\mathscr{F}(U)$ 就要求是环、模而相应的 $\rho_{U,V}$ 则是环同态、模同态等. 本附录中只讨论 Abel 群层, 因此凡提到层均是指 Abel 群层.

例　$X = \mathbf{R}^n$ 是 n 维欧氏空间, $\mathscr{U}_X$ 是 $\mathbf{R}^n$ 中所有开集之族, 对 $\mathbf{R}^n$ 中任一开集 $U, \mathscr{F}(U)$ 是 U 上 C^∞ 函数全体, 对函数的点加法 $\mathscr{F}(U)$ 成为一个 Abel 群. 对 $\mathbf{R}^n$ 的两个开集 U, V 且 $U\supset V, \rho_{U,V}$ 即是将 U 上的 C^∞ 函数限制在 V 上的限制映照, 显然 $\rho_{U,V}$ 是 $\mathscr{F}(U)$ 到 $\mathscr{F}(V)$ 的一个 Abel 群同态. 易于验证这样的 $(\mathscr{F}(U), \rho_{U,V})_{U\in\mathscr{U}_{\mathbf{R}^n}}$ 满足定义 1.1 中之 $(s_1), (s_2)$ 和 (s_3), 因此它是 $X = \mathbf{R}^n$ 上的一个层.

为了叙述一个层的相伴空间的定义, 这里有必要提一下直接极限的定义.

$S = \{a, b, c, \cdots\}$ 称之为是一个有向集, 如果在 S 上有一个自反、传递关系 $\prec$ (即 $a\prec a; a\prec b, b\prec c\Rightarrow a\prec c$), 使对 $\forall a, b\in S$, 必 $\exists c\in S$ 使 $c\prec a$ 和 $c\prec b$ (注意有向集的定义中并不要任何二个元素 a, b 之间必有 $a\prec b$ 或 $b\prec a$ 的关系). $\{(G_a)_{a\in S}, \prec, \rho_{ba}\}$ 称为有向集 S 上的 Abel 群系, 如果 G_a 都是 Abel 群; 对 $a\prec b$ 有群同态 $\rho_{ba}: G_b\to G_a$, 而且它们满足

$$\begin{cases}\rho_{aa} = \text{恒等映照};\\ \rho_{ba}\circ\rho_{cb} = \rho_{ca}, \text{ 当 } a\prec b\prec c.\end{cases}\tag{1.2}$$

现在在有向集 S 上的 Abel 群系内可引进一个关系: 如 $x_b\in G_b, x_c\in G_c, x_b\sim x_c\Leftrightarrow\exists a\in S$ 且 $a\prec b$ 和 $a\prec c$, 使得

$$\rho_{ba}(x_b) = \rho_{ca}(x_c).$$

引理 1.2　上面引进的 $\sim$ 关系是一个等价关系, 而且等价类的集合中有一个自然的 Abel 群结构.

证　要证明上面引进的 $\sim$ 是一个等价关系, 即要证明 $\sim$ 是自反、对称与传递的. $\sim$ 是自反、对称是显然的, 现在要证明它是传递的. 设有 $x_b\in G_b, x_c\in G_c; x_b\sim x_c$ 另外有 $x_d\in G_d; x_d\sim x_c$, 由关系 $\sim$ 的定义存在 $b'\in S$ 且 $b'\prec b$ 和 $b'\prec c$, 使 $\rho_{bb'}(x_b) = \rho_{cb'}(x_c)$; 同样存在 $d'\in S$ 且 $d'\prec d$ 和 $d'\prec c$ 使 $\rho_{dd'}(x_d) = \rho_{cd'}(x_c)$, 由 S 是有向集, 故 $a\in S$ 且 $a\prec b'$ 和 $a\prec d'$, 则由 (1.2)

$$\begin{aligned}\rho_{ba}(x_b) &= \rho_{b'a}\circ\rho_{bb'}(x_b) = \rho_{b'a}\circ\rho_{cb'}(x_c) = \rho_{ca}(x_c)\\ &= \rho_{d'a}\circ\rho_{cd'}(x_c) = \rho_{d'a}\circ\rho_{dd'}(x_d) = \rho_{da}(x_d),\end{aligned}$$

此即 $x_b \sim x_d$, 因此 $\sim$ 是一个等价关系.

对 $\forall x_a \in G_a$, 记 $[x_a]$ 为 x_a 的等价类. 今对 $\forall x_c \in G_c$ 和 $x_b \in G_b$, 由 S 是有向集, $\exists a \in S; a \prec c$ 和 $a \prec b$, 今定义

$$[x_b] + [x_c] = [\rho_{ba}(x_b) + \rho_{ca}(x_c)], \tag{1.3}$$

现在首先来说明这个定义是有意义的, 这首先要证明定义 (1.3) 与 a 的选取无关, 其次要证明如果 $x_{b'} \sim x_b$, 则

$$[x_{b'}] + [x_c] = [x_b] + [x_c].$$

设 $a' \in S; a' \prec b$ 和 $a' \prec c$, 则由 S 是有向集 $\exists d \in S; d \prec a'$ 和 $d \prec a$, 由 (1.2)

$$\begin{aligned}\rho_{ad} \circ (\rho_{ba}(x_b) + \rho_{ca}(x_c)) &= \rho_{bd}(x_b) + \rho_{cd}(x_c) \\ &= \rho_{a'd} \circ (\rho_{ba'}(x_b) + \rho_{ca'}(x_c)),\end{aligned}$$

所以 $[\rho_{ba}(x_b) + \rho_{ca}(x_c)] = [\rho_{ba'}(x_b) + \rho_{ca'}(x_c)]$. 现在设 $x_{b'} \in G_{b'}; x_b \in G_b$ 且 $x_{b'} \sim x_b$. 今要证明对 $\forall x_c \in G_c$, 有 $[x_{b'}] + [x_c] = [x_b] + [x_c]$. 由 $x_b \sim x_{b'}$, 因此有 $a \preceq b$ 和 $a \preceq b'$ 之 $a \in S$ 存在使 $\rho_{ba}(x_b) = \rho_{b'a}(x_{b'})$. 再由 S 是有向集, $\exists d \in S; d \prec a$ 和 $d \prec c$, 则按定义 [1.3]

$$\begin{aligned}[x_{b'}] + [x_c] &= [\rho_{b'd}(x_{b'}) + \rho_{cd}(x_c)] \\ &= [\rho_{ad} \circ \rho_{b'a}(x_{b'}) + \rho_{cd}(x_c)] \\ &= [\rho_{ad} \circ \rho_{ba}(x_b) + \rho_{cd}(x_c)] \\ &= [\rho_{bd}(x_b) + \rho_{cd}(x_c)] \\ &= [x_b] + [x_c].\end{aligned}$$

由于两个 Abel 群间的群同态, 零元素的同态像必是零元素, 因此对 $\forall a \in S$; G_a 的零元素 O_a 都是相互等价的, 所以这个等价类的集合中的零元素 $[O] = [O_a]$, 这里 O_a 可以是任一 G_a 中的零元素.

对 $\forall x_a \in G_a, -[x_a] = [-x_a]$.

最后要验证定义 (1.3) 所定义的 "+" 运算满足结合律, 即对 $\forall x_a \in G_a$, $x_b \in G_b$ 和 $x_c \in G_c$ 有 $([x_a] + [x_b]) + [x_c] = [x_a] + ([x_b] + [x_c])$. 今由 S 是有向集, $\exists d \in S$; 使 $d \prec a, d \prec b$ 和 $d \prec c$, 则按 (1.3)

$$\begin{aligned}[x_a] + [x_b] &= [\rho_{ad}(x_a) + \rho_{bd}(x_b)], \\ ([x_a] + [x_b]) + [x_c] &= [\rho_{ad}(x_a) + \rho_{bd}(x_b) + \rho_{cd}(x_c)],\end{aligned}$$

同样

$$[x_b]+[x_c]=[\rho_{bd}(x_b)+\rho_{cd}(x_c)],$$
$$[x_a]+([x_b]+[x_c])=[\rho_{ad}(x_a)+\rho_{bd}(x_b)+\rho_{cd}(x_c)],$$

故 "+" 运算的结合性得到证明, 另外由 (1.3)

$$\begin{aligned}[x_c]+[x_b]&=[\rho_{ca}(x_c)+\rho_{ba}(x_b)]\\&=[\rho_{ba}(x_b)+\rho_{ca}(x_c)]=[x_b]+[x_c].\end{aligned}$$

这样我们便在这个等价类的集上定义了一个自然的群结构. □

记号: 今用 G 记这个等价类集, 表示为

$$G=\varinjlim_{a\in S} G_a \tag{1.4}$$

称 G 为 $\{G_a\}_{a\in S}$ 的直接极限.

系 对 $\forall a\in S$, 映照

$$\begin{aligned}\rho_a: G_a&\to G,\\ x_a&\mapsto [x_a],\end{aligned}$$

是一个群同态.

证 实际上 (1.3) 蕴含了 ρ_a 是一个群同态, 设 $\forall x_a, y_a\in G_a$

$$\begin{aligned}\rho_a(x_a)+\rho_a(y_a)&=[x_a]+[y_a]=[\rho_{aa}(x_a)+\rho_{aa}(y_a)]\\&=[x_a+y_a]=\rho_a(x_a+y_a).\end{aligned}$$ □

注 直接极限的定义 (1.4) 并不是一定要求 $G_a;\forall a\in S$ 一定是 Abel 群, 对于在一个有向集上环系、模系同样可以定义直接极限, 此时 ρ_{ba} 就要是相应的环同态、模同态. 但是 ρ_{ba} 要适合 (1.2) 是根本的. 那样定义出来的直接极限亦有相应于引理 1.2 的结果.

现设 $(\mathscr{F}(U),\rho_{U,V})_{U\in\mathscr{U}_X}$ 是拓扑空间 X 上的一个子层, 对 $\forall x\in X;\mathscr{U}_x$ 表示 x 的开邻域全体, $\mathscr{U}_x$ 对于集合的包含关系来讲成为一个有向集 (即如果 $U,V\in\mathscr{U}_x, V\subset U$ 就认为 $V\prec U$, 则 $\forall U,V\in\mathscr{U}_x,\exists W\in\mathscr{U}_x$, 使 $W\subset U$ 和 $W\subset V$, 这个 W 的存在是显然的, 最简单的取 $W=U\cap V$ 就可以了; 这就表示 $\exists W\in\mathscr{U}_x$, 使 $W\prec U$ 和 $W\prec V$), 而且 $\rho_{U,V}$ 满足 (S_1), 所以 $\{(\mathscr{F}(U))_{U\in\mathscr{U}_x},\prec,\rho_{U,V}\}$ 是有向集 $\mathscr{U}_x$ 上的一个 Abel 群系, 因此可按刚才讲的

方法在$\bigcup_{U\in\mathscr{U}_x}\mathscr{F}(U)$ (或 $(\mathscr{F}(U))_{U\in\mathscr{U}_x}$) 上引进一个等价关系, 即对 $\forall f\in\mathscr{F}(U)$ 和 $g\in\mathscr{F}(V)$, 如果 $\exists W\in\mathscr{U}_x$; 使

$$\rho_{U,W}(f)=\rho_{V,W}(g),$$

就说是 $f\sim g$, 这个 $\sim$ 是一个等价关系, $\bigcup_{U\in\mathscr{U}_x}\mathscr{F}(U)$ 按这个等价关系所得的等价类的集合 $\mathscr{F}_x$, 则

$$\mathscr{F}_x=\varinjlim_{U\in\mathscr{U}}\mathscr{F}(U), \tag{1.5}$$

由引理 1.2 知这个 $\mathscr{F}_x$ 有一个自然的 Abel 群结构. 在这里对 $\forall U\in\mathscr{U}_x$ 和 $\forall f\in\mathscr{F}(U)$, 用 $[f]_x$ 表示 f 的等价类, 则由引理 1.2 的系知道对每个 $U\in\mathscr{U}_x$, 有一个自然的群同态 $\rho_{U,x}$

$$\begin{aligned}\rho_{U,x}:\mathscr{F}(U)&\to\mathscr{F}_x,\\ f&\mapsto[f]_x=\rho_{U,x}(f).\end{aligned}$$

根据等价类的定义, 对于 $V\subset U$ 和 $V,U\in\mathscr{U}_x$, 自然有下面的等式

$$\rho_{U,x}=\rho_{V,x}\circ\rho_{U,V}. \tag{1.6}$$

现在对集合 $\bigcup_{x\in X}\mathscr{F}_x$, 赋以拓扑如下: 对 X 的每个开集 U, 对 $\forall y\in U$, 则 $U\in\mathscr{U}_y$. 今对每个 $f\in\mathscr{F}(U)$ 对应于一个 $\bigcup_{x\in X}\mathscr{F}_x$ 的子集 $\{[f]_y|y\in U\}$; 所有这样的集合 (对 X 中所有的开集 U 与每个 $\mathscr{F}(U)$ 中所有的 f) 可作为 $\bigcup_{x\in X}\mathscr{F}_x$ 的开集基. 首先所有形如 $\{[f]_y|y\in U\}$ 的集之和就是$\bigcup_{x\in X}\mathscr{F}_x$, 其次设 $\{[f]_y|y\in U\}$ 与 $\{[g]_y|y\in V\}$ 是交为非空的两个这样的集, 设 $[h]_x\in\mathscr{F}_x$, 是属于这个交集的, 这里 $h\in\mathscr{F}(W), W\in\mathscr{U}_x$. 由 $\mathscr{F}_x$ 的定义知道 $x\in U\cap V$ 而且有开集 $W_1\subset W\cap U$ 与 $W_2\subset W\cap V$, 使 $x\in W_1\cap W_2$ 而且有

$$\rho_{W,W_1}(h)=\rho_{U,W_1}(f),$$

和

$$\rho_{W,W_2}(h)=\rho_{V,W_2}(g);$$

分别在上面二个等式之两端分别作用上 $\rho_{W_1,W_1\cap W_2}$ 和 $\rho_{W_2,W_1\cap W_2}$ 就得到

$$\rho_{U,W_1\cap W_2}(f)=\rho_{W,W_1\cap W_2}(h)=\rho_{V,W_1\cap W_2}(g),$$

此即表示 $\{[\rho_{W,W_1\cap W_2}(h)]_y:y\in W_1\cap W_2\}$ 是包含于 $\{[f]_y:y\in U\}$ 与 $\{[g]_y|y\in V\}$ 之交的, 这就表明了所有形如 $\{[f]_y|y\in U\}$ 的集, 是满足开集基的条件,

由它们所决定的 $\bigcup_{x\in X}\mathscr{F}_x$ 的拓扑, 使其成为一个拓扑空间, 记之为 $\widetilde{\mathscr{F}} = \bigcup_{x\in X}\mathscr{F}_x$.

另外有一个 $\widetilde{\mathscr{F}}$ 到拓扑空间 X 上的自然投影映照 $\pi:\widetilde{\mathscr{F}}\to X; \pi(\mathscr{F}_x)=x$, 这里 $\mathscr{F}_x=\pi^{-1}(x)$ 是一个 Abel 群, 显然这个 π 是连续的, 因为对任一 X 的开集 U, $\forall [f]_x\in\pi^{-1}(U)$, 如果 $f\in\mathscr{F}(W)$ (这个 $W\in\mathscr{U}_x$), 则 $\{[\rho_{W,U\cap W}(f)]_y|y\in U\cap W\}$ 是 $[f]_x$ 的一个开邻域且它是包含于 $\pi^{-1}(U)$ 的, 这就证明了 $\pi^{-1}(U)$ 是 $\widetilde{\mathscr{F}}$ 中的开集, 故 π 是连续的; 而且对 $\widetilde{\mathscr{F}}$ 的开集基中的每个元素 $\{[f]_y|y\in V, f\in\mathscr{F}(V)\}$, 它在 π 之下的像正好就是 X 中的开集 V, 因此 π 又是一个开映照.

定义 1.3 上面定义的 $(\widetilde{\mathscr{F}},\pi,X)$ 就称之为层 $(\mathscr{F}(U),\rho_{U,V})_{U\in\mathscr{U}_x}$ 的相伴空间. $\mathscr{F}_x=\pi^{-1}(x)$ 这个 Abel 群称之为 x 点上的茎 (stalk).

定理 1.4 设 $(\widetilde{\mathscr{F}},\pi,X)$ 是拓扑空间 X 上的层 $(\mathscr{F}(U),\rho_{U,V})_{U\in\mathscr{U}_x}$ 的相伴空间, 则有

(1) $\pi:\widetilde{\mathscr{F}}\to X$ 是一个局部同胚,

(2) 对 $\forall x\in X, \pi^{-1}(x)=\mathscr{F}_x$ 是一个 Abel 群,

(3) 群运算对于 $\widetilde{\mathscr{F}}$ 的拓扑是连续的.

证 (2) 是显然的, 故只要证明 (1) 与 (3).

证 (1), 对 $\forall [f]_x\in\mathscr{F}_x\subset\widetilde{\mathscr{F}}$, 这里 $f\in\mathscr{F}(U), U\in\mathscr{U}_x$. 则集 $\{[f]_y|y\in U\}$ 是 $[f]_x$ 的一个开邻域, π 将它一一地映为 U, 另外已知 $\pi:\widetilde{\mathscr{F}}\to X$ 是开连续映照, 而 $\{[f]_y|y\in U\}$ 是 $\widetilde{\mathscr{F}}$ 中的开集, 因此将 π 限制在 $\{[f]_y|y\in U\}$ 上仍是一个开连续映照, 因此是将 $\{[f]_y|y\in U\}$ 拓扑地映为 U, 这就证明了 π 是局部同胚.

证 (3), 在证 (3) 之前, 先用精确的数学语言来解释一下 "群运算对 $\widetilde{\mathscr{F}}$ 的拓扑连续" 的含义. $\widetilde{\mathscr{F}}\times\widetilde{\mathscr{F}}$ 表示拓扑空间 $\widetilde{\mathscr{F}}$ 与其自身的拓扑积所成的积拓扑空间.

$$\widetilde{\mathscr{F}}\circ\widetilde{\mathscr{F}}=\{(f,g)\in\widetilde{\mathscr{F}}\times\widetilde{\mathscr{F}}|\pi(f)=\pi(g)\},$$

$\widetilde{\mathscr{F}}\circ\widetilde{\mathscr{F}}$ 是 $\mathscr{F}\times\mathscr{F}$ 的子拓扑空间 (即在 $\widetilde{\mathscr{F}}\circ\widetilde{\mathscr{F}}$ 上赋以诱导拓扑). 现有映照

$$m:\widetilde{\mathscr{F}}\circ\widetilde{\mathscr{F}}\to\widetilde{\mathscr{F}};$$
$$(f,g)\mapsto f-g,$$

是有意义的, (3) 即是指这个映照 m 是连续的.

由于连续是一个局部概念, 故只要局部地证明就可以了. 对 $\forall([f]_x,[g]_x)\in\widetilde{\mathscr{F}}\circ\widetilde{\mathscr{F}}$ (对于 $\widetilde{\mathscr{F}}$ 中之点 $[f]_x$ 之下标 x 就是表示这个元素在茎 $\mathscr{F}_x=\pi^{-1}(x)$

上), $[f]_x - [g]_x \in \mathscr{F}_x$, 对 $[f]_x - [g]_x$ 的任一开邻域 A, 不失一般性我们可取集 $A = \{[h]_y | y \in U; h \in \mathscr{F}(U)\}$, 现在任取 $[f]_x$ 的一个开邻域

$$\{[f]_y | y \in V_1; f \in \mathscr{F}(V_1)\}$$

和 $[g]_x$ 的一个开邻域 $\{[g]_y | y \in V_2; g \in \mathscr{F}(V_2)\}$, 则 $\exists V \in \mathscr{U}_x; V \subset V_1 \cap V_2$,

$$[f]_x - [g]_x = [\rho_{V_1,V}(f) - \rho_{V_2,V}(g)]_x.$$

现在 $\rho_{U,x}(h) = [f]_x - [g]_x = \rho_{V,x}(\rho_{V_1,V}(f) - \rho_{V_2,V}(g))$, 因此根据等价类的定义必存在 $W \in \mathscr{U}_x$, 使得

$$\rho_{U,W}(h) = \rho_{V,W} \circ (\rho_{V_1,V}(f) - \rho_{V_2,V}(g)), \tag{1.7}$$

这里 $W \subset V$ 与 $W \subset U$. 现在取 $[f]_x$ 的开邻域 $B_1 = \{[f]_y | y \in W\}$ 和 $B_2 = \{[g]_y | y \in W\}$ (因为由 (1.6), 对 $U \supset V; U, V \in \mathscr{U}_x, \rho_{U,x} = \rho_{V,x} \circ \rho_{U,V}$. 因此对 $\forall f \in \mathscr{F}(U)$ 和 $\forall y \in V, [f]_y = \rho_{U,y}(f) = \rho_{V,y} \circ \rho_{U,V}(f) = [\rho_{U,V}(f)]_y$, 在上面的 B_1 和 B_2 中的 $[f]_y$ 与 $[g]_y$, 严格地讲应写成 $[\rho_{U,W}(f)]_y$ 和 $[\rho_{V,W}(g)]_y$, 由刚才的叙述中知道它们就是 $[f]_y$ 与 $[g]_y$). 令 $B = (B_1 \times B_2) \cap (\widetilde{\mathscr{F}} \circ \widetilde{\mathscr{F}})$ 为 $\widetilde{\mathscr{F}} \circ \widetilde{\mathscr{F}}$ 中之 $([f]_x, [g]_x)$ 之开邻域, 则

$$m(B) = \{[f]_y - [g]_y | y \in W\},$$

由 (1.7) 与等价类的定义, 对 $\forall y \in W$

$$\begin{aligned}[h]_y &= \rho_{W,y} \circ \rho_{U,W}(h) = \rho_{W,y} \circ \rho_{V_1,W}(f) - \rho_{W,y} \circ \rho_{V_2,W}(g) \\ &= [f]_y - [g]_y,\end{aligned}$$

所以 $m(B) \subset A$, 这就证明了 (3). □

注 有些书上将满足定理 1. 4 的 (1)、(2) 和 (3) 的 $(\widetilde{\mathscr{F}}, \pi, X)$ 称之为层, 而将本附录定义 1.1 定义的层称之为完备预层 (complete presheaf).

定义 1.5 设 $(\widetilde{\mathscr{F}}, \pi, X)$ 是一个层的相伴空间, 对 $\forall U \in \mathscr{U}_X$, 一个从 U 到 $\widetilde{\mathscr{F}}$ 内的连续映照 $\widetilde{f}$, 称之为是 U 上的截影, 如果其适合

$$\pi \circ \widetilde{f} = id_U.$$

(id_U 是表示 U 上的恒等映射, 下标 U 是表示恒等映照 id 所在的空间, 以后在不致引起混淆时, 一般就用 id 而不再表明恒等映照所在的空间.)

设 $\widetilde{f}$ 是 U 上的一个截影, $\forall x \in U$ 在 $\widetilde{f}$ 之下像用 $\widetilde{f}(x)$ 来表示, 由于 $\pi \circ \widetilde{f} = id$, 因此对 $\forall x \in U, \widetilde{f}(x) \in \pi^{-1}(x) = \mathscr{F}_x$, 对 X 之任一开集 U, 用符号 $\Gamma(U, \widetilde{\mathscr{F}})$ 表示 U 上的截形全体所成之集, 在不致于引起混淆时, 有时

亦用 $\Gamma(U)$ 来代替 $\Gamma(U,\widetilde{\mathscr{F}})$. 对 $\forall\widetilde{f},\widetilde{g}\in\Gamma(U,\widetilde{\mathscr{F}})$, 则可定义一个新的截影 $\widetilde{f}+\widetilde{g},(\widetilde{f}+\widetilde{g})(x)=\widetilde{f}(x)+\widetilde{g}(x)$, 由于定理 1.4 的 (3) 知道群的运算对 $\widetilde{\mathscr{F}}$ 的拓扑是连续的, 所以 $\widetilde{f}+\widetilde{g}$ 亦是在 U 上连续的, 至于 $\pi\circ(\widetilde{f}+\widetilde{g})=id$ 则是显然的. 茎 $\mathscr{F}_x$ 之零元素用 O_x 表示, 在引理 1.2 的证明中已指出对 X 之任一开集 $U,\mathscr{F}\ (U)$ 的零元素 $\widetilde{O}(U)$, 它在 $\forall y\in U$ 之等价类 $[\widetilde{O}(U)]_y=O_y$, 因此截影 $\widetilde{O}_U:U\to\widetilde{\mathscr{F}},\widetilde{O}_U(x)=O_x$ 就是 U 上的一个零截影; 对 $\forall\widetilde{f}\in\Gamma(U,\widetilde{\mathscr{F}})$, 有 $\widetilde{f}+\widetilde{O}_U=\widetilde{f}$. 同样对 $\forall\widetilde{f}\in\Gamma(U,\widetilde{\mathscr{F}})$, 定义截影 $-\widetilde{f}$ 为 $(-\widetilde{f})(x)=-\widetilde{f}(x)$, 则自然有 $\widetilde{f}+(-\widetilde{f})=\widetilde{O}_U$, 对 $\forall\widetilde{f},\widetilde{g},\widetilde{h}\in\Gamma(U,\widetilde{\mathscr{F}})$, 成立有等式 $(\widetilde{f}+\widetilde{g})+\widetilde{h}=\widetilde{f}+(\widetilde{g}+\widetilde{h})$ 与 $\widetilde{f}+\widetilde{g}=\widetilde{g}+\widetilde{f}$ 都是显然的, 因此 $\Gamma(U,\widetilde{\mathscr{F}})$ 对于截影的加法成为一个 Abel 群.

在定理 1.4 的 (1) 中, 我们证明了对 $\forall f\in\mathscr{F}\ (U)$, π 是将 $\widetilde{\mathscr{F}}$ 的开集 $\{[f]_y|y\in U\}$ 拓扑同胚地映为 U, 今用 $\widetilde{f}$ 表示此时 π 的逆映射

$$\begin{aligned}\widetilde{f}:U&\to\{[f]_y|y\in U\},\\ y&\mapsto[f]_y.\end{aligned}$$

这个 $\widetilde{f}$ 无疑是连续的, 而且 $\pi\circ\widetilde{f}=id$. 因此这个 $\widetilde{f}\in\Gamma(U,\widetilde{\mathscr{F}})$, 亦就是讲对每个 $f\in\mathscr{F}\ (U)$, 对应了一个 $\widetilde{f}\in\Gamma(U,\widetilde{\mathscr{F}})$.

定理 1.6 设 $(\widetilde{\mathscr{F}},\pi,X)$ 是层 $(\mathscr{F}\ (U),\rho_{U,V})_{U\in\mathscr{U}_X}$ 的相伴空间, 则有

(1) 映照 $\widetilde{O}_X\to\widetilde{\mathscr{F}}$,

$$x\mapsto O_x\ (\mathscr{F}_x\text{ 的零元素}),$$

是 X 上的一个截影, 即 $\widetilde{O}_X\in\Gamma(X;\widetilde{\mathscr{F}})$.

(2) 设 U 为 X 的任一开集, $\forall\widetilde{f}\in\Gamma(U,\widetilde{\mathscr{F}})$ 之像集 $\mathrm{Im}\,(\widetilde{f})=\{\widetilde{f}(x)|x\in U\}$ 是 $\widetilde{\mathscr{F}}$ 中之一个开集.

(3) 设 U 为 X 的任一开集, 对 $\forall\widetilde{f},\widetilde{g}\in\Gamma(U,\widetilde{\mathscr{F}})$, 点集 $E=\{x\in U|\widetilde{f}(x)=\widetilde{g}(x)\}$ 是 X 的开集.

证 (1) 由直接极限的定义知道, 对 $\forall x\in X,\forall U\in\mathscr{U}_x$, 今用 O_U 表示 $\mathscr{F}(U)$ 的零元素, 则有 $O_x=[O_U]_x$. 今 O_X 是 $\mathscr{F}(X)$ 之零元素, 因此 $O_x=[O_x]_x$, 故 $\widetilde{O}_X$ 就是 O_X 对应的截影.

(2) 设 $\widetilde{f}\in\Gamma(U,\widetilde{\mathscr{F}}),\mathrm{Im}\,\widetilde{f}=\{\widetilde{f}(y)|y\in U\}$, 今对 $\forall x\in U$, 取 $\widetilde{f}(x)$ 的一个形如 $\{[g]_y|g\in\mathscr{F}(V),[g]_x=\widetilde{f}(x),V\subset U\}$ 的 $\widetilde{f}(x)$ 在 $\widetilde{\mathscr{F}}$ 中的开邻域, 由 $\widetilde{f}$ 的连续性 $\exists$ 一个 $W\in\mathscr{U}_x$, 使

$$\widetilde{f}(W)\subset\{[g]_y|g\in\mathscr{F}(V),[g]_x=\widetilde{f}(x),V\subset U\}.$$

因此对 $\forall y \in W$, 有 $\widetilde{f}(y) = [g]_y$, 因此 $\widetilde{f}(x)$ 的开邻域

$$\{[g]_y | y \in W\} \subset \mathrm{Im}\,(f),$$

所以 $\mathrm{Im}\,(\widetilde{f})$ 是一个开集.

(3) 对 $\forall \widetilde{f}, \widetilde{g} \in \Gamma(U, \widetilde{\mathscr{F}})$, 由 (2) 知 $\mathrm{Im}\,(\widetilde{f} - \widetilde{g})$ 是 $\widetilde{\mathscr{F}}$ 中之开集, 由 (1) 知 X 上的零截影 $\widetilde{O}_X(X)$ 亦是 $\widetilde{\mathscr{F}}$ 中之开集, 由 π 是开映照, $E = \{y \in U | f(y) = g(y)\} = \pi(O_X(X) \cap \mathrm{Im}\,(f - g))$, 故是开集. □

系 $\forall \widetilde{f}, \widetilde{g} \in \Gamma(U, \widetilde{\mathscr{F}})$, 如果对某个 $x \in U$, $\widetilde{f}(x) = \widetilde{g}(x)$, 则截影 $\widetilde{f}, \widetilde{g}$ 必在 x 的一个开邻域中相等.

证 定理 1.6 的 (3) 的 E 就是截影 $\widetilde{f}, \widetilde{g}$ 等值的点, 已知其是开集, 又有 $x \in E$, 故 E 是一个非空开集, 因此是 x 的一个开邻域. □

定义 1.7 设 X 是一个拓扑空间, $\mathscr{U}_X$ 表示 X 之所有开集之族, 设 $(\mathscr{F}(U), \rho_{U,V})$ 和 $(\mathscr{G}(U), \rho'_{U,V})$ 是 X 上的两个层, 今对每个 $U \in \mathscr{U}_X$, 有一个群同态 $\varphi_U : \mathscr{F}(U) \to \mathscr{G}(U)$, 而且群同态族 $\{\varphi_U\}_{U \in \mathscr{U}_X}$ 对 $\forall U, V \in \mathscr{U}_X$ 且 $V \subset U$ 有下面的交换图成立

$$\begin{array}{ccc} \mathscr{F}(U) & \xrightarrow{\rho_{U,V}} & \mathscr{F}(V) \\ \varphi_U \Big\downarrow & & \Big\downarrow \varphi_V; \\ \mathscr{G}(U) & \xrightarrow{\rho_{U,V}} & \mathscr{G}(V) \end{array} \qquad \rho'_{U,V} \circ \varphi_U = \varphi_V \circ \rho_{U,V}, \tag{1.8}$$

这样的 $\{\varphi_U\}_{U \in \mathscr{U}_X}$ 就称之为层 $(\mathscr{F}(U), \rho_{U,V})_{U \in \mathscr{U}_X}$ 到层 $(\mathscr{G}(U), \rho'_{U,V})_{U \in \mathscr{U}_X}$ 内的层同态.

我们一般用 $\{\varphi_U\} : (\mathscr{F}(U), \rho_{U,V}) \to (\mathscr{G}(U), \rho'_{U,V})$ 表示之.

定义 1.8 设 $(\mathscr{F}(U), \rho_{U,V})_{U \in \mathscr{U}_X}$ 和 $(\mathscr{G}(U), \rho'_{U,V})_{U \in \mathscr{U}_X}$ 是拓扑空间 X 上两个层, 今有层同态

$$\{\varphi_U\} : (\mathscr{F}(U), \rho_{U,V}) \to (\mathscr{G}(U), \rho'_{U,V})$$

和层同态

$$\{\psi_U\} : (\mathscr{G}(U), \rho'_{U,V}) \to (\mathscr{G}(U), \rho_{U,V}),$$

而且有 $\varphi_U \circ \psi_U = id$ 和 $\psi_U \circ \varphi_U = id$, 则称 $\{\varphi_U\}_{U \in \mathscr{U}_X}$ 是层 $(\mathscr{F}(U), \rho_{U,V})_{U \in \mathscr{U}_X}$ 到层 $(\mathscr{G}(U), \rho'_{U,V})_{U \in \mathscr{U}_X}$ 上的层同构. 也说 $(\mathscr{F}(U), \rho_{U,V})_{U \in \mathscr{U}_X}$ 与 $(\mathscr{G}(U), \rho'_{U,V})_{U \in \mathscr{U}_X}$ 是同构的.

定义 1.9 设 $(\widetilde{\mathscr{F}}, \pi, X)$ 和 $(\widetilde{\mathscr{G}}, \pi', X)$ 分别是拓扑空间 X 上的两个层的相伴空间, $m : \widetilde{\mathscr{F}} \to \widetilde{\mathscr{G}}$ 是一个连续映照, 且适合

(1) m 是保茎 (preserves stalks) 的, 即对 $\forall f \in \pi^{-1}(x) = \mathscr{F}_x$, 则 $m(f) \in \pi'^{-1}(x) = \mathscr{G}_x$, 对所有的 $x \in X$ 都成立.

(2) m 限制在茎上是群同态, 即

$$m_x = m|\mathscr{F}_x : \mathscr{F}_x \to \mathscr{G}_x$$

是一个群同态.

这样的 m 称为层相伴空间 $\widetilde{\mathscr{F}}$ 到层相伴空间 $\widetilde{\mathscr{G}}$ 内的同态.

定义 1.10 如果 $(\widetilde{\mathscr{F}}, x, X)$ 和 $(\widetilde{\mathscr{G}}, \pi', X)$ 之假定同定义 1.9, $m : \widetilde{\mathscr{F}} \to \widetilde{\mathscr{G}}$ 和 $m' : \widetilde{\mathscr{G}} \to \widetilde{\mathscr{F}}$ 是两个层相伴空间之间的同态, 且有 $m \circ m' = id$ 和 $m' \circ m = id$, 则称 $m : \widetilde{\mathscr{F}} \to \widetilde{\mathscr{G}}$ 是一个层相伴空间的同构. 也说 $(\widetilde{\mathscr{F}}, \pi, X)$ 和 $(\widetilde{\mathscr{G}}, \pi', X)$ 是同构的.

对于层 $(\mathscr{F}(U), \rho_{U,V})_{U \in \mathscr{U}_X}$ 的相伴空间 $(\widetilde{\mathscr{F}}, \pi, X)$ 上的截影的集 $\Gamma(U, \widetilde{\mathscr{F}})$; 对每个 X 的开集 $U, \Gamma(U, \widetilde{\mathscr{F}})$ 是一个 Abel 群. 如果 $V \subset U$, 则定义一个限制群同态

$$\begin{aligned} \rho'_{U,V} : \Gamma(U, \widetilde{\mathscr{F}}) &\to \Gamma(V, \widetilde{\mathscr{F}}); \\ \widetilde{f} &\mapsto \widetilde{f}|V, \end{aligned}$$

(这里 $\widetilde{f} \in \Gamma(U, \widetilde{\mathscr{F}})$ 是任一截影, $\widetilde{f}|V = \rho'_{U,V}(\widetilde{f})$ 即表示 $\widetilde{f}$ 限制在 V 上所成的 V 上的截影), 由定义自然有等式

$$\rho'_{U,W} = \rho'_{V,W} \circ \rho'_{U,V}; \text{ 当 } U, V, W \in \mathscr{U}_X \text{ 与 } U \supset V \supset W. \tag{1.9}$$

所以 $(\Gamma(U, \widetilde{\mathscr{F}}), \rho'_{U,V})_{U \in \mathscr{U}_X}$ 亦是拓扑空间 X 上的一个 Abel 群层, 称之为 $(\widetilde{\mathscr{F}}, \pi, X)$ 的截影层.

定理 1.11 $(\mathscr{F}(U), \rho_{U,V})_{U \in \mathscr{U}_X}$ 是拓扑空间 X 上的层, 它与它的相伴空间的截影层 $(\Gamma(U), \rho'_{U,V})_{U \in \mathscr{U}_X}$ 是同构的.

证 对拓扑空间 X 的任一开集 $U, \forall f \in \mathscr{F}(U)$, 可以对应于一个 U 上的截影 $\widetilde{f} \in \Gamma(U)$, 其中 $\widetilde{f}(x) = [f]_x$, 对 $x \in U$. 今作群同态

$$\begin{aligned} \varphi_U : \mathscr{F}(U) &\to \Gamma(U); \\ f &\mapsto \widetilde{f}, \end{aligned}$$

对所有 X 的开集, 都这样的定义群同态 $\{\varphi_U\}_{U \in \mathscr{U}_X}$, 易于验证 $\{\varphi_U\}_{U \in \mathscr{U}_X}$ 是 $(\mathscr{F}(U), \rho_{U,V})_{U \in \mathscr{U}_X}$ 到 $(\Gamma(U), \rho'_{U,V})_{U \in \mathscr{U}_X}$ 的层同态.

反之, 设 $\widetilde{f} \in \Gamma(U)$ 是任一开集 U 的截影, 由定理 1.6 之 (2), $\mathrm{Im}(\widetilde{f}) = \{\widetilde{f}(x) | x \in U\}$ 是 $\widetilde{\mathscr{F}}$ 的一个开集, 对 $\forall y \in U$, 取 $\widetilde{f}(y)$ 的一个在 $\widetilde{\mathscr{F}}$ 的拓扑基中

的开邻域 $\{[f^y]_z|z\in U_y\}$, 这里 U_y 是 y 的一个开邻域而且可假定 $U_y\subset U$ (否则可用 $\rho_{U,U\cap U_y}(f^y)$ 代替 f^y); $f^y\in\mathscr{F}(U_y)$. 开集 $\mathrm{Im}\,(\widetilde{f})$ 与 $\{[f^y]_z|z\in U_y\}$ 之交还是一个非空开集, 这个开集正好是 $\{[f^y]_z=\widetilde{f}(z)|_z\in U_y\}$, 它在 π 之下的像仍是 y 的一个开邻域, 今无妨仍将它记为 U_y, 现在对 $y\in U$, 有一个开邻域 U_y, 与一个 $f^y\in\mathscr{F}(U_y)$, 使在 U_y 上, 对 $\forall z\in U_y$, 有 $[f^y]_z=\widetilde{f}(z)$.

今对 $\forall x,y\in U$, 如果 $U_y\cap U_x\neq\varnothing$, 则对 $\forall z\in U_y\cap U_x, [f^y]_z=[f^x]_z=\widetilde{f}(z)$. 因此由层的定义 1.1 之 (s_2),

$$\rho_{U_x,U_x\cap U_y}(f^x)=\rho_{U_y,U_x\cap U_y}(f^y),$$

现在再由定义 (1.1) 之 (s_3), 故存在 $f\in\mathscr{F}(U)$, 使 $\rho_{U,U_y}(f)=f^y$. 这样的 $f\in\mathscr{F}(U)$, 正好是适合 $[f]_y=\widetilde{f}(y)$; 对 $\forall y\in U$.

如果我们按这个方法定义一个从 $\Gamma(U)$ 到 $\mathscr{F}(U)$ 的对应 ψ_U, 同样易证 ψ_U 是 $\Gamma(U)$ 到 $\mathscr{F}(U)$ 的一个群同态. 而且对前面所定义的 φ_U, 自然有等式 (1.9) $\varphi_U\circ\psi_U=id$ 和 $\psi_U\circ\varphi_U=id$, 对 $\forall U\in\mathscr{U}_X$, 同样 $\{\psi_U\}_{U\in\mathscr{U}_X}$ 是 $(\Gamma(U),\rho'_{U,V})_{U\in\mathscr{U}_X}$ 到 $(\mathscr{F}(U),\rho_{U,V}\}_{U\in\mathscr{U}_X}$ 的层同态. 因此定理得证. □

定理 1.12 设 $(\mathscr{F}(U),\rho_{U,V})_{U\in\mathscr{U}_X}$ 和 $(\mathscr{G}(U),\rho'_{U,V})_{U\in\mathscr{U}_X}$ 是拓扑空间 X 上的两个层, $(\widetilde{\mathscr{F}},\pi,X)$ 和 $(\widetilde{\mathscr{G}},\pi',X)$ 分别是它们的相伴空间. 如果 $(\mathscr{F}(U),\rho_{U,V})_{U\in\mathscr{U}_X}$ 和 $(\mathscr{G}(U),\rho'_{U,V})_{U\in\mathscr{U}_X}$ 是层同构的, 则相伴空间 $(\widetilde{\mathscr{F}},\pi,X)$ 和 $(\widetilde{\mathscr{G}},\pi',X)$ 是同构的.

证 设 $\{\varphi_U\}:(\mathscr{F}(U),\rho_{U,V})\to(\mathscr{G}(U),\rho'_{U,V})$ 是层同态. 它可以诱导一个相伴空间 $(\widetilde{\mathscr{F}},\pi,X)$ 到相伴空间 $(\widetilde{\mathscr{G}},\pi',X)$ 的同态 φ 如下:

对 $\forall x\in X,\forall[f]_x\in\mathscr{F}_x=\pi^{-1}(x)$, 这里 $f\in\mathscr{F}(U);U\in\mathscr{U}_x$. 定义

$$\varphi:\widetilde{\mathscr{F}}\to\widetilde{\mathscr{G}}$$
$$[f]_x\mapsto[\varphi_U(f)]_x,\tag{1.10}$$

这个定义是有意义的, 如果有另一个 $f_1\in\mathscr{F}\ (V);V\in\mathscr{U}_x$, 而且 $[f_1]_x=[f]_x$, 则由相伴空间的定义, $\exists$ 一个开集 $W\in\mathscr{U}_x;W\subset\ U\cap V$, 使

$$\rho_{U,W}(f)=\rho_{V,W}(f_1),\tag{1.11}$$
$$\begin{aligned}[\varphi_U(f)]_x&=\rho'_{U,x}(\varphi_U(f))\\&=\rho'_{W,x}\circ\rho'_{U,W}\circ\varphi_U(f)\\&=\rho'_{W,x}\circ\varphi_W\circ\rho_{U,W}(f)\\&=\rho'_{W,x}\circ\varphi_W\circ\rho_{V,W}(f_1)\\&=\rho'_{W,x}\rho'_{V,W}\circ\varphi_V(f_1)\\&=[\varphi_V(f_1)]_x.\end{aligned}$$

上等式是用 (1.8) 和 (1.10) 得到的, 它证明上面的定义 φ 是有意义的. 这个 φ 是保茎是显然的, 对 $\forall[f]_x,[g]_x\in\mathscr{F}_x$, 不失一般性我们可以假定 $f,g\in\mathscr{F}(U),U\in\mathscr{U}_x$, 则

$$\begin{aligned}\varphi([f]_x+[g]_x)&=\varphi([f+g]_x)\\&=[\varphi_U(f+g)]_x\\&=[\varphi_U(f)+\varphi_U(g)]_x\\&=[\varphi_U(f)_x]+[\varphi_U(g)]_x\\&=\varphi([f]_x)+\varphi([g]_x),\end{aligned}$$

所以 φ 限制在每个茎 $\mathscr{F}_x=\pi^{-1}(x)$ 上是群同态.

由 φ 的定义, 对 $\widetilde{\mathscr{F}}$ 的每个开集基 $\{[f]_y|y\in U;f\in\mathscr{F}(U)\}$ 在 φ 之下的像为 $\{[\varphi_U(f)]_y|y\in U;\varphi_U(f)\in\mathscr{G}(U)\}$ 是 $\widetilde{\mathscr{G}}$ 中的开集, 因此 φ 是一个开映照, 故自然是连续的, 因此 φ 是 $(\widetilde{\mathscr{F}},\pi,X)$ 到 $(\widetilde{\mathscr{G}},\pi',X)$ 的一个同态.

设拓扑空间 X 上另一个层 $(S(U),\rho''_{U,V})_{U\in\mathscr{U}_X}$, 且有一个层同态 $\{\theta_U\}:(\mathscr{G}(U),\rho'_{U,V})\to(S(U),\rho''_{U,V})$. 显然 $\{\theta_U\circ\ \varphi_U\}:(\mathscr{F}(U),\rho_{U,V})\to(S(U),\rho''_{U,V})$ 是一个层同态. 由 $\{\theta U\}:(\mathscr{G}(U),\rho'_{U,V})\to(S(U),\rho''_{U,V})$ 所决定的相伴空间的同态为 $\theta:(\widetilde{\mathscr{G}},\pi',X)\to(\widetilde{S},\pi'',X)$, 则 $\theta\circ\varphi:(\widetilde{\mathscr{F}},\pi,X)\to(\widetilde{S},\pi'',X)$ 是相伴空间的同态, 而且它就是层同态 $\{\theta_U\circ\varphi_U\}:(\mathscr{F}(U),\rho_{U,V})\to(S(U),\rho''_{U,V})$ 所决定的对应的相伴空间的同态, 因为对 $\forall[f]_x\in\mathscr{F}_x,f\in\mathscr{F}(U);U\in\mathscr{U}_x$, 按定义有

$$\theta\circ\varphi([f]_x)=\theta[\varphi_U(f)]_x=[\theta_U\circ\varphi_U(f)]_x.$$

现在 $\{\varphi_U\}:(\mathscr{F}(U),\rho_{U,V})\to(\mathscr{G}(U),\rho'_{U,V})$ 是一个层同构, 即存在一个层同态 $\{\psi_U\}:(\mathscr{G}(U),\rho'_{U,V})\to(\mathscr{F}(U),\rho_{U,V})$ 使 (1.11) $\psi_U\circ\varphi_U=id$ 和 $\varphi_U\circ\psi_U=id$, 对 $\forall U\in\mathscr{U}_X$. 自然 $\{id_U\}:(\mathscr{F}\ (U),\rho_{U,V})\to(\mathscr{F}\ (U),\rho_{U,V})$ 所决定的相伴空间同态是一个恒等映照

$$id:(\widetilde{\mathscr{F}},\pi,X)\to(\widetilde{\mathscr{F}},\pi,X),$$

今用 $\psi:(\widetilde{\mathscr{G}},\pi',X)\to(\widetilde{\mathscr{F}},\pi,X)$ 表示层同态 $\{\psi_U\}:(\mathscr{G}\ (U),\rho'_{U,V})\to(\mathscr{F}(U),\rho_{U,V})$ 所决定的对应相伴空间的同态, 则由此有

$$\psi\circ\varphi=id\ 和\ \varphi\circ\psi=id,$$

因此 $\varphi:(\widetilde{\mathscr{F}},\pi,X)\to(\widetilde{\mathscr{G}},\pi',X)$ 是相伴空间的同构. □

定理 1.13 设 $(\widetilde{\mathscr{F}},\pi,X)$ 和 $(\widetilde{\mathscr{F}},\pi',X)$ 分别是拓扑空间 X 上的两个层所对应的相伴空间, 如果 $(\widetilde{\mathscr{F}},\pi,X)$ 和 $(\widetilde{\mathscr{G}},\pi',X)$ 是相伴空间同构, 则它们对应的截影层 $(\Gamma(U,\widetilde{\mathscr{F}}),\rho_{U,V})_{U\in\mathscr{U}_X}$ 和$(\Gamma(U,\widetilde{\mathscr{G}}),\rho'_{U,V})_{U\in\mathscr{U}_X}$ 是层同构的.

证 由相伴空间 $(\widetilde{\mathscr{F}},\pi,X)$ 和 $(\widetilde{\mathscr{G}},\pi',X)$ 是同构的, 故有相伴空间的同态

$$\varphi:(\widetilde{\mathscr{F}},\pi,X)\to(\widetilde{\mathscr{G}},\pi',X);$$

和

$$\psi:(\widetilde{\mathscr{G}},\pi',X)\to(\widetilde{\mathscr{F}},x',X),$$

而且

$$\begin{cases}\varphi\circ\psi=id;\\ \psi\circ\varphi=id.\end{cases}\tag{1.12}$$

设 $(\Gamma(U,\widetilde{\mathscr{F}}),\rho_{U,V})_{U\in\mathscr{U}_X}$ 和 $(\Gamma,(U,\widetilde{\mathscr{G}}),\rho'_{U,V})_{U\in\mathscr{U}_X}$ 分别表示它们的截影层. 对 $\forall U\in\mathscr{U}_X$, 可以由 $\varphi:(\widetilde{\mathscr{F}},\pi,X)\to(\widetilde{\mathscr{G}},\pi',X)$ 诱导一个群同态

$$\begin{aligned}\varphi_U:\Gamma(U,\widetilde{\mathscr{F}})&\to\Gamma(U,\widetilde{\mathscr{G}});\\ \widetilde{f}&\mapsto\varphi_U(\widetilde{f}),\end{aligned}\tag{1.13}$$

这里 $\varphi_U(\widetilde{f})(x)=\varphi(\widetilde{f}(x))=(\varphi\circ\widetilde{f})(x)$; 对 $\forall x\in U$. 现在先来说明如此定义的 $\varphi_U(\widetilde{f})\in\Gamma(U,\widetilde{\mathscr{G}})$, 因为 $\widetilde{f}$ 和 φ 都是连续的, 故 $\varphi\circ f:U\to\widetilde{\mathscr{G}}$ 是连续的. 另外 φ 是保茎的, 所以对 $\forall x\in U;\pi(\varphi_U(\widetilde{f})(x))=\pi(\varphi\circ\widetilde{f}(x))=\pi(\widetilde{f}(x))=x$, 所以 $\varphi_U(\widetilde{f})\in\Gamma(U,\widetilde{\mathscr{G}})$.

对 $\forall\widetilde{f},\widetilde{g}\in\Gamma(U,\widetilde{\mathscr{F}}),\forall\in U$

$$\begin{aligned}\varphi_U(\widetilde{f}+\widetilde{g})(x)&=\varphi\circ((\widetilde{f}+\widetilde{g})(x))\\ &=\varphi\circ(\widetilde{f}(x)+\widetilde{g}(x))\\ &=\varphi\circ\widetilde{f}(x)+\varphi\circ\widetilde{g}(x)\\ &=\varphi_U(\widetilde{f})(x)+\varphi_U(\widetilde{g})(x),\end{aligned}$$

因此截影 $\varphi_U(\widetilde{f}+\widetilde{g})=\varphi_U(\widetilde{f})+\varphi_U(\widetilde{g})$. 这样就证明了 φ_U 是 $\Gamma(U,\widetilde{\mathscr{F}})$ 到 $\Gamma(U,\widetilde{\mathscr{G}})$ 内的群同态.

设 $U,V\in\mathscr{U}_X$, 且 $U\supset V$, 今证明下面的交换图:

$$\begin{array}{ccc}\Gamma(U,\widetilde{\mathscr{F}}) & \xrightarrow{\rho_{U,V}} & \Gamma(V,\widetilde{\mathscr{F}})\\ \varphi_U\Big\downarrow & & \Big\downarrow\varphi_V\\ \Gamma(U,\widetilde{\mathscr{G}}), & \xrightarrow{\rho_{U,V}} & \Gamma(V,\widetilde{\mathscr{G}}),\end{array}$$

这里 $\rho_{U,V}$ 和 $\rho'_{U,V}$ 是截影的限制同态, 对 $\forall\widetilde{f}\in\Gamma(U,\widetilde{\mathscr{F}}),\varphi_V(\rho_{U,V}(\widetilde{f})),\rho'_{U,V}(\varphi_U(\widetilde{f}))\in\Gamma(V,\widetilde{\mathscr{G}})$, 对 $\forall x\in V$

$$(\varphi_V(\rho_{U,V}(f)))(x)=\varphi\circ(\rho_{U,V}(\widetilde{f})(x))=\varphi\circ\widetilde{f}(x),$$

而

$$(\rho'_{U,V}(\varphi_U(\widetilde{f})))(x) = (\varphi_U(\widetilde{f}))(x) = \varphi \circ \widetilde{f}(x),$$

此即表示 $\varphi_V \circ \rho_{U,V} = \rho'_{U,V} \circ \varphi_U$. 因此, 同态族 $\{\varphi_U\}_{U\in\mathscr{U}_X}$ 是层 $(\Gamma(U,\widetilde{\mathscr{F}}), \rho_{U,V})_{U\in\mathscr{U}_X}$ 到层 $(\Gamma(U,\widetilde{\mathscr{G}}), \rho'_{U,V})_{U\in\mathscr{U}_X}$ 的层同态.

若另有一个拓扑空间 X 上的层的相伴空间 $(\widetilde{S}, \pi'', X)$ 与 $\theta : (\widetilde{\mathscr{G}}, \pi', X) \to (\widetilde{S}, \pi'', X)$ 是相伴空间的同态, 则对 $\forall U \in \mathscr{U}_X$

$$\theta_U \circ \varphi_U : \Gamma(U; \widetilde{\mathscr{F}}) \to \Gamma(U; \widetilde{S})$$

是群同态, 而且它就是由相伴空间的同态

$$\theta \circ \varphi : (\widetilde{\mathscr{F}}, \pi, X) \to (\widetilde{S}, \pi'', X)$$

所诱导的从 $\Gamma(U; \widetilde{\mathscr{F}})$ 到 $\Gamma(U; \widetilde{S})$ 的群同态 $(\theta \circ \varphi)_U$. $\theta_U \circ \varphi_U$ 是群同态是显然的, 对 $\forall \widetilde{f} \in \Gamma(U, \widetilde{\mathscr{F}})$ 与 $\forall x \in U$,

$$\begin{aligned}((\theta \circ \varphi)_U(\widetilde{f}))(x) &= \theta \circ \varphi \circ \widetilde{f}(x)\\ &= \theta \circ (\varphi_U(\widetilde{f}))(x)\\ &= (\theta_U \circ \varphi_U(\widetilde{f}))(x).\end{aligned}$$

因此, 如果 $\varphi : (\widetilde{\mathscr{F}}, \pi, X) \to (\widetilde{\mathscr{G}}, \pi', X)$ 是相伴空间的同构, 此即表示 $\exists$ 层同态

$$\psi : (\widetilde{\mathscr{G}}, \pi', X) \to (\widetilde{\mathscr{F}}, \pi, X),$$

而且

$$\varphi \circ \psi = id \text{ 和 } \psi \circ \varphi = id.$$

显然的相伴空间的恒等映照

$$id : (\widetilde{\mathscr{F}}, \pi, X) \to (\widetilde{\mathscr{F}}, \pi, X),$$

所诱导的截影层之间的层同态亦是恒等映照. 现在 $\varphi : (\widetilde{\mathscr{F}}, \pi, X) \to (\widetilde{\mathscr{G}}, \pi', X)$ 所诱导的截影层的层同态 $\{\varphi_U\} : (\Gamma(U, \widetilde{\mathscr{F}}), \rho'_{U,V}) \to (\Gamma(U, \widetilde{\mathscr{G}}), \rho_{U,V})$, 和 $\psi : (\widetilde{\mathscr{G}}, \pi, X) \to (\widetilde{\mathscr{F}}, \pi, X)$ 所诱导的截影层的层同态

$$\{\psi_U\} : (\Gamma(U, \widetilde{\mathscr{G}}), \rho'_{U,V}) \to (\Gamma(U, \widetilde{\mathscr{F}}), \rho_{U,V})$$

有等式 $\psi_U \circ \varphi_U = id$ 和 $\varphi_U \circ \psi_U = id$; 对 $\forall U \in \mathscr{U}_X$, 所以 $\{\varphi_U\} : (\Gamma(U, \widetilde{\mathscr{F}}), \rho_{U,V}) \to (\Gamma(U, \widetilde{\mathscr{G}}), \rho'_{U,V})$ 是层同构. □

定理 1.11、定理 1.12 和定理 1.13 说明了一个事实; 即对一个拓扑空间 X, 它上面二个同构的层的相伴空间是同构的 (定理 1.12), 反之, 如果拓扑空间 X 上的二个层的相伴空间是同构的, 则这二个层亦是同构的 (因为由定理 1.13 知这二个相伴空间的截影层是同构的, 而由定理 1.1 1 知每个截影层都同构于原来决定相伴空间的层, 无疑层同构是一个等价关系, 所以这二个层亦同构). 因此我们可以将层和相伴空间看作是一样的, 由我们所讨论的问题不同而作不同的选取. 同样为了叙述简便, 我们今后亦将相伴空间的同态、相伴空间的同构称之为层同态、层同构.

§2 子层与商层

定义 2.1 设 X 是一个拓扑空间, $\mathscr{U}_X$ 表示 X 所有开集所成之族, $(\mathscr{F}(U), \rho_{U,V}\}_{U\in\mathscr{U}_X}$ 是 X 上的一个层, X 上另一个层 $(S(U), \rho'_{U,V})_{U\in\mathscr{U}_X}$ 称之为是层 $(\mathscr{F}(U), \rho_{U,V})_{U\in\mathscr{U}_X}$ 的子层, 如果它们适合下列条件

(1) $S(U)$ 是 $\mathscr{F}(U)$ 的子群, 对 $\forall U \in \mathscr{U}_X$;

(2) $\rho'_{U,V} = \rho_{U,V}|S(U)$, 对 $\forall U, V \in \mathscr{U}_X$ 且 $U \supset V$.

因此一般用 $(S(U), \rho_{U,V})_{U\in\mathscr{U}_X}$ 来表示 $(\mathscr{F}(U), \rho_{U,V})_{U\in\mathscr{U}_X}$ 的子层. 用 $(\widetilde{S}, \pi', X)$ 表示子层 $(S(U), \rho_{U,V})_{U\in\mathscr{U}_X}$ 的相伴空间, 则有

定理 2.2 *拓扑空间 $\widetilde{S}$ 是 $\widetilde{\mathscr{F}}$ 的开子空间, 对 $\forall x \in X, (\widetilde{S}, \pi', X)$ 在 X 的茎 $S_x = \pi'^{-1}(x)$ 是 $\mathscr{F}_x$ 的子群, 而且 $\pi' = \pi|S_x$.*

证 拓扑空间 $\widetilde{S}$ 的开集基, 都是形如 $\{[f]_y|y \in U, f \in S(U)\}$ 之集, 而这样的集都是 $\widetilde{\mathscr{F}}$ 的开集, 所以 $\widetilde{S}$ 是 $\widetilde{\mathscr{F}}$ 的开子空间.

对 $\forall x \in X$, 按定义 $(\widetilde{S}, \pi', X)$ 在 x 的茎

$$S_x = \pi'^{-1}(x) = \varinjlim_{U\in\mathscr{U}_X} S(U),$$

S_x 是一个 Abel 群, 而且 $S_x \subset \mathscr{F}_x$ 是显然的, 这里 S_x 成为一个 Abel 群的 “+” 运算就是 $\mathscr{F}_x$ 的 “+” 运算在 S_x 上的限制, 因此 S_x 是 $\mathscr{F}_x$ 的子群.

由定义 $\pi'(S_x) = x = (\pi|S_x)(S_x)$; 对 $\forall x \in X$. □

定义 2.3 设 $(\widetilde{\mathscr{F}}, \pi, X)$ 是拓扑空间 X 上的一个层的相伴空间, 今 $\widetilde{S}$ 是 $\mathscr{F}$ 的一个子集, 而且适合

(1) $\widetilde{S}$ 是 $\widetilde{\mathscr{F}}$ 的开子集,

(2) 对 $\forall x \in X, \widetilde{S} \cap \mathscr{F}_x$ 是 $\mathscr{F}_x$ 的一个子群.

则 $(\widetilde{S}, \pi, X)$ 就称之为 $(\widetilde{\mathscr{F}}, \pi, X)$ 的子相伴空间.

注 在那些将相伴空间就称之为层的书上, 定义 2.3 中的 $(\widetilde{S}, \pi, X)$ 就是子层的定义. 亦即是讲定义 2.3 中的 $(\widetilde{S}, \pi, X)$ 是满足定理 1.4 中的 (1)、(2) 和 (3). 由定理 1.11、定理 1.12 和定理 1.13, 我们知道在同构的意义下层与相伴空间是一一对应的, 因此定义 2.3 亦可以看作是子层的另一个定义, 我们易于验证定义 1.1 所定义的层 $(\widetilde{\mathscr{F}}(U), \rho_{U,V})_{U \in \mathscr{U}_X}$ 的子层 $(S(U), \rho_{U,V})_{U \in \mathscr{U}_X}$ 的相伴空间 $(\widetilde{S}, \pi', X)$ 就是 $(\widetilde{\mathscr{F}}(U), \rho_{U,V})_{U \in \mathscr{U}_X}$ 的相伴空间 $(\widetilde{\mathscr{F}}, \pi, X)$ 的子相伴空间 (按定义 2.3).

下面我们要来定义一个层对其子层的商层, 按自然的想法, 商层的定义似乎应如下:

设 $(\mathscr{F}(U), \rho_{U,V})_{U \in \mathscr{U}_X}$ 是拓扑空间 X 上的一个层, $(S(U), \rho_{U,V})_{U \in \mathscr{U}_X}$ 是它的子层, 因为对每个 $U \in \mathscr{U}_X, \mathscr{F}(U)/S(U)$ 是一个 Abel 群, 对 $\forall U, V \in \mathscr{U}_X$ 且 $U \supset V$, 有群同态

$$\begin{cases} \rho_{U,V} : \mathscr{F}(U) \to \mathscr{F}(V); \\ \rho_{U,V} : S(U) \to S(V). \end{cases} \tag{2.1}$$

因此由 (2.1) 可以诱导一个群同态

$$\widetilde{\rho}_{U,V} : \mathscr{F}(U)/S(U) \to \mathscr{F}(V)/S(V),$$

而且由等式 $\rho_{V,W} \circ \rho_{U,V} = \rho_{U,W}$; 当 $U \supset V \supset W$ 时, 可诱导出

$$\widetilde{\rho}_{V,W} \circ \widetilde{\rho}_{U,V} = \widetilde{\rho}_{U,W}; \text{ 当 } U \supset V \supset W \text{ 时}, \tag{2.2}$$

因此似乎可以用 $(\mathscr{F}(U)/S(U), \widetilde{\rho}_{U,V})_{U \in \mathscr{U}_X}$ 来定义商层, (2.2) 表示 $(\mathscr{F}(U)/S(U), \widetilde{\rho}_{U,V})_{U \in \mathscr{U}_X}$ 是满足层的定义 1.1 之 (s_1), 但是一般来讲 $(\mathscr{F}(U)/S(U), \widetilde{\rho}_{U,V})_{U \in \mathscr{U}_X}$ 是不满足 (s_2) 和 (s_3) 的. 所以我们定义商层的办法只有借助层的相伴空间. 在正式定义商层之前, 我们先构造一个例子说明上面那种自然的想法行不通.

今设 $X = \{1 < |z| < 2 | z \in \mathbf{C}\}$ 是复平面上的一个圆环, X 的开集 W_1 是由周线 $ABEDCFA$ 所围的区域, 开集 W_2 是由周线 $B'A'F'D'C'E'B$ 所围的区域 (见下图), 这个 W_1 和 W_2 都是单连通的. 现对 X 之任一开集 W, 命 $\mathscr{F}(W) = \{W$ 上全纯函数所成的群$\}$, 对 $U \subset W, U, W$ 为 X 的开集 $\rho_{W,U}$ 就是通常的限制映照, 则易验证 $(\mathscr{F}(W), \rho_{W,U})_{W \in \mathscr{U}_X}$ 是一个层. 现在取 $S(W) = \{2\pi i n | n \in \mathbf{Z}\}$, 则显然 $(S(W), \rho_{W,U})_{W \in \mathscr{U}_X}$ 是 $(\mathscr{F}(W), \rho_{W,U})_{W \in \mathscr{U}_X}$ 的子层. 商群 $\mathscr{F}(W)/S(W)$ 的元素就是 $\{f + 2\pi i n | f \in \mathscr{F}(W), n \in \mathbf{Z}\}$ (称为 f 的傍系), 对 W_1 与 W_2,

$$\lg z \in \mathscr{F}(W_1), \quad \lg z \in \mathscr{F}(W_2),$$

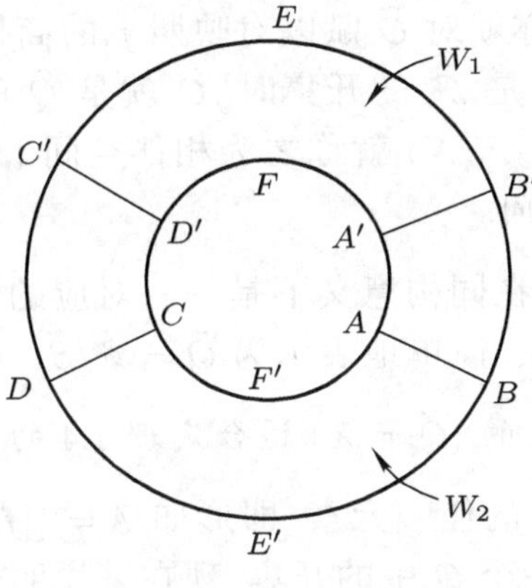

而且 $\{\lg z+2n\pi i|n\in\mathbf{Z}\}\in\mathscr{F}(W_1)/S(W_1)$ 与 $\{\lg z+2n\pi i|n\in\mathbf{Z}\}\in\mathscr{F}(W_2)/S(W_2)$ 而且在 $W_1\cap W_2$ 上, 它们分别在

$$\widetilde{\rho}_{W_1,W_1\cap W_2} \text{ 与 } \widetilde{\rho}_{W_2,W_1\cap W_2}$$

之下的像是相等的. 如果 $(\mathscr{F}(W)/S(W),\widetilde{\rho}_{W,U})_{W\in\mathscr{U}_X}$ 满足定义 1.1 之 (s_3), 则要存在 X 上的全纯函数 f 使 $\{f+2n\pi i|n\in\mathbf{Z}\}$ 其在 W_1 上的限制

$$\{f|W_1+2n\pi i|n\in\mathbf{Z}\}=\{\lg z+2n\pi i|n\in\mathbf{Z},z\in W_1\}$$

与其在 W_2 上的限制

$$\{f|W_2+2n\pi i|n\in\mathbf{Z}\}=\{\lg z+2n\pi i|n\in\mathbf{Z},z\in W_2\};$$

这是不可能的, 因为如果

$$\{f|W_1+2n\pi i|n\in\mathbf{Z}\}=\{\lg z+2n\pi i|n\in\mathbf{Z},z\in W_1\},$$

则由全纯函数的唯一性定理, 在 W_1 上必有, $f(z)=\lg z+2k\pi i$ (某个固定的整数 k), 而 $\lg z+2k\pi i$ 不可能是在 X 上全纯的, 这例子是表明, 这个 $(\mathscr{F}(U)/S(U),\widetilde{\rho}_{U,V})_{U\in\mathscr{U}_X}$ 不适合定义 1.1 的 (s_3).

定义 2.4 设 $(\widetilde{\mathscr{F}},\pi,X)$ 是拓扑空间 X 上一个层的相伴空间, $(\widetilde{S},\pi,X)$ 是它的子相伴空间. 对 $\forall x\in X$, 商群 $Q_x=\mathscr{F}_x/S_x$, 对集合 $\widetilde{Q}=\bigcup_{x\in X}Q_x$ 赋以拓扑是使投影映照 p

$$\begin{cases}p:\widetilde{\mathscr{F}}\to\widetilde{Q}\\ p_x=p|\mathscr{F}_x:\mathscr{F}_z\to Q_x, \quad \text{对 } \forall x\in X\end{cases}\tag{2.3}$$

为连续的最细的拓扑 (亦就对 $\widetilde{Q}$ 赋以对映照 p 的商拓扑, 更精确的讲 $\widetilde{Q}$ 的一个集合 C, 当 $p^{-1}(C)$ 是 $\widetilde{\mathscr{F}}$ 的开集时, C 就是 $\widetilde{Q}$ 的开集. 定义 $\widetilde{x}:\widetilde{Q}\to X;\widetilde{\pi}(Q_x)=x$. 这样的 $(\widetilde{Q},\widetilde{\pi},X)$ 就称之为相伴空间 $(\widetilde{\mathscr{F}},\pi,X)$ 对其子相伴空间 $(\widetilde{S},\pi,X)$ 的商相伴空间.

由于层与相伴空间在同构意义下是一一对应的, 因此亦可以简称它为层 $\widetilde{\mathscr{F}}$ 对其子层 $\widetilde{S}$ 的商层, 简单地表示为 $\widetilde{Q}=\widetilde{\mathscr{F}}/\widetilde{S}$.

命题 2.5 上面定义的 $(\widetilde{Q},\widetilde{\pi},X)$ 适合定理 1.4 的 (1)、(2) 和 (3).

证 对 $\widetilde{\mathscr{F}}$ 的开集基的任一元素, 即形如 $A=\{[f]_y|y\in U;f\in\mathscr{F}(U)\}$ 的开集, 它在 p 下的像是一个 $\widetilde{Q}$ 中的开集, 现在来说明这个事实.

群的自然同态

$$p_x:\mathscr{F}_x\to Q_x;\quad 对\ \forall x\in X$$
$$[f]_x\mapsto p_x([f]_x),$$

现在记 $p_x([f]_x)$ 为 $\widetilde{f}_x$, 集 $p(A)=\{\widetilde{f}_y|y\in U\}$. 由 p 的定义, $p^{-1}(p(A))=\{[f]_y+S_y|y\in U\}$, 这个集 $p^{-1}(p(A))$ 是一个开集, 因为对 $\forall[f]_y+[g]_y\in p^{-1}(p(A))$ 存在 $[f]_y+[g]_y$ 的一个开邻域 $B=\{[f+g]_z|z\in W,f\in\mathscr{F}(W),g\in S(W),W\in\mathscr{U}_y,W\subset U\}$, 这个 B 是 $\widetilde{\mathscr{F}}$ 中的开集, 而且 $B\subset p^{-1}(p(A))$, 所以按 $\widetilde{Q}$ 所赋予的拓扑, $p(A)$ 是 $\widetilde{Q}$ 中之开集. 另外由 $\widetilde{\pi}$ 的定义, $\widetilde{\pi}\circ p=\pi$, 因此对 X 中之任一开集 $W,p^{-1}(\widetilde{\pi}^{-1}(W))=\pi^{-1}(W)$ 是开集, 故由 $\widetilde{Q}$ 的拓扑, $\widetilde{\pi}^{-1}(W)$ 亦是 Q 中之开集, 因此 $\widetilde{\pi}$ 是一个连续映照, 设 $\widetilde{A}$ 是 $\widetilde{Q}$ 中之任一开集, 由 $\widetilde{\pi}(\widetilde{A})=\widetilde{\pi}\circ(p\circ p^{-1}(\widetilde{A}))=\pi\circ p^{-1}(\widetilde{A})$, 由 $p^{-1}(\widetilde{A})$ 是开集, π 是开映照, 故 $\widetilde{\pi}(\widetilde{A})$ 是开集, 因此 $\widetilde{\pi}$ 亦是开的. $\forall\widetilde{f}_x\in\widetilde{Q}$, 必有一个 $\widetilde{f}x$ 的开邻域 (就如上面的集 $p(A)$), $\widetilde{\pi}$ 将它一一地映为 X 之某一开集, 故 $\widetilde{\pi}$ 是局部同胚.

对 $\forall x\in X,\widetilde{\pi}^{-1}(x)=Q_x$ 是一个 Abel 群, 这在定义中已明确.

最后要证明在 $\widetilde{Q}$ 中, 群运算对 $\widetilde{Q}$ 的拓扑是连续的. 这由 p 是连续的 (而且在证明 $\widetilde{\pi}$ 是局部同胚时已证明 p 还是开的), 与 $\widetilde{\mathscr{F}}$ 的群运算对 $\widetilde{\mathscr{F}}$ 的拓扑是连续的得到. □

这个命题是说明上面定义的商相伴空间 $(\widetilde{Q},\widetilde{\pi},X)$ 确实是一个定义 1.1 的层的相伴空间, 例如它的截影层 $(\Gamma(U,\widetilde{Q}),\rho'_{U,V})_{U\in\mathscr{U}_X}$ 之相伴空间就是 $(\widetilde{Q},\widetilde{\pi},X)$. (在同构的意义下, 这由定理 1.11 与定理 1.13 的证明中可以知道.)

在这以后的叙述中, 主要用相伴空间与相伴空间的同态, 因为在同构意义下层与它的相伴空间是一一对应的, 故我们后面的叙述中, 就将它们称之为层与层同态, 一般不再加以区分. 而且一个拓扑空间 X 上的两个相伴空间的同态 $\varphi:(\widetilde{\mathscr{F}},\pi,X)\to(\widetilde{\mathscr{G}},\pi',X)$, 就简单地表示为层同态 $\varphi:\widetilde{\mathscr{F}}\to\widetilde{\mathscr{G}}$.

定理 2.6 设 $\widetilde{\mathscr{F}},\widetilde{\mathscr{G}}$, 是拓扑空间 X 上的两个层, $\varphi:\widetilde{\mathscr{F}}\to\widetilde{\mathscr{G}}$ 是一个层同态, 则 $\mathrm{Ker}(\varphi)=\varphi^{-1}(\widetilde{O}_X(X))$ 与 $\mathrm{Im}\,(\varphi)=\varphi(\widetilde{\mathscr{F}})$ 分别是 $\widetilde{\mathscr{F}}$ 与 $\widetilde{\mathscr{G}}$ 的子层.

证 由定理 1.6, $\widetilde{O}_X(X)$ 是 $\widetilde{\mathscr{G}}$ 中的开集, φ 是连续的, 所以 $\varphi^{-1}(\widetilde{O}_X(X))$ 是 $\widetilde{\mathscr{F}}$ 中的开集. 对 $\forall f,g\in\mathscr{F}_x\cap\mathrm{Ker}(\varphi)$, 则 $\varphi(f+g)=\varphi(f)+\varphi(g)=O_x$, 因此 $\mathscr{F}_x\cap\mathrm{Ker}(\varphi)$ 是 $\mathscr{F}_x$ 的子群, 由定义 2.3 Ker (φ) 是 $\widetilde{\mathscr{F}}$ 的子层.

定理 1.11 的证明中指明, 层 $\widetilde{\mathscr{F}}$ 的开集基的每一个元素 $\{[f]_y|y\in U;f\in\mathscr{F}(U)\}$ 是开集 U 上的一个截影的像. 定理 1.13 的证明中指明, 如果 $\varphi:\widetilde{\mathscr{F}}\to\widetilde{\mathscr{G}}$ 是一个层同态, 则对 X 之任一开集 U 上的截影 $\widetilde{f}$ 的像集在 φ 之下之像正好是 $\widetilde{\mathscr{G}}$ 的一个 U 上的截影的像, 因此层同态 $\varphi:\widetilde{\mathscr{F}}\to\widetilde{\mathscr{G}}$ 是一个开映照, 故 $\varphi(\widetilde{\mathscr{F}})$ 是 g 的一个开集. 对 $\forall x\in X,\varphi(\mathscr{F})\cap\mathscr{G}_x$ 是 $\mathscr{G}_x$ 的一个子群是显然的. 因此 $\varphi(\widetilde{\mathscr{F}})$ 是 $\widetilde{\mathscr{G}}$ 的一个子层. □

定义 2.7 X 是一个拓扑空间, $\varphi:\widetilde{\mathscr{F}}\to\widetilde{\mathscr{G}}$ 是 X 上的层同态, 如果 $\varphi(\widetilde{\mathscr{F}})=\widetilde{\mathscr{G}}$, 就称 φ 是满层同态 (一般就简称满同态). 如果对 $\forall x\in X,\varphi([f]_x)=O_x\in\mathscr{G}_x\Rightarrow[f]_x=O_x\in\mathscr{F}_x$, 则称 φ 是单层同态 (一般就简称单同态).

定义 2.8 设 $\widetilde{\mathscr{F}},\widetilde{\mathscr{G}},\widetilde{\mathscr{R}}$ 是拓扑空间 X 上的三个层, 而且有层同态 $\varphi:\widetilde{\mathscr{F}}\to\widetilde{\mathscr{G}}$ 和层同态 $\psi:\widetilde{\mathscr{G}}\to\widetilde{\mathscr{R}}$, 如果 $\mathrm{Im}\,(\varphi)=\mathrm{Ker}(\psi)$, 就称

$$\widetilde{\mathscr{F}}\xrightarrow{\varphi_0}\widetilde{\mathscr{G}}\xrightarrow{\psi}\widetilde{\mathscr{R}}$$

这个层同态序列在 $\widetilde{\mathscr{G}}$ 处正合 (exact).

设 $\widetilde{\mathscr{F}_0},\widetilde{\mathscr{F}_1},\cdots,\widetilde{\mathscr{F}_k},\cdots$ 都是拓扑空间 X 上的层, 今有 $\varphi_k:\widetilde{\mathscr{F}_k}\to\widetilde{\mathscr{F}}_{k+1}$ 是层同态; $k=0,1,\cdots$, 如果

$$\widetilde{\mathscr{F}}_0\xrightarrow{\ \varphi\ }\widetilde{\mathscr{F}}_1\xrightarrow{\ \varphi_1\ }\widetilde{\mathscr{F}}_2\to\cdots\to\widetilde{\mathscr{F}}_k\xrightarrow{\ \varphi_k\ }\cdots,\tag{2.4}$$

这个层同态序列中, 在每个 $\widetilde{\mathscr{F}}_i(i\geqslant1)$ 处都是正合的, 即

$$\mathrm{Im}\,(\varphi_{i-1})=\mathrm{Ker}(\varphi_i);i\geqslant0,$$

就称 (2.4) 为层同态正合序列.

定理 2.9 设 $\widetilde{\mathscr{F}}$ 是拓扑空间 X 上的一个层, $\widetilde{S}$ 是 $\widetilde{\mathscr{F}}$ 的一个子层, 则有层同态正合序列

$$O\to\widetilde{S}\xrightarrow{\ \ i\ \ }\widetilde{\mathscr{F}}\xrightarrow{\ \ p\ \ }\widetilde{\mathscr{F}}/\widetilde{S}\to O.\tag{2.5}$$

(2.5) 中的 O, 是表示拓扑空间 X 上的平凡层, 即对每个 $x\in X$, 它的茎就是只有一个零元素的平凡 Abel 群. p 就是 (2.3) 所定义的投影映照, 它是 $\widetilde{\mathscr{F}}$ 到 $\widetilde{\mathscr{F}}/\widetilde{S}$ 上的一个满同态; i 是一个内射层同态 (即对 $\forall[f]_x\in$

$\widetilde{S}; i([f]_x) = [f]_x \in \widetilde{\mathscr{F}})$, 它自然是一个单同态. $O \to \widetilde{S}$; 即将 $\forall x \in X, O$ 的茎映为 $O_x \in S_x, \widetilde{\mathscr{F}}/\widetilde{S} \to O$; 即将 $\forall x \in X$ 之茎 $\mathscr{F}_x/S_x \to O_x \in O$.

证 只要证明 (2.5) 在 $\widetilde{\mathscr{F}}$ 处正合, 其余都是显然的. 现在对 $\forall x \in X$, 使 $[f]_x \in S_x, p\circ i([f]_x) = p([f]_x) = O_x \in \mathscr{F}_x/S_x$, 反之, 如果 $[f]_x \in \mathscr{F}_x, p([f]_x) = O_x$ 则 $[f]_x \in S_x$, 因此有 $\mathrm{Im}\,(i) = \mathrm{Ker}(p)$. □

设 X 是一个拓扑空间, 对 X 上的一个层同态 $\varphi : \widetilde{\mathscr{F}} \to \widetilde{\mathscr{G}}$, 在 X 之任一开集 U 上, 层同态 φ 诱了一个 U 上的截影群之间的同态 $\varphi_U; \Gamma(U, \widetilde{\mathscr{F}}) \to \Gamma(U, \widetilde{\mathscr{G}})$, 这在 (1.13) 中已给出这个 φ_U 的定义, 即对 $\forall \widetilde{f} \in \Gamma(U, \widetilde{\mathscr{F}}), \forall x \in U$

$$(\varphi_U(\widetilde{f}))(x) = \varphi(\widetilde{f}(x)).$$

现在如果

$$O \to \widetilde{\mathscr{R}} \xrightarrow{\lambda} \widetilde{S} \xrightarrow{\mu} \widetilde{\mathscr{T}} \to O. \tag{2.6}$$

是拓扑空间 X 上的层同态正合序列, 则一般来讲对 X 上的任一开集 U, 诱导了 U 上截影的群同态序列

$$O \to \Gamma(U, \widetilde{\mathscr{R}}) \xrightarrow{\lambda_U} \Gamma(U, \widetilde{S}) \xrightarrow{\mu_U} \Gamma(U, \widetilde{\mathscr{T}}) \to O, \tag{2.7}$$

不一定是正合的.

这里举一个例子说明这个事实.

设 $X = \mathbf{C}^1$ 是复平面, 对 $\mathbf{C}^1$ 上任一开集 U, $\mathscr{O}(U)$ 表示 U 上的全纯函数对于函数加法所成的 Abel 群, 对 $\mathbf{C}^1$ 的二个开集 $\rho_{U,V}$ (当 $U \supset V$) 是通常的限制映照, 则易于验证 $(\mathscr{O}(U), \rho_{U,V})_{U\in\mathscr{U}_{\mathbf{C}^1}}$ 是 $\mathbf{C}^1$ 上的一个 Abel 群层. 这里 $\mathscr{U}_{\mathbf{C}^1}$ 仍是表示 $\mathbf{C}^1$ 上的所有开集之族. 对 $\forall x \in \mathbf{C}^1, (\mathscr{O}(U))_{U\in\mathscr{U}_x}$ 的直接极限

$$\mathscr{O}_x = \varinjlim_{U\in\mathscr{U}_x} \mathscr{O}(U), \tag{2.8}$$

$\mathscr{O}_x$ 的每个元素称之为全纯函数在 x 的芽 (germ), $(\mathscr{O}(U), \rho_{U,V})_{U\in\mathscr{U}_{\mathbf{C}^1}}$ 的相伴空间简单地用 $\widetilde{\mathscr{O}}$ 记之, 一般称它为全纯函数芽层.

类似地用 $\mathscr{O}^*(U)$ 表示 $\mathbf{C}^1$ 的任一开集 U 上的不具有零值的全纯函数, 对于普通函数的乘法运算作为群运算所成的 Abel 群, 对 $\mathbf{C}^1$ 的意两个开集 U, V; 且 $U \supset V, \rho_{U,V}$ 依旧表示函数的限制映照, 则如同定义 $\mathscr{O}_x, \widetilde{\mathscr{O}}$ 一样, 从 Abel 群层 $(\mathscr{O}^*(U), \rho_{U,V})_{U\in\mathscr{U}_{\mathbf{C}^1}}$ 可以定义 $\mathscr{O}_x^*$ 和 $\widetilde{\mathscr{O}}^*$. 另外命 $\mathbf{Z}(U)$ 表示 $\mathbf{C}^1$ 的任一开集 U 上的值为整数的常值函数对普通函数加法作为群运算所成的 Abel 群, $\rho_{U,V}$ 仍旧为一般函数的限制映照 (对 $\mathbf{C}^1$ 的开集 U, V; 且 $U \supset V$), 则 $(\mathbf{Z}(U), \rho_{U,V})_{U\in\mathscr{U}_{\mathbf{C}^1}}$ 所决定的相伴空间就用 $\mathbf{Z}$ 来表示, 则我们用层同态正合序列

$$O \to \mathbf{Z} \xrightarrow{\ i\ } \widetilde{\mathscr{O}} \xrightarrow{\ \lambda\ } \widetilde{\mathscr{O}}^* \to O, \tag{2.9}$$

(2.9) 中 i 是内射同态, 因为 $\mathbf{Z}$ 无疑是 $\widetilde{\mathscr{O}}$ 之子层, 层同态 λ 的定义如下: 对 $\forall x \in \mathbf{C}^1$, 对 $\forall [f]_x \in \mathscr{O}_x$

$$\lambda([f]_x) = [\exp 2\pi i f]_x \in \mathscr{O}_x^*, \tag{2.10}$$

(λ 是层同态需要验证, 但这是容易的, 读者可以自己验证) 要说明 (2.9) 是一个层正合序列, 只要证明 $\operatorname{Im}(i) = \operatorname{Ker}(\lambda)$ 和 $\operatorname{Im}(\lambda) = \widetilde{\mathscr{O}}^*$. 对 $\forall x \in X$, 设 $[g]_x \in \mathscr{O}_x^*$, 此即表示有一个 x 的开邻域 $U, \widetilde{g} \in \mathscr{O}^*(U)$, 今取一 x 的单连通开邻域 $V \subset U$, 则

$$\frac{1}{2\pi i}\log g \in \mathscr{O}(V), \text{ 则 } \lambda\left(\left[\frac{1}{2\pi i}\log g\right]_x\right) = [g]_x,$$

所以 $\operatorname{Im}(\lambda) = \widetilde{\mathscr{O}}^*$. 另外, $\lambda \circ i = O$ 是显然的, 此即表示 $\operatorname{Im}(i) \subset \operatorname{Ker}(\lambda)$, 今对 $\forall x \in X$, 如 $[f]_x \in \mathscr{O}_x$, 且 $\lambda([f]_x) = O_x \in \mathscr{O}_x^*$, 由定义

$$\lambda([f]_x) = [\exp(2\pi i f)]_x = O_x \in \mathscr{O}_x^*, \tag{2.11}$$

(2.11) 即表示在 x 的某一开邻域 W 上, $\exp(2\pi i f) = 1$. 因此在 W 上 f 一定恒等于一个整数, 因此 $[f]_x \in \operatorname{Im}(i)$, 也就是 $\operatorname{Ker}(\lambda) \subset \operatorname{Im}(i)$, 故 $\operatorname{Ker}(\lambda) = \operatorname{Im}(i)$, (2.9) 确是正合序列.

今取 $\mathbf{C}^1$ 的开集 $V = \mathbf{C}^1 - \{O\}$, 则由正合序列 (2.9) 可以诱导一个 V 上截影群的同态序列

$$O \to \Gamma(V, \mathbf{Z}) \xrightarrow{\ i_V\ } \Gamma(V, \mathscr{O}) \xrightarrow{\ \lambda_V\ } \Gamma(V, \mathscr{O}^*) \to O, \tag{2.12}$$

但是 (2.12) 不是正合的. 现设 z 是 $\mathbf{C}^1$ 的复坐标, 则 $z \in \Gamma(V, \mathscr{O}^*)$, 但是 $z \notin \lambda_V(\Gamma(V, \mathscr{O}))$, 因为否则就要求存在 V 上的单值全纯函数 g, 使

$$\exp(2\pi i g) = z; \quad \text{对 } \forall z \in V \tag{2.13}$$

则就一定要有 $g = \dfrac{1}{2\pi i}\lg z$ 是 $V = \mathbf{C}^1 - \{O\}$ 的全纯函数, 这是不可能的, 因此 λ_V 不是满的, 故 (2.12) 不正合的, 但是可以验证 (2.12) 在 $\Gamma(V, \mathbf{Z}), \Gamma(V, \mathscr{O})$ 处是正合的, 而且这点是一般的都成立, 即如果在拓扑空间 X 上, 有一个层的正合序列

$$O \to \widetilde{\mathscr{F}} \xrightarrow{\ \lambda\ } \widetilde{\mathscr{G}} \xrightarrow{\ \mu\ } \widetilde{\mathscr{R}} \to O, \tag{2.14}$$

则对 X 之任一开集 U, 有下面的群正合序列

$$O \to \Gamma(U, \widetilde{\mathscr{F}}) \xrightarrow{\ \lambda_U\ } \Gamma(U, \widetilde{\mathscr{G}}) \xrightarrow{\ \mu_U\ } \Gamma(U, \widetilde{\mathscr{R}}). \tag{2.15}$$

§3 Čech 上同调理论

本节主要内容是定义一个拓扑空间上的, 取值在 Abel 群层的 Čech 上同调群与讨论这些上同调群的最基本性质.

设 X 是一个拓扑空间, $\mathfrak{U}=\{U_\alpha\}$ 是 X 的一个开覆盖. 对 X 的这个开覆盖 $\mathfrak{U}=\{U_\alpha\}$ 伴随有一个如下单复形 $N(\mathfrak{U})$, 称它为覆盖 $\mathfrak{U}$ 的骨架, 它的定义如下: $N(\mathfrak{U})$ 的顶点是覆盖 $\mathfrak{U}$ 的开集 U_α, 顶点 $U_0,\cdots,U_q$ 组成一个 q 单形 $\sigma=(U_0,\cdots,U_q)$, 当且仅当集 $U_0\cap U_1\cap\cdots\cap U_q\neq\varnothing$; 集 $|\sigma|=U_0\cap U_1\cap\cdots\cap U_q$ 称之为单形 σ 的支集. $N(\mathfrak{U})$ 也就是所有这样的 q 维单形之和, $q=0,1,2,\cdots$.

设 $\widetilde{\mathscr{F}}$ 是拓扑空间 X 上的一个层, f 称为一个以 $\widetilde{\mathscr{F}}$ 为系数的 q 维上链, 如对每个 q 维单形 $\sigma\in N(\mathfrak{U})$, 对应一个 $f_\sigma\in\Gamma(|\sigma|,\widetilde{\mathscr{F}})$, 即

$$\begin{aligned}f:\{\sigma\}&\to\{\Gamma(|\sigma|,\widetilde{\mathscr{F}})\};\\ \sigma&\mapsto f_\sigma\in\Gamma(|\sigma|,\widetilde{\mathscr{F}}),\end{aligned}\tag{3.1}$$

(3.1) 中 $\{\sigma\}$ 是表示 $N(\mathfrak{U})$ 中所有 q 维单形之集. 这样的 $\{f_\sigma\}$ 就称为一个以 $\widetilde{\mathscr{F}}$ 为系数的 q 维上链, 所有 q 维上链的集合记之为 $C^q(N(\mathfrak{U}),\widetilde{\mathscr{F}})$. 对任意两个 q 维上链 $\{f_\sigma\},\{g_\sigma\}\in C^q(N(\mathfrak{U}),\widetilde{\mathscr{F}})$, 我们定义

$$\{f_\sigma\}+\{g_\sigma\}=\{f_\sigma+g_\sigma\},\tag{3.2}$$

(3.2) 右边之 $f_\sigma+g_\sigma$ 就是截影的加法运算, 对于 (3.2) 的 $\{f_\sigma\}+\{g_\sigma\}$ 的 "+" 运算是封闭的, 显然 $C^q(N(\mathfrak{U}),\widetilde{\mathscr{F}})$ 中有一个零元素 O, 它就是在每个 q 维单形上都是零截影, 而且 $\{f_\sigma\}+\{-f_\sigma\}=0$, 所以 (3.2) 就使 $C^q(N(\mathfrak{U}),\widetilde{\mathscr{F}})$ 对 "+" 运算成为一个 Abel 群, 称之为以 $\widetilde{\mathscr{F}}$ 为系数的 q 维上链群, 为了简便, 用 f 来代替 $\{f_\sigma\}$, 其在单形 σ 上的值就记为 f_σ 因此由定义 (3.2), 有 $(f+g)_\sigma=f_\sigma+g_\sigma$.

在 $C^q(N(\mathfrak{U}),\widetilde{\mathscr{F}})$ 之间有一个上边缘运算 δ

$$\begin{aligned}\delta:C^q(N(\mathfrak{U}),\widetilde{\mathscr{F}})&\to C^{q+1}(N(\mathfrak{U}),\widetilde{\mathscr{F}});\ \text{对}\ q=0,1,2,\cdots\\ f&\mapsto\delta f,\end{aligned}\tag{3.3}$$

其之具体定义为, 对每个 $f\in C^q(N(\mathfrak{U}),\widetilde{\mathscr{F}})$ 和每个 $q+1$ 维单形 $\sigma=(U_0,U_1,\cdots,U_{q+1})\in N(\mathfrak{U})$, 则

$$(\delta f)(U_0,U_1,\cdots,U_{q+1})=\sum_{i=0}^{q+1}(-1)^i\rho_{|\sigma|}f(U_0,\cdots,U_{i-1},U_{i+1},\cdots,U_{q+1}),\tag{3.4}$$

在 (3.4) 中之 $\rho_{|\sigma|}$ 表示截影 $f(U_0,\cdots,U_{i-1},U_{i+1},\cdots,U_{q+1})\in\Gamma(U_0\cap\cdots\cap U_{i-1}\cap U_{i+1}\cap\cdots\cap U_{q+1})$ 在 $|\sigma|=U_0\cap\cdots\cap U_{q+1}$ 上的限制.

为了书写简单, 今后我们用 $f_{i_0,i_1,\cdots,i_q}$ 来代替 $f(U_{i_0},U_{i_1}\cdots,U_{i_q})$, 在不致引起混淆时, 我们亦省略去 (3.4) 右边的 $\rho_{|\sigma|}$, 这时 $\sum$ 的意义是表示定义在不同开集 $U_0\cap\cdots\cap\widehat{U}_i\cap\cdots\cap U_{q+1}$ 上的截影 $f(U_0,\cdots,U_{i-1},U_{i+1},\cdots,U_{q+1})$ 限制在 $|\sigma|$ 上然后再作截影和.

设 $f,g\in C^q(N(\mathfrak{U}),\widetilde{\mathscr{F}}),\sigma=(U_{i_0},\cdots,U_{i_{q+1}})$ 是 $N(\mathfrak{U})$ 的任一 $q+1$ 维单形, 则

$$\begin{aligned}(\delta(f+g))_{i_0,\cdots,i_{q+1}}&=\sum_{k=0}^{q+1}(-1)^k(f+g)_{i_0,\cdots,\widehat{i}_k,\cdots,i_{q+1}}\\&=\sum_{k=0}^{q+1}(-1)^k f_{i_0,\cdots,\widehat{i}_k,\cdots,i_{q+1}}\\&\quad+\sum_{k=0}^{q+1}(-1)^k g_{i_0,\cdots,\widehat{i}_k,\cdots,i_{q+1}}\\&=(\delta f)_{i_0,\cdots,i_{q+1}}+(\delta g)_{i_0,\cdots,i_{q+1}}.\end{aligned}$$

这表示

$$\delta:C^q(N(\mathfrak{U}),\widetilde{\mathscr{F}})\to C^{q+1}(N(\mathfrak{U}),\widetilde{\mathscr{F}});q=0,1,2,\cdots \tag{3.5}$$

是一个群同态 (对 $q=0,1,2\cdots$), 为了区别作用于不同的 q 维上链群上的上边缘运算 δ, 我们将作用在 $C^q(N(\mathfrak{U}),\widetilde{\mathscr{F}})$ 上 (如 (3.5) 中的) 的记之为 δ_q.

引理 3.1 $\delta_{q+1}\circ\delta_q=0$; 对所有 $q=0,1,2,\cdots$.

证 对 $\forall f\in C^q(N(\mathfrak{U}),\widetilde{\mathscr{F}}),\delta_{q+1}\circ\delta_q f\in C^{q+2}(N(\mathfrak{U}),\widetilde{\mathscr{F}})$ 今对任一 $q+2$ 维单形 $\sigma=(U_{i_0},U_{i_1},\cdots,U_{i_{q+2}})$, 由定义 (3.4)

$$\begin{aligned}(\delta_{q+1}\delta_q f)_{i_0,\cdots,i_{q+1}}&=\sum_{k=0}^{q+2}(-1)^k(\delta_q f)_{i_0,\cdots,\widehat{i}_k,\cdots,i_{q+2}}\\&=\sum_{k=0}^{q+2}(-1)^k\left(\sum_{j<k}(-1)^j f_{i_0,\cdots,\widehat{i}_j,\cdots,\widehat{i}_k,\cdots,i_{q+2}}\right.\\&\quad\left.+\sum_{k<i}(-1)^{j+1}f_{i_0,\cdots,\widehat{i}_k,\cdots,\widehat{i}_j,\cdots,i_{q+2}}\right)\\&=\sum_{\substack{k,j=0\\k\neq j}}^{q+2}((-1)^{k+j}+(-1)^{k+j+1})f_{i_0,\cdots,\widehat{i}_j,\cdots,\widehat{i}_k,\cdots,i_{q+2}}\\&=0.\end{aligned}$$

□

今定义

$$Z^q(N(\mathfrak{U}),\widetilde{\mathscr{F}})=\{f\in C^q(N(\mathfrak{U}),\widetilde{\mathscr{F}})|\delta f=0\};$$
$$B^q(N(\mathfrak{U}),\widetilde{\mathscr{F}})=\{\delta f|\forall f\in C^{q-1}(N(\mathfrak{U}),\widetilde{\mathscr{F}})\},\tag{3.6}$$

由引理 3.1, 故 $B^q(N(\mathfrak{U}),\widetilde{\mathscr{F}})\subset Z^q(N(\mathfrak{U}),\widetilde{\mathscr{F}})$.

今定义

$$H^q(N(\mathfrak{U}),\widetilde{\mathscr{F}})=\begin{cases}Z^q(N(\mathfrak{U}),\widetilde{\mathscr{F}})/B^q(N(\mathfrak{U}),\widetilde{\mathscr{F}}); & q\geqslant 1,\\ Z^0(N(\mathfrak{U}),\widetilde{\mathscr{F}}); & q=0.\end{cases}\tag{3.7}$$

这里 $Z^q(N(\mathfrak{U}),\widetilde{\mathscr{F}})$ 和 $B^q(N(\mathfrak{U}),\widetilde{\mathscr{F}})$ 都是 $C^q(N(\mathfrak{U}),\widetilde{\mathscr{F}})$ 的子群, 分别称之为 q 维上闭链群 (或上循环群) 和 q 维上边缘群. (3.7) 所定义的 $H^q(N(\mathfrak{U}),\widetilde{\mathscr{F}})$ 称之为以层 $\widetilde{\mathscr{F}}$ 为系数的 $N(\mathfrak{U})$ 的 q 阶上同调群. 对 $\forall f\in Z^q(N(\mathfrak{U}),\widetilde{\mathscr{F}})$, 它在 $H^q(N(\mathfrak{U}),\widetilde{\mathscr{F}})$ 中之等价类用 f^* 记之.

引理 3.2 $H^0(N(\mathfrak{U}),\widetilde{\mathscr{F}})\cong\Gamma(X,\widetilde{\mathscr{F}})$.

证 由定义 (3.7), $H^0(N(\mathfrak{U}),\widetilde{\mathscr{F}})=Z^0(N(\mathfrak{U}),\widetilde{\mathscr{F}})$. 对 $f\in Z^0\ (N(\mathfrak{U}),\widetilde{\mathscr{F}})$, 则每任意的 $N(\mathfrak{U})$ 的一维单形 $\sigma=(U_0,U_1),U_0\cap U_1\neq\varnothing$. 则

$$(\delta f)\sigma=(\delta f)(U_0,U_1)=\rho_{U_0\cap U_1}f(U_1)-\rho_{U_0\cap U_1}f(U_0)=0.\tag{3.8}$$

现在由 $\mathfrak{U}$ 是 X 之开覆盖, $X=\bigcup_{U\in\mathfrak{U}}U$. (3.8) 即表示对 $\mathfrak{U}$ 之任何两个开集 U,V, 如 $U\cap V\neq\varnothing$ 则截影 $f(U)$ 与 $f(V)$ 在 $U\cap V$ 上相等, 因此这样 $\{f(U)|U\in\mathfrak{U}\}$ 就定义了整个 X 上的一个截影.

反之, 设 $f\in\Gamma(X,\widetilde{\mathscr{F}})$, 则对 $\forall U,V\in\mathfrak{U}$, 定义 $f(U)\in\Gamma(U,\widetilde{\mathscr{F}})$ 为 $f(U)=f|U$ (即 f 限制在 U 上所成的截影, 则这样的 $\{f(U)\}\in Z^1(N(\mathfrak{U}),\widetilde{\mathscr{F}})$ 是显然的. □

上面的关于上同调群的定义 (3.7) 是依赖于骨架 $N(\mathfrak{U})$ 的, 因此它不是内蕴的 (intrinsic), 下面要给出上同调群的内蕴的定义, 为此我们要在拓扑空间 X 的所有开覆盖之间引进一个自反、传递关系, 使其成为一个有向集, 然后用直接极限来定义内蕴的上同调群.

注 上面这一段中, 除了引理 3.1 和引理 3.2 之外, 几乎都是定义, 所以我们就连续的叙述, 不采取一般的叙述定义的方法, 因为这些定义本身有较强的连贯性.

定义 3.3 拓扑空间 X 的一个开覆盖 $\mathfrak{V}=\{V_a\}$ 称为是另一个开覆盖 $\mathfrak{U}=\{U_\alpha\}$ 的加细 (refinement), 如果存在一个映照

$$\mu:\ \mathfrak{V}\to\mathfrak{U};$$
$$V_a\mapsto\mu(V_a),\ 对\ \forall\ V_a\in\mathfrak{V},$$

且适合 $\mu(V_a)\supset V_a$. 这样的映照 μ 称为加细映照 (refining mapping).

注意, 如果对一个拓扑空间 X, 它的开覆盖 $\mathfrak{V}$ 是另一个开覆盖 $\mathfrak{U}$ 的加细, 一般来讲它们之间的加细映照并不是唯一的.

例 $X=\mathbf{R}^2$, 设 $\mathbf{R}^2$ 上的点的坐标用 (x,y) 表示, 则 $\mathfrak{V}=\{V_1\equiv\{x<10\},V_2\equiv\{x>-10\}\}$ 和

$$\mathfrak{W}=\{W_1=\{x<0\},\quad W_2=\{x>0\},\quad W_3=\{-1<x<1\}\}$$

都是 $\mathbf{R}^2$ 的开覆盖, 且有如下的二个不同的加细映照 $\tau_1,\tau_2:\mathfrak{W}\to\mathfrak{V}$, 其中

$$\begin{cases}\tau_1W_1=V_1\\ \tau_1W_2=V_2\\ \tau_1W_3=V_1;\end{cases}\qquad\begin{cases}\tau_2W_1=V_1\\ \tau_2W_2=V_2\\ \tau_2W_3=V_2.\end{cases}$$

更显然的是一个拓扑空间 X 的二个覆盖之间未必有加细映照存在, 即是未必一个就是另一个的加细. 例如 $X=(0,1)$, 今 X 有开覆盖 $\mathfrak{V}=\{(0,2/3),(1/2,1)\}$ 和 $\mathfrak{U}=\{(0,1/2),(1/3,1)\}$, 则 $\mathfrak{V}$ 和 $\mathfrak{U}$ 之间就不存在任何加细映照.

对拓扑空间 X 的一个开覆盖 $\mathfrak{V}$, 如它是另一个开覆盖 $\mathfrak{U}$ 的加细, 则用 $\mathfrak{V}\prec\mathfrak{U}$ 表示, 按加细的定义 $\prec$ 是一个自反、传递关系, 而且对 X 的任何的两个开覆盖 $\mathfrak{U}$ 和 $\mathfrak{V}$, 一定存在一个 X 的开覆盖 $\mathfrak{W}$, 使 $\mathfrak{W}\prec\mathfrak{U}$ 和 $\mathfrak{W}\prec\mathfrak{V}$, 这个 $\mathfrak{W}$ 的存在是不成问题的, 取 $\mathfrak{W}$ 是开覆盖 $\mathfrak{U}$ 和 $\mathfrak{V}$ 的交 (即将 $\mathfrak{U}$ 的所有开集和 $\mathfrak{V}$ 的所有开集的交组成的那个开覆盖) 就可以了, 因此拓扑空间 X 的所有开覆盖关于 $\prec$ 来讲成为一个有向集.

如果拓扑空间 X 的两个开覆盖 $\mathfrak{U}$ 和 $\mathfrak{V}$, 且 $\mathfrak{V}\prec\mathfrak{U},\mu:\mathfrak{V}\to\mathfrak{U}$ 是它们之间的加细映射, 则对每个 $q=0,1,2,\cdots$, 可定义 q 维链群之间的同态 $\widetilde{\mu}:C^q(N(\mathfrak{U}),\widetilde{\mathscr{F}})\to C^q(N(\mathfrak{V}),\widetilde{\mathscr{F}})$ 如下:

对 $f\in C^q(N(\mathfrak{U}),\widetilde{\mathscr{F}}),\forall\sigma=(V_0,V_1,\cdots,V_q)\in N(\mathfrak{V})$ 定义

$$\begin{aligned}(\widetilde{\mu}f)\sigma&=(\widetilde{\mu}f)(V_0,V_1,\cdots,V_q)\\&=\rho_{|\sigma|}f(\mu V_0,\mu V_1,\cdots,\mu V_q).\end{aligned}\tag{3.9}$$

易于验证, (3.9) 定义的 $\widetilde{\mu}: C^q(N(\mathfrak{U}),\widetilde{\mathscr{F}}) \to C^q(N(\mathfrak{V}),\widetilde{\mathscr{F}}); f \mapsto \widetilde{\mu}f$ 是一个群同态.

引理 3.4 $\delta\widetilde{\mu} = \widetilde{\mu}\delta$ 即对 $\forall q = 0,1,2,\cdots$, 有下列交换图

$$\begin{array}{ccc} C^q(N(\mathfrak{U}),\widetilde{\mathscr{F}}) & \xrightarrow{\widetilde{\mu}} & C^q(N(\mathfrak{V}),\widetilde{\mathscr{F}}) \\ \Big\downarrow \delta_q & & \Big\downarrow \delta_q \\ C^{q+1}(N(\mathfrak{U}),\ \widetilde{\mathscr{F}}) & \xrightarrow{\widetilde{\mu}} & C^q(N(\mathfrak{V}),\widetilde{\mathscr{F}}) \end{array}\quad ; \qquad \delta_q \circ \mu = \mu \circ \delta_q, \tag{3.10}$$

证 对 $\forall f \in C^q(N(\mathfrak{U}),\widetilde{\mathscr{F}})$ 与任一 $q+1$ 维单形

$$\begin{aligned}
\sigma = (V_{i_0},\cdots,V_{i_{q+1}}) \in N(\mathfrak{V}), \mu\sigma &= (\mu V_{i_0},\cdots,\mu V_{i_{q+1}}) \in N(\mathfrak{U}),\\
(\delta\widetilde{\mu}f)_{i_0,\cdots,i_{q+1}} &= \sum_{k=0}^{q+1}(-1)^k\rho_{|\sigma|}(\widetilde{\mu}f)_{i_0,\cdots,\widehat{i_k},\cdots,i_{q+1}}\\
&= \sum_{k=0}^{q+1}(-1)^k\rho_{|\sigma|}f_{\mu i_0,\cdots,\widehat{\mu i_k},\cdots,\mu i_{q+1}}\\
&= \rho_{|\sigma|}\sum_{k=0}^{q+1}(-1)^k\rho_{|\widetilde{\mu}\sigma|}f_{\mu i_0,\cdots,\widehat{\mu i_k},\cdots,\mu i_{q+1}}\\
&= \rho_{|\sigma|}(\delta f)_{\mu i_0,\cdots,\mu i_{q+1}}\\
&= (\widetilde{\mu}\delta f)_{i_0,\cdots,i_{q+1}}.
\end{aligned}$$

上面用到 $\rho_{|\sigma|} = \rho_{|\sigma|}\circ\rho_{|\mu\sigma|}$ 因为 $|\mu\sigma| \supset |\sigma|$. □

系 $\widetilde{\mu}(Z^q(N(\mathfrak{U}),\widetilde{\mathscr{F}}) \subset Z^q(N(\mathfrak{V}),\widetilde{\mathscr{F}})$; 对 $\widetilde{\mu}(B^q(N(\mathfrak{U}),\widetilde{\mathscr{F}})) \subset B^q(N(\mathfrak{V}),\widetilde{\mathscr{F}})$; 对 $q = 0,1,2,\cdots$.

这由 $\delta\widetilde{\mu} = \widetilde{\mu}\delta$ 直接推得.

由此可以诱导出一个同调群间的同态,

$$\mu^*: H^q(N(\mathfrak{U}),\widetilde{\mathscr{F}}) \to H^q(N(\mathfrak{V}),\widetilde{\mathscr{F}}). \tag{3.11}$$

引理 3.5 设 $\mathfrak{U},\mathfrak{V}$ 是拓扑空间 X 的两个开覆盖, 而且 $\mathfrak{V}$ 是 $\mathfrak{U}$ 的加细, 而且有 $\mu_1,\mu_2: \mathfrak{V} \to \mathfrak{U}$ 是 $\mathfrak{V}$ 到 $\mathfrak{U}$ 的两个加细映照, 则有 $\mu_1^* = \mu_2^*$.

证 当 $q = 0$ 时, 由引理 3.2 $H^0(N(\mathfrak{U}),\widetilde{\mathscr{F}}) \cong \varGamma(X,\widetilde{\mathscr{F}}) \cong H^0(N(\mathfrak{V}),\widetilde{\mathscr{F}})$. 对 $\forall f \in H^0(N(\mathfrak{U}),\widetilde{\mathscr{F}})$, f 与 μ_1^*f (实际上是 $\mu_1 f$) 对应于同一个 $\varGamma(X,\widetilde{\mathscr{F}})$ 的元素, 对 μ_2^* 也是这样, 因此 $\mu_1^* = \mu_2^*$.

当 $q=1$ 时, 设 $f \in Z^1(N(\mathfrak{U}),\widetilde{\mathscr{F}})$, 对 $\forall\sigma=(V_0,V_1)\in N(\mathfrak{V})$,

$$
\begin{aligned}
(\widetilde{\mu}_1 f-\widetilde{\mu}_2 f)\sigma &= (\rho_{|\sigma|}f(\mu_1V_0,\mu_1V_1)-\rho_{|\sigma|}f(\mu_2V_0,\mu_2V_1)) \\
&= \rho_{|\sigma|}f(\mu_1V_0,\mu_1V_1)-\rho_{|\sigma|}f(\mu_1V_0,\mu_2V_1) \\
&\quad +\rho_{|\sigma|}f(\mu_1V_1,\mu_2V_1)+\rho_{|\sigma|}f(\mu_1V_0,\mu_2V_1) \\
&\quad -\rho_{|\sigma|}f(\mu_2V_0,\mu_2V_1)-\rho_{|\sigma|}f(\mu_1V_0,\mu_2V_0) \\
&\quad +\rho_{|\sigma|}f(\mu_1V_0,\mu_2V_0)-\rho_{|\sigma|}f(\mu_1V_1,\mu_2V_1).
\end{aligned}
\tag{3.12}
$$

现在我们构造一个与 μ_1,μ_2 有关的同态

$$
\begin{aligned}
\theta_2: C^1(N(\mathfrak{U}),\widetilde{\mathscr{F}}) &\to C^0(N(\mathfrak{V}),\widetilde{\mathscr{F}}); \\
f &\mapsto \theta f,
\end{aligned}
$$

对任一开集 $V\in\mathfrak{V}$, 定义

$$
(\theta f)V=\rho_V f(\mu_1V,\mu_2V), \tag{3.13}
$$

易于验证这样定义的 θ 是一个群同态. 而 (3.12) 的右端的最后二项即为 $\delta\theta f(V_0,V_1)$, 而 (3.12) 的右端的其他六项正好是

$$
\rho_{|\sigma|}\delta f(\mu_1V_0,\mu_1V_1,\mu_2V_1)-\rho_{|\sigma|}\delta f(\mu_1V_0,\mu_2V_0,\mu_2V_1), \tag{3.14}
$$

由 $f\in Z^1(N(\mathfrak{U}),\widetilde{\mathscr{F}})$, 故 (3.14) 为零, 因此 (3.12) 化为

$$
(\mu_1 f-\mu_2 f)\sigma=\delta\theta f(V_0,V_1)\in B^1(N(\mathfrak{V}),\widetilde{\mathscr{F}}), \tag{3.15}
$$

因此 $\mu_1^* f^*=\mu_2^* f^*$, 对 $\forall f\in Z^1(N(\mathfrak{U}),\widetilde{\mathscr{F}})$.

对一般的 $q>1$ 的情况, 证明的基本思想是同于 $q=1$ 的情况. 我们构造一个与 μ_1,μ_2 有关的同态

$$
\begin{aligned}
\theta: C^q(N(\mathfrak{U}),\widetilde{\mathscr{F}}) &\to C^{q-1}(N(\mathfrak{V}),\widetilde{\mathscr{F}}); \\
f &\mapsto \theta f,
\end{aligned}
$$

对 $\forall\sigma=(V_0,V_1,\cdots,V_{q-1})$

$$
(\theta f)\sigma=\sum_{j=0}^{q-1}(-1)^j\rho_{|\sigma|}f(\mu_1V_0,\cdots,\mu_1V_j,\mu_2V_j,\cdots,\mu_2V_{q-1}), \tag{3.16}
$$

则类似地应用 $f\in Z^q(N(\mathfrak{U}),\widetilde{\mathscr{F}})$ 的性质, 得到对这样的 f, 有对 $\forall\sigma=(V_0,\cdots,V_q)\in N(\mathfrak{V})$

$$
(\mu_1 f-\mu_2 f)\sigma=(\delta\theta f)\sigma, \tag{3.17}
$$

故得到等式 $\mu_1^*=\mu_2^*$. □

引理 3.5 表示, 对拓扑空间 X 的两个开覆盖 $\mathfrak{U}$ 和 $\mathfrak{V}$, 如果 $\mathfrak{V} \prec \mathfrak{U}$, 则存在有一个唯一的同调群的同态

$$\mu^*_{\mathfrak{U},\mathfrak{V}} : H^q(N(\mathfrak{U}), \widetilde{\mathscr{F}}) \to H^q(N(\mathfrak{V}), \widetilde{\mathscr{F}});\ 对\ q = 0, 1, 2, \cdots. \tag{3.18}$$

这个 $\mu^*_{\mathfrak{U},\mathfrak{V}}$, 可以由任何一个加细映照 $\mu : \mathfrak{V} \to \mathfrak{U}$ 诱导得来, 即 $\mu^*_{\mathfrak{U},\mathfrak{V}} = \mu^*$.

如果 $\mathfrak{W}$ 是 X 的另一个开覆盖, 而且 $\mathfrak{W} \prec \mathfrak{V}$, 设 $\lambda : \mathfrak{W} \to \mathfrak{V}$ 是任一加细映照, 则 $\mu \circ \lambda : \mathfrak{W} \to \mathfrak{U}$ 是 $\mathfrak{W}$ 到 $\mathfrak{U}$ 的一个加细映照, 按定义 (3.9), 显然有下面的交换图

$$\begin{array}{ccc} C^q(N(\mathfrak{U}), \widetilde{\mathscr{F}}) & \xrightarrow{\ \widetilde{\mu}\ } & C^q(N(\mathfrak{V}), \widetilde{\mathscr{F}}) \\ & {\scriptstyle \widetilde{\mu \circ \lambda}} \searrow \qquad \swarrow {\scriptstyle \widetilde{\lambda}} & \\ & C^q(N(\mathfrak{W}), \widetilde{\mathscr{F}}); & \end{array}$$

$$\widetilde{\lambda} \circ \widetilde{\mu} = \widetilde{\mu \circ \lambda},\ 对\ q = 0, 1, 2, \cdots. \tag{3.19}$$

由引理 3.5 和 (3.19), 得到

$$\begin{cases} \mu^*_{\mathfrak{U},\mathfrak{W}} = \mu^*_{\mathfrak{V},\mathfrak{W}} \circ \mu^*_{\mathfrak{U},\mathfrak{V}}; \mathfrak{W} \prec \mathfrak{V} \prec \mathfrak{U}, \\ \mu^*_{\mathfrak{U},\mathfrak{U}} = 恒等映照 \end{cases} \tag{3.20}$$

现在用 $\Omega_X = \{\mathfrak{U}, \mathfrak{V}, \mathfrak{W}, \cdots\}$ 表示 X 的所有开覆盖所成之族, 对上面定义的开覆盖间的关系 $\prec$ 来讲 Ω_X 是一个有向集,

$$\{H^q(N(\mathfrak{U}), \widetilde{\mathscr{F}})_{\mathfrak{U} \in \Omega_X}, \prec, \mu^*_{\mathfrak{U},\mathfrak{V}}\}$$

是 §1 中所定义的有向集 Ω_X 上的 Abel 群系, 因此可以定义它们的直接极限

$$H^q(X, \widetilde{\mathscr{F}}) = \varinjlim_{\mathfrak{U} \in \Omega_X} H^q(N(\mathfrak{U}), \widetilde{\mathscr{F}}); q = 0, 1, 2, \cdots. \tag{3.21}$$

(3.21) 所定义的 $H^q(X, \widetilde{\mathscr{F}})$ 就称之为拓扑空间 X 的*以层 $\widetilde{\mathscr{F}}$ 为系数的 q 阶上同调群*. 这个 $H^q(X, \widetilde{\mathscr{F}})$ 是内蕴的, 并不依赖于 X 的任一开覆盖.

有时我们用 $H^*(N(\mathfrak{U}), \widetilde{\mathscr{F}})$ 表示 $\{H^q(N(\mathfrak{U}), \widetilde{\mathscr{F}})\}_{q=0,1,2,\dots}$ 之全体, 用 $H^*(X, \widetilde{\mathscr{F}})$ 表示 $\{H^q(X, \widetilde{\mathscr{F}})\}_{q=0,1,2,\dots}$ 之全体, (3.21) 亦可简单地写为

$$H^*(X, \widetilde{\mathscr{F}}) = \varinjlim_{\mathfrak{U} \in \Omega_X} H^*(N(\mathfrak{U}), \widetilde{\mathscr{F}}).$$

对 $q = 1$ 的情况 $H^1(N(U), \widetilde{\mathscr{F}})$ 有如下性质:

设 $\mathfrak{U}, \mathfrak{V}$ 是拓扑空间 X 的二个开覆盖, 而且 $\mathfrak{V} < \mathfrak{U}$, 则对 X 上任一 Abel 群层 $\mathscr{F}$

$$\mu^*_{\mathfrak{U},\mathfrak{V}} : H^1(N(\mathfrak{U}), \widetilde{\mathscr{F}}) \to H^1(N(\mathfrak{V}), \widetilde{\mathscr{F}})$$

是一个单同态.

现在设 $\mathfrak{U}=\{U_i\}_{i\in I},\mathfrak{V}=\{V_\alpha\}_{\alpha\in J},\mu:\mathfrak{V}\to\mathfrak{U}$ 是任一加细映照, 即 $\forall V_\alpha,\mu V_\alpha\supset V_\alpha$. 要证 $\mu^*_{\mathfrak{U},\mathfrak{V}}:H^1(N(\mathfrak{U}),\widetilde{\mathscr{F}})\to H^1(N(\mathfrak{V}),\widetilde{\mathscr{F}})$ 是单的, 即要证明 $\forall f\in Z^1(N(\mathfrak{U}),\widetilde{\mathscr{F}})$, 若有 $\widetilde{\mu}f=\delta g,g\in C^0(N(\mathfrak{V}),(\mathscr{F}))$, 则 $f\in B^0(N(\mathfrak{U}),\widetilde{\mathscr{F}})$.

由 $\widetilde{\mu}f=\delta g$, 就得到

$$f(\mu V_\alpha,\mu V_\beta)=g(V_\beta)-g(V_\alpha),\quad \forall V_\alpha\cap V_\beta\neq\varnothing;\tag{3.22}$$

注意上面的式子都表示限制在 $V_\alpha\cap V_\beta$ 上成立, 以下类似的等式亦是这个意义.

由 $f\in Z^1(\mathfrak{U},\mathscr{F})$, 即表示由

$$f(U_i,U_j)+f(U_j,U_k)=f(U_i,U_k),\quad \forall U_i\cap U_j\cap U_k\neq\varnothing;$$

因为 $X=\bigcup_{\alpha\in J}V_\alpha$ 故对 $\forall U_i\in\mathfrak{U},U_i=\bigcup_{\alpha\in J}U_i\cap V_\alpha$. 在上式中命 $U_i=\mu V_\alpha,U_k=\mu V_\beta$, 再用 (3.22) 代入上式就得到

$$f(U_i,\mu V_\alpha)+g(V_\beta)-g(V_\alpha)=f(U_i,\mu V_\beta),$$

上式在 $U_i\cap V_\alpha\cap V_\beta$ 上成立, 此即在 $U_i\cap V_\alpha\cap V_\beta\neq\varnothing$ 时, 有

$$g(V_\alpha)-f(U_i,\mu V_\alpha)=g(V_\beta)-f(U_i,\mu V_\beta),$$

现定义 $h_\alpha=g(V_\alpha)-f(U_i,\mu V_\alpha)\in\mathscr{F}(U_i\cap V_\alpha)$ 上式表示, $h_\alpha|U_i\cap V_\alpha\cap V_\beta=h_\beta|U_i\cap V_\alpha\cap V_\beta$, 因此由定义 1.1 之 (s_3), 存在 $h_i\in\mathscr{F}\ (U_i)$, 使

$$h_i|U_i\cap V_\alpha=h_\alpha=(g(V_\alpha)-f(U_i,\mu V_\alpha))|U_i\cap V_\alpha,$$

现在取 $h\in C^0(N(\mathfrak{U}),\widetilde{\mathscr{F}})$ 为 $h(U_i)=h_i\in\mathscr{F}(U_i),\forall U_i\in\mathfrak{U}$ 则

$$\delta h(U_i,U_j)=h(U_j)-h(U_i)=h_j-h_i,\quad \forall U_i\cap U_j\neq\varnothing;$$

和

$$\begin{aligned}(h_j-h_i)|U_i\cap U_j\cap V_\alpha&=(g(V_\alpha)-f(U_j,\mu V_\alpha)-g(V_\alpha)+f(U_i,\mu V_\alpha))|U_i\cap U_j\cap V_\alpha\\&=f(U_i,\mu V_\alpha)-f(U_j,\mu V_\alpha)|U_i\cap U_j\cap V_\alpha\\&=f(U_i,U_j)|U_i\cap U_j\cap V_\alpha,\end{aligned}$$

同样因为 $U_i\cap U_j=\bigcup_{\alpha\in J}U_i\cap U_j\cap V_\alpha$ 而

$$f(U_i,U_j)|U_i\cap U_j\cap V_\alpha=\delta h|U_i\cap U_j\cap V_\alpha,$$

故再由定义 1.1 之 (s_2), 知 $f=\delta h$.

由 $H^q(X,\widetilde{\mathscr{F}})=\varinjlim_{\mathfrak{U}\in\Omega_X} H^q(N(\mathfrak{U}),\widetilde{\mathscr{F}})$, 对 $\forall f^*\in H^q(N(\mathfrak{U}),\widetilde{\mathscr{F}})$, 将其之等价类用 $[f]\in H^q(X,\widetilde{\mathscr{F}})$ 表示, 如同 §1 中所陈述的, 存在一个群同态

$$\begin{aligned}\mu^*_{\mathfrak{U}}: H^q(N(\mathfrak{U}),\widetilde{\mathscr{F}}) &\to H^q(X,\widetilde{\mathscr{F}})\\ f^* &\mapsto [f]=\mu^*_{\mathfrak{U}}(f^*),\\ &\text{对 } q=0,1,2,3,\cdots\end{aligned}\tag{3.23}$$

因此由前述结果与直接极限的定义就立即得到, 对 X 的任一开覆盖 $\mathfrak{U}$

$$\mu^*_{\mathfrak{U}}: H^1(N(\mathfrak{U}),\mathscr{F})\to H^1(X,\widetilde{\mathscr{F}})$$

是单同态.

在 §1 中已叙述过, 对拓扑空间 X 上的层同态 $\varphi:\widetilde{\mathscr{F}}\to\widetilde{\mathscr{G}}$. 可以对 X 之任一开集 U, 定义一个 U 上的截影群的同态

$$\begin{aligned}\varphi_U: \Gamma(U,\widetilde{\mathscr{F}}) &\to \Gamma(U,\widetilde{\mathscr{G}});\\ f &\mapsto \varphi_U(f),\ \text{对 } \forall f\in\Gamma(U,\widetilde{\mathscr{F}}).\end{aligned}$$

由此可以定义一个链群 $C^q(N(\mathfrak{U}),\widetilde{\mathscr{F}})$ 到 $C^q(N(\mathfrak{U}),\widetilde{\mathscr{G}})$ 的同态; 对 $q=0,1,2,\cdots$.

$$\begin{aligned}\varphi_{\mathfrak{U}}: C^q(N(\mathfrak{U});\widetilde{\mathscr{F}}) &\to C^q(N(\mathfrak{U});\widetilde{\mathscr{G}}),\\ f &\mapsto \varphi_{\mathfrak{U}}(f),\end{aligned}$$

对 $\forall\sigma\in N(\mathfrak{U})$, 而且 σ 是一个 q 维单形, 定义

$$(\varphi_{\mathfrak{U}}(f))_\sigma=\varphi_{|\sigma|}(f_\sigma).\tag{3.24}$$

引理 3.6 $\varphi_{\mathfrak{U}}\circ\delta=\delta\circ\varphi_{\mathfrak{U}}$, 此即对所有的 $q=0,1,2,\cdots$, 下面的交换图成立

$$\begin{array}{ccc} C^q(N(\mathfrak{U}),\widetilde{\mathscr{F}}) & \xrightarrow{\varphi_{\mathfrak{U}}} & C^q(N(\mathfrak{U}),\widetilde{\mathscr{G}})\\ \big\downarrow\delta_q & & \big\downarrow\delta_q\\ C^{q+1}(N(\mathfrak{U}),\widetilde{\mathscr{F}}) & \xrightarrow{\varphi_{\mathfrak{U}}} & C^{q+1}(N(\mathfrak{U}),\widetilde{\mathscr{G}}): \end{array}\qquad \varphi_{\mathfrak{U}}\circ\delta_q=\delta_q\circ\varphi_{\mathfrak{U}}.\tag{3.25}$$

证 对 $\forall f\in C^q(N(\mathfrak{U}),\widetilde{\mathscr{F}})$ 与 $\forall q+1$ 维单形 $\sigma=(U_0,U_1,\cdots,U_{q+1})$,

$$[(\varphi_{\mathfrak{U}}\circ\delta_q)f]\sigma=\varphi_{\mathfrak{U}}\left(\sum_{k=0}^{q+1}(-1)^k\rho_{|\sigma|}f(U_0,\cdots,\widehat{U}_k,\cdots,U_{q+1})\right),\tag{3.26}$$

由于 φ_U 与截影的限制映照 $\rho_{U,V}$ 是可交换的, 因此有

$$\begin{aligned}[(\varphi_{\mathfrak{U}}\circ\delta_q)f]_\sigma &= \sum_{k=0}^{q+1}(-1)^k\rho_{|\sigma|}\varphi_{\mathfrak{U}}\circ f(U_0,\cdots,\widehat{U}_k,\cdots,U_{q+1}) \\ &= [(\delta_q\circ\varphi_{\mathfrak{U}})f]_\sigma. \end{aligned}$$

□

系 $\varphi_{\mathfrak{U}}(Z^q(N(\mathfrak{U}),\widetilde{\mathscr{F}}))\subset Z^q(N(\mathfrak{U}),\widetilde{\mathscr{G}})$ 和 $\varphi_{\mathfrak{U}}(B^q(N(\mathfrak{U}),\widetilde{\mathscr{F}}))\subset B^q(N(\mathfrak{U}),\widetilde{\mathscr{G}})$; 对 $q=0,1,2,\cdots$.

因此从群同态

$$\begin{aligned}\varphi_{\mathfrak{U}}: Z^q(N(\mathfrak{U}),\widetilde{\mathscr{F}}) &\to Z^q(N(\mathfrak{U}),\widetilde{\mathscr{G}}); \\ B^q(N(\mathfrak{U}),\widetilde{\mathscr{F}}) &\to B^q(N(\mathfrak{U}),\widetilde{\mathscr{G}}),\ \text{对}\ q=0,1,2,\cdots,\end{aligned}$$

可诱导出它们商群的同态

$$\begin{aligned}\varphi_{\mathfrak{U}}^*: H^q(N(\mathfrak{U}),\widetilde{\mathscr{F}}) &\to H^q(N(\mathfrak{U}),\widetilde{\mathscr{G}}), \\ \text{对}\ q&=0,1,2,\cdots. \end{aligned}\tag{3.27}$$

引理 3.7 设 $\mathfrak{U},\mathfrak{V}$ 是拓扑空间 X 的两个开覆盖, 而且 $\mathfrak{V}\prec u$ 和 $\mu:\mathfrak{V}\to\mathfrak{U}$ 是一个加细映照, 则有下面的交换图

$$\begin{array}{ccc} C^q(N(\mathfrak{U}),\widetilde{\mathscr{F}}) & \xrightarrow{\varphi_{\mathfrak{U}}} & C^q(N(\mathfrak{U}),\widetilde{\mathscr{G}}) \\ \widetilde{\mu}\Big\downarrow & & \Big\downarrow\widetilde{\mu} \\ C^q(N(\mathfrak{V}),\widetilde{\mathscr{F}}) & \xrightarrow{\varphi_{\mathfrak{V}}} & C^q(N(\mathfrak{V}),\widetilde{\mathscr{G}}); \end{array}$$

$$\varphi_{\mathfrak{V}}^*\circ\widetilde{\mu}=\widetilde{\mu}\circ\varphi_{\mathfrak{V}},\ q=0,1,2,3,\cdots. \tag{3.28}$$

这个交换图同样由于 φ_U 和截影的限制映照可交换, 立可得证.

系 有下面的交换图

$$\begin{array}{ccc} H^q(N(\mathfrak{U}),\widetilde{\mathscr{F}}) & \xrightarrow{\varphi_{\mathfrak{U}}^*} & H^q(N(\mathfrak{U}),\widetilde{\mathscr{G}}) \\ \mu_{\mathfrak{U},\mathfrak{B}}^*\Big\downarrow & & \Big\downarrow\mu_{\mathfrak{U},\mathfrak{B}}^* \\ H^q(N(\mathfrak{B}),\widetilde{\mathscr{F}}) & \xrightarrow{\varphi_{\mathfrak{B}}^*} & H^q(N(\mathfrak{B}),\widetilde{\mathscr{G}}); \end{array}$$

$$\varphi_{\mathfrak{B}}^*\circ\mu_{\mathfrak{U},\mathfrak{B}}^*=\mu_{\mathfrak{U},\mathfrak{B}}^*\circ\varphi_{\mathfrak{B}}^*,\ \text{对}\ q=0,1,2,\cdots. \tag{3.29}$$

这由 (3.27), (3.28), (3.11) 和引理 3.5 得到.

现在我们来定义, 由拓扑空间 X 上的层同态 $\varphi:\widetilde{\mathscr{F}}\to\widetilde{\mathscr{G}}$ 所诱导的上同调群的同态

$$\varphi^*: H^q(X,\widetilde{\mathscr{F}})\to H^q(X,\widetilde{\mathscr{G}}); q=0,1,2,\cdots. \tag{3.30}$$

对 $\forall [f] \in H^q(X, \widetilde{\mathscr{F}})$, 任取它的代表元素 $f \in H^q(N(\mathfrak{U}), \widetilde{\mathscr{F}})$, 定义

$$\varphi^*([f]) = \mu_{\mathfrak{U}}^*(\varphi_{\mathfrak{U}}^* f), \tag{3.31}$$

对于 (3.31) 之合理性与 φ^* 是一个群同态, 完全同于 §1 的定理 1.12 的证明中的讨论, 因此不再重复.

设

$$0 \to \widetilde{\mathscr{F}} \xrightarrow{\varphi} \widetilde{\mathscr{G}} \xrightarrow{\psi} \widetilde{\mathscr{R}} \to 0 \tag{3.32}$$

是拓扑空间 X 上的层正合序列, 由 (2.15) 知道, 对 X 的任一开集 U,

$$0 \to \Gamma(U, \widetilde{\mathscr{F}}) \xrightarrow{\varphi_U} \Gamma(U, \widetilde{\mathscr{G}}) \xrightarrow{\psi_U} \Gamma(U, \widetilde{\mathscr{R}})$$

是群的正合序列, 在 §2 中有例子说明一般 ψ_U 不是满同态. 由上链群 (以层为系数的) 仅是开集上截影群的直和, 因此自然对 $q = 0, 1, 2, \cdots$. 有

$$0 \to C^q(N(\mathfrak{U}), \widetilde{\mathscr{F}}) \xrightarrow{\varphi_{\mathfrak{U}}} C^q(N(\mathfrak{U}), \widetilde{\mathscr{G}}) \xrightarrow{\psi_{\mathfrak{U}}} C^q(N(\mathfrak{U}), \widetilde{\mathscr{R}})$$

是正合序列, $\psi_{\mathfrak{U}}$ 一般亦不是满的. 今引进符号

$$\overline{C}^q(N(\mathfrak{U}), \widetilde{\mathscr{R}}) = \psi_{\mathfrak{U}}(C^q(N(\mathfrak{U}), \widetilde{\mathscr{G}}));$$
$$\overline{Z}^q(N(\mathfrak{U}), \widetilde{\mathscr{R}}) = \{f \in \overline{C}^q(N(\mathfrak{U}), \widetilde{\mathscr{R}}) | \delta f = 0\};$$
$$\overline{B}^q(N(\mathfrak{U}), \widetilde{\mathscr{R}}) = \{\delta f | f \in \overline{C}^{q-1}(N(\mathfrak{U}), \widetilde{\mathscr{R}})\},$$

这里 $\overline{C}^q(N(\mathfrak{U}), \widetilde{\mathscr{R}}), \overline{Z}^q(N(\mathfrak{U}), \widetilde{\mathscr{R}})$ 和 $C^q(N(\mathfrak{U}), \widetilde{\mathscr{R}})$ 都是 $C^q(N(\mathfrak{U}), \widetilde{\mathscr{R}})$ 的子群, 而且 $\overline{C}^q(N(\mathfrak{U}), \widetilde{\mathscr{R}}) \supset \overline{Z}^q(N(\mathfrak{U}), \widetilde{\mathscr{R}}) \supset \overline{B}^q(N(\mathfrak{U}), \widetilde{\mathscr{R}})$. 今定义商群

$$\overline{H}^q(N(\mathfrak{U}), \widetilde{\mathscr{R}}) = \overline{Z}^q(N(\mathfrak{U}), \widetilde{\mathscr{R}}) / \overline{B}^q(N(\mathfrak{U}), R).$$

由引理 3.6 $\psi_{\mathfrak{U}}\delta = \delta\psi_{\mathfrak{U}}$, 因此 $\delta\overline{C}^q(N(\mathfrak{U}), \widetilde{\mathscr{R}}) \subset \overline{C}^{q+1}(N(\mathfrak{U}), \widetilde{\mathscr{F}})$, 所以有如

下群的交换图 (由 (3.32) 诱导):

$$
\begin{array}{ccccccccc}
 & & \cdots & & \cdots & & \cdots & & \\
 & & \downarrow & & \downarrow & & \downarrow & & \\
0 & \to & C^{q-1}(N(\mathfrak{U}),\widetilde{\mathscr{F}}) & \xrightarrow{\varphi_{\mathfrak{U}}} & C^{q-1}(N(\mathfrak{U}),\widetilde{\mathscr{G}}) & \xrightarrow{\psi_{\mathfrak{U}}} & \overline{C}^{q-1}(N(\mathfrak{U}),\widetilde{\mathscr{R}}) & \to & 0\\
 & & \downarrow\delta & & \downarrow\delta & & \downarrow\delta & & \\
0 & \to & C^{q}(N(\mathfrak{U}),\widetilde{\mathscr{F}}) & \xrightarrow{\varphi_{\mathfrak{U}}} & C^{q}(N(\mathfrak{U}),\widetilde{\mathscr{G}}) & \xrightarrow{\psi_{\mathfrak{U}}} & \overline{C}^{q}(N(\mathfrak{U}),\widetilde{\mathscr{R}}) & \to & 0\\
 & & \downarrow\delta & & \downarrow\delta & & \downarrow\delta & & \\
0 & \to & C^{q+1}(N(\mathfrak{U}),\widetilde{\mathscr{F}}) & \xrightarrow{\varphi_{\mathfrak{U}}} & C^{q+1}(N(\mathfrak{U}),\widetilde{\mathscr{G}}) & \xrightarrow{\psi_{\mathfrak{U}}} & \overline{C}^{q+1}(N(\mathfrak{U}),\widetilde{\mathscr{R}}) & \to & 0\\
 & & \downarrow & & \downarrow & & \downarrow & & \\
 & & \cdots & & \cdots & & \cdots & &
\end{array}
\tag{3.33}
$$

由引理 3.6 知 (3.33) 中每个小图均是交换的, 由 $\overline{C}^q(N(\mathfrak{U}),\widetilde{\mathscr{R}})$ 的定义, (3.33) 的每个行都是正合的, 现在由 (3.33) 可得到

命题 3.8 *群同态序列*

$$
H^q(N(\mathfrak{U}),\widetilde{\mathscr{F}}) \xrightarrow{\varphi_{\mathfrak{U}}^*} H^q(N(\mathfrak{U}),\widetilde{\mathscr{G}}) \xrightarrow{\psi_{\mathfrak{U}}^*} \overline{H}^q(N(\mathfrak{U}),\widetilde{\mathscr{R}})
$$
$$
q=0,1,2,\cdots. \tag{3.34}
$$

是正合的.

证 由 $\psi\circ\varphi=0$, 故 $\psi_{\mathfrak{U}}^*\circ\varphi_{\mathfrak{U}}^*=0$ 因此 $\mathrm{Im}\,(\varphi_{\mathfrak{U}}^*)\subset\mathrm{Ker}(\psi_{\mathfrak{U}}^*)=\psi_{\mathfrak{U}}^{*-1}(O)$. 现在证明 $\mathrm{Ker}(\psi_{\mathfrak{U}}^*)\subset\mathrm{Im}\,(\varphi_{\mathfrak{U}}^*)$, 设 $\forall f\in Z^q(N(\mathfrak{U});\widetilde{\mathscr{G}}),\psi_{\mathfrak{U}}^*f^*=0$, 即表示 $\psi_{\mathfrak{U}}f\in\overline{B}^q(N(\mathfrak{U}),\widetilde{\mathscr{R}})$ 此即 $\exists g\in\overline{C}^{q-1}(N(\mathfrak{U}),\widetilde{\mathscr{R}}),\psi_{\mathfrak{U}}f=\delta g$, 由 (3.33) 之每行是正合的, 故 $\exists h\in C^{q-1}(N(\mathfrak{U}),\widetilde{\mathscr{G}})g=\psi_{\mathfrak{U}}h$. 因此 $\psi_{\mathfrak{U}}(f-\delta h)=\psi_{\mathfrak{U}}f-\psi_{\mathfrak{U}}\delta h=\delta g-\delta\psi_{\mathfrak{U}}h=0$, 因此再由 (3.33) 之行是正合的, 有 $k\in C^q(N(\mathfrak{U}),\widetilde{\mathscr{F}})$, 使得

$$
\varphi_{\mathfrak{U}}k=f-\delta h, \tag{3.35}
$$

由 $\delta\varphi_{\mathfrak{U}}k=\varphi_{\mathfrak{U}}\delta k=\delta f-\delta\delta h=0$, 由 $\varphi_{\mathfrak{U}}$ 是单的, 故 $\delta k=0$, 所以 $k\in Z^q(N(\mathfrak{U}),\widetilde{\mathscr{F}})$, 而且

$$
\varphi_{\mathfrak{U}}^*k^*=f^*. \tag{3.36}
$$

(3.36) 即表示 $\mathrm{Im}\,(\varphi_{\mathfrak{U}}^*)\supset\mathrm{Ker}(\psi_{\mathfrak{U}}^*)$ 因而,

$$
\mathrm{Im}\,(\varphi_{\mathfrak{U}}^*)=\mathrm{Ker}(\psi_{\mathfrak{U}}^*).
$$

□

现在我们构造群同态

$$\delta^*: \overline{H}^q(N(\mathfrak{U}),\widetilde{\mathscr{R}}) \to H^{q+1}(N(\mathfrak{U}),\widetilde{\mathscr{F}});\quad q=0,1,2,\cdots.$$

对 $\forall f^* \in \overline{H}^q(N(\mathfrak{U}),\widetilde{\mathscr{R}})$ 任取 f^* 的一个代表元素 $f \in \overline{Z}^q(N(\mathfrak{U}),\widetilde{\mathscr{R}})$, 由 (3.33) 之行都是正合的, $\exists g \in C^q(N(\mathfrak{U}),\widetilde{\mathscr{G}})$, 使 $\psi_{\mathfrak{U}} g = f$. $\delta g \in C^{q+1}(N(\mathfrak{U}),\widetilde{\mathscr{G}}), \psi_{\mathfrak{U}}\delta g = \delta\psi_{\mathfrak{U}} g = \delta f = 0$, 故有

$$h \in C^{q+1}(N(\mathfrak{U}),\widetilde{\mathscr{F}}),$$

使 $\varphi_{\mathfrak{U}} h = \delta g$, 由 $\varphi_{\mathfrak{U}}$ 是单的, 所以 h 是唯一的, 且 $\varphi_{\mathfrak{U}}\delta h = \delta\varphi_{\mathfrak{U}} h = \delta\delta g = 0$, 故 $h \in Z^{q+1}(N(\mathfrak{U}),\widetilde{\mathscr{F}})$, 今定义

$$\delta^* f^* = h^*(h\ \text{的等价类}). \tag{3.37}$$

现在要说明 (3.37) 中 δ^* 的定义是有意义的, 因为在这个定义中 f 的选取与 g 的选取均不是唯一的. 对选定的 f, 亦可选取 $g+\varphi_{\mathfrak{U}} k (\forall k \in C^q(N(\mathfrak{U}),\widetilde{\mathscr{F}}))$, 来代替 g, 则此时 $\varphi_{\mathfrak{U}}(h+\delta k) = \delta g + \delta\varphi_{\mathfrak{U}} k$, 而 $(h+\delta k)^* = h^*$, 因此 (3.37) 的定义与 g 的选取无关. 现在 $f+\delta f_1$ (对 $\forall f_1 \in \overline{C}^{q-1}(N(\mathfrak{U}),\widetilde{\mathscr{R}})$), 由 (3.33) $\exists g_1 \in C^{q-1}(N(\mathfrak{U}),\widetilde{\mathscr{G}}), \psi_{\mathfrak{U}} g_1 = f_1$, 则 $\psi_{\mathfrak{U}}(\delta g_1 + g) = f + \delta f_1$. 因此同样有 $\varphi_{\mathfrak{U}} h = \delta(\delta g_1 + g) = \delta g$, 此即表示, (3.37) 的定义与 f^* 的代表元素选取无关.

从 δ^* 的定义, 易于验证它是群同态.

命题 3.9 从拓扑空间 X 上的层同态正合序列

$$0 \to \widetilde{\mathscr{F}} \xrightarrow{\varphi} \widetilde{\mathscr{G}} \xrightarrow{\psi} \widetilde{\mathscr{R}} \to 0,$$

可以诱导一个上同调群的长正合序列 (对任一个 X 的开覆盖 $\mathfrak{U}$)

$$\begin{aligned} &0 \to H^0(N(\mathfrak{U}),\widetilde{\mathscr{F}}) \xrightarrow{\varphi_{\mathfrak{U}}^*} H^0(N(\mathfrak{U}),\widetilde{\mathscr{G}}) \xrightarrow{\psi_{\mathfrak{U}}^*} \overline{H}^0(N(\mathfrak{U}),\widetilde{\mathscr{R}}) \\ &\xrightarrow{\delta^*} H^1(N(\mathfrak{U}),\widetilde{\mathscr{F}}) \xrightarrow{\varphi_{\mathfrak{U}}^*} H^1(N(\mathfrak{U}),\widetilde{\mathscr{G}}) \to \cdots \to H^q(N(\mathfrak{U}),\widetilde{\mathscr{F}}) \\ &\xrightarrow{\varphi_{\mathfrak{U}}^*} H^q(N(\mathfrak{U}),\widetilde{\mathscr{G}}) \xrightarrow{\psi_{\mathfrak{U}}^*} \overline{H}^q(N(\mathfrak{U}),\widetilde{\mathscr{R}}) \xrightarrow{\delta^*} H^{q+1}(N(\mathfrak{U}),\widetilde{\mathscr{F}}) \to \cdots \end{aligned} \tag{3.38}$$

证 在 $H^q(N(\mathfrak{U}),\widetilde{\mathscr{G}})$ 处正合已由命题 3.8 所证明. 现先证明 (3.38) 在 $\overline{H}^q(N(\mathfrak{U}),\widetilde{\mathscr{R}})$ 处正合, 设 $f^* \in \overline{H}^q(N(\mathfrak{U}),\widetilde{\mathscr{R}})$, 如果 $f^* \in \operatorname{Im}(\psi_{\mathfrak{U}}^*)$, 则在上面定义中的 $\psi_{\mathfrak{U}} g = f$ 中之 $g \in Z^q(N(\mathfrak{U}),\widetilde{\mathscr{G}})$, 故 $\delta g = 0$, 因此 $\delta^* f^* = 0$. 反之如果 $f^* \in \overline{H}^q(N(\mathfrak{U}),\widetilde{\mathscr{R}})$ 且 $\delta^* f^* = 0$, 即表示 (3.37) 中之 $h \in B^{q+1}(N(\mathfrak{U}),\widetilde{\mathscr{F}})$, 故存在 $h_1 \in C^q(N(\mathfrak{U}),\widetilde{\mathscr{F}})$, 使 $\delta h_1 = h$, 如 $\psi_{\mathfrak{U}} g = f$, 则

$$\psi_{\mathfrak{U}}(g - \varphi_{\mathfrak{U}} h_1) = \psi_{\mathfrak{U}} g = f,$$

而且 $\delta(g-\varphi_{\mathfrak{U}}h_1)=\delta g-\varphi_{\mathfrak{U}}\delta h_1=\delta g-\varphi_{\mathfrak{U}}h=0$, 因此 $g-\varphi_{\mathfrak{U}}h_1\in Z^q(N(\mathfrak{U}),\mathscr{G})$, 故 $f^*\in\mathrm{Im}\,(\psi_{\mathfrak{U}}^*)$. 这就证明了 $\overline{H}^q(N(\mathfrak{U}),\widetilde{\mathscr{R}})$ 处正合.

最后来证明 (3.38) 在 $H^q(N(\mathfrak{U}),\widetilde{\mathscr{F}})$ 处正合.设 $h^*\in H^q(N(\mathfrak{U}),\widetilde{\mathscr{F}})$, 而且 $h^*\in\mathrm{Im}\,(\delta^*)$, 按上面的定义有 $\varphi_{\mathfrak{U}}h=\delta g$, 因此 $\varphi_{\mathfrak{U}}^*h^*=0$. 反之设 $h^*\in H^q(N(\mathfrak{U}),\widetilde{\mathscr{F}})$, 且 $\varphi_{\mathfrak{U}}^*h^*=0$, 此即 $\exists g\in C^{q-1}(N(\mathfrak{U}),\widetilde{\mathscr{G}})$, 使 $\varphi_{\mathfrak{U}}h=\delta g$, 则由 δ^* 的定义知道 $\delta^*\psi_{\mathfrak{U}}^*g^*=h^*$. 这就证明了 (3.38) 在 $H^q(N(\mathfrak{U}),\widetilde{\mathscr{F}})$ 处正合.

现在 $\{\overline{H}^q(N(\mathfrak{U}),\widetilde{\mathscr{R}})_{\mathfrak{U}\in\Omega_X},\prec,\mu_{\mathfrak{U},\mathfrak{U}}^*\}$ 亦是有向集 Ω_X 上的 Abel 群系, 因此同样可定义它们的直接极限

$$\overline{H}^q(X,\widetilde{\mathscr{R}})=\varinjlim_{\mathfrak{U}\in\Omega_X}\overline{H}^q(N(\mathfrak{U}),\widetilde{\mathscr{R}});q=0,1,2,\cdots. \tag{3.39}$$

由 (3.38) 取直接极限可得到同调群的长正合序列

$$\begin{aligned}&0\to H^0(X,\widetilde{\mathscr{F}})\xrightarrow{\varphi^*}H^0(X,\widetilde{\mathscr{G}})\xrightarrow{\psi^*}\overline{H}^0(X,\widetilde{\mathscr{R}})\\&\xrightarrow{\delta^*}H^1(X,\widetilde{\mathscr{F}})\to\cdots\to H^q(X,\widetilde{\mathscr{F}})\xrightarrow{\varphi^*}H^q(X,\widetilde{\mathscr{G}})\\&\xrightarrow{\psi^*}\overline{H}^q(X,\widetilde{\mathscr{R}})\xrightarrow{\delta^*}H^{q+1}(X,\widetilde{\mathscr{F}})\to\cdots.\end{aligned} \tag{3.40}$$

(3.40) 中 φ^*,ψ^* 和 δ^* (这里仍用与 (3.38) 中同一个 δ^* 表示) 是由 (3.31) 所定义的, (3.40) 的正合性用 (3.31) 的定义和直接极限的定义可直接得到.

命题 3.10 如 X 是仿紧、T_2 (即 Hausdorff) 拓扑空间, 则

$$\overline{H}^q(X;\widetilde{\mathscr{R}})=H^q(X;\widetilde{\mathscr{R}});\quad q=0,1,2,\cdots.$$

证明这个命题要用到下面两个引理.

引理 3.11 $\psi:\widetilde{\mathscr{G}}\to\widetilde{\mathscr{R}}$ 是拓扑空间 X 上的满层同态, 对 $\forall x\in X,U_1,\cdots,U_k\in\mathfrak{U}_x,f_i\in\Gamma(U_i,\widetilde{\mathscr{R}});i=1,2,\cdots,k$, 则存在一个 $W\in\mathfrak{U},W\subset\bigcap_{i=1}^kU_i$ 使得 f_i 在 W 上的限制

$$\rho_{U_i,W}(f_i)\in\psi_W(\Gamma(W,\widetilde{\mathscr{G}}));\quad i=1,2,\cdots,k.$$

证 因为 ψ 是满的, 因此有 $[g_i]_x\in\mathscr{G}_x$ 使

$$\psi([g_i]_x)=f_i(x),\quad i=1,\cdots,k,$$

这里 $g_i\in\widetilde{\mathscr{G}}(V_i)$, 每个 $V_i\in\mathfrak{U}_x$, 今就用 g_i 表示 V_i 上的截影, $g_i:y\to[g_i]_y;y\in V_i$. 则 $\psi_{V_i}(g_i)\in\Gamma(V_i,\widetilde{\mathscr{R}})$, 而且

$$(\psi_{V_i}(g_i))(x)=f_i(x);$$

对 $i=1,\cdots,k$. 由定理 1.6 之 (3), 必存在一个 $W_i \in \mathfrak{U}_x$, 使 $\rho_{V_i,W_i}\circ\psi_{V_i}(g_i)=\rho_{U_i,W_i}(f_i)$; 对每个 $1\leqslant i\leqslant k$. 取 $W=\bigcap_{i=1}^{k}W_i$ 就是我们所要的 $\mathfrak{U}_x$ 之开邻域, 使 $\rho'_{U_i,W}(f_i)\in\psi_W(\Gamma(W,\widetilde{\mathscr{G}}))$.

引理 3.12 一个仿紧 T_2 拓扑空间则必有 (1) 这个空间是 T_3 的, (2) 这个空间是 T_4 的, (3) 设 $\mathfrak{U}=\{U_\alpha\}$ 是它的任一开覆盖, 则它必具有一个开覆盖 $\mathfrak{V}=\{V_\alpha\}$, 其中每 $V_\alpha\subset\overline{V}_\alpha\subset U_\alpha$.

这个引理可在一般点集拓扑书上找到, 读者亦可以按 (1), (2), (3) 顺序推证.

命题 3.10 的证明. 实际上现在证明下述事实: 对每一个 $f\in C^q(N(\mathfrak{U}),\widetilde{\mathscr{R}})$, 一定存在一个 $\mathfrak{U}$ 的一个加细 $\mathfrak{V}$; $\mu:\mathfrak{V}\to\mathfrak{U}$ 是加细映照, 与一个 $g\in C^q(N(\mathfrak{V}),\widetilde{\mathscr{G}})$, 使 $\mu f=\psi_{\mathfrak{V}}g$.

这个事实显然蕴涵命题 (3.10)(由 ψ^* 的定义).

不失一般性, 可假定 $\mathfrak{U}$ 是 X 的局部有限开覆盖. 设 $\mathfrak{U}=\{U_\alpha\},\mathfrak{V}=\{V_\alpha\}$ 就是适合引理 3.12 之 (3) 的 X 的开覆盖, 自然 $\mathfrak{V}$ 亦是局部有限的. 对 $\forall x\in X$, 由 $\mathfrak{U}$ 是局部有限的, 所以 x 只属于 $\mathfrak{U}$ 中有限个开集, 所以亦只属于有限个 q 维单形, 由引理 3.11, 有 W_x, 是 x 的一个开邻域, 使 f 对这有限个 q 维单形之任一个 (就记为 σ), f_σ 在 W_x 上之限制 $\rho'_{|\sigma|,W_x}f_\sigma\in\psi_{W_x}(\Gamma(W_x,\widetilde{\mathscr{G}}))$. 由于 $\mathfrak{V}$ 是开覆盖, 故 x 必属某一个 V_α, 无疑我们可取 $W_x\subset V_\alpha$ (如有必要可适当的缩小). 因为 $\mathfrak{U}$ 是局部有限的, 因此我们可选取 W_x (如有必要适当缩小), 使 W_x 仅与有限个 $\mathfrak{U}$ 的开集之交非空, 设为 $U_1,\cdots,U_p$. 因此 W_x 亦至多与有限个 $V_i\subset U_i;i=1,\cdots,p$ 之交非空. 如果 $x\notin U_i(U_1,\cdots,U_p$ 中之某个), 则 $W_x-\overline{V}_i$ 是非空开集, 今就用此来代替 W_x, 因此这样的 W_x 具有性质, W_x 如与 $V_1,\cdots,V_p$ 中之某个 V_j 有非空之交, 则 $x\in U_j$. 今 W_x 与 $\{U_1,\cdots,U_p\}$ 中所有 $V_j\subset U_j$, 之交是一个非空开集, 我们最后取这个交集为 W_x, 这个 W_x 具有如下性质 $W_x\cap V_j\neq\varnothing,W_x\subset U_j$. 现在对所有 $x\in X$, 都取定这样的 $W_x,\{W_x\}_{x\in X}=\mathfrak{W}$ 是 X 的一个开覆盖, 今对 $\forall W_{x_k}\in\mathfrak{W}$, 由上面之 W_x 之取法, 存在 $W_{x_k}\subset V_{x_k}\subset U_{x_k}$, 其中 $V_{x_k}\in\mathfrak{V}$ 与 $U_{x_k}\in\mathfrak{U}$. 今作加细映射 $\mu:\mathfrak{W}\to\mathfrak{U}$; 即为前面所选取的那种 $\mu W_{x_k}=U_{x_k}$. 现在对任一 q 维单形

$$\sigma=(W_{x_0},\cdots,W_{x_q})\in N(\mathfrak{W}),$$
$$\varnothing\neq|\sigma|=\bigcap_{i=0}^{q}W_{x_i}\subset\bigcap_{i=0}^{q}V_{x_i}\subset\bigcap_{i=0}^{q}U_{x_j},$$

由 W_{x_0} 与 V_{x_i} 之交非空, 故 $W_{x_0}\subset U_{x_i};i=0,1,\cdots,q$. 故有 $|\sigma|\subset W_{x_0}\subset$

$U_{x_0} \cap \cdots \cap U_{x_q} = |\mu\sigma|$. 所以我们有

$$(\mu f)\sigma = \rho_{|\sigma|} f(\mu W_{x_0}, \cdots, \mu W_{x_q}) = \rho_{|\sigma|} \rho_{W_{x_0}} f(U_{x_0}, \cdots, U_{x_q}),$$

由引理 3.11 与 $\mathfrak{W}$ 中之 W_x 之选取法, 保证

$$\rho_{W_{x_0}} f(U_{x_0}, \cdots, U_{x_q}) \in \psi_{W_{x_0}}(\Gamma(W_{x_0}, \widetilde{\mathscr{G}})), \tag{3.41}$$

故命题得证. □

定理 3.13 如 X 是仿紧、T_2 拓扑空间, 在 X 上有层正合序列

$$0 \to \widetilde{\mathscr{F}} \xrightarrow{\varphi} \widetilde{\mathscr{G}} \xrightarrow{\psi} \widetilde{\mathscr{R}} \to 0,$$

则可以诱导出一个同调群的长正合序列

$$\begin{aligned} &0 \to H^0(X, \widetilde{\mathscr{F}}) \xrightarrow{\varphi^*} H^0(X, \widetilde{\mathscr{G}}) \xrightarrow{\psi^*} H^0(X, \widetilde{\mathscr{R}}) \\ &\xrightarrow{\delta^*} H^1(X, \widetilde{\mathscr{F}}) \to \cdots \to H^q(X, \widetilde{\mathscr{F}}) \xrightarrow{\varphi^*} H^q(X, \widetilde{\mathscr{G}}) \\ &\xrightarrow{\psi^*} H^q(X, \widetilde{\mathscr{R}}) \xrightarrow{\delta^*} H^{q+1}(X, \widetilde{\mathscr{F}}) \to \cdots. \end{aligned} \tag{3.42}$$

这就是由 (3.40) 与命题 3.10 得到的.

参 考 文 献

[1] E. Kelley, J. L., General Topo1ogy, Princeton, N. J. Van Norstrand, 1955.

[2] R. C. Gunning and H. Rossi, Analytic Functions of Several Complex Variables, Printice-Hall, INC. 1965.

[3] R. C. Gunning, Lectures on Riemann Surfaces, Princeton Mathematical Notes, Princeton University Press, 1966.

名词索引

现代数学基础图书清单

（书号前缀为 978-7-04-0xxxxx-x）

序号	书号	书名	作者
1	21717-9	代数和编码（第三版）	万哲先 编著
2	22174-9	应用偏微分方程讲义	姜礼尚、孔德兴、陈志浩
3	23597-5	实分析（第二版）	程民德、邓东皋、龙瑞麟 编著
4	22617-1	高等概率论及其应用	胡迪鹤 著
5	24307-9	线性代数与矩阵论（第二版）	许以超 编著
6	24465-6	矩阵论	詹兴致
7	24461-8	可靠性统计	茆诗松、汤银才、王玲玲 编著
8	24750-3	泛函分析第二教程（第二版）	夏道行 等编著
9	25317-7	无限维空间上的测度和积分 ——抽象调和分析（第二版）	夏道行 著
10	25772-4	奇异摄动问题中的渐近理论	倪明康、林武忠
11	27261-1	整体微分几何初步（第三版）	沈一兵 编著
12	26360-2	数论 I —— Fermat 的梦想和类域论	[日]加藤和也、黒川信重、斎藤毅 著
13	26361-9	数论 II —— 岩泽理论和自守形式	[日]黒川信重、栗原将人、斎藤毅 著
14	38040-8	微分方程与数学物理问题（中文校订版）	[瑞典]纳伊尔·伊布拉基莫夫 著
15	27486-8	有限群表示论（第二版）	曹锡华、时俭益
16	27431-8	实变函数论与泛函分析（上册，第二版修订本）	夏道行 等编著
17	27248-2	实变函数论与泛函分析（下册，第二版修订本）	夏道行 等编著
18	28707-3	现代极限理论及其在随机结构中的应用	苏淳、冯群强、刘杰 著
19	30448-0	偏微分方程	孔德兴
20	31069-6	几何与拓扑的概念导引	古志鸣 编著
21	31611-7	控制论中的矩阵计算	徐树方 著
22	31698-8	多项式代数	王东明 等编著
23	31966-8	矩阵计算六讲	徐树方、钱江 著
24	31958-3	变分学讲义	张恭庆 编著
25	32281-1	现代极小曲面讲义	[巴西]F. Xavier、潮小李 编著
26	32711-3	群表示论	丘维声 编著
27	34675-6	可靠性数学引论（修订版）	曹晋华、程侃 著
28	34311-3	复变函数专题选讲	余家荣、路见可 主编
29	35738-7	次正常算子解析理论	夏道行
30	34834-7	数论 —— 从同余的观点出发	蔡天新
31	36268-8	多复变函数论	萧荫堂、陈志华、钟家庆
32	36168-1	工程数学的新方法	蒋耀林
33	34525-4	现代芬斯勒几何初步	沈一兵、沈忠民
34	36472-9	数论基础	潘承洞 著

续表

序号	书号	书名	作者
35	36950-2	Toeplitz 系统预处理方法	金小庆 著
36	37037-9	索伯列夫空间	王明新
37	37252-6	伽罗瓦理论 —— 天才的激情	章璞 著
38	37266-3	李代数(第二版)	万哲先 编著
39	38651-6	实分析中的反例	汪林
40	38890-9	泛函分析中的反例	汪林
41	37378-3	拓扑线性空间与算子谱理论	刘培德
42	31845-6	旋量代数与李群、李代数	戴建生 著
43	33260-5	格论导引	方捷
44	39503-7	李群讲义	项武义、侯自新、孟道骥
45	39502-0	古典几何学	项武义、王申怀、潘养廉
46	40458-6	黎曼几何初步	伍鸿熙、沈纯理、虞言林
47	41057-0	高等线性代数学	黎景辉、白正简、周国晖
48	41305-2	实分析与泛函分析(续论)(上册)	匡继昌
49	41285-7	实分析与泛函分析(续论)(下册)	匡继昌
50	41223-9	微分动力系统	文兰
51	41350-2	阶的估计基础	潘承洞、于秀源
52	41513-1	非线性泛函分析(第三版)	郭大钧
53	41408-0	代数学(上)(第二版)	莫宗坚、蓝以中、赵春来
54	41420-2	代数学(下)(修订版)	莫宗坚、蓝以中、赵春来
55	41873-6	代数编码与密码	许以超、马松雅 编著
56	43913-7	数学分析中的问题和反例	汪林
57	44048-5	椭圆型偏微分方程	刘先高
58	46483-2	代数数论	黎景辉
59	45613-4	调和分析	林钦诚
60	46862-5	紧黎曼曲面引论	伍鸿熙、吕以辇、陈志华

反盗版举报电话　（010）58581999　58582371　58582488

反盗版举报传真　（010）82086060

反盗版举报邮箱　dd@hep.com.cn

通信地址　北京市西城区德外大街 4 号

　　　　　高等教育出版社法律事务与版权管理部

邮政编码　100120